测绘行业职业教育工学结合一体化规划教材

GNSS 定位操作与数据处理

益鹏举　孙树芳　王军德　周亚平　张永光　编著

黄河水利出版社
·郑州·

内容提要

本书为项目驱动式教材，以项目、任务的形式进行讲述。首先，介绍了 GNSS（Global Navigation Satellite System）静态数据采集、传输、处理的操作过程。然后，讲述了实时动态 RTK 定位技术的设置、工程设计、RTK 放样、RTK 数据转换与传输的操作步骤。最后，介绍了点对点定位技术和 CORS 技术的操作。其中，GNSS 静态数据处理主要讲述了南方 GPSADJ 数据处理软件、徕卡 LGO 数据处理软件、拓普康 Topcon Tools 数据处理软件、中海达 HGO 数据处理软件等几种处理软件的操作步骤与流程。

本书可作为职业院校测绘相关专业教材使用，也可供在测绘地理信息、交通、国土、水利、城建、石油、地质、房产等部门从事测量工作的工程技术人员参考。

图书在版编目（CIP）数据

GNSS 定位操作与数据处理/益鹏举等编著．—郑州：黄河水利出版社，2015.6 （2022.1 重印）

ISBN 978-7-5509-1101-7

Ⅰ.①G… Ⅱ.①益… Ⅲ.①卫星导航-全球定位系统 Ⅳ.①P228.4

中国版本图书馆 CIP 数据核字（2015）第 084166 号

策划编辑：陶金志 电话：0371-66025273 E-mail：838739632@qq.com

出 版 社：黄河水利出版社 网址：www.yrcp.com

地址：河南省郑州市顺河路黄委会综合楼 14 层 邮政编码：450003

发行单位：黄河水利出版社

发行部电话：0371-66026940、66020550、66028024、66022620（传真）

E-mail：hhslcbs@126.com

承印单位：河南承创印务有限公司

开本：787 mm×1 092 mm 1/16

印张：20

字数：400 千字

版次：2015 年 6 月第 1 版 印次：2022 年 1 月第 3 次印刷

定价：46.00 元

前　言

本书根据国家职业学校“工程测量专业教学标准”以及测绘地理信息企事业单位的生产情况，采用基于工作过程的项目引领、任务驱动的思路，由郑州测绘学校骨干教师与黄河勘测规划设计有限公司的行业专家组成教材开发团队编写完成，可作为大、中专职业院校工程测量专业的专业课教材，也可供相关专业的社会学习者参考。

本书打破了传统的学科体系教材编写方式，以 GNSS 静态数据采集、传输、处理及精度评定，RTK 测量设置、工程设计与 RTK 放样，以及 RTK 数据的转换与传输，点对点定位技术和单基准站 CORS 技术为训练单元，以任务为载体，突出能力目标，以操作性、实用性、易懂性为主，满足教学、生产的应用。全书共编写了 9 个项目，具体包括：GNSS 定位的作业流程与依据、GNSS 接收机静态数据采集、GNSS 接收机静态数据传输、南方 GPSADJ 静态数据处理与精度评定、徕卡 LGO 静态数据处理与精度评定、RTK 定位技术——南方灵锐 S86 接收机、RTK 定位技术——拓普康 HiPer ⅡG 接收机、点对点定位技术——南方灵锐 S86 接收机单基准站 CORS 技术。

本书由益鹏举、孙树芳、王军德、周亚平、张永光编著。其中，项目 1 至项目 3、项目 5、项目 7 至项目 9 以及附录由益鹏举、王军德、周亚平执笔，项目 4、项目 6 由孙树芳、王军德执笔。本教材所有关于操作实践的部分均由张永光、周亚平参与编写。

本书由河南省遥感测绘院工程师曹源审稿。

杨国清、赵龙平、李明海、许永朋、张予东等在本书的编写中提出了宝贵的意见和建议，郑州测绘学校教务处及该校大地工测教学部给予了大力支持，在此表示诚挚的感谢！

由于作者水平有限，时间仓促，且本书是在工学结合教材方面的第一次尝试，书中错误和不当之处在所难免，恳请读者批评指正。

编　者

2015 年 1 月

前言

目　录

项目 1　GNSS 定位的作业流程与依据

【项目导航】

重点

GNSS 定位的作业流程、作业依据。

难点

作业流程中每个环节的含义、内容及实现方式，作业依据含义及标准的理解。

任务

了解 GNSS 定位的作业流程，并按照作业依据完成 GNSS 各个测量环节相关的任务与内容。

作业

按照等级要求完成控制网基准、网形、精度、密度设计，编制技术设计书，绘制点之记、环视图、选点图，填写测量标志委托保管书。

流程

GNSS 静态相对测量作业流程如图 1-1 所示。

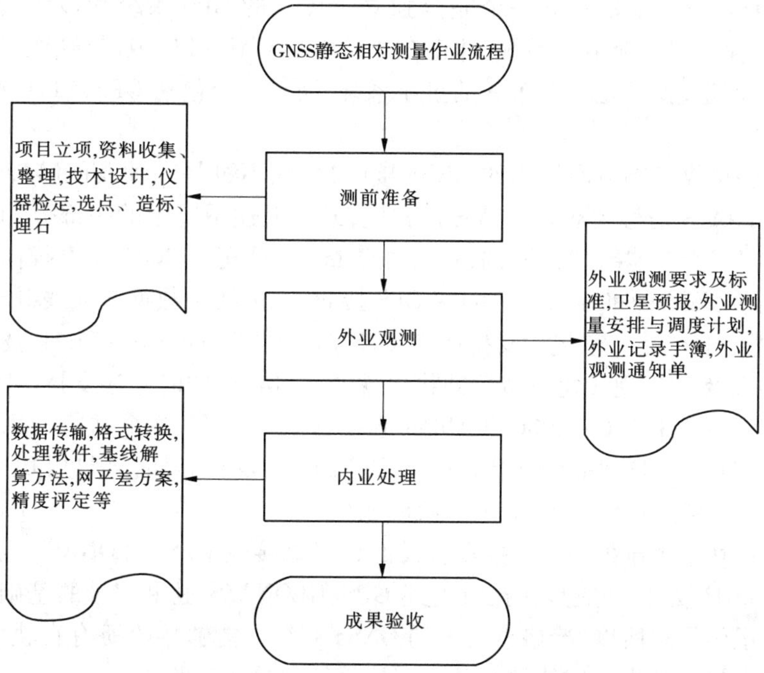

图 1-1　GNSS 静态相对测量作业流程

GNSS是Global Navigation Satellite System的英文缩写，它的中文译名为全球导航卫星系统。GNSS是所有在轨工作的卫星导航定位系统的总称，目前主要包括GPS全球卫星定位系统、GLONASS全球导航卫星系统、北斗卫星导航系统、WAAS广域增强系统、EGNOS欧洲静地卫星导航重叠系统、DORIS星载多普勒无线电定轨定位系统、PRARE精确距离及变率测量系统、QZSS准天顶卫星系统、GAGAN GPS静地卫星增强系统，以及正在建设的GALILEO卫星导航定位系统、COMPASS卫星导航定位系统和IRNSS印度区域导航卫星系统。

GPS与GLONASS全球导航卫星系统是上述GNSS卫星系统中发展最早、最具代表性的系统。GPS起始于1958年美国军方的一个项目，1964年投入使用。20世纪70年代，美国陆海空三军联合研制了新一代卫星定位系统GPS，主要目的是为陆海空三大领域提供实时、全天候和全球性的导航服务，并用于情报收集、核爆监测和应急通信等一些军事目的。经过20余年的研究实验，耗资300亿美元，到1994年，全球覆盖率高达98%的24颗GPS卫星星座已布设完成。GLONASS全球导航卫星系统的作用类似于美国的GPS，最早开发于苏联时期，后由俄罗斯继续该计划。俄罗斯1993年开始独自建立本国的全球卫星导航系统，该系统于2007年年底前开始运营，届时只开放俄罗斯境内卫星定位及导航服务。到2009年年底前，其服务范围将拓展到全球，该系统主要服务内容包括确定陆地、海上及空中目标的坐标及运动速度信息等。

GPS系统之后，欧盟为了打破美国在卫星定位、导航、授时市场中的垄断地位，获取市场利益，增加欧洲人的就业机会，早在20世纪90年代中期开始，就一直致力于一个雄心勃勃的民用全球导航卫星系统计划。该计划分两步实施：第一步是建立一个综合利用美国的GPS系统和俄罗斯的GLONASS系统的第一代全球导航卫星系统（当时称为GNSS－1，即后来建成的EGNOS）；第二步是建立一个完全独立于美国的GPS系统和俄罗斯的GLONASS系统之外的第二代全球导航卫星系统，即正在建设中的GALILEO卫星导航定位系统。由此可见，GNSS从一问世，就不是一个单一的星座系统，而是一个包括GPS、GLONASS等在内的综合星座系统。

近年来，一些接收机制造商推出的GNSS接收机，只不过是一种既能够接收GPS信号，又能够接收GLONASS信号的双系统信号接收机，或是上述系统中的一部分，而不是能够接收所有在轨工作的导航卫星信号的接收机。如Trimble公司于2006年春推向市场的Trimble R8 GNSS系统，是一种将多通道多频率GPS接收机、天线和数据链无线电台完美地组合到一个小型机壳中的产品。它包含支持所有GPS信号的Trimble R－Track技术，其中包括新的L2C信号，以及GPS现代化改造后即将出现的L5信号，同时它还支持GLONASS信号。又如拓普康GNSS接收机GB－1000和HiPer系列接收机具有40个并行通用信道，最多可测量20颗GPS卫星和GLONASS卫星的双频信号，测量双频信号时将包括L1－C/A码和载波相位、L1－P码和载波相位、L2－P码和载波相位。

综上所述，市场上推出的GNSS接收机大部分只能接收GPS、GLONASS卫星信号，对于市场上推出的G3接收机，一般是在接收上述GPS、GLONASS卫星信号的基础上，外加能接收GALILEO卫星信号。所以，严格意义上的GNSS系统应能够接收所有在轨工作的导航卫星信号，而不是市场上推出的仅能接收部分卫星系统信号的接收机。

1　GNSS 定位的作业流程

在 GNSS 测量作业中，利用 GNSS 系统进行点位的确定，常用的定位方式有静态相对定位技术、常规 RTK 测量技术、点对点定位技术、网络 RTK 定位技术。上述几种定位技术的作业流程，一般可以分为测前准备、外业测量与内业处理。上述后三种技术，即常规 RTK 测量技术、点对点定位技术、网络 RTK 定位技术，一般是为了实时得到点的位置信息，用于事后处理的比较少，内外业结合得比较紧密，区分不是很明显，内外业作业流程大部分都在外业完成，所以 GNSS 测量的作业流程（见图 1-1）在此就以静态相对定位测量为例说明。

测前准备包括：项目立项，资料收集、整理，技术设计，仪器检定，选点、造标、埋石等内容。

技术设计作为测前准备的重要内容之一，是 GNSS 测量作业的依据，它规定了测量作业应遵循的规范、技术标准、采用的施测方案、数据处理方法与精度评估标准等内容。技术设计主要涵盖以下内容：项目来源，测区、项目概况，踏勘，技术标准与依据，已有测绘成果资料，坐标、高程系统，控制网基准、密度、精度及网形设计，观测方案及调度计划，外业作业要求，数据处理方案，质量检核与精度评估，成果资料提交等。技术设计完成后应上交的资料有：①野外踏勘技术总结；②测量任务与专业设计书（附技术设计图）。

实地选点应在技术设计完成后进行。选点人员在实地选点前，应收集与布网任务和测区相关的资料，按技术设计书内容经过踏勘，在实地按点位要求选定点位，并在实地加以标定。选点结束后应上交的资料有：①GNSS 网点点之记（见表 1-1）、环视图（点位周围有高于 10°的障碍物）（见图 1-2）；②GNSS 网选点图（见图 1-3）；③选点工作总结。

表 1-1　GNSS 点之记

网区：平陆区　　　　所在图幅：I49E008013　点号：C002

<table>
<tr><td>点名</td><td>南疙疸</td><td>级别</td><td>A</td><td>概略位置</td><td colspan="3">$B=34°50'$　$L=111°10'$　$H=484$ m</td></tr>
<tr><td>所在地</td><td colspan="3">山西省平陆县城关镇上岭村</td><td>最近住所及距离</td><td colspan="3">平陆县城县招待所，距点位 8 km</td></tr>
<tr><td>地类</td><td>山地</td><td>土质</td><td>黄土</td><td>冻土深度</td><td></td><td>解冻深度</td><td></td></tr>
<tr><td colspan="2">最近邮电设施</td><td colspan="2">平陆县城邮电局（电报电话）</td><td>供电情况</td><td colspan="3">上岭村每天有交流电</td></tr>
<tr><td colspan="2">最近水源及距离</td><td colspan="2">上岭村有自来水，距点 800 m</td><td>石子来源</td><td>点位附近</td><td>沙子来源</td><td>县城建筑公司</td></tr>
<tr><td colspan="2">本点交通情况（至本点通路与最近车站、码头名称及距离）</td><td colspan="2">由三门峡搭车轮渡过黄河，向北约 8 km 到山西平陆县城，然后由平陆县城乘车向东南约 7 km 到上岭村，再步行约 800 m。每天有两班车，两轮人力车可到达点位</td><td>交通线路图</td><td colspan="3">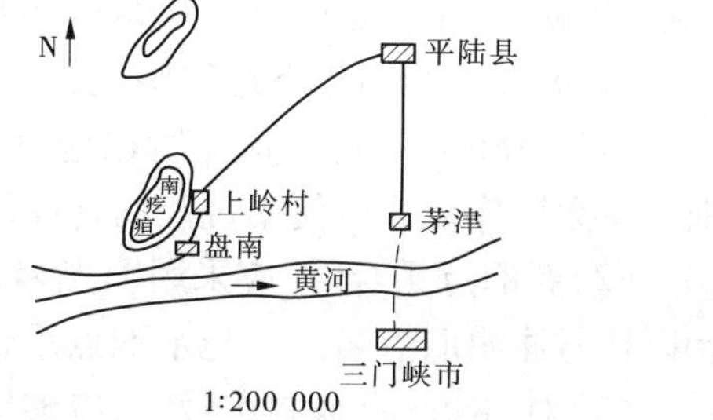
</td></tr>
</table>

续表 1-1

<table>
<tr><td colspan="4">选点情况</td><td colspan="2">点位略图</td></tr>
<tr><td>单位</td><td colspan="3">国家测绘局第一大地测量队</td><td colspan="2" rowspan="5">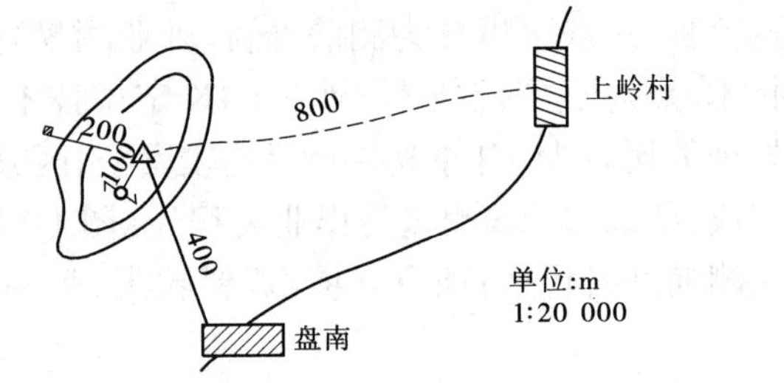
</td></tr>
<tr><td>选点员</td><td>李纯</td><td colspan="2">日期:2000.6.5</td></tr>
<tr><td>是否需联测坐标与高程</td><td colspan="3">联测高程</td></tr>
<tr><td>建议联测等级与方法</td><td colspan="3">二等水准测量</td></tr>
<tr><td>起始水准点及距离</td><td colspan="3">点号为Ⅱ西三 023,距离本点 1.5 km,联测里程约 2 km</td></tr>
<tr><td colspan="4">地质概要、构造背景</td><td colspan="2">地形地质构造略图</td></tr>
<tr><td colspan="4"></td><td colspan="2"></td></tr>
<tr><td colspan="4">埋石情况</td><td>标石断面图</td><td>接收天线计划位置</td></tr>
<tr><td>单位</td><td colspan="3">国家测绘局第一大地测量队</td><td rowspan="6">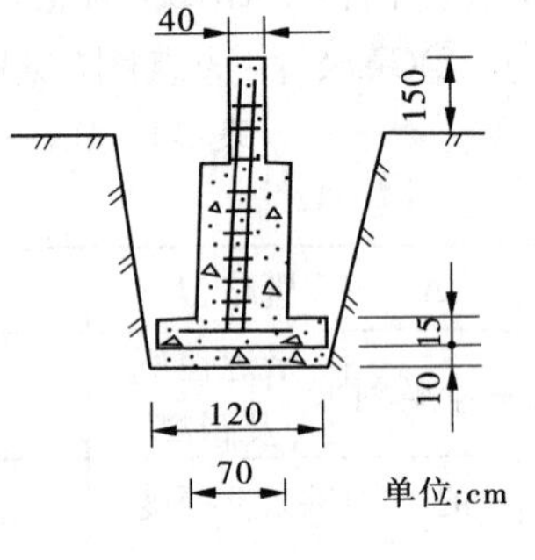
</td><td rowspan="6">天线可直接安置在墩标顶面上</td></tr>
<tr><td>埋石点</td><td>张通</td><td>日期</td><td>2000.7.12</td></tr>
<tr><td>利用旧点及情况</td><td colspan="3">利用原有墩标</td></tr>
<tr><td>保管人</td><td colspan="3">陈生明</td></tr>
<tr><td>保管人单位及职务</td><td colspan="3">山西省平陆县上岭村会计</td></tr>
<tr><td>保管人地址</td><td colspan="3">山西省平陆县上岭村</td></tr>
<tr><td>备注</td><td colspan="5"></td></tr>
</table>

注:A、B 级 GNSS 网点在其点之记中应填写地质概要、构造背景及地形地质构造略图。

GNSS 点的命名按下述原则进行:

(1)GNSS 点名应以该点所在地命名,无法区分时可在点名后加注(一)、(二)等予以区别。少数民族地区应使用规范的音译汉语名,在译音后附上原文。

(2)新旧点重合时,应采用旧点名,不得更改。如原点位所在地名已变更,应在新点名后以括号注明旧点名。如与水准点重合,应在新点名后以括号注明水准点等级和编号。

(3)对 GNSS 点编制点号时,应整体考虑,统一编号,点号应唯一,且便于计算机管理。

(4)点名采用汉字时,一律以国务院公布的简化字为准。

GNSS 点之记的填写按以下要求进行：

(1)概略位置由手持 GNSS 接收机测定，经纬度按手持 GNSS 接收机的显示填写，概略高程采用大地高标注至整米。

(2)所在地填写点位所处位置的由省(直辖市)至最小行政区的名称及点位具体位置，级别填写 GNSS 级别，所在图幅填写 1∶5万地形图图幅号，网区填测区地名。

(3)点位略图须在现场绘制，注明点位至主要特征地貌(地物)的方向和距离。绘图比例尺可根据实地情况，在易于找到点位的原则下适当变通。

(4)电信情况填写点位周边电信情况。

(5)地类根据实际情况按如下类别填写：荒地、耕地、园地、林地、草地、沙漠、戈壁、楼顶。

(6)土质，按如下类别填写埋石坑底的土质：黄土、沙土、沙砾土、盐碱土、黏土、基岩。

(7)最近水源填写最近水源位置及距点位的距离。

(8)交通情况填写自大(中)城市至本点的汽车运行路线，并注明交通工具到点情况。

(9)交通路线图可依比例绘制，亦可绘制交通情况示意图。

(10)地质概要、构造背景和地形地质构造图，根据工程项目需要，由专业地质人员填绘。

(11)标石断面图按埋设的实际尺寸填绘。

点位周围有高于 10°的障碍物时，点位环视图按点位周围高度角大于 10°的遮挡地貌(地物)方向及高度角绘制遮挡范围，遮挡范围内填绘阴影线(见图 1-2)。

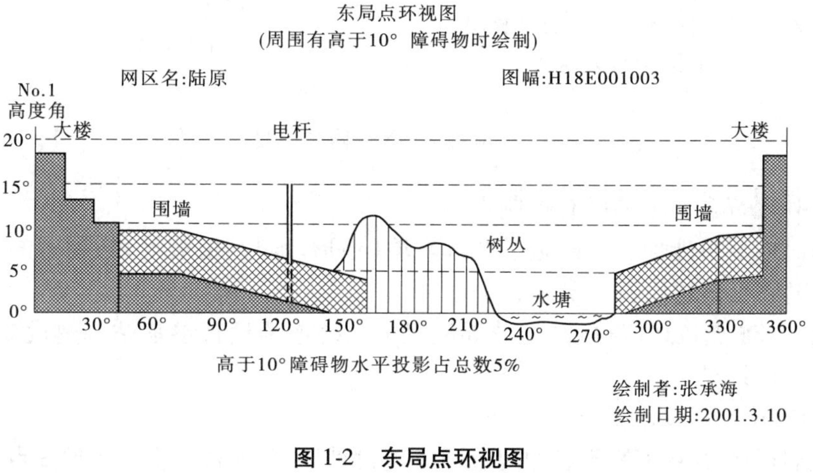

图 1-2　东局点环视图

一个网区选点完成后，应绘制 GNSS 网选点图(见图 1-3)，当测区较小，选点、埋石与观测一起完成时，可用展点图代替。

选点时点位基本要求如下：

(1)周围应便于安置接收设备和操作，视野开阔，视场内障碍物的高度角不宜超过 15°。

(2)远离大功率无线电发射源(如电视台、电台、微波站等)，其距离不小于 200 m；远离高压输电线和微波无线电信号传送通道，其距离不得小于 50 m。

(3)附近不应有强烈反射卫星信号的物件(如大型建筑物等)。

(4)交通方便，并有利于其他测量手段扩展和联测。

(5)地面基础稳定，易于标石的长期保存。

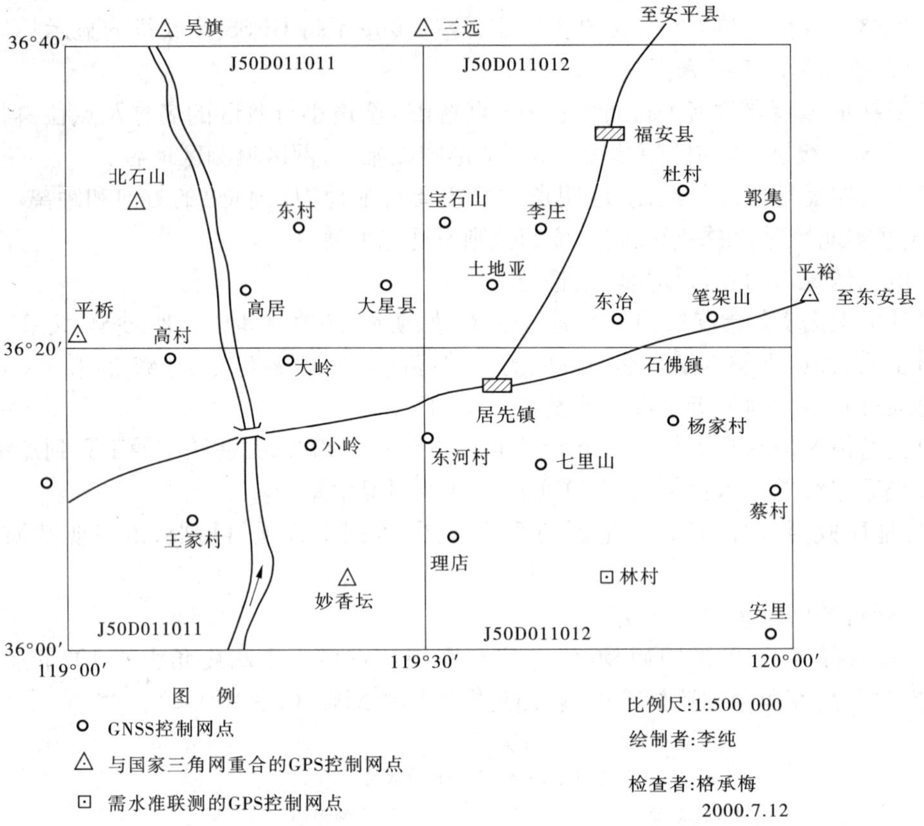

图 1-3 顺城区 GNSS 网选点图

(6)充分利用符合要求的已有控制点。

(7)选站时应尽可能使测站附近的局部环境(地形、地貌、植被等)与周围的大环境保持一致,以减少气象元素的代表性误差。

(8)A 级 GNSS 点位还应符合《全球导航卫星系统连续运行参考站网建设规范》(CH/T 2008—2005)的有关规定。

辅助点与方位点的要求如下:

(1)非基岩的 A、B 级 GNSS 点的附近适宜埋设辅助点,并测定其与 GNSS 点的距离和高差,精度应优于 ±5 mm。

(2)各级 GNSS 点可视需要设立与其通视的方位点,该点应目标明显,观测方便,方位点距网点的距离一般不小于 300 m。

GNSS 标石类型分为天线墩、基岩标石、基本标石,各等级所采用的标石类型可参考相应规范。埋设天线墩、基岩标石、基本标石时,应现场浇灌混凝土。普通标石可预先制作,然后运往各点埋没。标石及其埋石作业的相关规定可参考规范,埋石结束后上交资料有:①GNSS点之记;②测量标志委托保管书;③标石建造拍摄的照片;④埋石工作总结。测量标志委托保管书的形式、内容见表 1-2。

表 1-2　测量标志委托保管书

<table>
<tr><td>点名</td><td></td><td>点号</td><td></td><td>所在图幅</td><td></td></tr>
<tr><td>标志类别</td><td></td><td>标志等级</td><td></td><td>托管时间</td><td></td></tr>
<tr><td>标石类型</td><td></td><td>标志质料</td><td></td><td>完整情况</td><td></td></tr>
<tr><td>建造地址</td><td colspan="5"></td></tr>
<tr><td>点位略图</td><td colspan="5"></td></tr>
<tr><td colspan="6">测量标志委托保管协议
测量标志是经济建设和国防建设的重要基础设施，必须长期保存，严禁擅自拆除移动。根据《中华人民共和国测绘法》，____________(甲方)将位于____________的测量标志委托____________(乙方)保管，由乙方负责落实保管员。乙方不得在此范围内从事可能使测量标志受到破坏或失去使用效能的活动，发现测量标志损坏或可能危及安全的情况及时向甲方报告。甲方每年年底前向保管员支付保管津贴________元。
本协议一式五份。甲方、乙方上级测绘管理部门、乡(镇)人民政府和测量标志保管员各存一份</td></tr>
<tr><td colspan="3">甲　方</td><td colspan="3">乙　方</td></tr>
<tr><td>代　表</td><td colspan="2">(签章)</td><td>代　表</td><td colspan="2">(签章)</td></tr>
<tr><td>联系人</td><td colspan="2"></td><td>保管员</td><td colspan="2"></td></tr>
<tr><td>联系地址</td><td colspan="2"></td><td>联系地址</td><td colspan="2"></td></tr>
<tr><td>联系电话</td><td colspan="2"></td><td>联系电话</td><td colspan="2"></td></tr>
<tr><td>邮政编码</td><td colspan="2"></td><td>邮政编码</td><td colspan="2"></td></tr>
<tr><td colspan="3">______年____月____日</td><td colspan="3">______年____月____日</td></tr>
</table>

测量标志委托保管协议应根据《中华人民共和国测绘法》《中华人民共和国测量标志保护条例》《基础测绘条例》以及地方测绘管理条例等相关的法律、法规，并结合地区的实际情况制定。协议应体现双方的权利与义务。对故意破坏测量标志的，按《中华人民共和国刑法》进行惩处、处罚。

外业观测在测前准备完成后可进行。外业观测主要包括：观测期间作业区域卫星预报，按照网的等级确定作业方案，编制外业测量安排与调度计划，填写外业记录手簿，拟定外业观测通知单等。

外业观测的静态数据经过数据传输与格式转换，便可利用随机软件进行基线解算、网平差，并对处理结果进行精度评估。

2　GNSS 定位的作业依据

2.1　测量规范(规程)

(1)GB/T 14911—2008《测绘基本术语》。

(2)CH 1016—2008《测绘作业人员安全规范》。

(3)CH/T 1004—2005《测绘技术设计规定》。

(4)CH/T 1001—2005《测绘技术总结编写规定》。

(5)CH 8016—1995《全球定位系统(GPS)测量型接收机检定规程》。

(6)CH/T 8018—2009《全球导航卫星系统(GNSS)测量型接收机 RTK 检定规程》。

(7)GB/T 18314—2009《全球定位系统(GPS)测量规范》。

(8)CH/T 2009—2010《全球定位系统实时动态测量(RTK)技术规范》。

(9)CH/T 2008—2005《全球导航卫星系统连续运行参考站网建设规范》。

(10)GB 50026—2007《工程测量规范》。

(11)GB/T 24356—2009《测绘成果质量检查与验收》。

(12)CH/T 1018—2009《测绘成果质量监督抽查与数据认定规定》。

(13)各行业部门的 GNSS 测量规程或细则。

2.2　测量任务书或合同

测量任务书或合同是测量项目施工方上级主管部门或合同甲方下达的技术要求文件。它规定了测量任务的范围、目的、精度和密度等要求,提交成果资料的时间,完成任务的经济、技术等指标。

项目 2　GNSS 接收机静态数据采集

【项目导航】

重点

南方 S86 接收机静态数据采集的设置及操作，拓普康 HiPer ⅡG 接收机静态数据采集的设置及操作。

难点

静态数据采集设置操作的内容、流程。

任务

正确设置操作南方、拓普康 GNSS 接收机，完成静态数据采集的设置内容。

作业

静态数据采集设置完成后，进行静态数据采集。

流程

GNSS 接收机静态数据采集的设置与操作流程如图 2-1 所示。

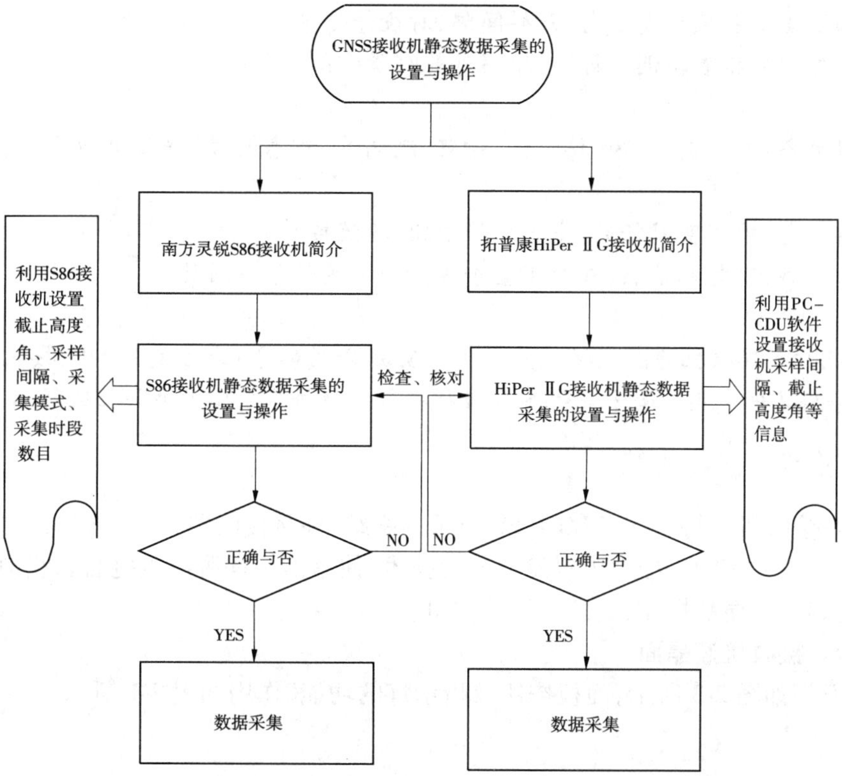

图 2-1　GNSS 接收机静态数据采集的设置与操作流程

首先介绍 GNSS 接收机面板与按钮的作用,然后介绍南方及拓普康接收机静态数据采集的设置与操作。GNSS 接收机静态数据采集的设置与操作按上述流程分“任务 1　南方灵锐 S86 接收机静态数据采集”与“任务 2　拓普康 HiPer ⅡG 接收机静态数据采集”分别介绍。

任务 1　南方灵锐 S86 接收机静态数据采集

【任务目的】

(1)了解南方灵锐 S86 接收机按钮及插口的位置,并掌握它们的功能、状态和用途。

(2)掌握 S86 接收机静态数据采集的设置内容及操作流程。

【任务分析】

静态数据采集是获取外业观测数据,进行传输、转换、处理的必备一步。对于不同的 GNSS 接收机,静态数据采集的操作设置是不同的,但数据采集的设置的内容基本上是一样的。南方灵锐 S86 接收机静态数据采集可通过接收机面板进行操作,设置的项目有卫星截止高度角、采样间隔、时段等信息,同时还需量取天线高、记录观测时段,必要时还需记录气象等信息。

【任务要求】

(1)掌握 S86 接收机面板的使用。

(2)架设仪器,量天线高。

(3)正确设置卫星截止高度角、采样间隔、时段等信息。

(4)拟订外业安排表与调度计划,填写外业测量手簿。

【任务准备】

(1)仪器准备:南方灵锐 S86 接收机、脚架、测高片、钢卷尺等,保证电源充足,能够正常工作。

(2)人员准备:按照实习任务,事先分好小组,轮流操作。

(3)记录准备:准备记录板,外业测量手簿,本子、笔等学习用具。

【任务实施】

南方灵锐 S86 接收机静态数据采集任务的实施分两部分:南方灵锐 S86 接收机简介和 S86 接收机静态数据采集。南方灵锐 S86 接收机静态数据采集流程如图 2-2 所示。

1　南方灵锐 S86 接收机简介

灵锐 S86 接收机支持 GPS、GLONASS 卫星的跟踪,并将接收单元、数据采集单元、电源、电台等合为一体,先进的基准站内置发射电台技术,使基准站摆脱沉重电瓶和线缆并实现全无线作业,能满足简便的操作,更适合野外测量。

1.1　灵锐 S86 接收机液晶面

接收机面板如图 2-3 所示,面板按钮及指示灯的功能、作用如表 2-1 所示。

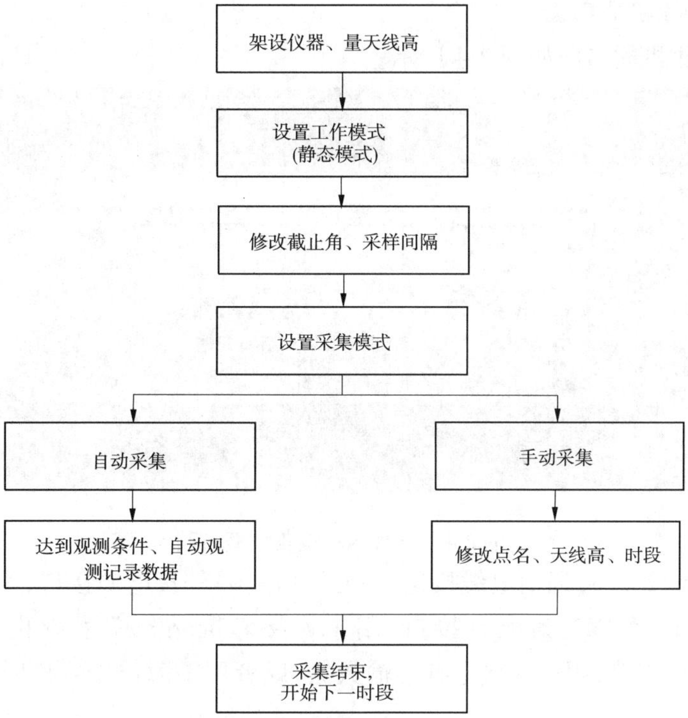

图 2-2　南方灵锐 S86 接收机静态数据采集流程

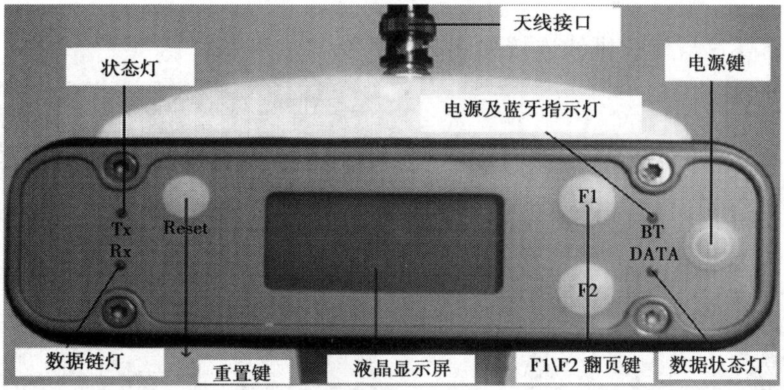

图 2-3　灵锐 S86 接收机液晶面

表 2-1　接收机面板按钮及指示灯的功能、作用

项目	功能	作用或状态
开机键	开关机,确定,修改	开机,关机,确定修改项目,选择内容
F1或F2 F1,F2 键	翻页,返回	一般为选择修改项目,返回上级接口
重置键	强制关机	特殊情况下关机,不影响已采集数据
DATA 灯	数据传输灯	按采集间隔或发射间隔闪烁
BT 灯	蓝牙灯	蓝牙接通时 BT 灯长亮
RX 灯	收信号指示灯	按发射间隔闪烁
TX 灯	发信号指示灯	按发射间隔闪烁

1.2　灵锐 S86 接收机插口面

灵锐 S86 接收机插口面如图 2-4 所示。

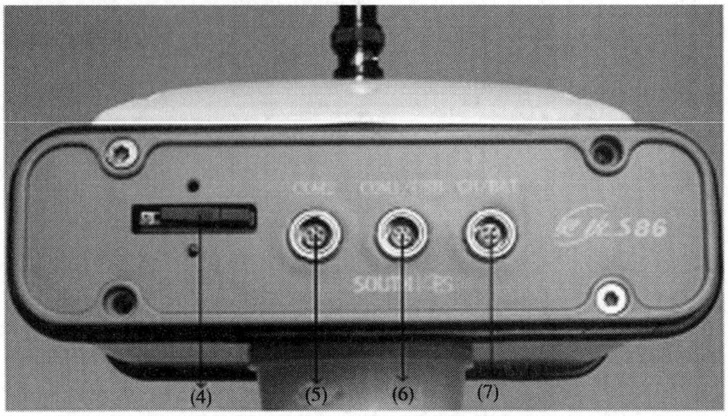

图 2-4　灵锐 S86 接收机插口面

说明：(4)插卡处；(5)通信电缆接口，为五针口；(6)外接电源接口，为七针口；(7)充电器接口，为四针口。COM2 为电台接口，用来连接基准站外置发射电台，为五针接口。COM1/USB 为数据接口，用来连接电脑传输数据，或者用手簿连接主机时使用；CH/BAT 为主机电池充电接口。

1.3　测高片

测高片、测高片与接收机的连接如图 2-5 所示。

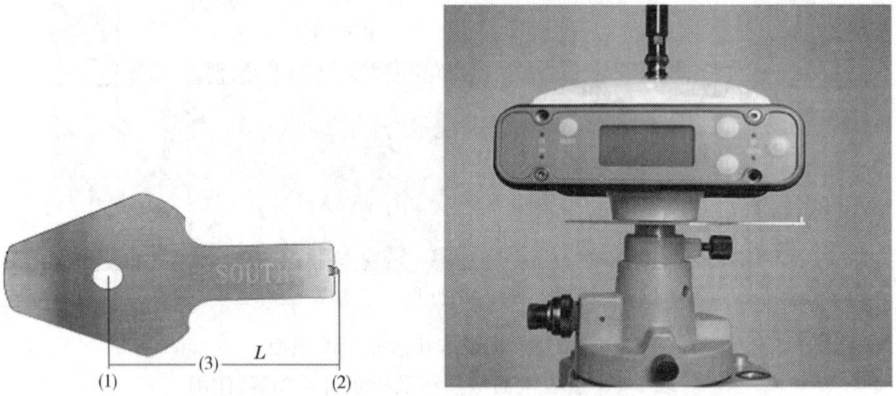

(a) 测高片　　(b) 测高片与接收机的连接

图 2-5　测高片及其与接收机的连接

说明：图 2-5(a)中测高片(1)~(3)分别表示如下：(1)连接孔，(2)量测点，(3)连接孔中心到量测点的距离，$L=120$ mm。量取天线高前将测高片夹在连接头与主机之间(见图 2-5(b))。

1.4　充电器

S86 接收机主机充电器由交流电源插头电缆和变压器电缆两部分组成，如图 2-6 所示。

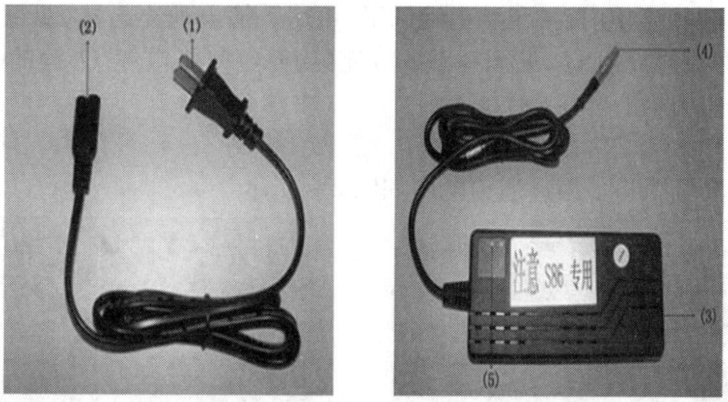

图 2-6　交流电源插头与变压器电缆

说明：(1)220V 交流电插头；(2)、(3)充电时将其相连；(4)四针插头，充电时插入 S86 主机四针充电口，且插头和接口处的红点应相对插入；(5)充电指示灯，"CH1"、"CH2"灯亮红灯表示正在充电，当电池被充足之后(或充电器没有连接主机)指示灯变绿。

S730 手簿与手簿电池如图 2-7 所示，手簿电池充电器与手簿直充电缆的连接如图 2-8 所示。

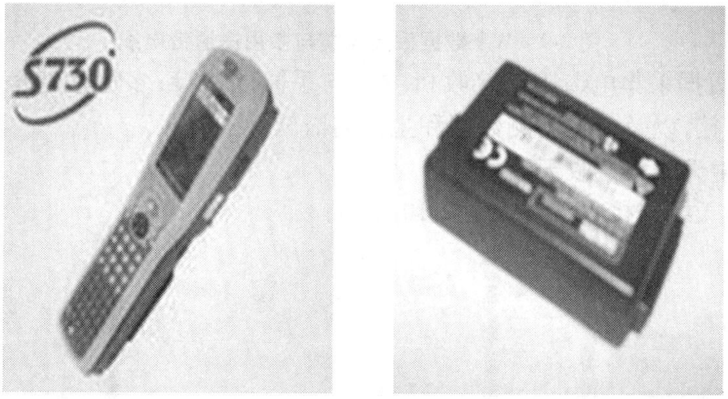

图 2-7　S730 手簿与手簿电池

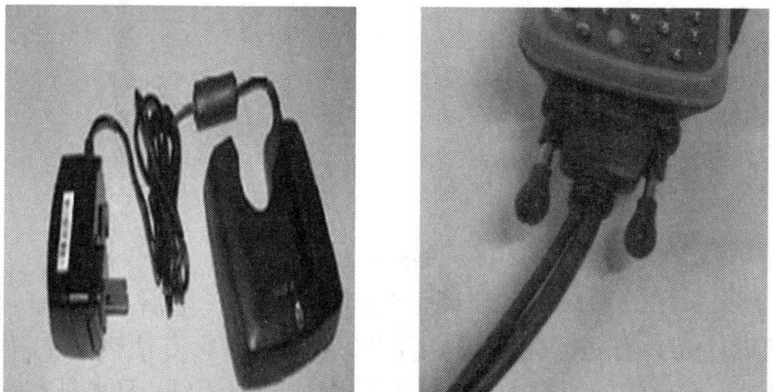

(a)　　(b)

图 2-8　手簿电池充电器与手簿直充电缆

说明：S730 手簿充电时，如果将电池卸下，可用手簿电池充电器（见图 2-8（a））进行充电。不卸下时，可用直充电缆（见图 2-8（b））充电，充电时将电缆 17 针的一端插入手簿底座，另一端插上电源即可。

1.5　通信电缆

WA 数据采集电缆与多用途通信电缆如图 2-9 所示。

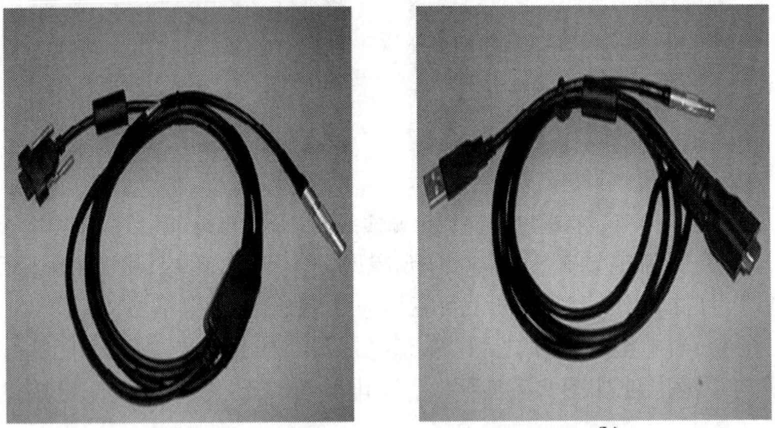

(a)　(b)

图 2-9　WA 数据采集电缆与多用途通信电缆

说明：WA 数据采集电缆用于接收机主机与手簿的连接；多用途通信电缆用于接收机主机和电脑的连接，以及传输观测数据和主机内嵌软件的升级。

1.6　数据链发射天线与接收天线

数据链发射天线与接收天线如图 2-10 所示。

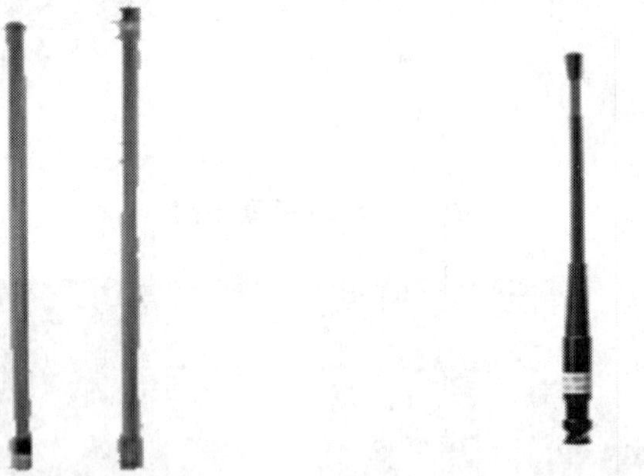

(a)　(b)

图 2-10　发射天线和接收天线

说明：灵锐 S86 采用的是 6.5db 玻璃钢全向发射天线（见图 2-10（a），长天线，基准站使用），天线的玻璃钢外壳具有坚固耐用、易于清洁、防水防潮、方便携带的特点；接收天线（见图 2-10（b），短天线，流动站使用）使用的是 450 MHz 全向天线，天线具有小巧轻便和美观耐用的特点。

2　S86 接收机静态数据采集

静态数据采集操作包括：仪器架设与天线高量取、接收机设置与操作。

2.1　仪器架设与天线高量取

操作：架设仪器到待测点上，对中整平→将测高片夹在连接头与接收机主机之间（见图 2-11(a)）→由测高片量测边量至标石（或其他标志）或者地面点中心顶端（见图 2-11(b)）。

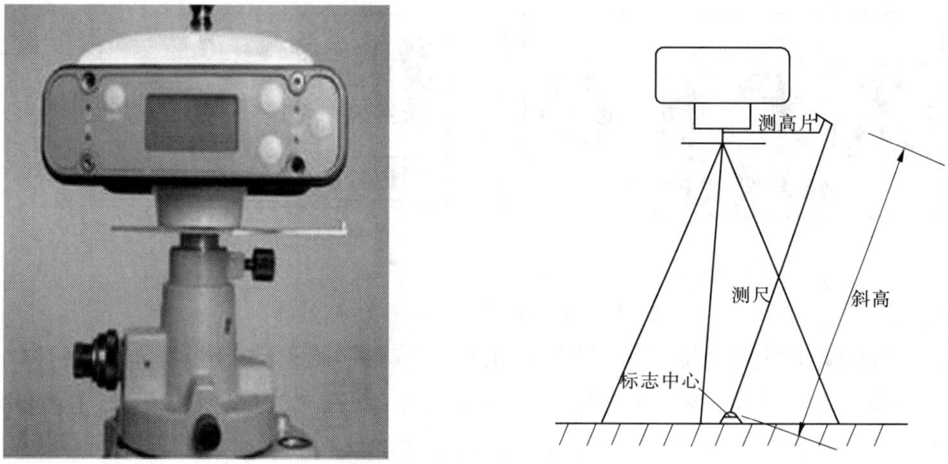

(a)　(b)

图 2-11　仪器架设与天线高量取

说明：利用测高片量取仪器高时，应在各观测时段的前后，各量测天线高一次。每次量取时，应在测前、测后互成 120°的脚架空隙处量取三次，取平均值记录在测量手簿中，且量取的高为斜高。

天线安置的要求如下：

(1)用三脚架安置天线时，其对中误差不应大于 1 mm。

(2)B 级 GNSS 测量，天线定向标志线应指向正北，顾及当地磁偏角修正后，其定向误差应不大于 ±5°，对于定向标志不明显的接收机天线，可预先设置标记，每次按此标记安置仪器。

(3)天线集成体上的圆水准气泡必须居中，没有圆水准气泡的天线，可调整天线基座脚螺旋，使在天线互为 120°方向上量取的天线高互差小于 3 mm。

2.2　接收机设置与操作

操作 1：按电源键【 】开机，进入“灵锐 S86”初始界面（见图 2-12(a)）→此时，按【F2】进入“设置模式”→按【F1/F2】选择“设置工作模式”（见图 2-12(b)），按电源键【 】确定。

操作 2：按【F1/F2】选择“静态模式设置”，按电源键【 】确定（见图 2-13(a)）→进入“静态模式参数设置”界面后，按【F1/F2】选择“修改”，按电源键【 】确定修改（见图 2-13(b)）。

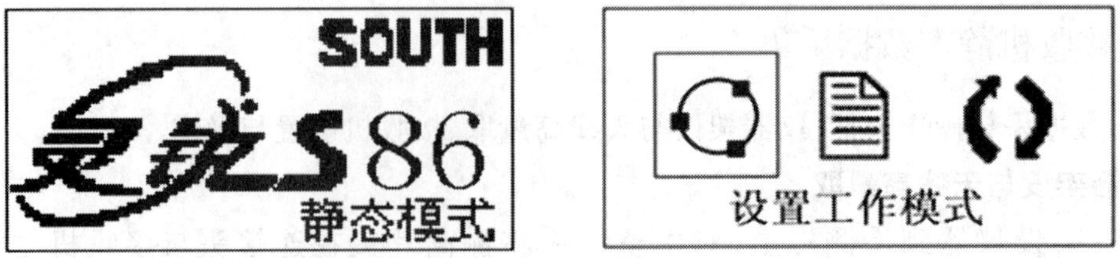

(a)　(b)

图 2-12　初始界面与设置模式

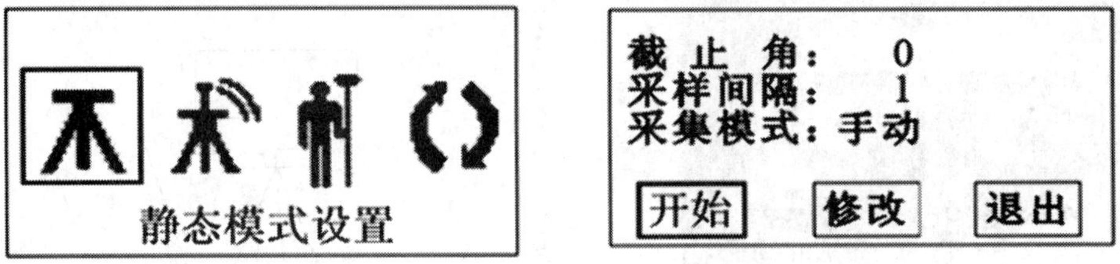

(a)　(b)

图 2-13　静态模式设置与参数修改

操作 3：按【F1/F2】选择相应项目（如截止角），按电源键【】确定（见图 2-14（a））→进入图 2-14（b）所示界面，按【F1/F2】选择角度（如 15°），按电源键【】确定选择（见图 2-14（b）），回到图 2-14（a）所示界面，到此“截止角”修改完成→修改“采样间隔”和“采集模式”的操作步骤与修改“截止角”的操作一样（见图 2-15）→修改完所有项目后，按【F1/F2】选择“开始或确定”，按电源键【】确定（见图 2-13（b）），主机重启后进入静态数据采集模式（见图 2-12（a））。

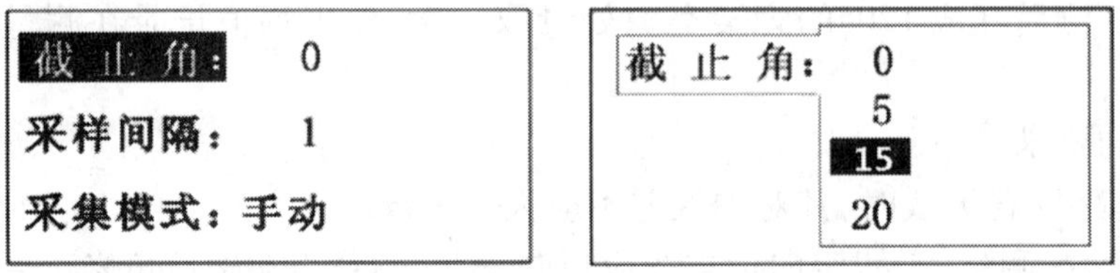

(a)　(b)

图 2-14　静态参数设置（截止角）

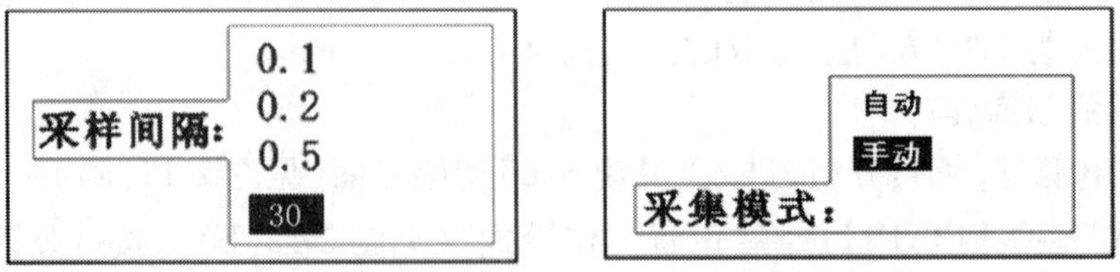

(a)　(b)

图 2-15　静态参数设置（采样间隔、采集模式）

说明：卫星截止高度角在灵锐 S86 仪器中缩写为截止角，可根据需要选择，一般设为 15°即可；采样间隔一般设为 30 s 即可，对于存储量大的接收机，采样间隔可设置得小点儿

(如 1 s),数据处理时再根据需要修改;采集模式可以手动也可以自动,自动时当达到观测条件时就开始记录数据,手动时需要在“采集模式”下再设置(建议设为手动)。

操作 4:手动模式下,按【F1】进行采集(见图 2-16(a))→按【F1】确认采集(或按【F2】取消采集)(见图 2-16(b)),进入图 2-17(a)所示界面。

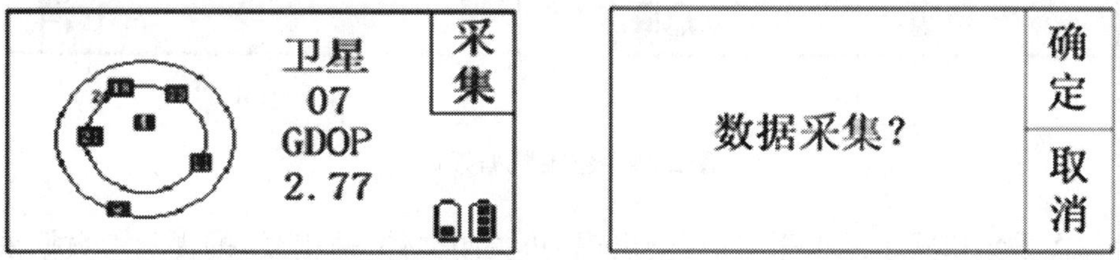

(a)　(b)

图 2-16　数据采集

操作 5:在图 2-17(a)中,按【F1/F2】选择“修改”,按电源键【】确定修改(见图 2-17(a))→按【F1/F2】选择“点名”,按电源键【】确定(见图 2-17(b))→确定后,光标移到点名第一个字符“C”上,按【F1/F2】选择其他字母或数字,选择完后,按电源键【】确定(见图 2-18(a))→光标移到点名第二个字符“0”上,按【F1/F2】选择其他字母或数字,选择完后,按电源键【】确定,依次类推(见图 2-18(b))→输完后,按电源键【】确定,按【F1/F2】选择其他项目“仪器高”或“时段”,按电源键【】确定选择输入(仪器高、时段的修改与点名修改操作一样)→修改完所有项目后,按【F1/F2】选择“开始或确定”,按电源键【】确定(见图 2-17(a)),进入数据采集界面(见图 2-19(a))。

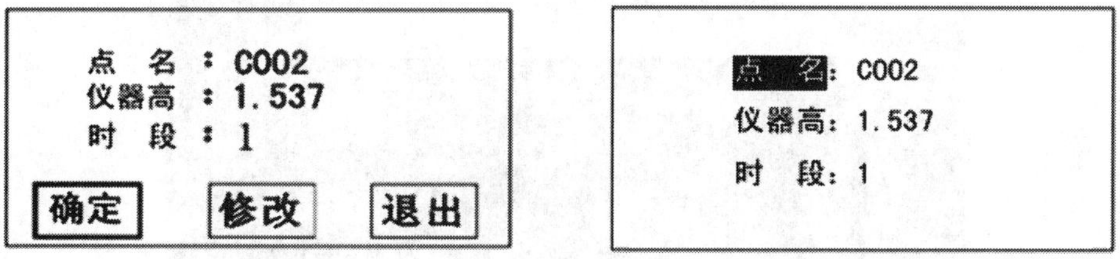

(a)　(b)

图 2-17　数据采集参数修改(点名)

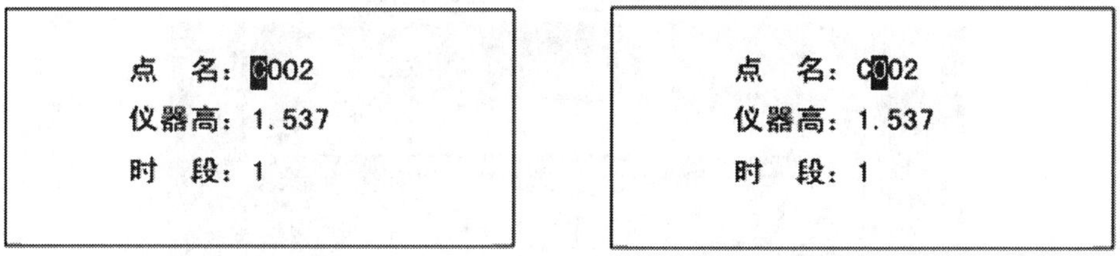

(a)　(b)

图 2-18　数据采集参数修改(点名)

说明:点名长度为四个字符,可以是字母、数字或字母和数字的组合;时段数表示该测站静态观测的第几个时段。

操作 6:在数据采集模式下,按【F1】结束采集(见图 2-19(a))→按【F1】确认结束(见图 2-19(b)),开始下一时段观测。

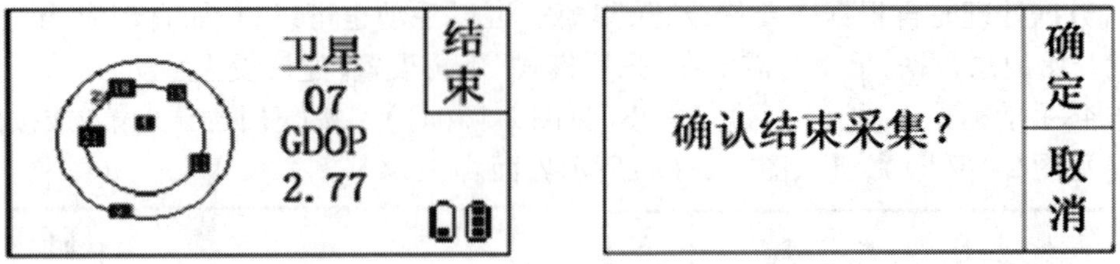

(a)　　(b)

图 2-19　结束数据采集

说明：在采集模式下结束采集时，会出现“正关闭文件，请稍候”的提示。数据采集模式下会轮换出现三个界面来显示锁定卫星的信息。

【任务小结】

首先介绍了 S86 接收机面板的按钮、指示灯、插口等的功能作用，然后重点介绍了南方 S86 接收机的仪器架设、天线高量取、截止高度角、采样间隔及采集参数设置等内容。不同接收机静态数据采集设置的内容大同小异，操作相对比较简单。需要注意的是，对于多台作业的接收机，同品牌或不同品牌的，建议采用相同的设置（采样间隔、截止高度角等）。

【任务考核】

（1）标定 S86 接收机面板按钮、指示灯及插口的名称、功能及作用（见图 2-20 ~ 图 2-21）。

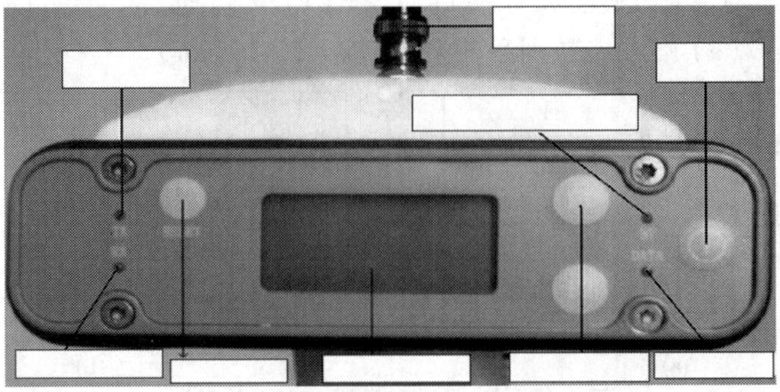

图 2-20　灵锐 S86 接收机液晶面

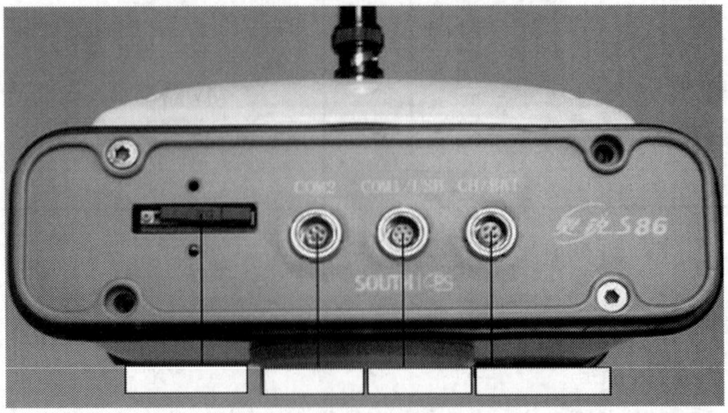

图 2-21　灵锐 S86 接收机插口面

（2）标出测高片（1）~（3）代表的含义，并画出 S86 天线高的量取方法（见图 2-22）。

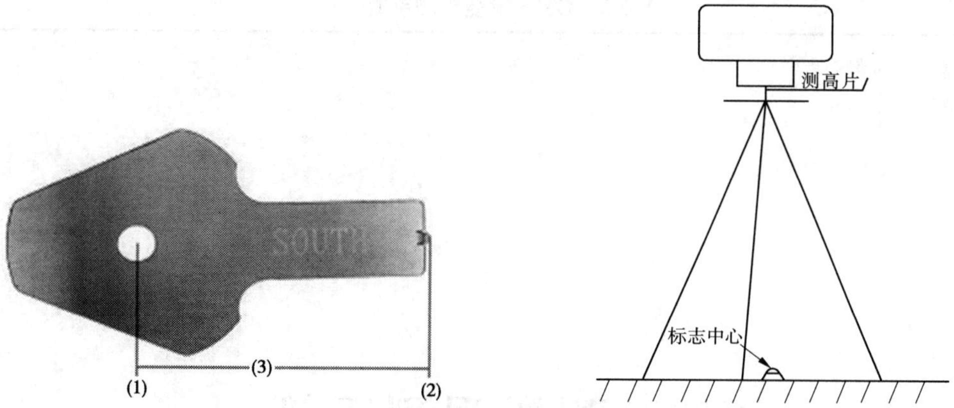

图 2-22　测高片及天线高量取

(3)分析总结 S86 接收机静态数据采集的设置流程，以流程图的方式填写图框（见图 2-23）。

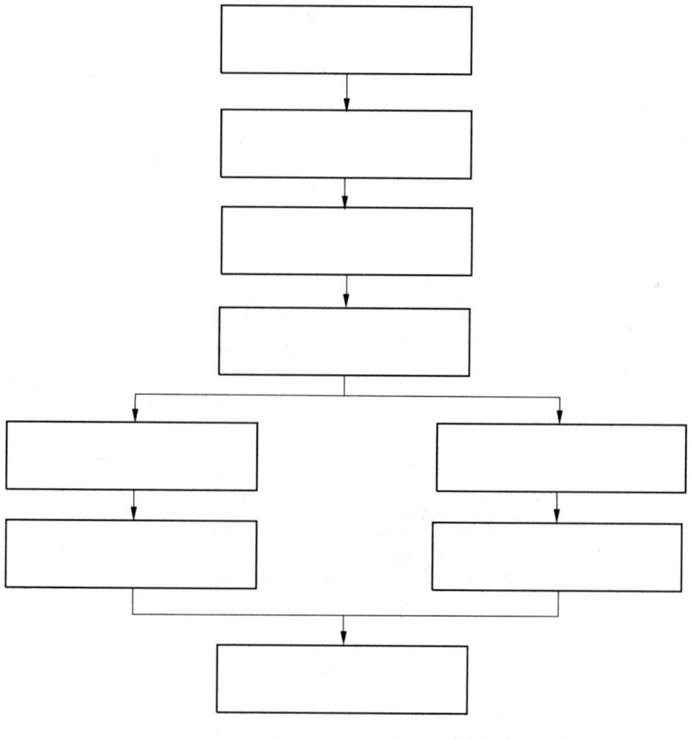

图 2-23　南方灵锐 S86 接收机静态数据采集流程

(4)填写 GNSS 测量观测手簿（见表 2-2）。①测量手簿封面。②外业测量手簿。

表 2-2　GNSS 测量观测手簿

GNSS 测量观测手簿

手簿编号　No. ＿＿＿＿＿＿

测量级别＿＿＿＿＿＿＿

起止日期＿＿＿＿＿＿＿

项目名称＿＿＿＿＿＿＿

点　　名＿＿＿＿＿＿＿

点　　号＿＿＿＿＿＿＿

测量单位＿＿＿＿＿＿＿

续表 2-2

<table>
<tr><td>点　号</td><td></td><td>点　名</td><td></td><td>图幅编号</td><td></td></tr>
<tr><td>观测记录员</td><td></td><td>观测日期</td><td></td><td>时段号</td><td></td></tr>
<tr><td>接收机型号
及编号</td><td></td><td>天线类型及其
编号</td><td></td><td>存储介质类型
及编号</td><td></td></tr>
<tr><td>原始观测
数据文件名</td><td></td><td>Rinex 格式
数据文件名</td><td></td><td>备份存储介质
类型及编号</td><td></td></tr>
<tr><td>近似纬度</td><td>°　′　″N</td><td>近似经度</td><td>°　′　″E</td><td>近似高程</td><td>m</td></tr>
<tr><td>采样间隔</td><td>s</td><td>开始记录时间</td><td>h　min</td><td>结束记录时间</td><td>h　min</td></tr>
<tr><td colspan="2">天线高测定</td><td colspan="2">天线高测定方法及略图</td><td colspan="2">点位略图</td></tr>
<tr><td colspan="2">　　测前：　　测后：
测定值 ______ ________ m
修正值 ______ ________ m
天线高 ______ ________ m
平均值 ______ ________ m</td><td colspan="2"></td><td colspan="2"></td></tr>
<tr><td colspan="2">时间(UTC)</td><td colspan="2">跟踪卫星数</td><td colspan="2">PDOP</td></tr>
<tr><td colspan="2"></td><td colspan="2"></td><td colspan="2"></td></tr>
<tr><td colspan="2"></td><td colspan="2"></td><td colspan="2"></td></tr>
<tr><td colspan="2"></td><td colspan="2"></td><td colspan="2"></td></tr>
<tr><td colspan="2"></td><td colspan="2"></td><td colspan="2"></td></tr>
<tr><td colspan="2"></td><td colspan="2"></td><td colspan="2"></td></tr>
<tr><td colspan="2"></td><td colspan="2"></td><td colspan="2"></td></tr>
<tr><td colspan="2"></td><td colspan="2"></td><td colspan="2"></td></tr>
<tr><td colspan="2"></td><td colspan="2"></td><td colspan="2"></td></tr>
<tr><td colspan="2"></td><td colspan="2"></td><td colspan="2"></td></tr>
<tr><td>记事</td><td colspan="5"></td></tr>
</table>

(5)拟订外业安排表与调度计划(见表 2-3)。

表 2-3　GNSS 测量作业调度计划

时段编号	观测时间	测站号、名 机　　号	测站号、名 机　　号	测站号、名 机　　号	测站号、名 机　　号	测站号、名 机　　号	备注
1							
2							
3							
4							
5							
6							
7							
8							
9							
10							
11							
12							
13							

【任务扩展】

在 S86 接收机静态数据采集的基础上学习其他仪器厂商(如天宝、徕卡、南方、中海达等)接收机的设置方式与内容,并进行分析对比。

进一步学习不同等级控制网的建立对静态数据采集的要求。

进行高精度数据处理时,对静态数据采集有什么要求,需要采集什么数据和需要什么文件,如何操作等是进一步学习的内容。

任务 2　拓普康 HiPer ⅡG 接收机静态数据采集

【任务目的】

(1)了解拓普康 HiPer ⅡG 接收机按钮、指示灯及插口的位置,并掌握它们的功能、状态和用途。

(2)掌握利用 PC－CUD 软件进行接收机静态数据采集的设置内容及操作流程。

【任务分析】

拓普康 HiPer ⅡG 接收机只有一个按钮"电源开关键",为一键操作,因此接收机只需对电源开关键进行操作即可。对 HiPer ⅡG 接收机静态数据采集的操作设置与南方 S86 仪器不同,采用 PC－CUD 软件进行操作设置。设置内容包括卫星截止高度角、采样间隔等信息,同时需量取天线高、记录观测时段等信息。

【任务要求】

(1)了解 HiPer ⅡG 接收机面板的按钮、指示灯及插口的位置。

(2)掌握 HiPer ⅡG 接收机"一键操作"的含义、功能、状态及操作。

(3)架设仪器,量天线高。

(4)利用 PC－CUD 软件进行静态数据采集相关的设置(截止高度角、采样间隔等信息)。

(5)拟订外业安排表与调度计划,填写外业测量手簿。

【任务准备】

(1)仪器准备:拓普康 HiPer ⅡG 接收机(装有 SD/SDHC 存储卡)、脚架、卷尺、计算机、接收机传输线等,保证电源充足,能够正常工作使用。

(2)软件准备:PC－CUD 软件。

(3)人员准备:按照实习任务,事先分好小组,轮流操作。

(4)记录准备:准备记录板,外业测量手簿,本子、笔等学习用具。

【任务实施】

该任务采用拓普康 HiPer ⅡG 接收机,分两部分实施:拓普康 HiPer ⅡG 接收机简介和 HiPer ⅡG 接收机静态数据采集。HiPer ⅡG 接收机静态数据采集流程如图 2-24 所示。

1　拓普康 HiPer ⅡG 接收机简介

拓普康 HiPer ⅡG 可以接收和处理多种卫星信号(包括 GPS L1、L2、C/A、L2C 信号,GLONASS L1、L2、C/A 信号),其多频率与 GNSS 技术的结合使其可以满足测量的高精度要求。多路径抑制技术使得接收机在有遮挡和信号弱的环境下能够跟踪卫星信号。

1.1　HiPer ⅡG 接收机 LED 显示面板

HiPer ⅡG 接收机 LED 显示面板如图 2-25 所示。HiPer ⅡG 接收机的按钮只有电源开关键,为一键操作。接收机面板按钮及指示灯的功能作用如表 2-4 所示。

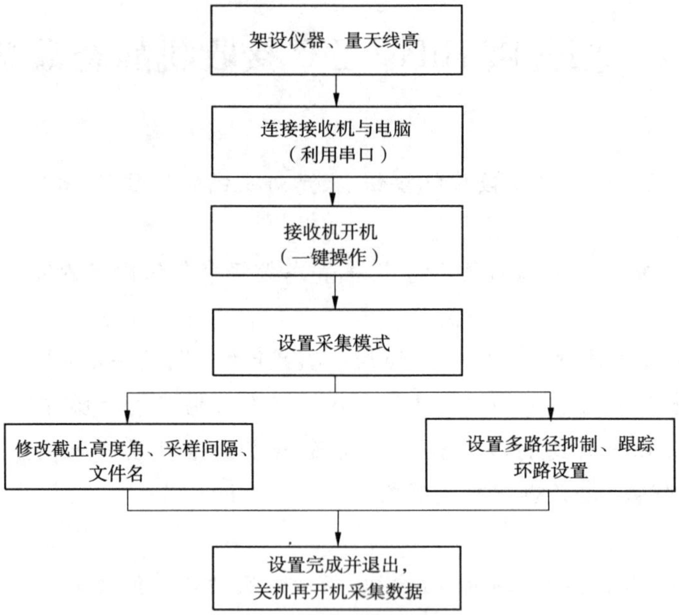

图 2-24　HiPer ⅡG 接收机静态数据采集流程

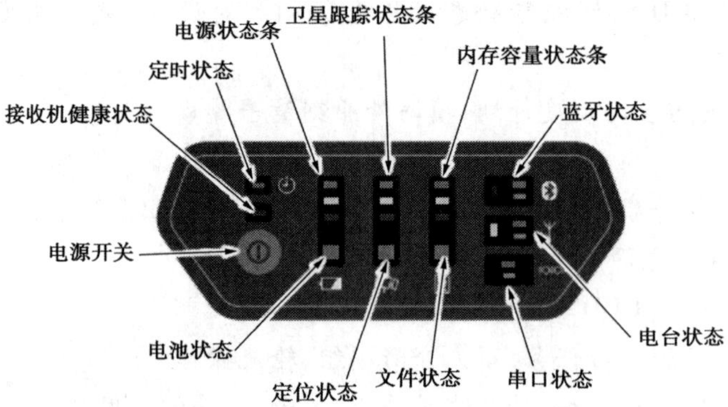

图 2-25　HiPer ⅡG 接收机 LED 显示面板

表 2-4　接收机面板按钮及指示灯的功能作用

动作	秒数	描述
开机	1 s	按住电源开关键 3 s 后再松开，接收机开机。电池条指示开机的进度。开机后（大约 20 s）电池条将会关闭一会，并能够听到“Receiver Ready（接收机准备好）”的声音提示，表示接收机已经可以工作了。注：开机时，接收机健康状态指示灯亮是正常的
关机	大于 3 s 且小于 10 s	按住电源开关键 3 ~ 10 s，直到听到“Power off（关机）”的声音提示，此时，上部的三个电源状态指示灯亮

续表 2-4

动作	秒数	描述
出厂设置	大于 10 s 且小于 20 s	接收机开机后,按住电源开关键 10 ~ 20 s,直到听到"Factory Reset(出厂设置)"的声音提示,此时,上部三个电源状态指示灯、卫星跟踪状态指示灯和内存状态指示灯均亮。松开电源开关键则设置所有的仪器参数为出厂缺省值。注:该操作是不可撤回的
删除内存	大于 20 s 且小于 25 s	接收机开机后,按住电源开关键 20 ~ 25 s,直到听到"Delete Files(删除文件)"的声音提示,此时,上部的三个内存状态指示灯亮。松开电源开关键则删除内存中的所有文件。注:该操作是不可撤回的。如果你不能确认是否要删除内存中的所有文件,继续按住该键到 25 s 以上,则接收机将返回到正常操作模式。要从内存中删除某些文件,需要使用手簿或 PC 机上的拓普康 TRU 程序
忽略	大于 25 s	当按住电源开关键 25 s 以上,会听到"Continue operation(继续操作)"的声音提示,此时,接收机不会执行任何动作,接收机将返回到正常操作模式。接收机将不会关机,数据文件也不会被删除,仪器参数不会被设置为出厂缺省值

1.2　HiPer ⅡG 接收机底面结构及功能

HiPer ⅡG 接收机底面结构如图 2-26 所示。

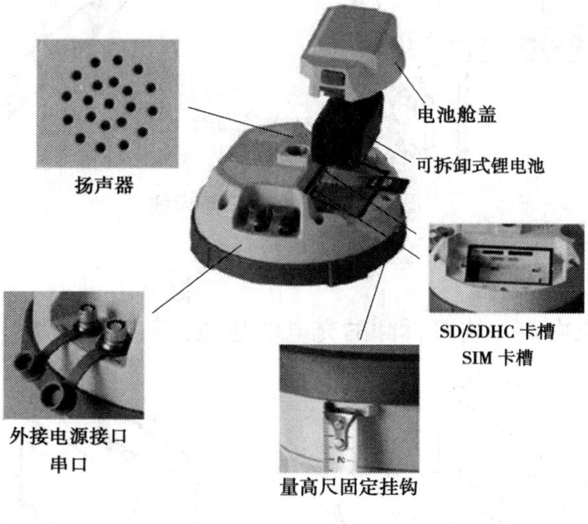

图 2-26　HiPer ⅡG 接收机底面结构

说明:HiPer ⅡG 接收机具有声音提示功能,利用扬声器通过一系列的声音来提示当前系统的状态和事件条件。

HiPer ⅡG 有两个接口(见图 2-26):串口,用于接收机与外接设备的数据传输,接口端为黑色,连接时圆形的连接接收机,另一端连接电脑(见图 2-27);电源接口,用于连接接收机与外接电源,接口端为红色。

SD/SDHC 卡槽和 SIM 卡槽位于底座附近的电池下方(内部位置示意见图 2-27),SD/SDHC 卡插入后一般不再取出,卡中存储的数据可以通过 SD/SDHC 读卡器、串口、蓝牙等进行传输(静态数据采集时插入 SD/SDHC 卡)。

SIM 卡槽位于电池盒内部,用于将标准的 SIM 卡安装到接收机中。SIM 卡插入后,提供接收机的 GSM 模块一个唯一的标识号,启动接收机的 GSM 功能和相应的服务(接收机主板连接 GSM 模块,GSM 模块上插有 SIM 卡)。量取天线高时,可用卷尺一端钩在"量高尺固定挂钩"上,另一端量到地面标志中心顶部即可。电池舱盖去掉后,可将电池卸下。

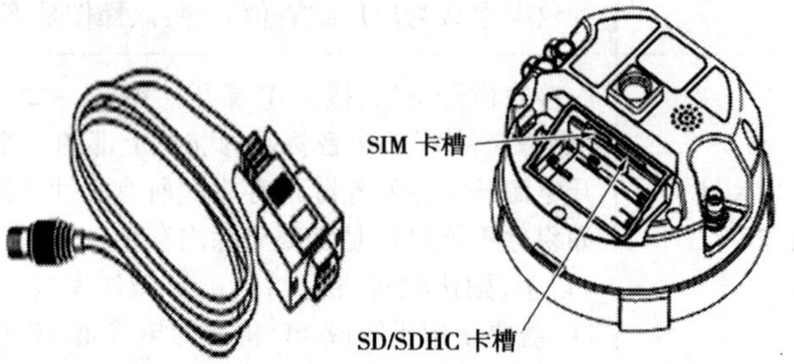

图 2-27　串口电缆与卡槽

1.3　天线接口与天线

天线接口与天线如图 2-28 所示。

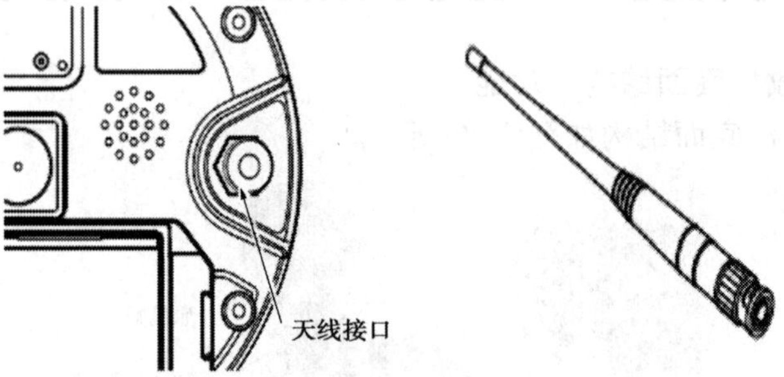

图 2-28　天线接口与天线

说明:安装时将天线旋进即可。

1.4　HiPer ⅡG 接收机充电器

HiPer ⅡG 接收机内装一块可拆卸的充电电池,安装、充电及取出如图 2-29 所示。

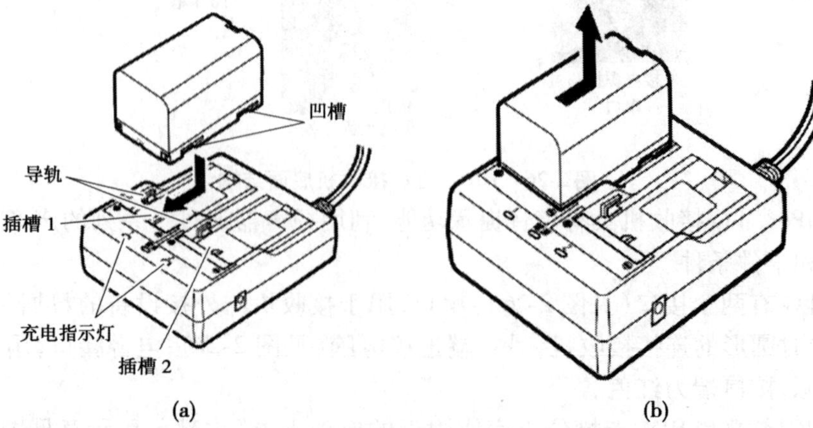

图 2-29　电池安装、充电及拆卸

说明:使用充电器给一块电池满充电大约需 4 h,两块大约需 8 h。如果插入了两个电池,充电器先给插槽 1 中的电池充电,后给插槽 2 中的电池充电。

安装、充电步骤如下:

(1)电池充电器通过电源线连接到外接电源。

(2)顺着导轨将电池插入充电器。

(3)当充电开始时,充电指示灯开始闪烁。

(4)一旦充电完毕,充电指示灯亮。

(5)取出电池,断开充电器。取出时,先推再拿起(见图 2-29(b))。

1.5　手簿、手簿充电器及数据传输线

HiPer ⅡG 接收机手簿配置的为 FC-25 手簿,手簿、充电器及数据传输线如图 2-30 所示。

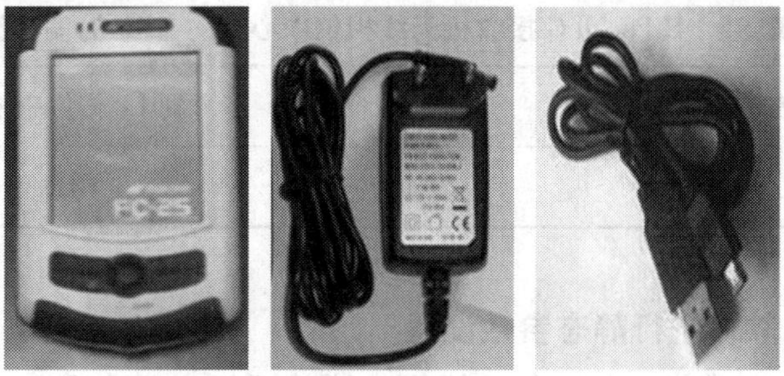

图 2-30　FC-25 手簿、充电器及数据传输线

说明:手簿充电时,将手簿底座挡板翻开,将充电器圆形端插入手簿圆形插口,另一端插上电源即可。数据传输时,也需将手簿底座挡板翻开,传输线 USB 一端连接电脑,另一端插入底座插口。

2　HiPer ⅡG 接收机静态数据采集

HiPer ⅡG 接收机静态数据采集包括仪器架设与天线高的量取、利用 PC-CUD 软件进行静态参数设置。

2.1　仪器架设与天线高量取

操作:架设仪器到待测点上,按图 2-31(a)所示连接仪器,对中整平→由量高尺固定挂钩量至标石(或其他标志)或者地面点中心顶端(见图 2-31(b))。

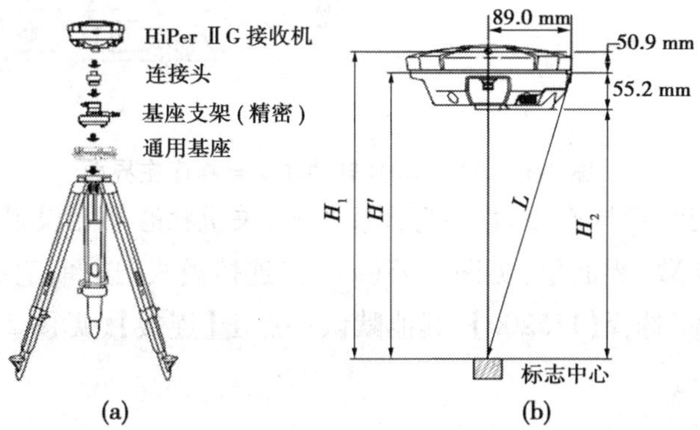

图 2-31　仪器连接架设与天线高量取

说明:应在各观测时段的前后各量测天线高一次,每次量取时,应在测前、测后互成 120°的脚架空隙处量取三次,取平均值记录在测量手簿中,且量取的高为斜高。天线安置的要求参考图 2-11 说明。

垂高表示从测站标志中心到接收机底部固定螺丝基座上天线参考点(ARP)的距离。斜高代表从测站标志中心到接收机斜高测量标志(SHMM)处的距离。图 2-31 中各个符号含义如下:L 为从测点标志至接收机量高标志处的斜高;H' 为从测点标志至 SHMM 的垂高($H' = \sqrt{L^2 - (89)^2}$);H_1 为天线高($H_1 = H' + 50.9$ mm);H_2 为从测点标志至 ARP 的垂高($H_2 = H' - 55.2$ mm)。

HiPer ⅡG 接收机天线相位中心相对 ARP 的偏移值如表 2-5 所示。

表 2-5　HiPer ⅡG 接收机天线相位中心相对 ARP 的偏移量

到 L_1 相位中心(向上)	到 L_2 相位中心(向上)
106.1 mm	102.3 mm

2.2　利用 PC – CUD 软件进行静态参数设置

操作 1:利用串口电缆将接收机与计算机连接并开机→双击 PC – CUD 图标(见图 2-32(a))→显示程序主界面(见图 2-32(b))。

(a)

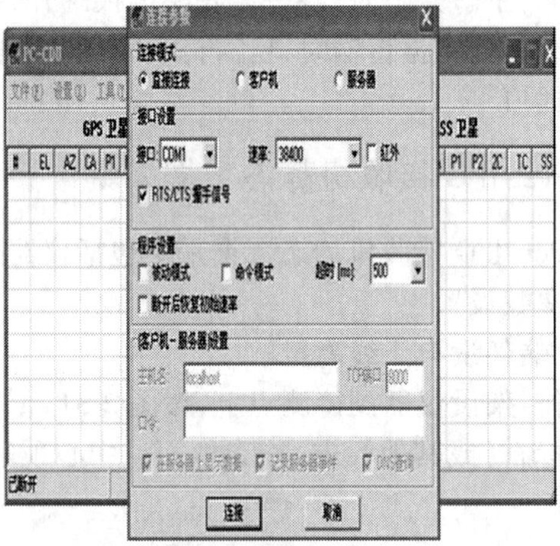

(b)

图 2-32　PC – CUD 软件图标与程序主界面

说明:接收机与计算机连接后,要打开接收机,关机状态不能设置。

操作 2:“连接参数”界面里(见图 2-33(a)),“连接模式”选择【直接连接】,“接口设置”选择【COM1】,“速率”选择【115200】,其他默认→点击【连接】(见图 2-33(a)),显示图 2-33(b)所示连接后界面。

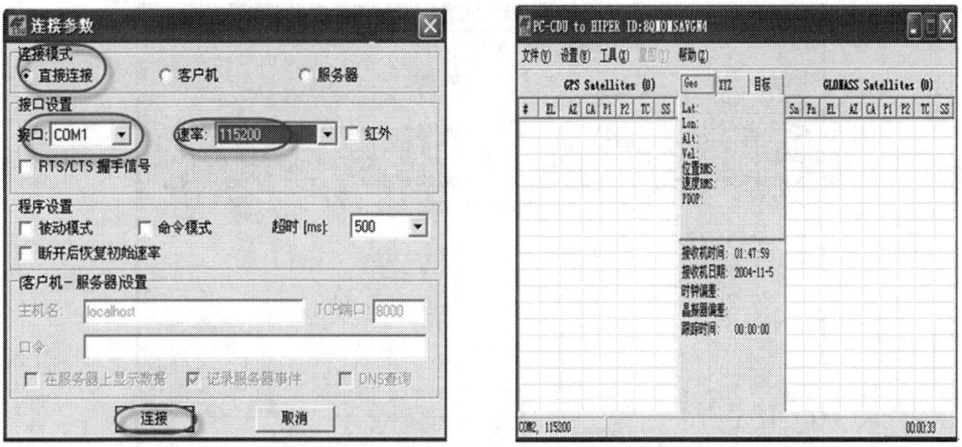

(a)　　(b)

图 2-33　连接参数及连接后界面

说明:如果“连接参数”界面关闭,可以点击【文件】→选择【连接】调出,连接成功后会出现图 2-33(b)所示界面。

操作 3:软件主界面下,点击【设置】,选择【接收机】(见图 2-34(a))→点击【恢复所有参数至缺省值】(见图 2-34(b))→关闭 PC – CUD 软件,双击 PC – CUD 软件图标,打开软件并重新连接。

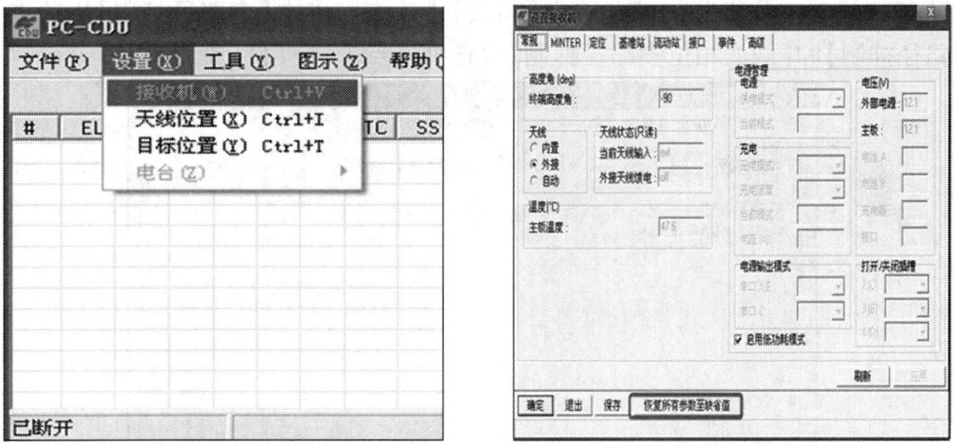

(a)　　(b)

图 2-34　接收机参数恢复至缺省值

说明:“设置接收机”对话框显示接收机当前的设置,并提供作业所需的设置修改字段和设置值。接收机所有参数恢复缺省值后,再进行设置,不宜出错。

操作 4:软件主界面下,点击【设置】,选择【接收机】(见图 2-34(a))→进入“设置接收机”界面,点击【MINTER】选项卡(见图 2-35)→设置【记录间隔】、【记录文件高度角】、【文件名前缀】,点击【应用】(见图 2-35)。

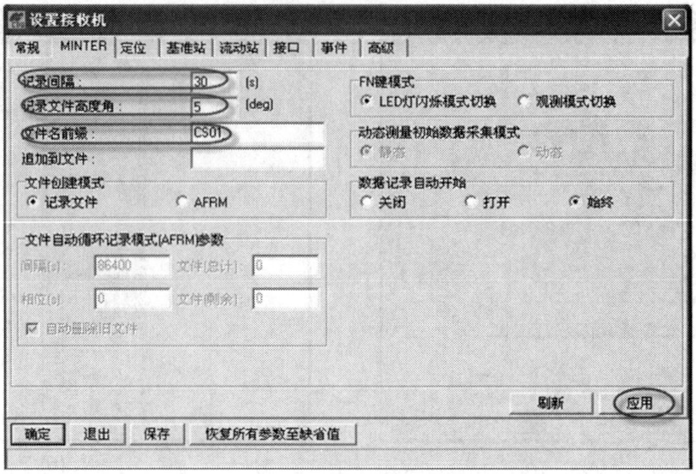

图 2-35 MINTER 选项卡设置

说明:“记录间隔”用于指定数据记录的时间间隔,取值范围为 0 ~ 86 400 s,缺省值为 1 s。

“记录文件高度角”用于指定卫星数据将被记录的最小截止高度角,缺省值为 5°。

“文件名前缀”用于指定接收机所创建记录文件名的前缀。记录文件名的结构为 <前缀> <月> <日> <按顺序的英文字母>,前缀最多允许 20 个字符,缺省值为“log”。文件名前缀建议设为接收机序列号后 4 位,文件名前缀中不得出现#、*、@ 等非法字符,一般为字母、数字或下划线。

操作 5:“设置接收机”界面下,点击【高级】选项卡→点击【多路径抑制】选项卡→勾选【码多路径抑制】和【载波相位多路径抑制】复选框→点击【应用】(见图 2-36)。

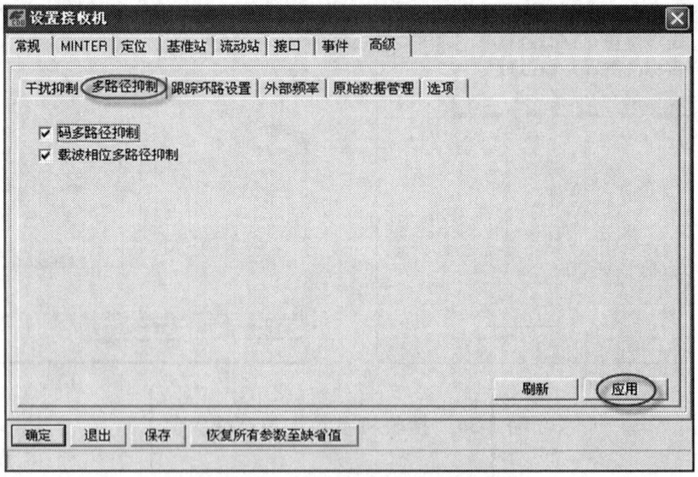

图 2-36 多路径抑制设置

说明:进行静态数据采集时,多路径抑制能有效减弱多路径效应的影响。

操作 6:“设置接收机”界面下,点击【高级】选项卡→点击【跟踪环路设置】选项卡→勾选【启用共同跟踪】和【静态模式】复选框,设置相位环宽带→点击【应用】→点击【确定】将设置值发送到接收机,并关闭对话框→退出 PC – CUD 软件,关闭接收机,拔出传输线,外业静态观测时开机即可(见图 2-37)。

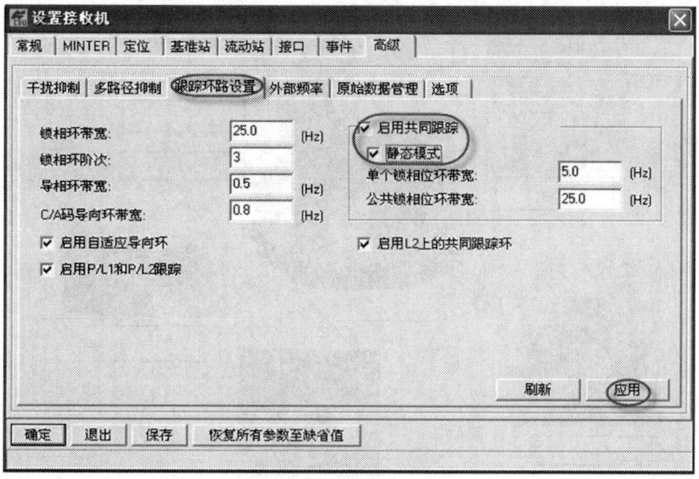

图 2-37　多路径抑制设置

说明:跟踪环路设置(共同跟踪)页包含设置搜索、获取、跟踪 GPS + 卫星信号的参数。"启用共同跟踪"后,在恶劣环境下,改善 TPS 接收机的跟踪性能。"静态模式"下,接收机将跟踪低信噪比的卫星,当卫星短暂失锁时,减少重新捕获卫星信号的时间。

【任务小结】

简单介绍了拓普康 HiPer ⅡG 接收机的电源开关键(一键操作)、指示灯及插口位置分布与功能特点;重点讲述了静态数据采集时,仪器架设,天线高的量取,以及利用 PC - CUD 软件进行截止高度角、采样间隔、文件名等内容的设置。需要注意的是,HiPer ⅡG 接收机的静态数据采集的设置是通过软件完成的。当多台接收机作业时,建议采用相同的设置(采样间隔、截止高度角等)。

【任务考核】

(1)标定拓普康 HiPer ⅡG 接收机面板按钮、指示灯及插口的名称、功能及作用(见图 2-38 ~ 图 2-39)。

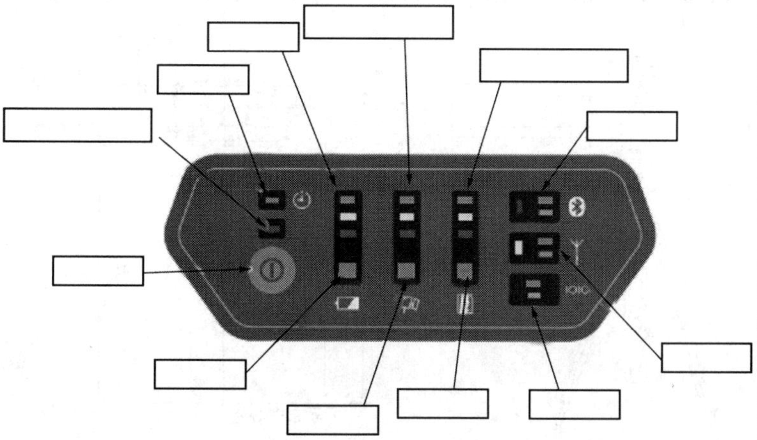

图 2-38　HiPer ⅡG 接收机 LED 显示面板

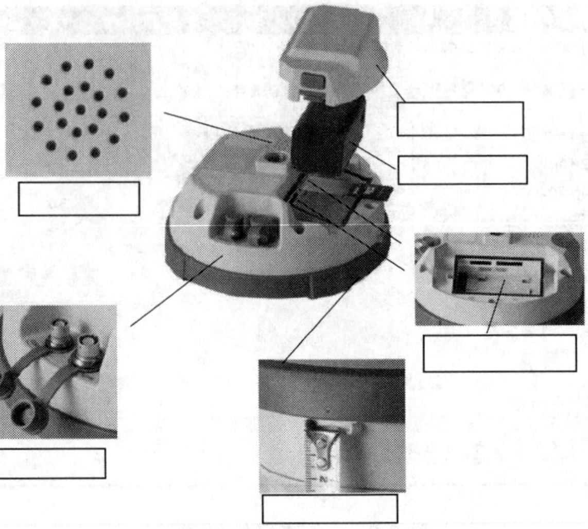

图 2-39　HiPer ⅡG 接收机底面结构

(2)标出接收机电池、充电器部件的名称,并画出电池安装、拆卸的示意箭头(见图 2-40)。

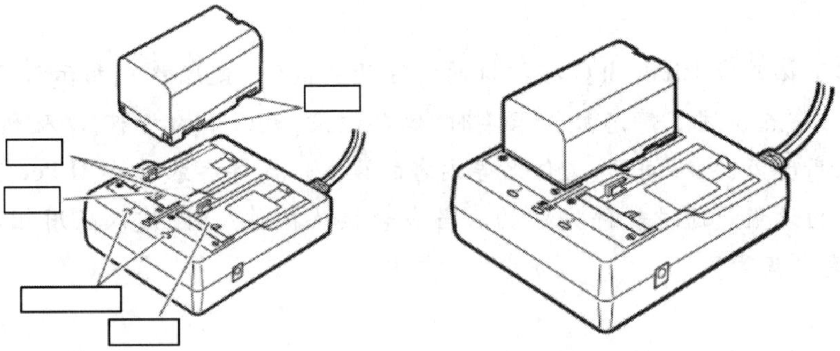

图 2-40　电池安装、充电及拆卸

(3)标出接收机连接部件的名称,画出天线高的量取方法(见图 2-41)。

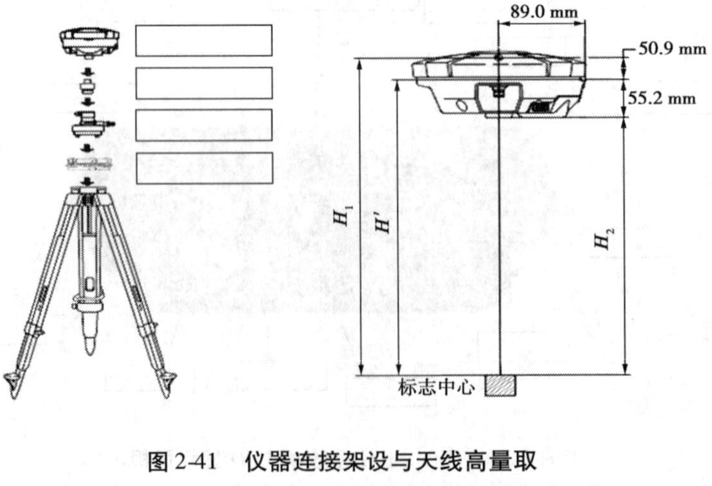

图 2-41　仪器连接架设与天线高量取

(4)总结 HiPer ⅡG 接收机静态数据采集的设置流程,以流程图的方式填写图框(见图2-42)。

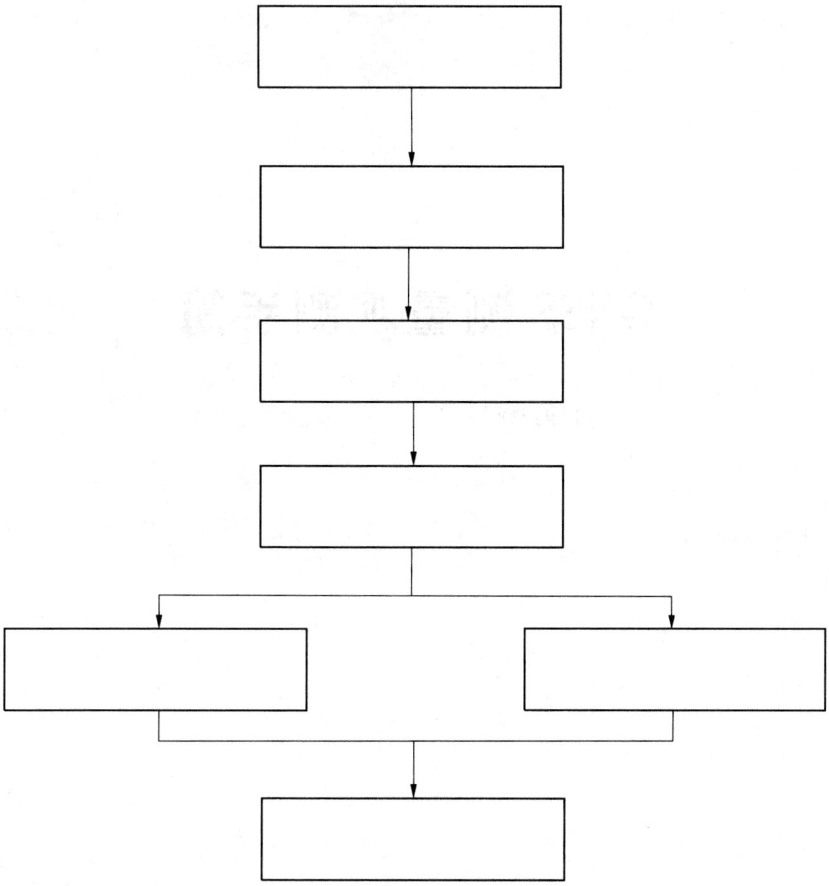

图2-42 HiPer ⅡG 接收机静态数据采集流程

(5)填写 GNSS 测量观测手簿(见表2-6)。①测量手簿封面。②外业测量手簿。

(6)拟订外业安排表与调度计划(见表2-7)。

表 2-6　GNSS 测量观测手簿

GNSS 测量观测手簿

手簿编号 No. ___________

测量级别_____________
起止日期_____________
项目名称_____________
点　　名_____________
点　　号_____________
测量单位_____________

续表 2-6

点　号		点　名		图幅编号	
观测记录员		观测日期		时段号	
接收机型号及编号		天线类型及编号		存储介质类型及编号	
原始观测数据文件名		Rinex 格式数据文件名		备份存储介质类型及编号	
近似纬度	°　′　″N	近似经度	°　′　″E	近似高程	m
采样间隔	s	开始记录时间	h　min	结束记录时间	h　min

天线高测定	天线高测定方法及略图	点位略图
测前：　测后： 测定值 ______ ______ m 修正值 ______ ______ m 天线高 ______ ______ m 平均值 ______ ______ m		
时间(UTC)	跟踪卫星数	PDOP

记事	

表 2-7　GNSS 测量作业调度计划

时段编号	观测时间	测站号、名 机　号	测站号、名 机　号	测站号、名 机　号	测站号、名 机　号	测站号、名 机　号	备注
1		______	______	______	______	______	
2		______	______	______	______	______	
3		______	______	______	______	______	
4		______	______	______	______	______	
5		______	______	______	______	______	
6		______	______	______	______	______	
7		______	______	______	______	______	
8		______	______	______	______	______	
9		______	______	______	______	______	
10		______	______	______	______	______	
11		______	______	______	______	______	

【任务扩展】

在 HiPer ⅡG 接收机静态数据采集的基础上学习其他仪器厂商(如天宝、徕卡、南方、中海达等)接收机的设置方式与内容,并与南方灵锐 S86 接收机静态数据采集进行分析对比。

不同接收机的量高方式不同,天线高计算方法也不同。查找有关文献资料,正确区分以下几个概念:天线高、垂高、斜高、测量标志中心、量高标志中心、相位中心、瞬时相位中心、平均相位中心、天线参考点(ARP)、平均相位中心偏差及变化、接收机几何中心与相位中心等。

PC－CUD 软件的使用,仅简单介绍了几项设置,在初步认识 PC－CUD 软件的基础上,进一步学习 PC－CUD 软件的使用。

项目 3　GNSS 接收机静态数据传输

【项目导航】

重点

南方 S86 接收机静态数据传输;拓普康 HiPer ⅡG 接收机静态数据传输。

难点

静态观测数据传输的操作流程及内容。

任务

完成南方与拓普康接收机静态观测数据的传输,并能下载静态观测文件。

作业

静态数据采集完成后,下载观测文件。

流程

GNSS 接收机静态观测文件传输的操作流程如图 3-1 所示。

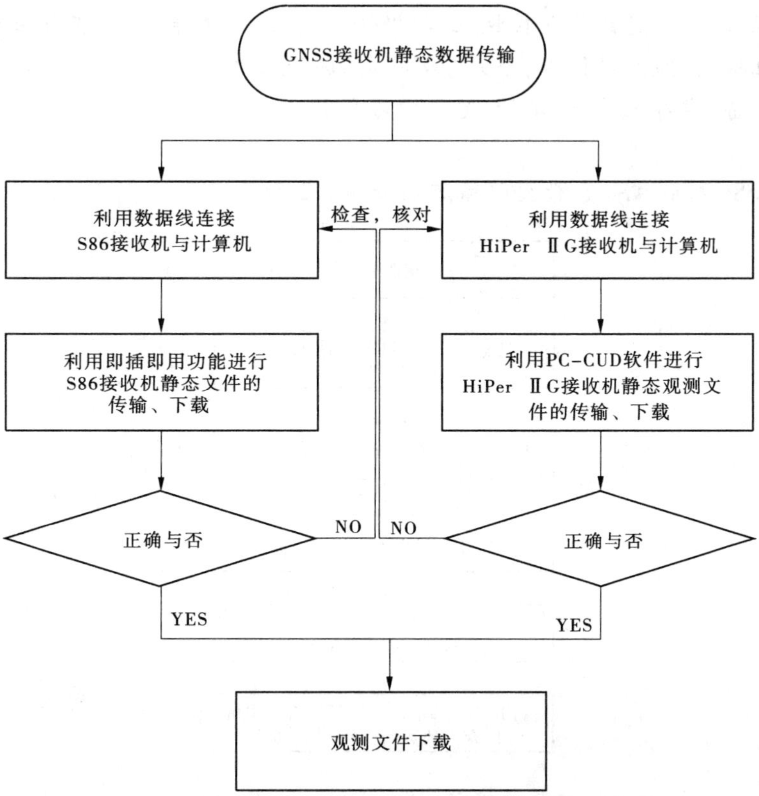

图 3-1　GNSS 接收机静态观测文件传输的操作流程

操作时要准备好数据传输线、接收机、计算机与软件。操作过程中如出现问题,应按照操作步骤一步一步认真核对。GNSS 接收机静态数据传输分:“任务 1　S86 接收机静态观测数据传输”与“任务 2　HiPer ⅡG 接收机静态观测数据传输”两部分。

任务 1　S86 接收机静态观测数据传输

【任务目的】

(1)正确连接 S86 接收机与计算机。

(2)掌握 S86 接收机静态数据传输的设置内容及操作流程。

【任务分析】

静态数据传输是将外业获取的观测数据,通过数据传输线从接收机存储介质传输到计算机存储介质,为软件的进一步处理做准备。数据传输时要正确连接接收机与计算机接口。南方灵锐 S86 接收机通过热插拔 USB 方式进行数据传输,简单且易于操作。

【任务要求】

(1)掌握 S86 接收机与计算机的连接。

(2)掌握 S86 接收机静态数据下载的操作步骤。

(3)明白 S86 接收机静态记录文件的命名规则及类型。

【任务准备】

(1)仪器准备:南方灵锐 S86 接收机、数据传输线、计算机等,保证能够正常工作。

(2)人员准备:按照实习任务,事先分好小组,轮流操作。

(3)记录准备:准备记录板,本子、笔等学习用具。

【任务实施】

南方灵锐 S86 接收机静态数据传输流程如图 3-2 所示。

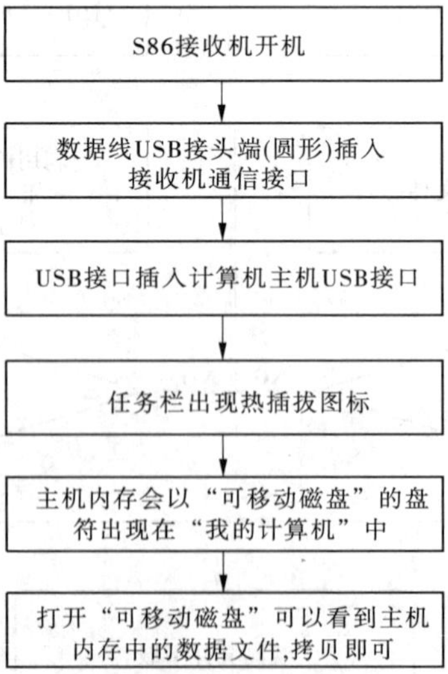

图 3-2　南方灵锐 S86 接收机静态观测数据传输流程

南方灵锐 S86 接收机采用 USB 方式连接，传输时所需设备如图 3-3 所示。

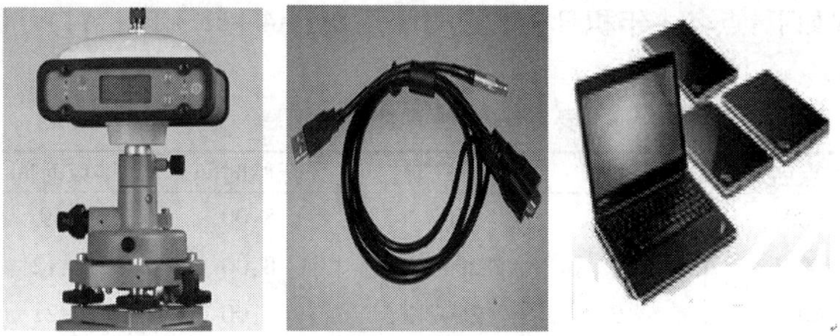

图 3-3　S86 接收机、传输线与计算机

1　连接接收机与计算机

操作：打开计算机→打开 S86 接收机→将数据线 USB 一端连接计算机，另一端（圆形）连接接收机数据插口（见图 3-4(a)）→任务栏出现热插拔图标（见图 3-4(b)）。

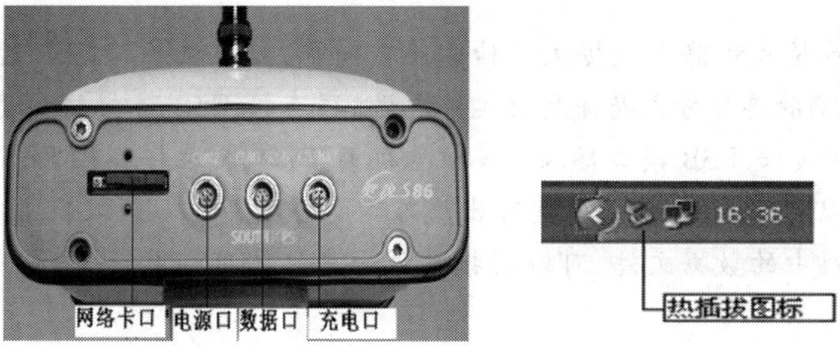

(a)　　(b)

图 3-4　接收机插口与热插拔图标

说明：数据传输线圆形端口插入数据口（COM1/USB 端口）即可。

2　拷贝文件

操作：双击【我的电脑】→双击【可移动磁盘】，出现后缀为“. STH”的接收机观测文件（见图 3-5）→选定文件，复制粘贴→完成以后，按接收机【电源键】关机，拔出传输线。

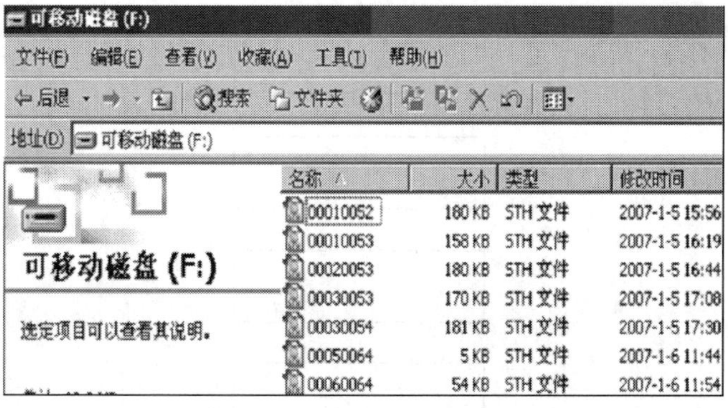

图 3-5　接收机静态观测文件

说明:后缀为“.STH”的观测文件为南方接收机专用的文件格式。南方灵锐 S86 接收机文件命名方式如下:点名 + 年积日 + 时段号 + 后缀(A4 + I3 + I1 + A4)。图 3-5 中文件含义如表 3-1 所示。

表 3-1　外业观测文件信息

文件	点名	时段	日期	开始时间	结束时间	后缀
00010052	0001	2	2007-1-5	8:00	9:59	.STH
00010053	0001	3	2007-1-5	8:00	16:12	.STH
00020053	0002	3	2007-1-5	8:00	16:21	.STH
00030053	0003	3	2007-1-5	8:00	9:34	.STH
00030054	0003	4	2007-1-5	8:00	9:49	.STH
00050064	0005	4	2007-1-6	8:00	10:07	.STH
00060064	0006	4	2007-1-6	8:00	10:42	.STH

【任务小结】

南方灵锐 S86 接收机静态数据文件传输比较简单,接收机采用 USB 连接方式。

在操作上,正确的连接方式是先打开主机电源,再连接 USB 连接线。将数据线的 USB 接头插入接收机通信接口,USB 接口插入计算机主机 USB 口,会在任务栏里出现热插拔图标。

主机内存会以“可移动磁盘”的盘符出现在“我的计算机”接口下,打开“可移动磁盘”可以看到主机内存中的数据文件,可以直接把原始文件拷贝到 PC 机中进行文件下载。

【任务考核】

(1)填写南方 S86 接收机静态观测数据传输流程图(见图 3-6)。

(2)标出数据线 USB 端口与 USB 接头端口,并标定接收机传输线 USB 接头端口(见图 3-7)。

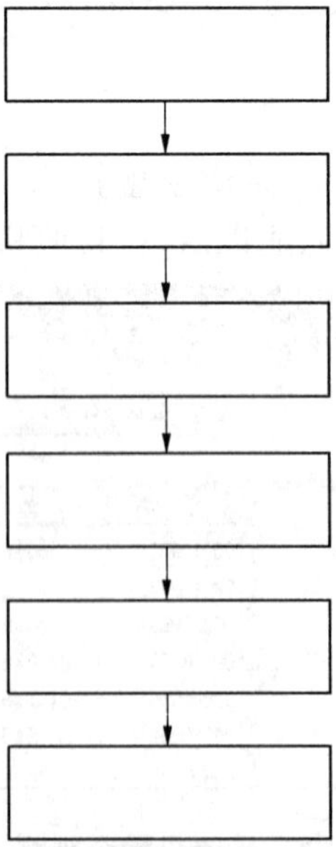

图 3-6　南方灵锐 S86 接收机静态观测数据传输流程

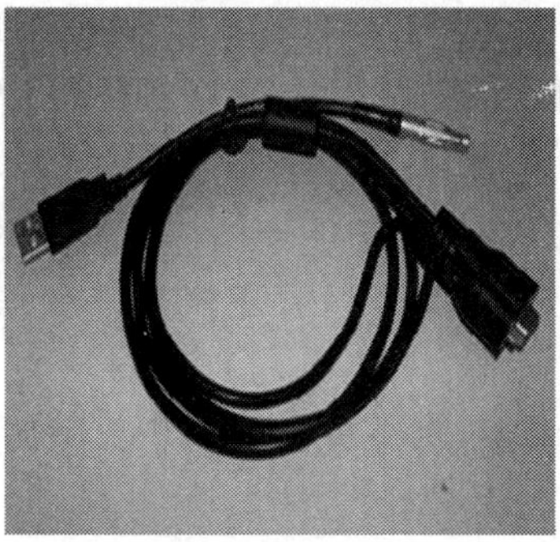

图3-7　接收机插口面板与数据传输线

(3)说明南方灵锐S86接收机文件组成及所代表的含义,并填写表3-2(时间:2012年)。

表3-2 外业观测文件信息

文件	点名	时段	年积日	日期	后缀
D0011371					
D0031372					
D0021373					
D0021381					
D0031382					
D0111393					
D0171405					
D0051413					

【任务扩展】

了解南方接收机静态观测文件格式(后缀为.STH),并将其转化为RINEX格式,可以自编程序,利用南方后处理文件或TEQC软件等。

了解RINEX格式三种文件:O文件、N文件及M文件,说明三种文件代表的含义。

任务2　HiPer ⅡG接收机静态观测数据传输

【任务目的】

(1)正确连接拓普康HiPer ⅡG接收机与计算机。

(2)掌握HiPer ⅡG接收机静态数据传输的设置内容及操作流程。

【任务分析】

静态数据传输是将外业获取的观测数据,通过数据传输线从接收机存储介质传输到计算机存储介质，为软件的后处理做准备。数据传输时要正确地连接接收机与计算机接口，HiPer ⅡG 接收机通过 PC－CUD 软件进行数据传输。

【任务要求】

(1)掌握 HiPer ⅡG 接收机与计算机的连接。

(2)掌握 PC－CUD 软件下载静态数据的操作步骤。

【任务准备】

(1)仪器准备：拓普康 HiPer ⅡG 接收机、数据传输线、计算机等，能够保证正常工作使用。

(2)软件准备：PC－CUD 软件。

(3)人员准备：按照实习任务，事先分好小组，轮流操作。

(4)记录准备：准备记录板，本子、笔等学习用具。

【任务实施】

拓普康 HiPer ⅡG 接收机静态数据传输流程如图 3-8 所示。

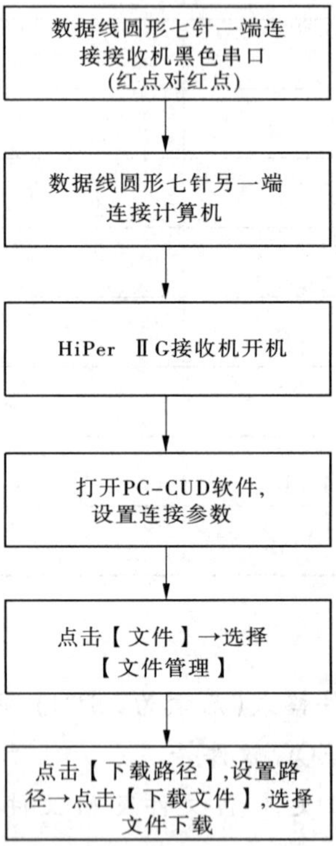

图 3-8　HiPer ⅡG 接收机静态数据传输流程

拓普康 HiPer ⅡG 接收机静态数据传输有数据线传输和 SD/SDHC 卡传输。SD/SDHC 卡传输同普通的 U 盘基本一样，因此主要介绍如何利用数据线进行数据传输。

HiPer ⅡG 接收机传输所需设备(接收机、传输线、计算机、PC－CUD 软件)如图 3-9、图 3-10所示。

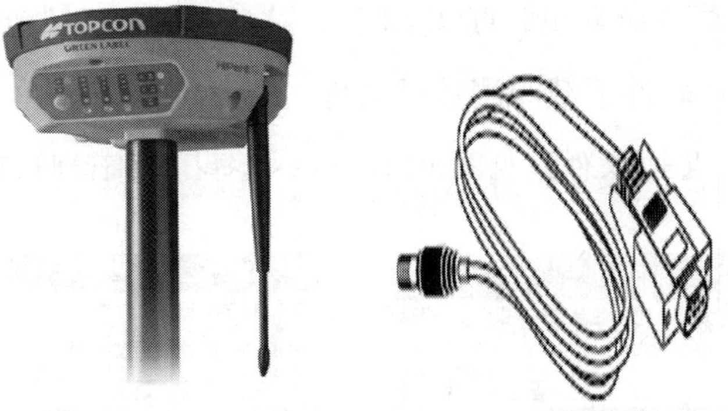

图 3-9　Hiper ⅡG 接收机与传输线

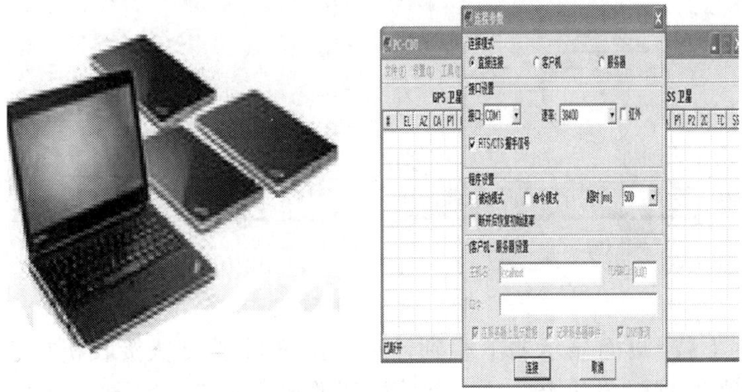

图 3-10　计算机与 PC－CUD 软件

1　连接接收机与计算机

操作:数据线圆形七针一端连接接收机黑色串口(红点对红点),另一端连接计算机(见图 3-11(a))→打开接收机→打开 PC－CUD 软件,设置连接参数,点击【连接】(见图 3-11(b))。

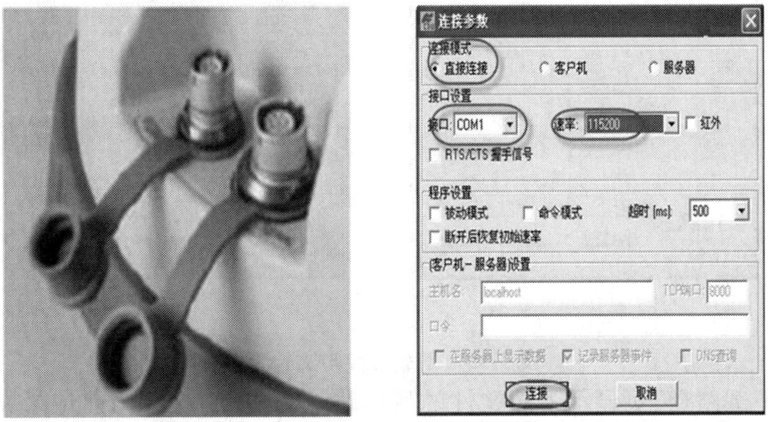

(a)　　　　(b)

图 3-11　接收机插口与 PC－CUD 软件连接

说明:“连接参数”界面关闭时,可以点击【文件】→选择【连接】调出。

2　利用 PC－CUD 软件下载观测数据文件

操作 1:连接后,点击【文件】(见图 3-12(a))→选择【文件管理】,进入图 3-12(b)所示界面。

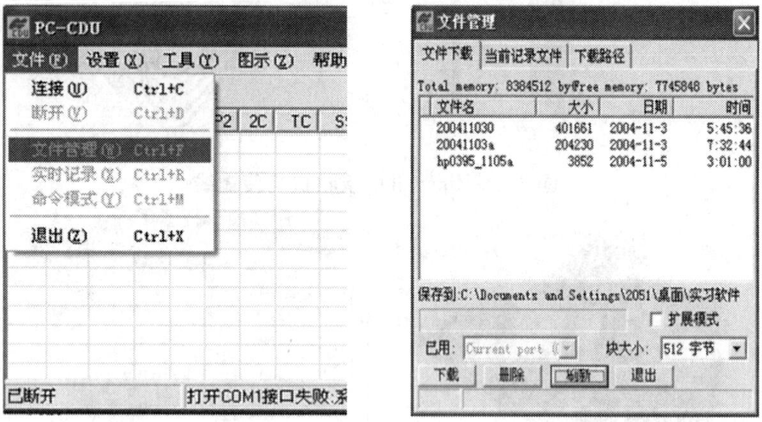

(a)　　　　(b)

图 3-12　文件管理

说明:“文件下载”页面显示要下载到计算机的文件或要从接收机内存中删除的文件,选择相邻的多个文件时用 Shift 键,对于不是相邻的多个文件,使用 Ctrl 键。

操作 2:图 3-12(b)所示界面,点击【下载路径】,设置文件保存路径与文件夹(见图 3-13(a))→点击【文件下载】页面,选择下载的文件,点击【下载】,下载完成后退出软件(见图 3-13(b))。

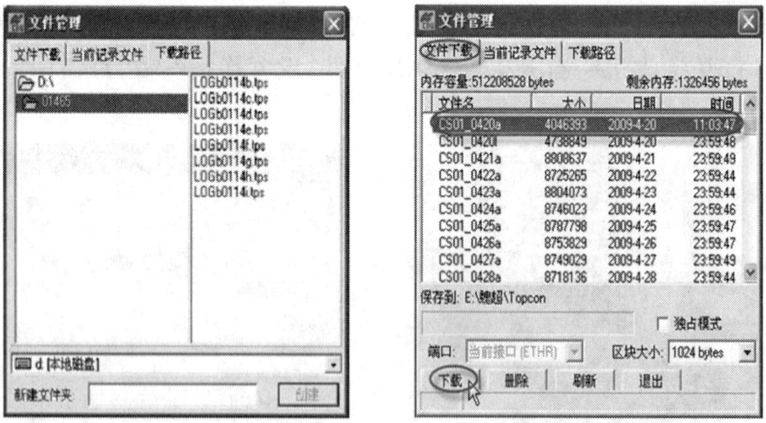

(a)　　　　(b)

图 3-13　下载路径与文件下载

说明:“下载路径”页显示下载文件的目标路径和文件夹。“当前记录文件”页显示当前文件。

【任务小结】

首先介绍了拓普康 HiPer ⅡG 接收机插口的位置及功能,然后详细讲解了利用数据传输线连接接收机与计算机的操作，最后介绍了利用 PC－CUD 软件进行文件下载操作步骤。拓普康静态观测文件采用“. TPS”为后缀，为拓普康 GNSS 接收机独有的文件格式。

【任务考核】

(1) 区分接收机两个串口，标定哪一个串口连接数据传输线，并标出数据传输线哪端连接计算机(见图 3-14)。

(2) 填写拓普康 HiPer ⅡG 接收机静态数据传输流程图(见图 3-15)。

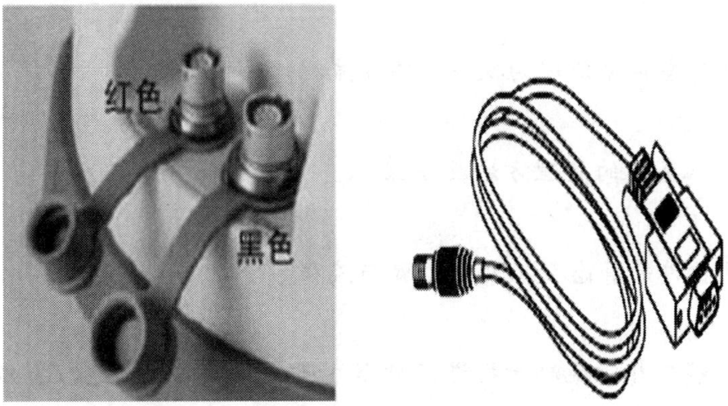

图 3-14　接收机插口与数据传输线

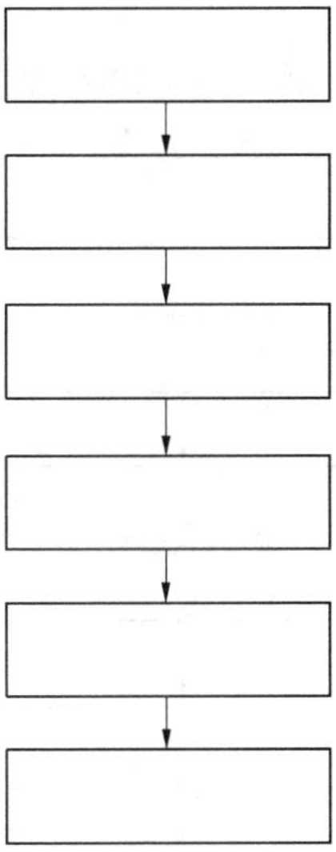

图 3-15　HiPer ⅡG 接收机静态数据传输流程

【任务扩展】

拓普康 HiPer ⅡG 接收机静态数据文件传输可以采用数据线传输、SD/SDHC 卡传输以及蓝牙传输三种方式。在这里仅介绍了利用数据线进行传输，剩下两种方式可参考相关资料自行学习。

拓普康接收机静态观测文件采用 TPS 格式，在掌握接收机静态数据传输的基础上，可以进一步了解 TPS 的文件格式，学习如何把 TPS 格式文件转换为 RINEX 文件。

项目 4 南方 GPSADJ 静态数据处理与精度评定

【项目导航】

重点

南方 GPSADJ 静态数据处理的操作步骤及流程。

难点

基线解算中困难基线的处理方法及步骤。

任务

掌握 GPSADJ 软件的静态数据处理步骤与流程。

作业

对外业采集的静态相对观测数据进行数据处理,并对结果进行精度评定。

流程

南方 GPSADJ 静态数据处理流程如图 4-1 所示。

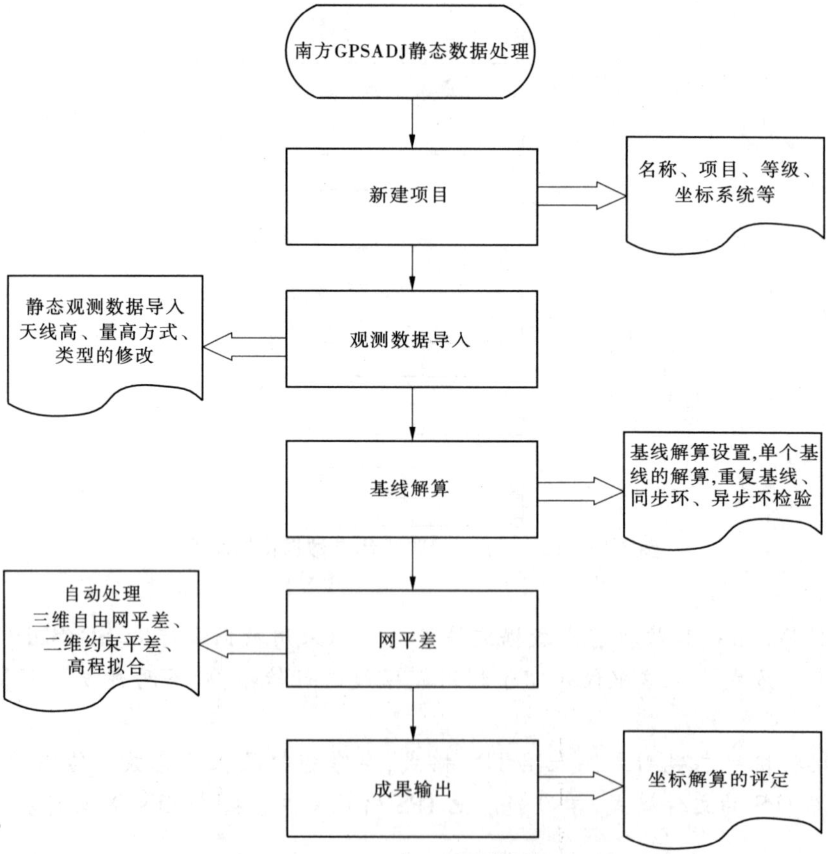

图 4-1 南方 GPSADJ 静态数据处理流程

南方 GPSADJ 静态数据处理的操作过程按图 4-1 自上而下进行，处理过程中如果出现问题，应从头至尾一步一步进行检核。

南方 GPSADJ 静态数据处理按上述流程分为“任务 1　南方 GPSADJ 静态数据处理”与“任务 2　基线详细解算”两部分。

任务 1　南方 GPSADJ 静态数据处理

【任务目的】

（1）掌握南方 GPSADJ 静态数据处理操作步骤与流程。

（2）掌握南方 GPSADJ 基线解算的详细步骤。

【任务分析】

静态数据处理是将外业获取的静态相对观测数据导入到数据处理软件中进行解算，最终得到测量工作坐标系中的合格坐标。南方 GPSADJ 数据处理软件是南方公司编制的，可以处理该公司的静态 GNSS 数据及各种进口 GNSS 接收机 RINEX 标准格式的数据。

软件进行基线解算时，可以方便地对任一基线的解算条件和解算类型进行设置。对于同步环、异步环以及重复基线，均可自动进行搜索。在网平差处理中，可进行三维自由网、约束平差和采用多种约束方法。

【任务要求】

（1）掌握利用 GPSADJ 软件新建项目（坐标系统设置、控制网设置等）。

（2）掌握观测数据导入的步骤，并对数据进行修改（天线高、量高方式、天线类型等）。

（3）掌握基线解算与网平差的方法、步骤。

【任务准备】

（1）仪器准备：计算机设备等，能够保证正常工作使用。

（2）软件准备：南方 GPSADJ 软件。

（3）人员准备：按照实习任务，事先分好小组，轮流操作。

（4）记录准备：准备记录板，本子、笔等学习用具。

【任务实施】

南方 GPSADJ 数据处理按以下几个部分进行：新建项目、观测数据导入、基线解算（重复基线与闭合环的检查）、网平差及成果输出。

1　新建项目

操作 1：打开 GPSADJ 软件，点击【文件】，选择【新建】→进入“建立项目”界面，输入项目名称、单位、负责人、固定误差以及比例误差系数，选择基线剔除方式，选择控制网等级，点击【定义坐标系统】（见图 4-2）→进入“坐标系统设置”界面（见图 4-3）。

操作 2：“坐标系统设置”界面，选择【自定义坐标系统】，输入坐标系统名称，点击【椭球】页面，从下拉框中选择相应椭球（见图 4-3）→点击【投影】页面并进入（见图 4-4）。

操作 3：【投影】页面，设置如图 4-4 所示，点击【新建】，新建的坐标系统显示在“坐标系

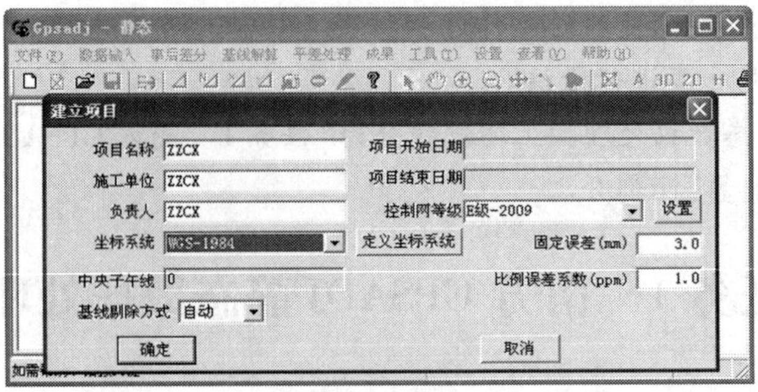

图 4-2　建立项目

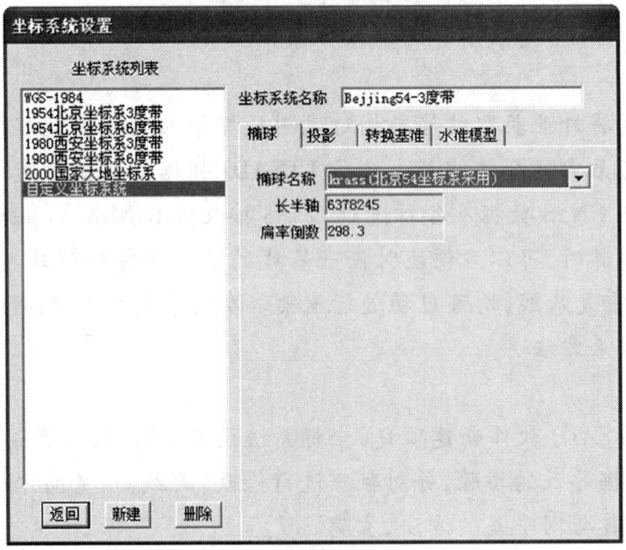

图 4-3　坐标系统设置:椭球

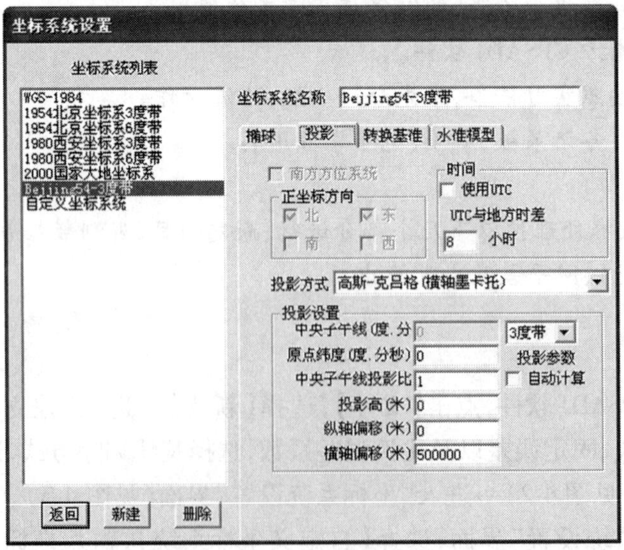

图 4-4　坐标系统设置:投影

统列表”中,点击【返回】→返回到“建立项目”界面(见图4-5)。

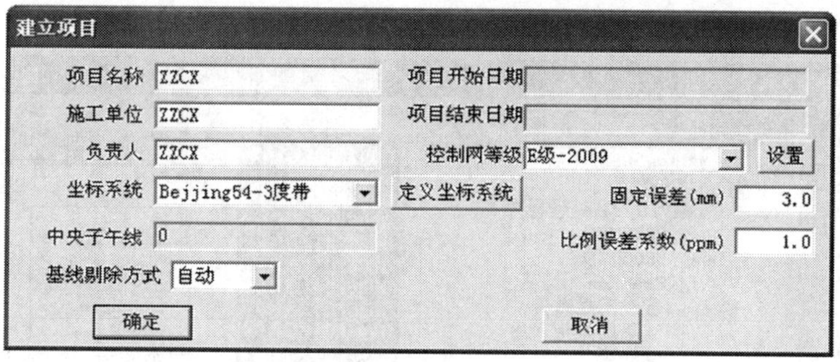

图4-5　建立项目

操作4:“建立项目”界面,从坐标系统下拉框中选择新建的坐标系统,点击【确定】(见图4-5)→返回到 GPSADJ 软件主界面(见图4-6)。

图4-6　GPSADJ 软件主界面

2　观测数据导入

操作1:GPSADJ 软件界面,点击【数据输入】,选择【增加观测数据文件】(见图4-7)→进入“选择加入数据文件”界面(见图4-8)。

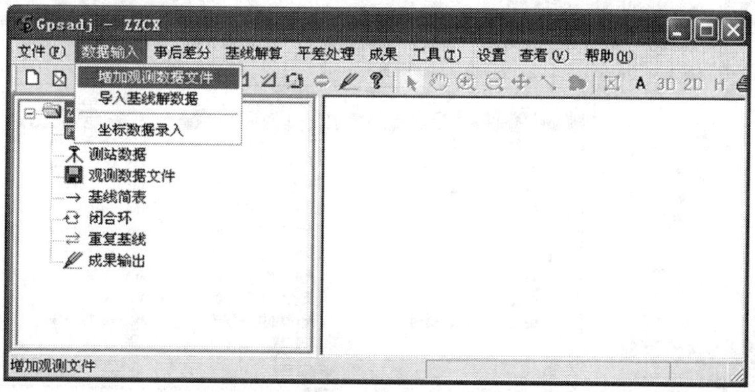

图4-7　增加观测数据文件

操作 2："选择加入数据文件"界面，选择文件路径及文件夹，选择文件类型，点击【全选】，或手动选择，点击【确定】(见图 4-8)→进入 GPSADJ 软件，并显示网图(见图 4-9)。

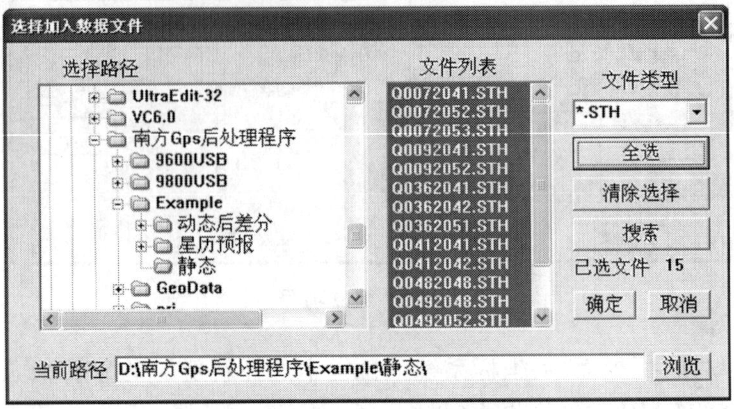

图 4-8　选择加入数据文件

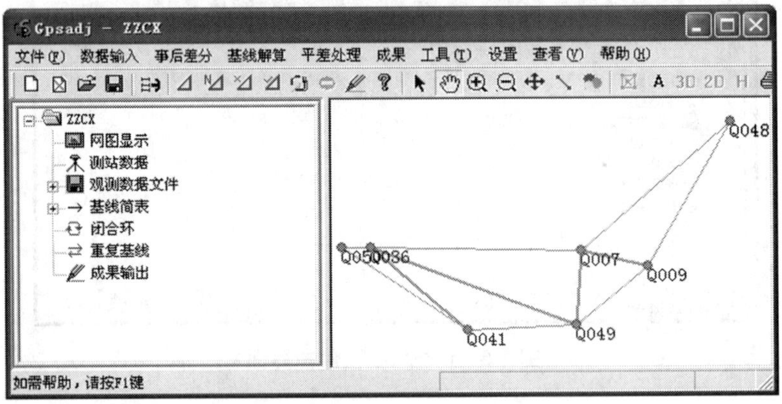

图 4-9　GPSADJ 软件界面(网图显示)

操作 3：GPSADJ 软件界面，界面左边的快捷状态栏中点击【观测数据文件】，观测数据信息显示在界面右边。点击对应的项目(天线高、量取方式、天线类型)，可以修改(见图 4-10)。

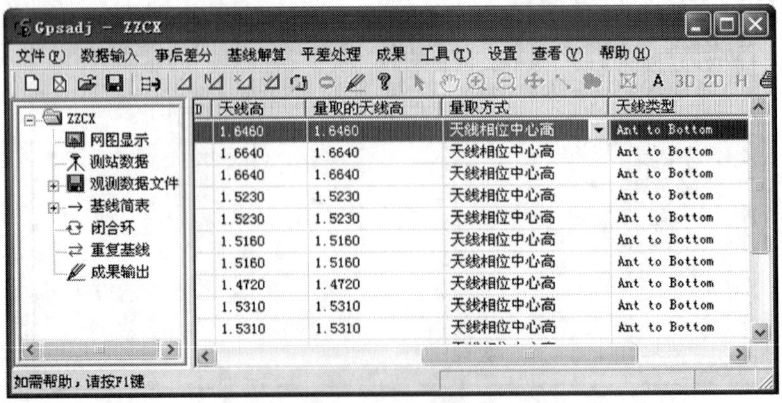

图 4-10　天线信息修改

3　基线解算

3.1　基线全部解算

操作 1:GPSADJ 软件界面,点击【基线解算】,选择【静态基线处理设置】→进入“基线解算设置”界面,设置如图 4-11 所示,一般默认即可,点击【确定】。

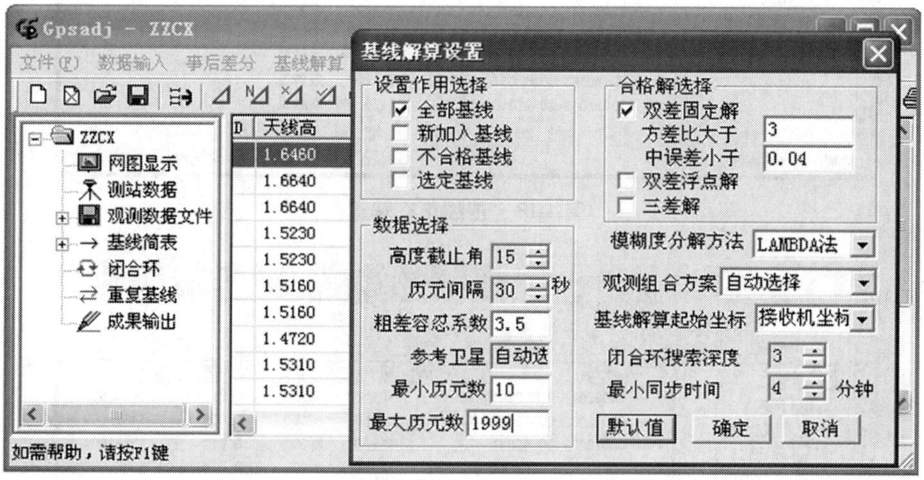

图 4-11　基线解算设置

操作 2:GPSADJ 软件界面,点击【基线解算】,选择【全部解算】(见图 4-12)→进入图 4-13所示界面,基线正在解算→基线解算完毕,点击【确定】(见图 4-14)→基线解算完毕后,在界面左边的快捷状态栏中点击【网图显示】(见图 4-15)。

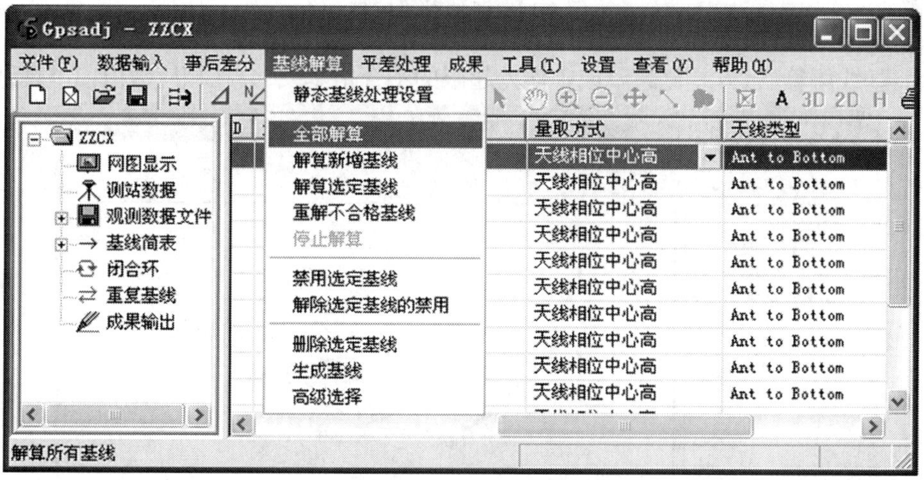

图 4-12　基线全部解算

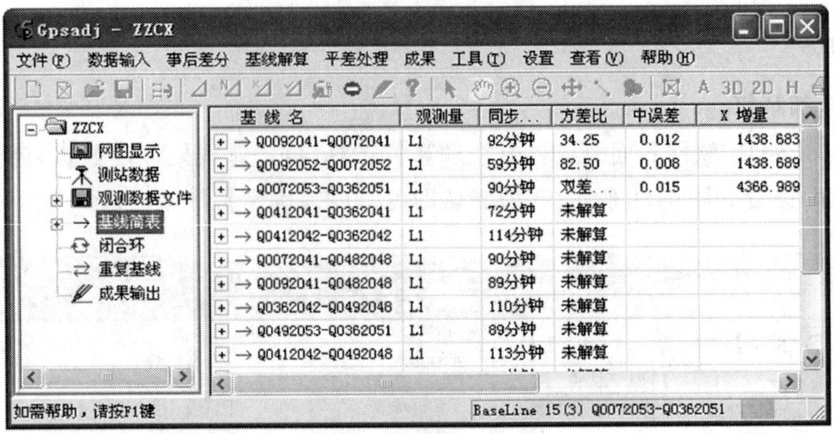

图 4-13　**基线正在解算**

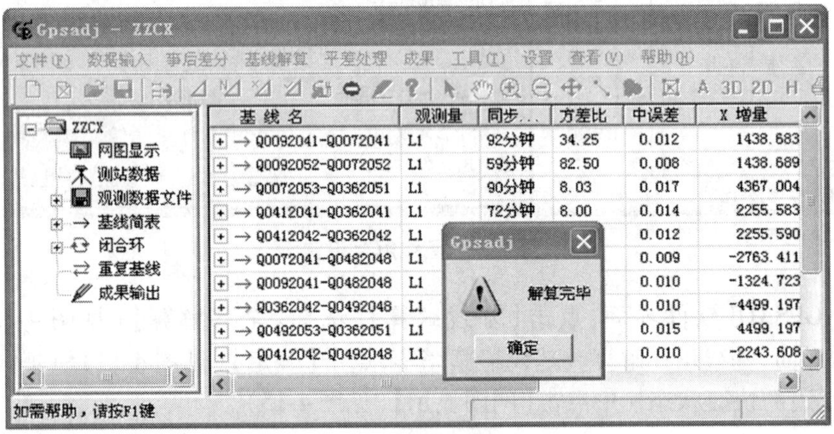

图 4-14　**基线解算完毕**

说明:基线解算后,方差比超限或中误差超限的不合格基线,会在相应数值前出现红色叉。

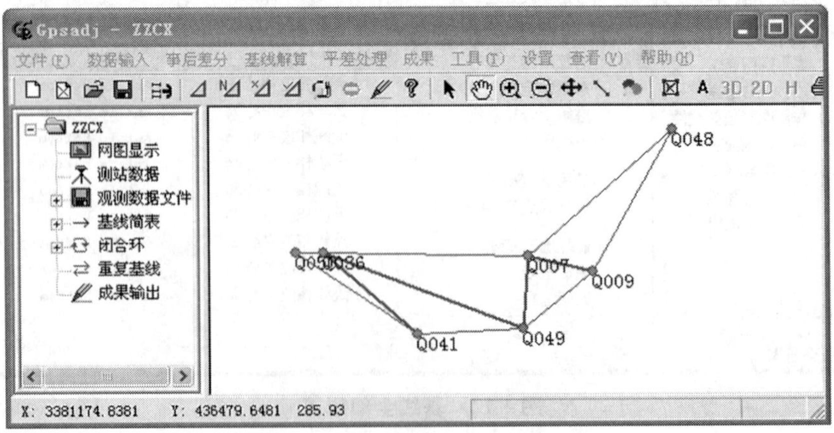

图 4-15　**基线解算完毕(网图显示)**

说明:基线解算后,颜色已由原来的绿色变成红色或灰色,基线双差固定解方差比大于设定值的基线变红,小于设定值的基线颜色变灰色,灰色基线方差比过低时,可以进行重解。

3.2　不合格基线解算

操作:GPSADJ 软件界面,点击【基线解算】,选择【静态基线处理设置】→进入"基线解算设置"界面,勾选【不合格基线】,设置相关项目,点击【确定】(见图 4-16)→点击【基线解算】,选择【重解不合格基线】(见图 4-17)。

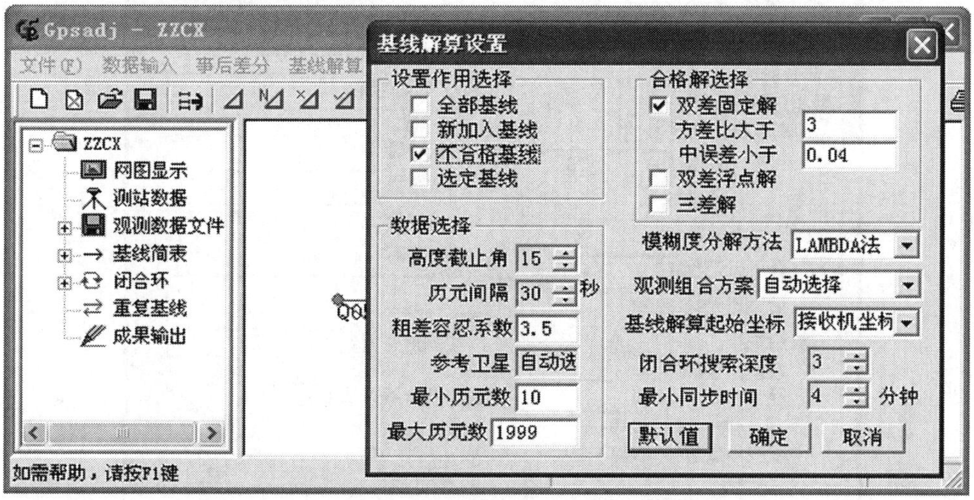

图 4-16　基线解算设置(不合格基线)

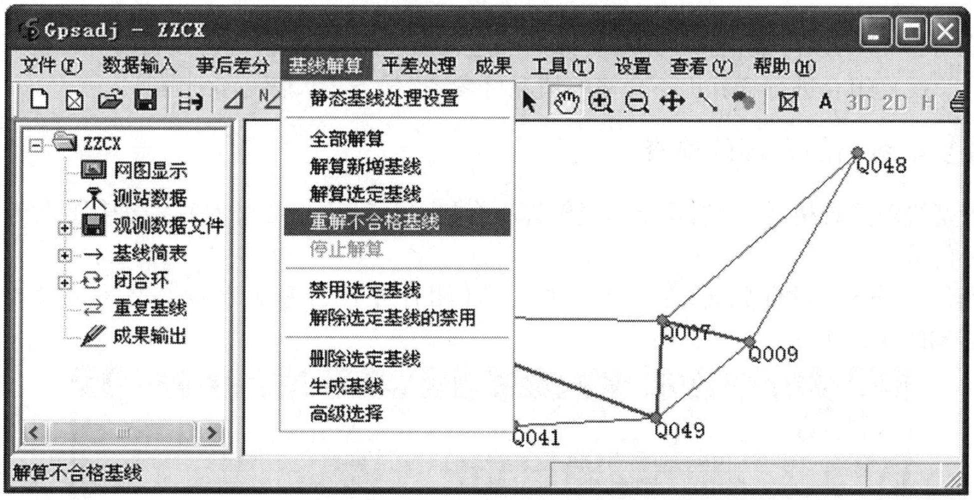

图 4-17　重解不合格基线

3.3　选定基线解算

操作:GPSADJ 软件界面,点击【网图显示】,双击某一基线→进入"基线情况"界面,勾选【选中基线】,设置相关项目,点击【解算】,解算该选定基线(见图 4-18)。

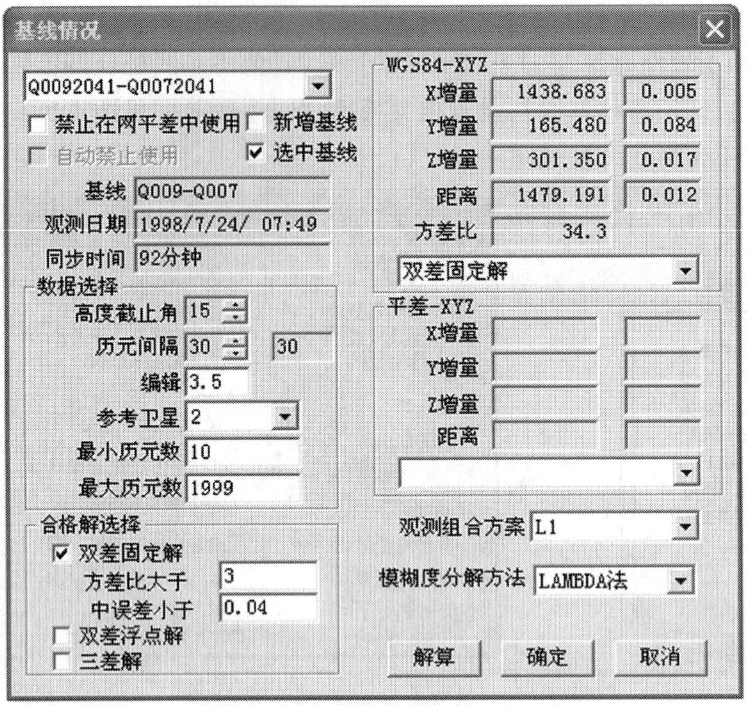

图 4-18　解算选定基线

说明：一般可以对截止高度角和历元间隔进行反复组合设置，进行重新解算以提高基线方差比。反复组合进行解算仍不合格的情况可参考“任务 2　基线详细解算”。

4　重复基线与闭合环的检查

待基线解算合格后（少数几条基线解算不合格可让其不参与平差），需进行重复基线和闭合环的检查。

操作：GPSADJ 软件界面，点击界面左边的【闭合环】或【重复基线】，界面右边显示如图 4-19和图 4-20 所示。

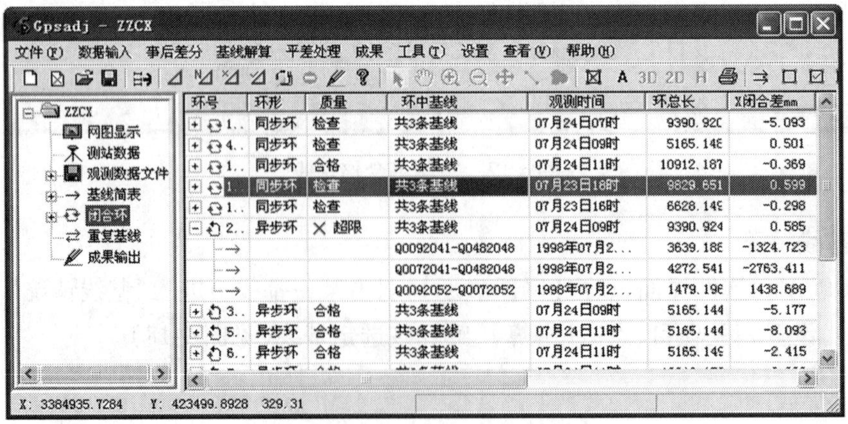

图 4-19　闭合环检查

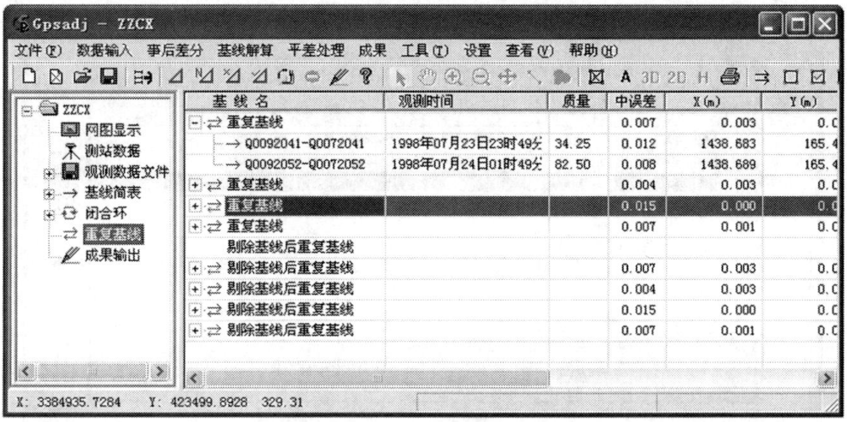

图 4-20　重复基线检查

说明:超限的闭合环有红色叉显示。闭合差、重复基线如果超限,那么必须剔除粗差基线。点击“基线简表”状态栏重新解算。根据基线解算以及闭合差计算的具体情况,对一些基线进行重新解算,在具有多次观测基线的情况下可以不使用或者删除该基线。当出现孤点(即该点仅有一条合格基线相连)的情况下,必须野外重测该基线或者闭合环。

5　网平差

5.1　已知数据录入

操作 1:GPSADJ 软件界面,点击【数据输入】,选择【坐标数据录入】→进入“录入已知坐标”界面,点击【请选择】下拉框,选择 Q007(见图 4-21)。

图 4-21　录入已知坐标(选择点)

操作 2:在图 4-22 界面中,点击 Q007【状态】项目,选择【xyH】,分别点击北向、东向和高程,输入已知坐标,并输入 Q049 已知坐标,点击【确定】→回到 GPSADJ 界面,点击【图形显示】,录入已知坐标后,图形显示如图 4-23 所示。

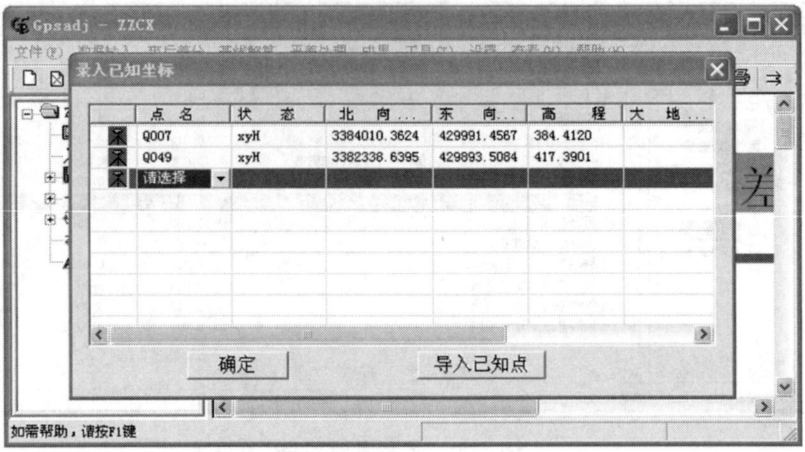

图 4-22　录入已知坐标

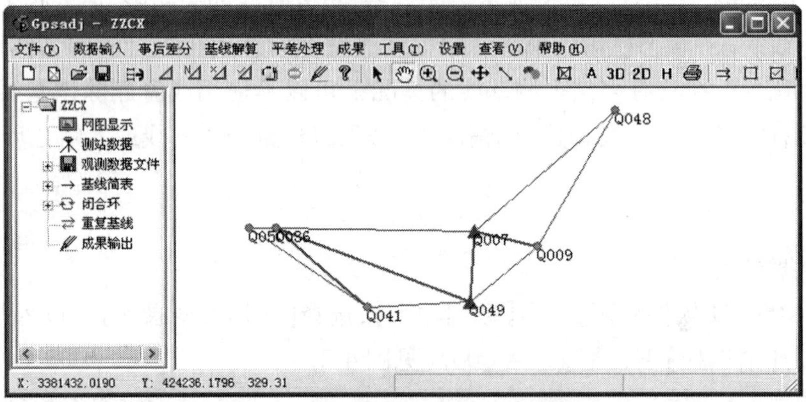

图 4-23　图形显示(录入已知坐标后)

5.2　自动处理

操作:GPSADJ 软件界面,点击【平差处理】,选择【自动处理】(见图 4-24)→自动处理结果显示如图 4-25 所示。

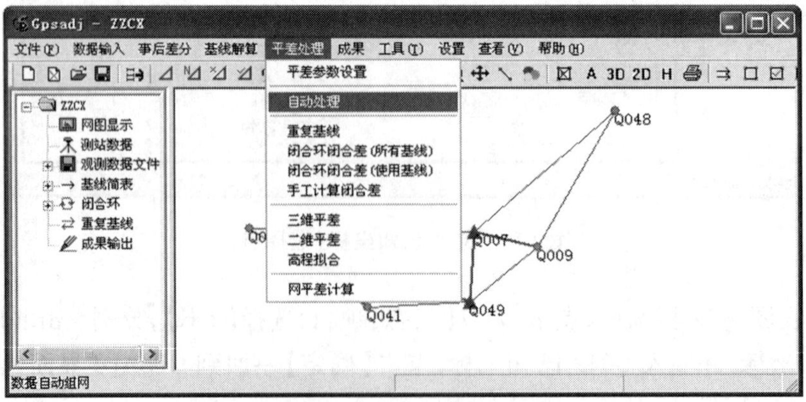

图 4-24　自动处理

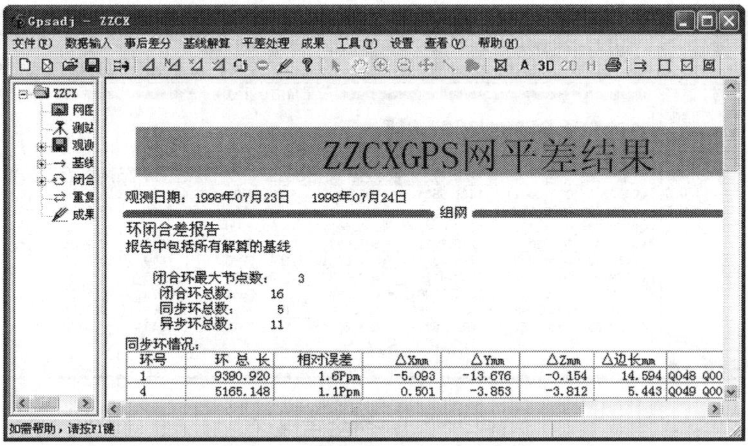

图 4-25　**自动处理结果**

说明：基线处理完后进行自动处理，软件会自动选择合格基线组网，进行环闭合差检验。

5.3　三维平差

操作 1：GPSADJ 软件界面，点击【平差处理】，选择【平差参数设置】→进入“平差参数设置”界面，可以选择是否采用 T 检验，点击【确定】(见图 4-26)。

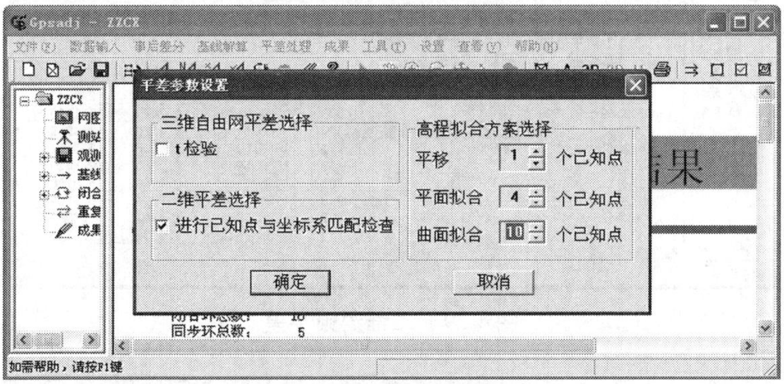

图 4-26　**自动处理结果**

操作 2：GPSADJ 软件界面，点击【平差处理】，选择【三维平差】(见图 4-27)→完成三维平差并生成报告，如图 4-28 所示。

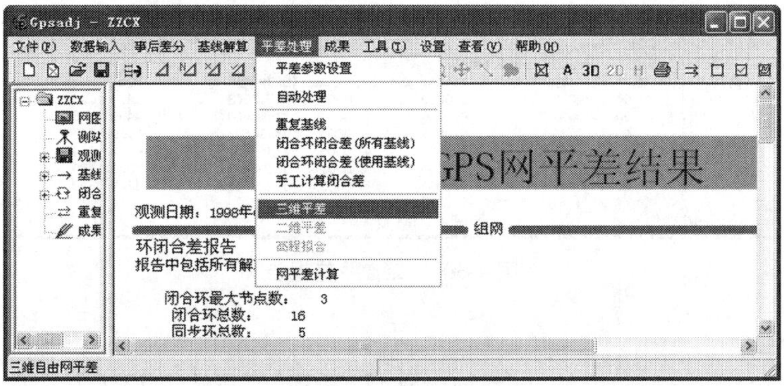

图 4-27　**三维平差**

图 4-28　三维平差报告

5.4　二维约束平差

操作:GPSADJ 软件界面,点击【平差处理】,选择【二维平差】(见图 4-29)→完成二维平差并生成报告,如图 4-30 所示。

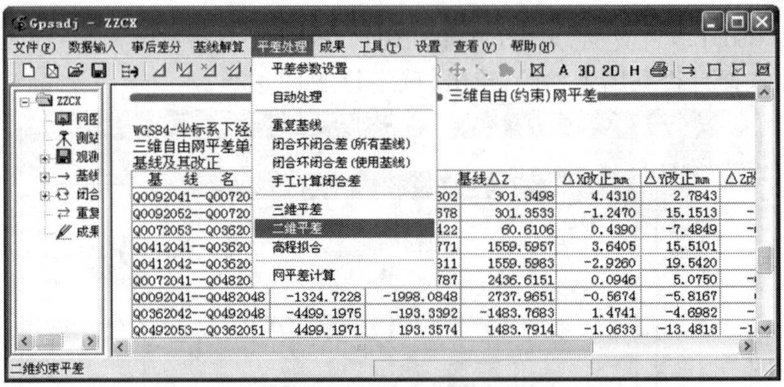

图 4-29　二维约束平差

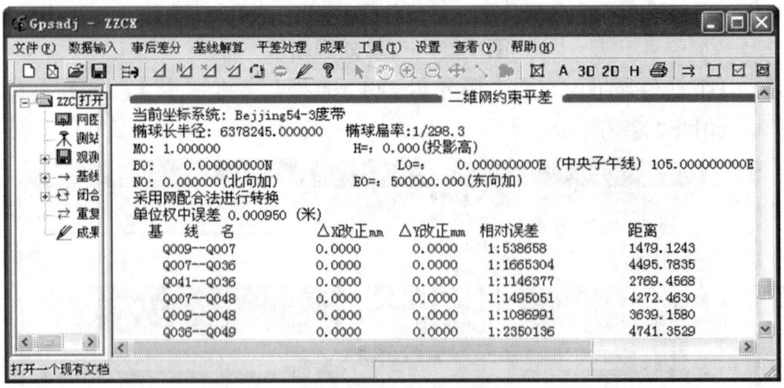

图 4-30　二维平差报告

5.5　高程拟合

操作 1:GPSADJ 软件界面,点击【平差处理】,选择【平差参数设置】→进入"平差参数设置"界面,选择高程拟合方式及已知点个数,点击【确定】(见图 4-31)。

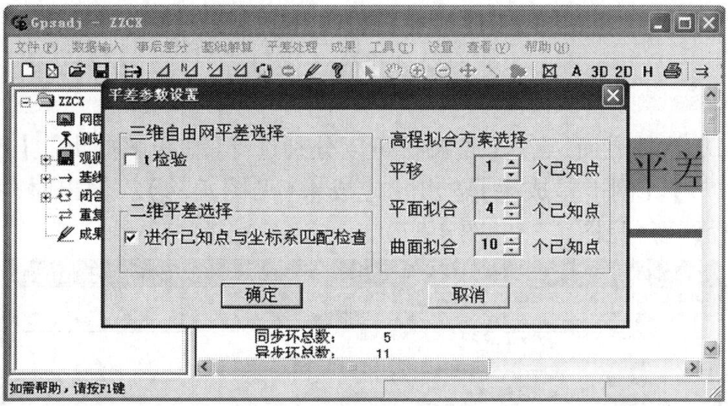

图 4-31　平差参数设置

操作 2:GPSADJ 软件界面,点击【平差处理】,选择【高程拟合】(见图 4-32)→完成高程拟合并生成报告,如图 4-33 所示。

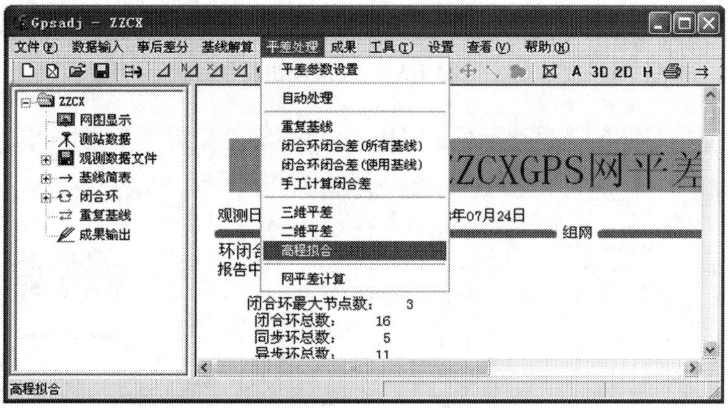

图 4-32　高程拟合

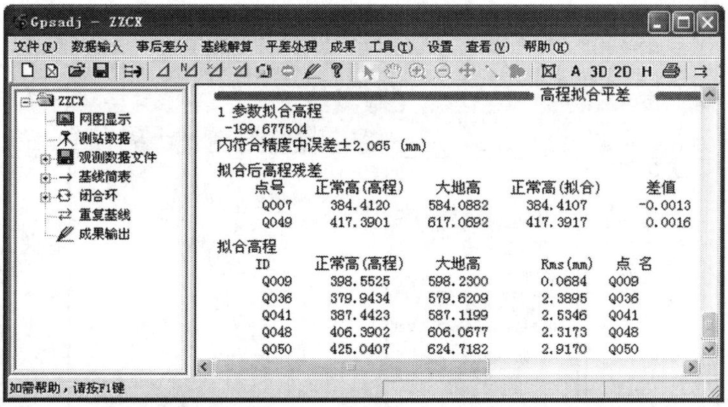

图 4-33　高程拟合报告

说明:三维自由网平差用于内部符合精度的检验,可采用 t 分布在置信水平接近 99.7% 时进行检验。经过二维约束平差与高程拟合后,可查看平差结果的精度,并与已知点进行较差的比较，评定外部符合精度（具体标准参考相关规范）。

6　成果输出

操作：GPSADJ 软件界面，点击【成果】，可以分别选择【基线解输出】、【Rinex 输出】、【平差报告（文本文档）】、【网平差成果】输出相应成果（见图 4-34）。输出时，可进行基本的设置，选择输出路径即可（见图 4-35 ~ 图 4-37）。

图 4-34　成果输出

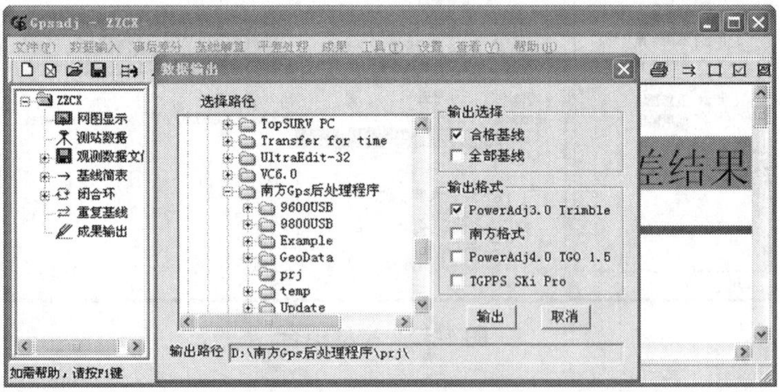

图 4-35　基线解输出

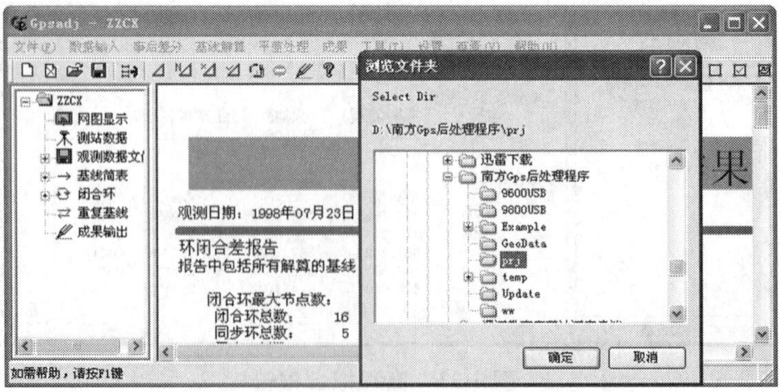

图 4-36　Rinex 与平差报告（文本文档）输出

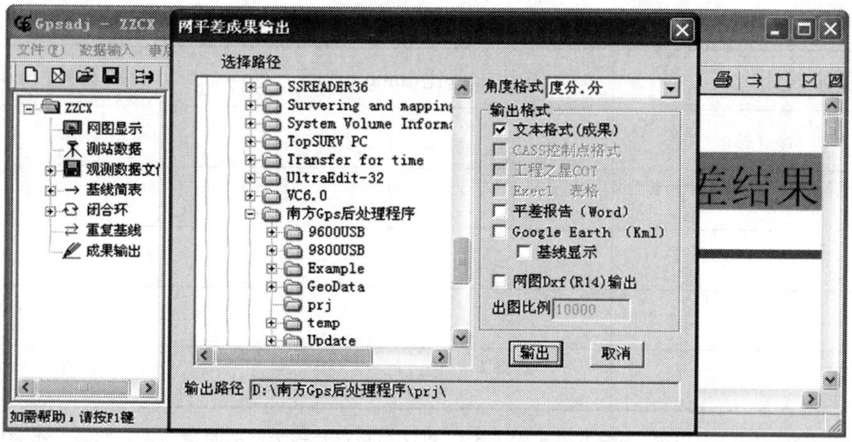

图 4-37　网平差成果输出

【任务小结】

介绍了南方 GPSADJ 静态数据处理的步骤及流程，按照流程分别讲述了 GPSADJ 软件的以下几个内容：新建项目、观测数据导入、基线解算（重复基线与闭合环的检查）、网平差及成果输出。

【任务考核】

(1)填写南方 GPSADJ 静态数据处理流程图(见图 4-38)。

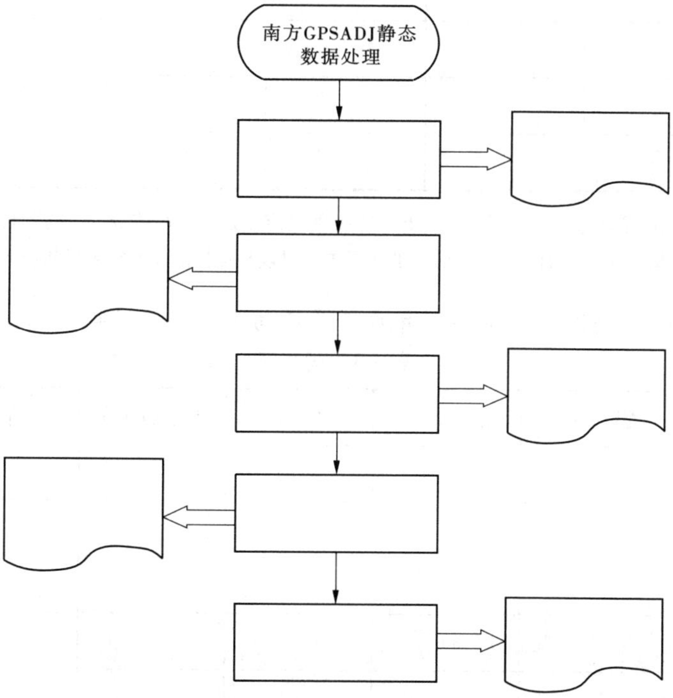

图 4-38　南方 GPSADJ 静态数据处理流程

(2)找出方差比小的同步观测边并填写表 4-1。

表 4-1　同步观测边检核

同步观测边	基线方差比(ratio <3)	均方差(rms)

注:一般来说,基线在 10 km 以内,基线方差比大于 3.0,可认为是符合等级网的测量要求。如果仅作为加密控制,或者要求较低的情况下亦可以相对放宽条件,如方差比大于 2.0。

(3)找出 GNSS 控制网中的重复基线并填写表 4-2。

表 4-2　重复基线

重复基线	ΔX 增量与均值之差(mm)	ΔY 增量与均值之差(mm)	ΔZ 增量与均值之差(mm)	中误差	基线长(m)	相对误差

注:对于不同观测时段的基线边的互差 d_s,应小于相应级别规定精度($d_s \leqslant 2\sqrt{2}\sigma$,$\sigma$ 计算时采用外业测量时采用的 GNSS 接收机标称精度计算);而其中任一时段的结果与各时段平均值之差不能超过相应级别的规定精度。

(4)找出 GNSS 控制网中同步环与异步环并填写表 4-3、表 4-4。

表 4-3　同步环

同步环(环中点)	ΔX(mm)	ΔY(mm)	ΔZ(mm)	$\Delta_{边长}$(mm)	环总长(m)	相对误差

注:同步环坐标分量以及全长相对闭合差的限差规定参考规范。

表 4-4　异步环

异步环(环中点)	ΔX(mm)	ΔY(mm)	ΔZ(mm)	$\Delta_{边长}$(mm)	环总长(m)	相对误差

注:非同步观测边所构成的闭合图形(异步环),各点坐标闭合差必须符合一定的要求。B、C、D、E 级各坐标分量闭合差(W_x、W_y、W_z)和坐标闭合差(W_s)应满足相关公式要求($W_x \leq 3\sqrt{n}\,\sigma$、$W_y \leq 3\sqrt{n}\,\sigma$、$W_z \leq 3\sqrt{n}\,\sigma$、$W_s = \sqrt{W_x^2 + W_y^2 + W_z^2}$,$n$ 为闭合环边数,σ 为基线测量中误差,单位为 mm)。

(5)平差后坐标及点位精度(见表 4-5)。

表 4-5　平差后坐标及点位精度

点号(点名)	X 坐标(m)	Y 坐标(m)	RMS(mm)	d_x(mm)	d_y(mm)	备注

(6)参数转换结果(见表 4-6)。

表 4-6　参数转换结果

参数	数值	备注
D_x平移(m)		
D_y 平移(m)		
D_z 平移(m)		
R_x 旋转(″)		
R_y 旋转(″)		
R_z 旋转(″)		
SF 尺度(ppm)		

(7)高程拟合及精度(见表 4-7)。

表 4-7　高程拟合及精度

点号(点名)	正常高(高程)	大地高	rms(mm)	备注

【任务扩展】

在南方 GPSADJ 静态数据处理的基础上,学习如何将其他接收机厂商的静态观测数据导入软件,并进行处理。

任务 2　基线详细解算

【任务目的】

(1)掌握 GPSADJ 基线解算的操作步骤及方法。

(2)掌握 GPSADJ 困难基线解算的方法、步骤。

【任务分析】

基线解算是静态数据处理中关键的一步,是获得可靠结果的保证。该任务依据影响基线解算的因素,以南方 GPSADJ 软件为工具,讲述了利用历元间隔、截止高度角、剔除无效历元等手段来高效解算基线的方法。一般基线解算全部解算后,如有数目不多的基线不合格,可采用单条解算的方法来对这些困难基线进行解算。本任务主要讲述单一困难基线的解算。

【任务要求】

(1)掌握确定合适历元间隔的原则与方法。

(2)掌握确定合适的截止高度角的原则与方法。

(3)掌握剔除无效历元的原则与方法。

【任务准备】

(1)仪器准备:计算机设备等,能够保证正常工作使用。

(2)软件准备:南方 GPSADJ 软件。

(3)人员准备:按照实习任务,事先分好小组,轮流操作。

(4)记录准备:准备记录板,本子、笔等学习用具。

【任务实施】

单一困难基线的处理按以下几个部分进行:确定合适的历元间隔;确定合适的截止高度角;剔除无效历元。

1　确定合适的历元间隔

操作 1:打开 GPSADJ 软件,点击界面左边的【基线简表】,选择解算后不合格的基线或方差比小的基线,并右单击该基线→进入该基线“基线情况”界面(见图 4-39)。

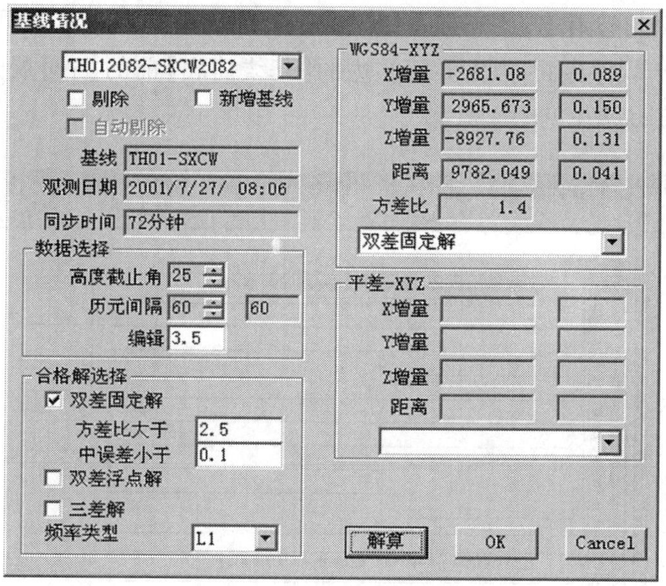

图 4-39　**基线情况(间隔:60 s)**

说明:从图 4-39 中看到 TH012082 – SXCW2082 这条基线约有 10 km,而同步观测时间只有 72 min,如果使用历元间隔 60 s 来解算,则一共有 72 个历元的数据参与解算,我们可看到图中解算后方差比较低,为 1. 4,没达到成为合格固定双差解的条件。由于基线越长,所观测的采集时间也越长,而野外观测时间只有 72 min,现在可调整缩小历元间隔为 30 s 来解算,这时参与计算的一共有 144 个历元的数据,比用历元间隔 60 s 来解算多一倍的数据量,这样可弥补观测时间不足。现在用 30 s 间隔来解算,结果如图 4-40 所示。

操作 2:“基线情况”界面,点击历元间隔后的【】图标,调整大小至 30 s(见图 4-40)→点击【解算】并查看基线结算后的“基线情况”(见图 4-40)。

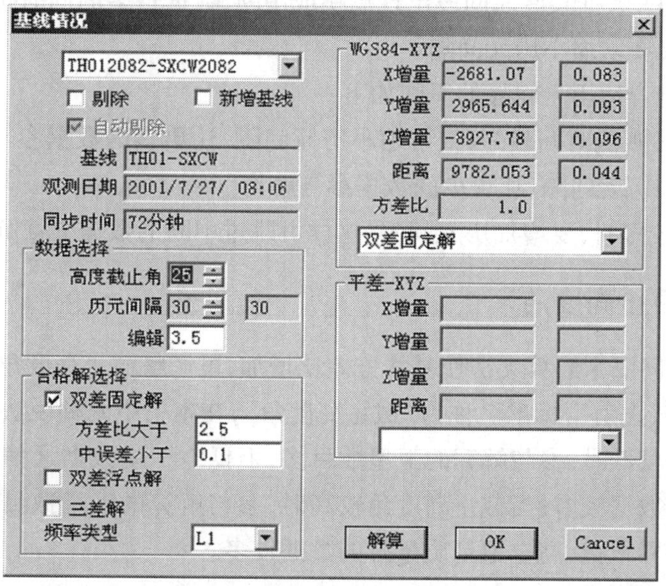

图 4-40　**基线情况(间隔:30 s)**

说明：由图 4-40 可以看出，此时方差比为 1.0，反而比 1.4 更低，此时可查看基线详解。

操作 3：GPSADJ 软件界面，点击界面左边的【基线简表】前的【 + 】展开，选择该基线查看基线详解中的追踪总结（见图 4-41）。

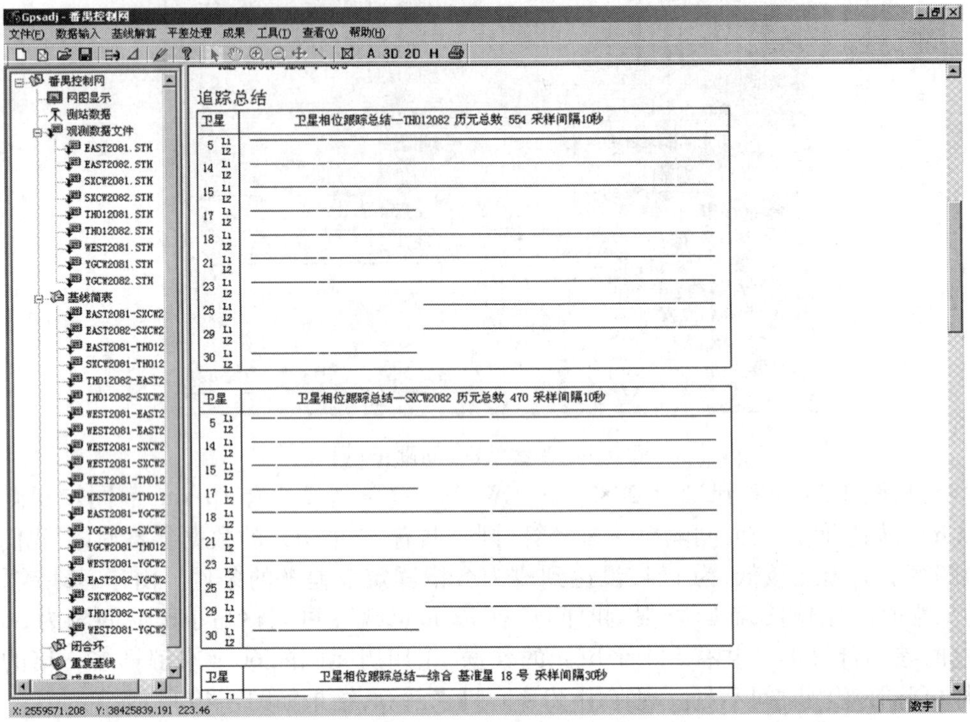

图 4-41　基线追踪总结

说明：图 4-41 中，数据某些时间段出现周跳或中断，数据量多的同时也带进了更多的质量差的数据，这时又要求缩小历元间隔。

综上所述，确定合适历元间隔的原则如下：

(1)对基线同步观测时间较短时，可缩小历元间隔，让更多的数据参与解算。同步观测时间较长时，要增加历元间隔，让更少的数据参与解算。

(2)数据周跳较多时，要增加历元间隔，这样可跳过中断的数据继续解算。

2　确定合适的截止高度角

如果更改历元间隔来解算无法使基线方差比增加，可调整截止高度角（南方 GPSADJ 中程序编写为“高度截止角”，标准名称为“截止高度角”，在本书中两种说法皆可）。

当截止高度角较低时，参与解算的卫星数目多，但低空卫星数据通信容易被外界干扰，低空卫星质量差的数据较多；当截止高度角较高时，参与解算的卫星数目少，但高空卫星数据通信不容易被外界干扰，高空卫星质量好的数据较多。

操作:“基线情况”界面(见图4-40),点击截止高度角的【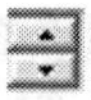】图标,调整大小至35°→点击【解算】并查看基线结算后的“基线情况”(见图4-42)。

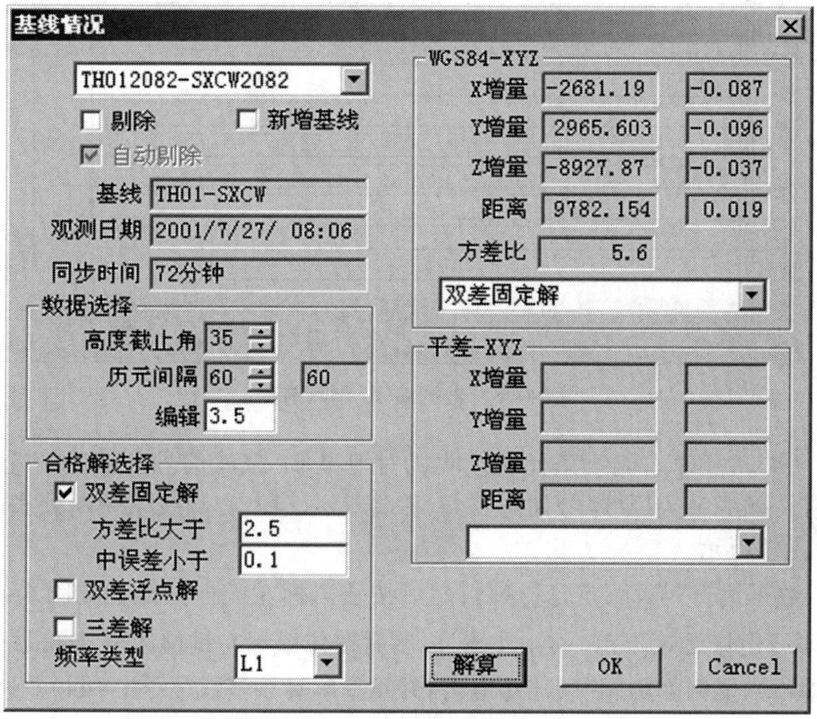

图4-42　基线情况(高度截止角:35°)

说明:图4-40的截止高度角设为25°时方差比为1.0,改为截止高度角35°时,如图4-42所示,方差比为5.6,已满足合格固定双差解的条件。

综上所述,确定合适的截止高度角原则如下:

(1)当基线详解中查看到卫星数目足够多时,适当增加截止高度角,尽量让高空卫星数据进入解算。

(2)当基线详解中查看到卫星数目比较少(最低解算要求4颗以上卫星)时,适当降低截止高度角,尽量让多一些卫星数据进入解算。

3　剔除无效历元

在图4-41中,TH012082历元有中断的地方较多,因此可以剔除无效历元来提高解算效果。

操作1:GPSADJ软件界面,点击界面左边的【观测数据文件】,从界面右边双击一观测文件(如TH012082.STH)→进入观测文件“数据编辑”界面(见图4-43)。

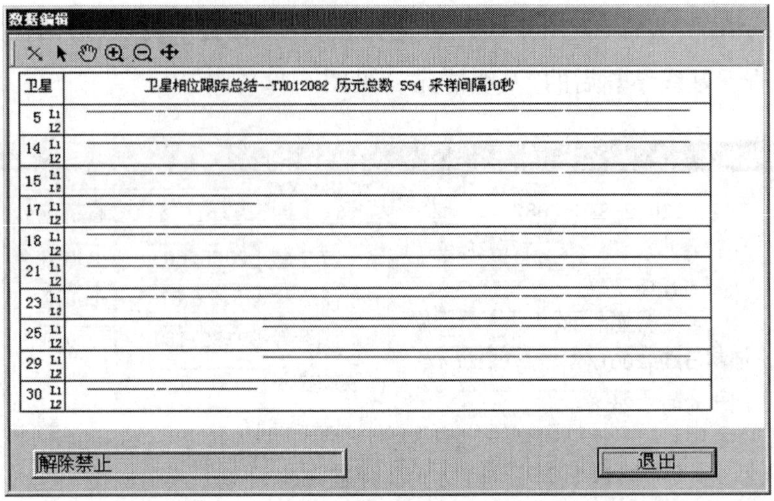

图4-43　数据编辑(剔除前)

说明:图4-43中,L1右侧线条代表接收机对卫星L1载波信号的跟踪情况,每一条L1右侧线条对应一颗卫星,卫星序号如图4-43左端所示。L1右侧线条中断处表示当时卫星信号失锁,为无效历元。

操作2:“数据编辑”界面,点击【 】,然后按住鼠标左键拖拉框选取图4-43中有历元中断的地方即可剔除无效历元→点击【 】,然后按住鼠标左键拖拉框选取图4-43中剔除的无效历元即可恢复剔除历元→点击【退出】并重新解算该基线(见图4-44)。

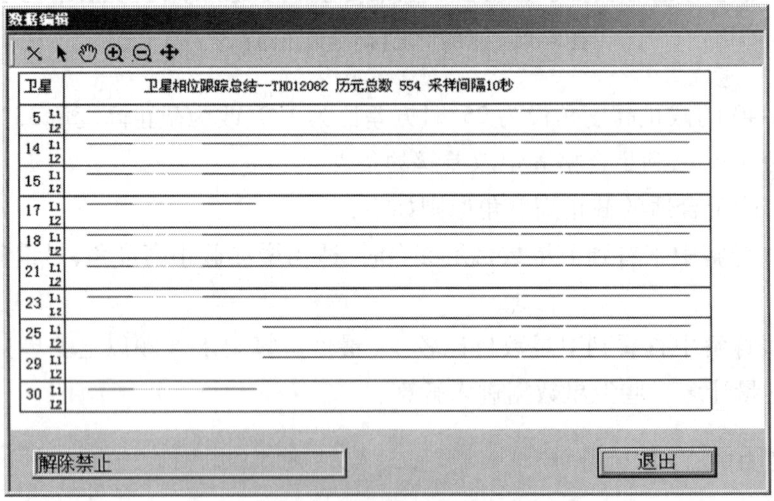

图4-44　数据编辑(剔除后)

说明:规范规定,同一时段观测值的数据剔除率,其值宜小于数据总量10%。

【任务小结】

介绍了单一困难基线处理的三种方法:确定合适的历元间隔;确定合适的截止高度角;剔除无效历元。

上述三种基线解算方法只有一个大致的原则,用户可以根据基本原则合理地相互配合进行设置,以使基线解算达到要求。在基线解算中还要求同步环中各条基线解算设置条件尽量保持一致,而修改了基线设置后又很难使其保持一致从而造成闭合环差过大。因此,一般只对基线方差比小于解算通过条件的基线进行重解,其他基线不作改动。

用以上三种方法综合交叉使用来解算基线合格并检核异步环、同步环和重复基线限差合格后才能网平差。

【任务考核】

(1)写出确定合适历元间隔的原则。

(2)写出确定合适截止高度角的原则。

(3)写出剔除无效历元的方法和步骤。

【任务扩展】

利用南方 GPSADJ 软件进行基线解算,一般只能进行短基线的解算,在此基础上,完成中长基线的解算,并查看解算结果,思考两者间的区别与联系。

项目5　徕卡LGO静态数据处理与精度评定

【项目导航】

重点

徕卡LGO静态数据处理的操作步骤及流程。

难点

困难基线的处理方法及步骤;坐标转换与投影换带的计算。

任务

徕卡LGO软件的静态数据处理步骤与流程;坐标转换与投影换带计算。

作业

对外业采集的静态相对观测数据进行数据处理,并对结果进行精度评定。

流程

徕卡LGO静态数据处理流程如图5-1所示。

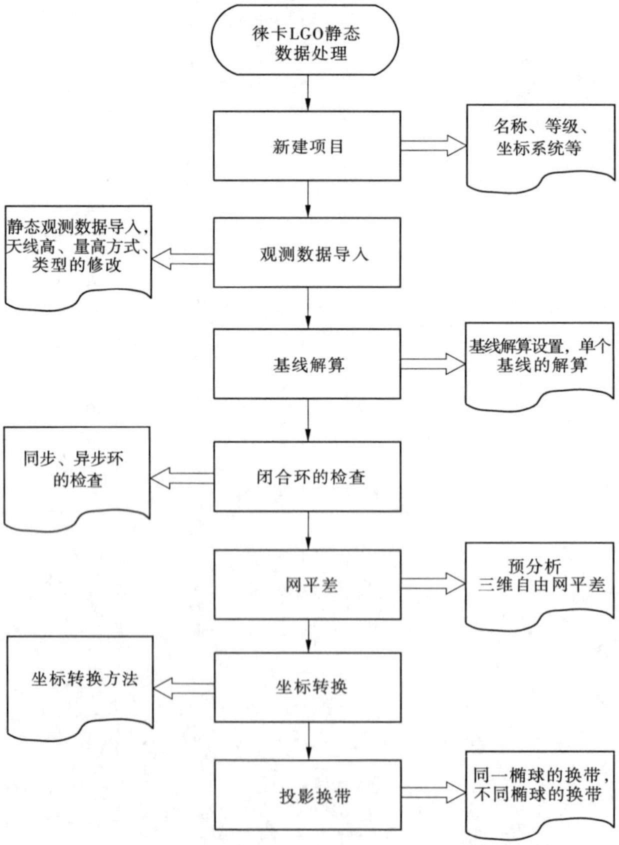

图5-1　徕卡LGO静态数据处理流程

徕卡LGO静态数据处理的操作步骤按图5-1进行,操作过程自上而下,处理过程中如果出现问题,应从头至尾一步一步进行检核。LGO静态数据处理按上述流程分:“任务1　徕卡LGO静态数据处理”与“任务2　坐标转换与坐标换带计算”。

任务1　徕卡LGO静态数据处理

【任务目的】

(1)掌握徕卡LGO静态数据处理操作步骤与流程。

(2)掌握徕卡LGO基线解算的详细步骤。

【任务分析】

静态数据处理是将外业获取的静态相对观测数据导入到数据处理软件中进行解算,最终得到测量工作坐标系中的合格坐标。徕卡LGO数据处理软件是徕卡公司的随机软件,可以处理该公司的静态GPS数据及各种进口GPS接收机RINEX标准格式的数据。

软件进行基线解算时,可以方便地对任一基线的解算条件和解算类型进行设置。对于闭合环,可自动进行搜索。在网平差处理中,可进行三维自由网、约束平差。

【任务要求】

(1)掌握利用徕卡LGO软件新建项目(坐标系统设置,控制网设置等)。

(2)掌握观测数据导入的步骤,并对数据进行修改(天线高、量高方式、天线类型等)。

(3)掌握基线解算与网平差的方法、步骤。

【任务准备】

(1)仪器准备:计算机设备等,能够保证正常工作使用。

(2)软件准备:徕卡LGO软件。

(3)人员准备:按照实习任务,事先分好小组,轮流操作。

(4)记录准备:记录板,本子、笔等学习用具。

【任务实施】

徕卡LGO数据处理按以下几个部分进行:新建项目;观测数据导入;基线解算;闭合环的检查;网平差。

1　新建项目

操作1:打开LGO软件,点击【管理】,选择【项目】,在“内容”列表下选择【项目】,右单击【项目】,选择【新建】(见图5-2)→进入“新建项目”界面(见图5-3)。

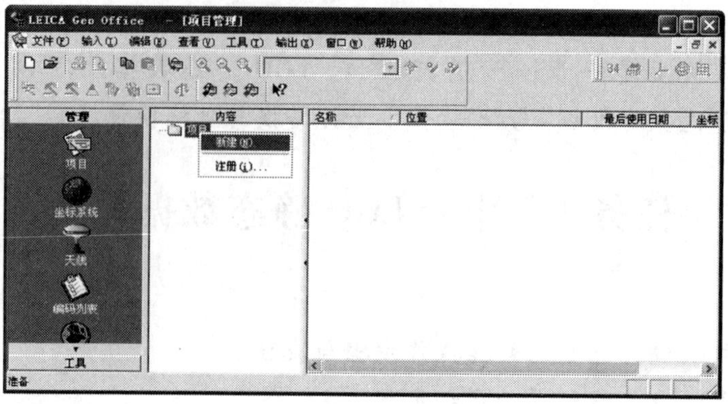

图 5-2　项目新建

操作 2:在“新建项目”界面中,选择【常规】页面,输入项目名(如 84)并设置相关内容(见图 5-3)。选择【坐标】页面,从“坐标系统”下拉框中选择【WGS 1984】,点击【确定】(见图 5-4)。最后,完成“新建项目”(见图 5-5)。

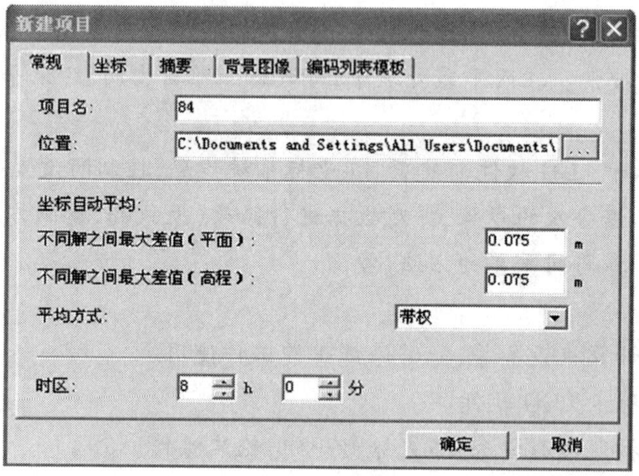

图 5-3　新建项目:常规

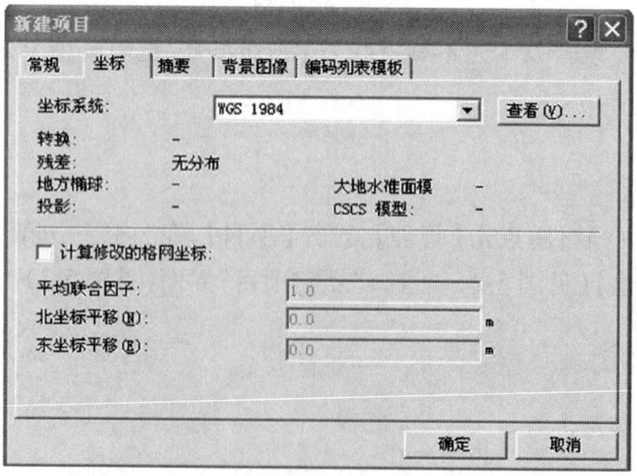

图 5-4　新建项目:坐标

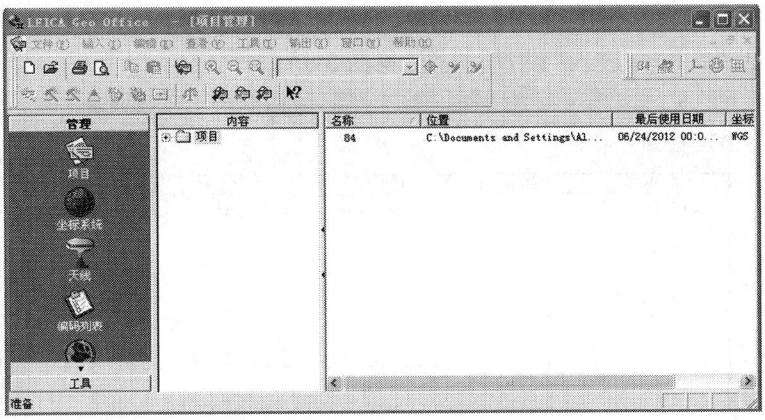

图5-5　完成新建项目

2　观测数据导入

操作1:在LGO软件界面中,点击【输入】,选择【原始数据】(见图5-6)→进入“输入原始数据”界面,选择观测数据类型与数据,点击【输入】(见图5-7)→进入“分配数据到项目84”界面。

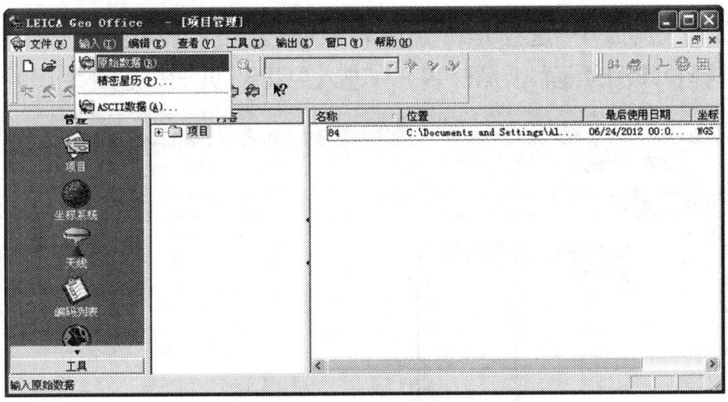

图5-6　输入:原始数据

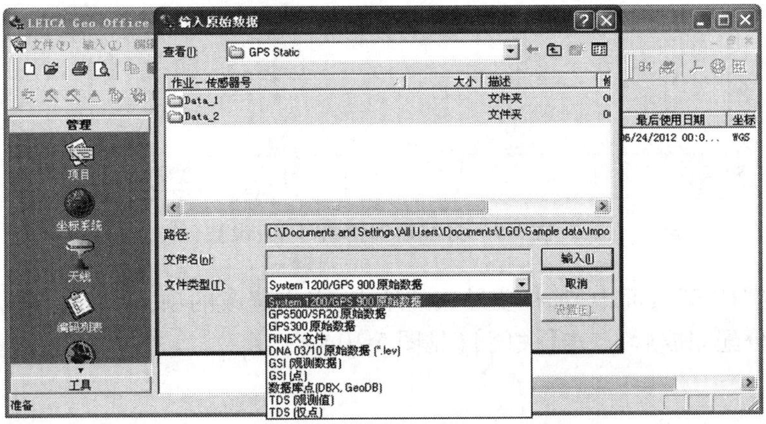

图5-7　输入原始数据

操作 2:在“分配数据到项目 84”界面中,选择【常规】页面,选择分配数据的项目【84】,选择【设置】(见图 5-8)→进入“设置”页面(见图 5-9)。

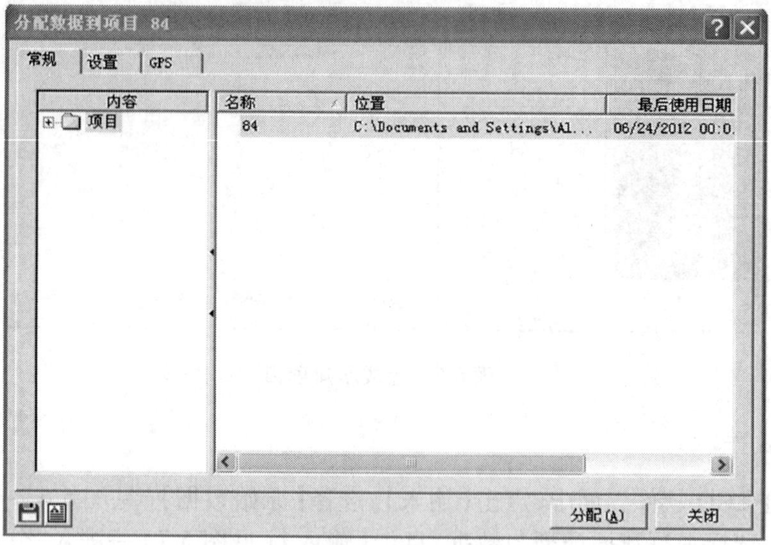

图 5-8　分配数据到项目 84:常规

操作 3:在“设置”页面中,选择是否合并时段时,点击【全部使用】,选择观测值速率时,一般默认即可,选择【GPS】页面(见图 5-9)→进入“GPS”页面(见图 5-10)。

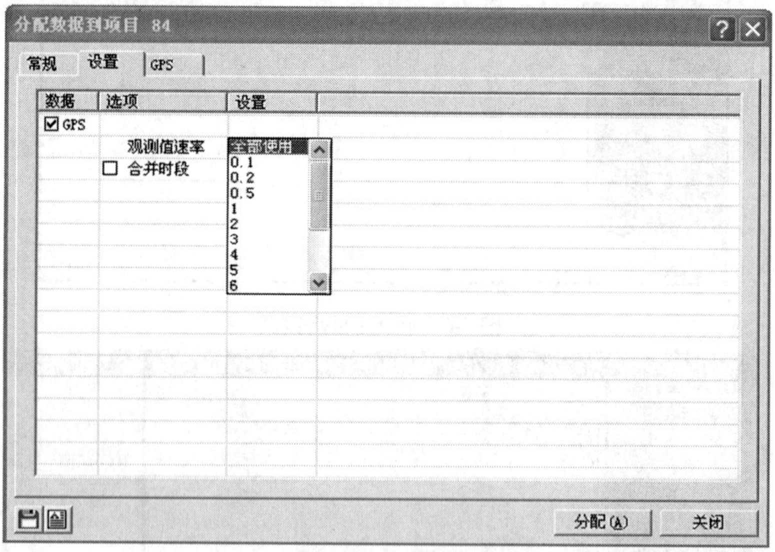

图 5-9　分配数据到项目 84:设置

操作 4:在“GPS”页面中,选择要导入的站点,点击修改的项目,修改天线高、量高方式,点击【分配】,分配完成后,点击【关闭】(见图 5-10)。

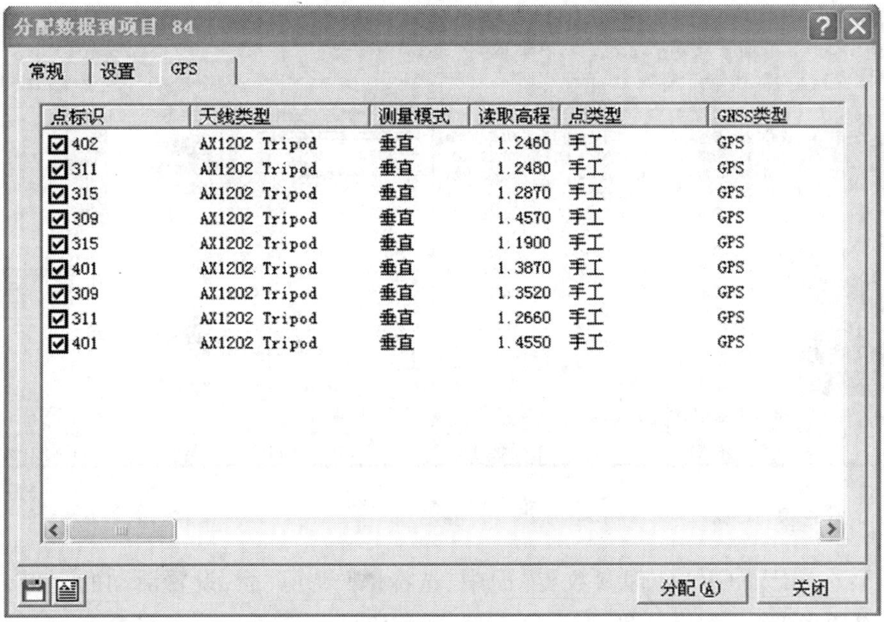

图 5-10　**分配数据到项目 84:GPS**

3　基线解算

3.1　简单基线的解算

操作 1:在项目 84 界面中,选择【GPS－处理】页面,在右边观测时段显示窗口,右单击选择【处理模式】,选择【自动】(见图 5-11)。

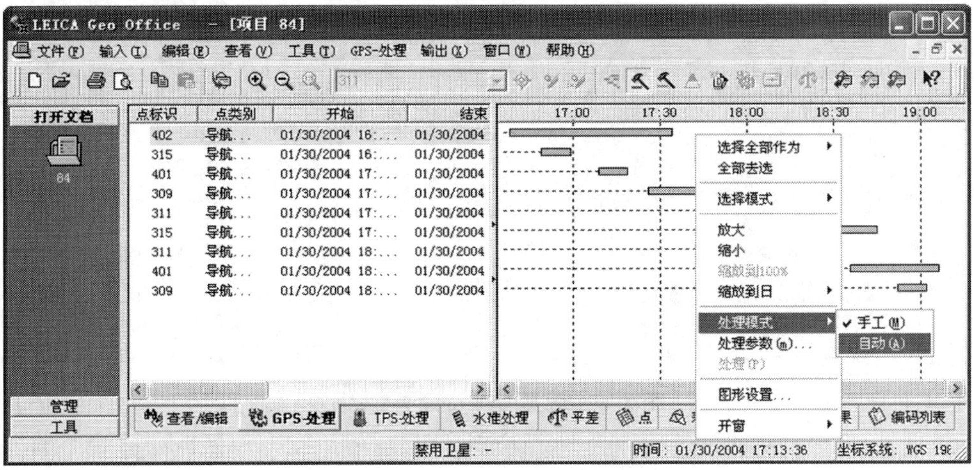

图 5-11　**选择处理模式**

操作 2:在右边观测时段显示窗口中,右单击选择【处理参数】(见图 5-12)→进入“配置 GPS 处理参数”界面(见图 5-13)。

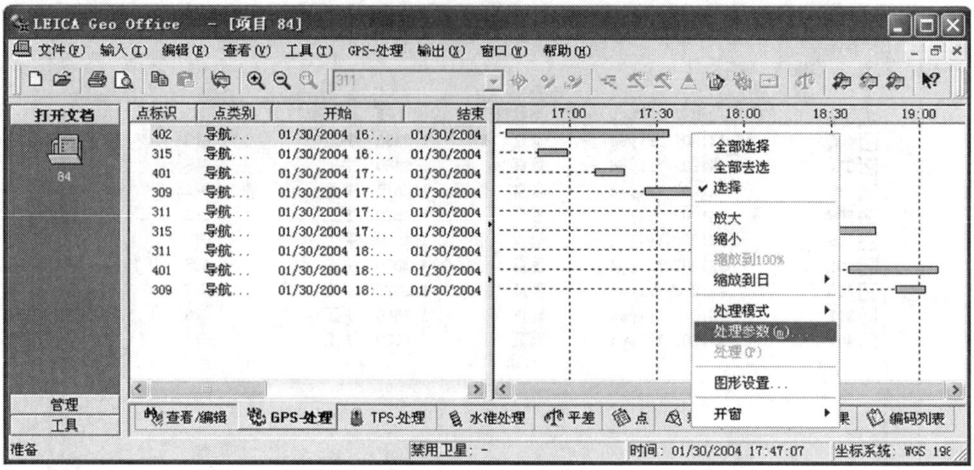

图 5-12　处理参数

操作 3:在“配置 GPS 处理参数”界面中,选择【常规】页面,设置活动的卫星、高度截止角、星历、解的类型(一般默认即可)、GNSS 类型等信息,勾选【显示高级参数】(见图 5-13)。

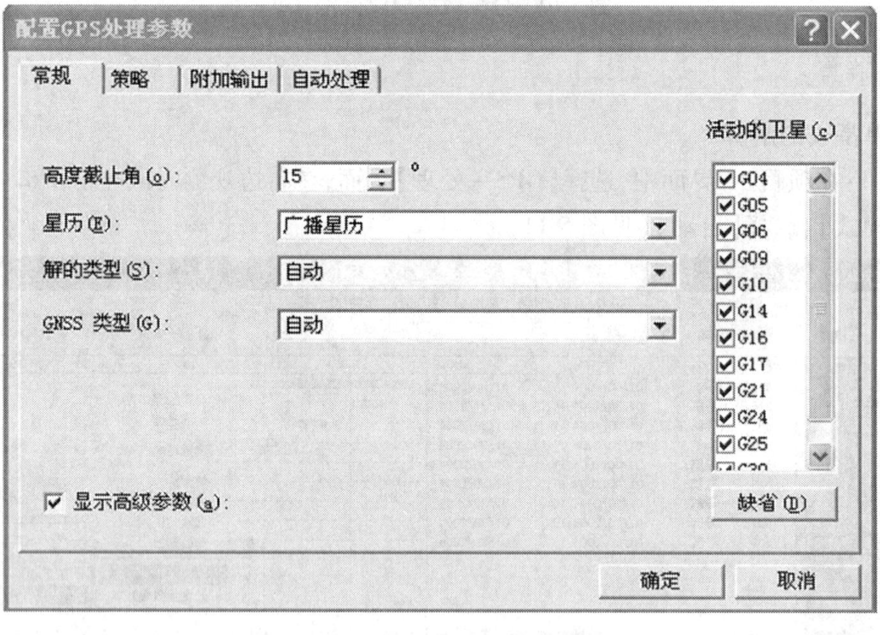

图 5-13　配置 GPS 处理参数:常规

操作 4:在“配置 GPS 处理参数”界面中,选择【策略】页面,设置基线解算的频率、固定模糊度至基线长度限值、采样率、对流层模型、电离层模型以及是否使用随机建模等信息(见图 5-14)。

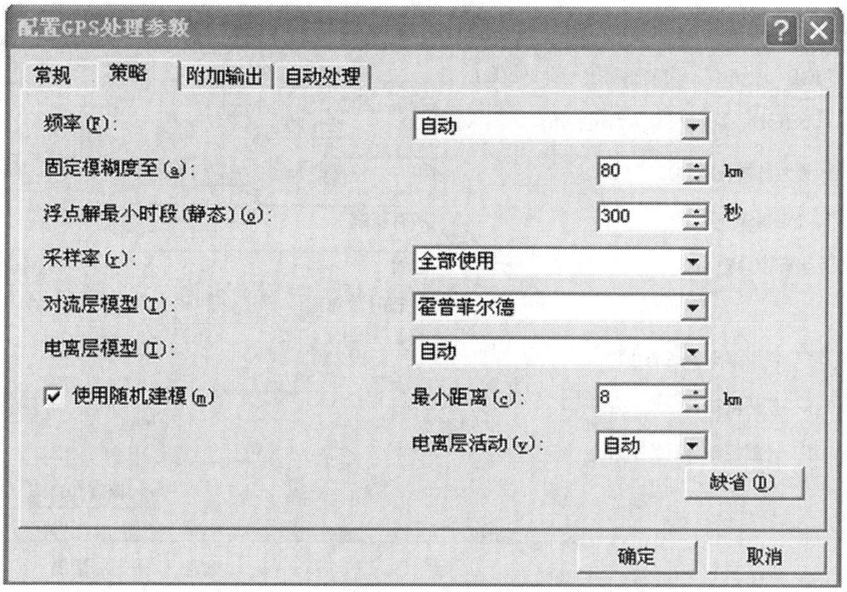

图 5-14　配置 GPS 处理参数:策略

操作5:在"配置 GPS 处理参数"界面中,选择【附加输出】页面,设置 DOP 值、方位角/高度角的存储率,勾选【残差】后,可以利用残差剔除无效或差的观测时段(见图 5-15)。

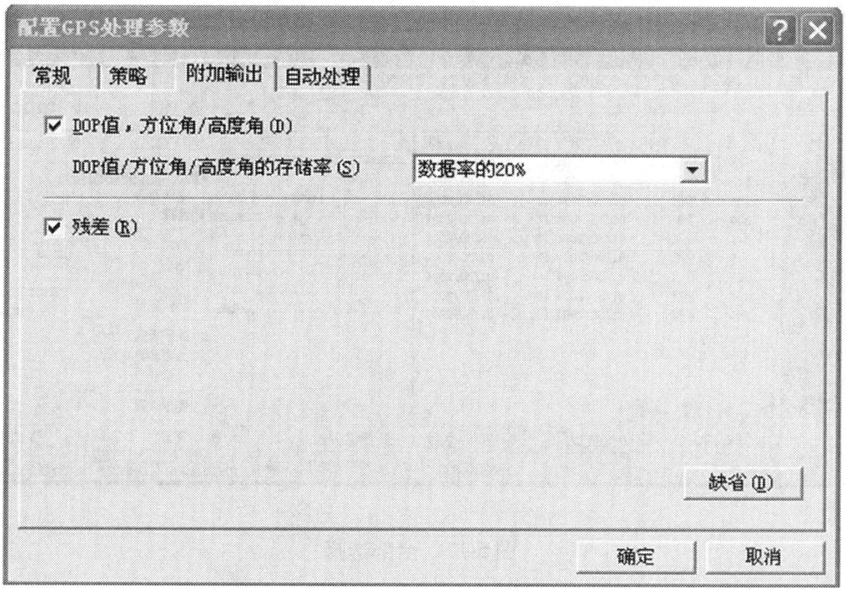

图 5-15　配置 GPS 处理参数:附加输出

操作6:在"配置 GPS 处理参数"界面中,选择【自动处理】页面,设置公共时间段数据的最短时间、最大基线长度、处理模式,以及坐标选择策略等信息,勾选【基线重算】,点击【确定】,完成配置(见图 5-16)。

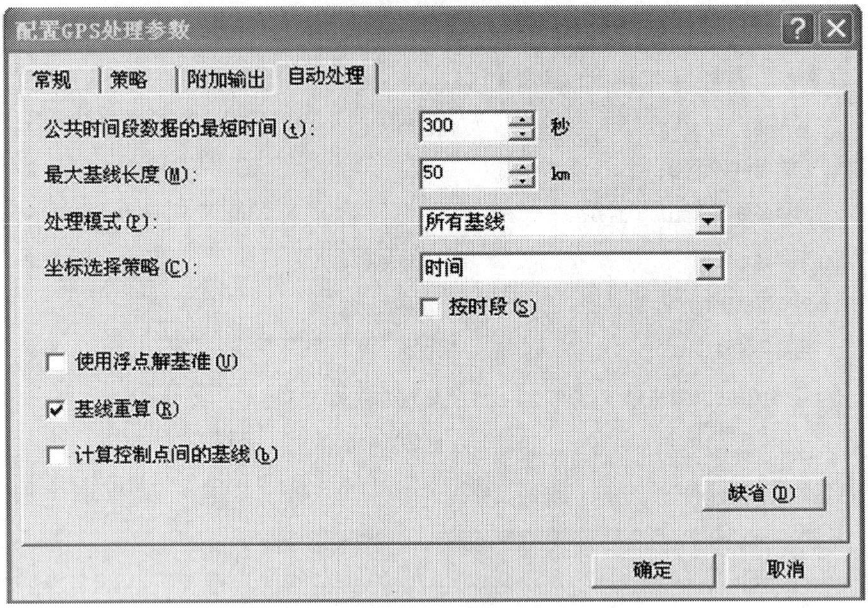

图 5-16　配置 GPS 处理参数:自动处理

操作 7:在“GPS－处理”界面中,观测时段显示窗口,右单击选择【全部选择】,条状图由灰变绿(见图 5-17)。

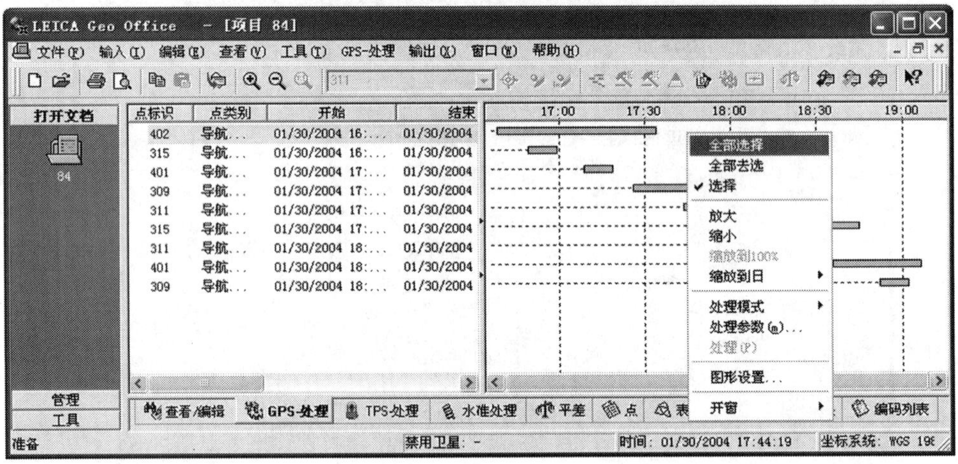

图 5-17　全部选择

操作 8:在“GPS－处理”界面中,观测时段显示窗口,右单击选择【处理】,处理完成后,点击【结果】(见图 5-18)→进入“结果”界面(见图 5-19)。

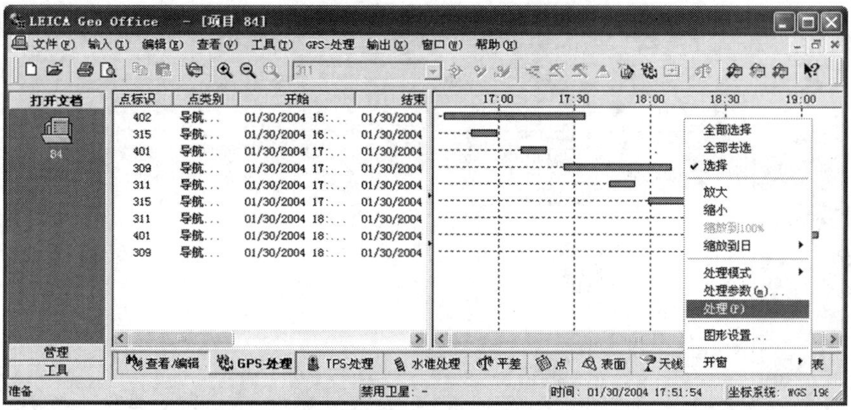

图 5-18　**处理基线**

操作 9：在“结果”界面中，查看模糊度状态（是否都为是）以及解的类型。模糊度状态都为是时，全选后，右单击选择【存储】（见图 5-19）。存储后，“存储状态”由“否”变为“是”，完成存储（见图 5-20）。

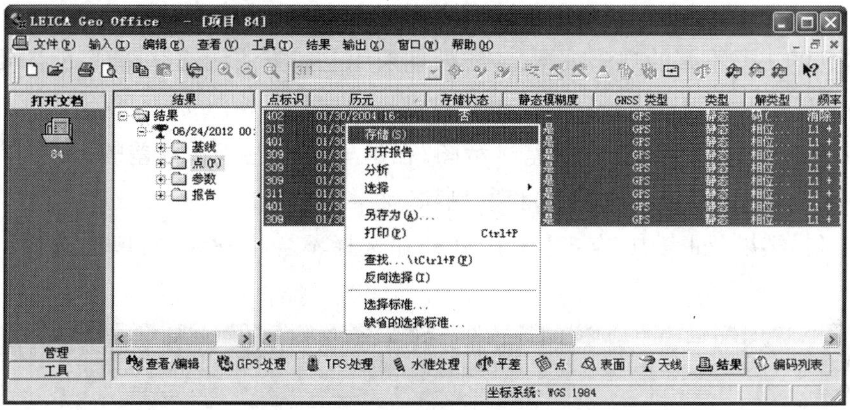

图 5-19　**存储基线**

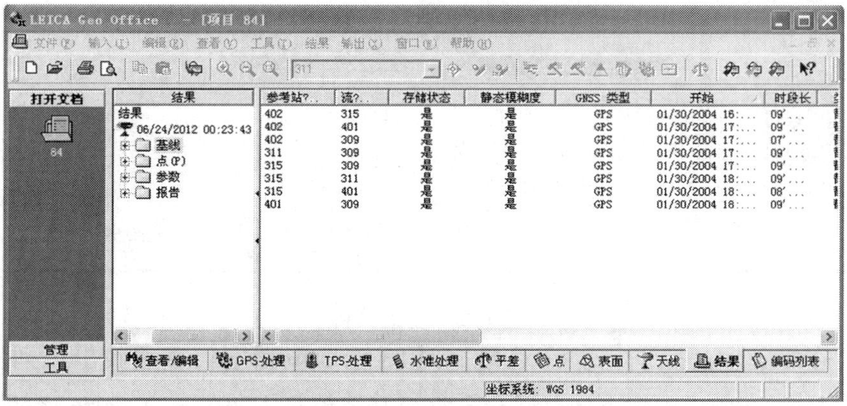

图 5-20　**存储状态为是**

操作 10：在“结果”界面中，在“结果”列表，点击【 + 】号，展开并选择基线，查看基线解算情况（见图 5-21）。

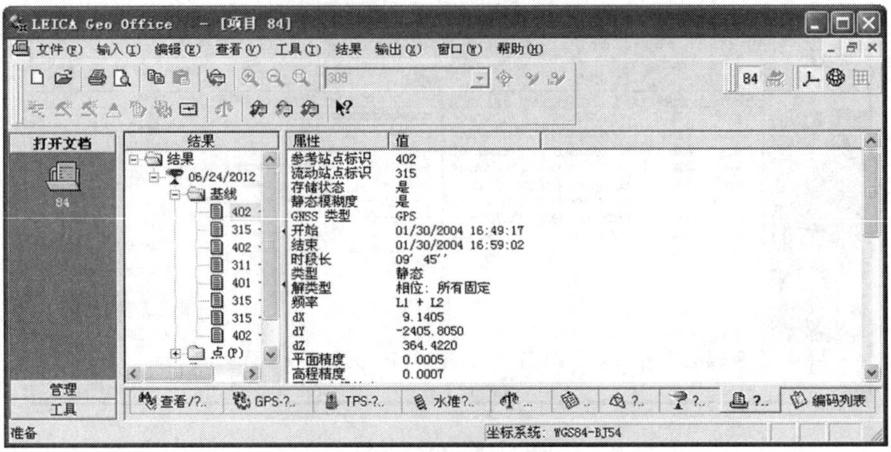

图 5-21　基线解算情况

3.2　困难基线的解算——剔除卫星

简单基线的解算一般采用上述方法就可完成,虽然有时可能无法一次解算成功,但可通过调整截止高度角、采样率等简单的方法来完成不合格基线的解算。

对于遇到的一些不好的观测数据,基线处理采用上述方法无法解算时,就需要采用其他的方法(剔除卫星、编辑卫星时段等)来处理这些困难基线。

剔除卫星的方法是通过查看残差显示图,在这里是通过查看双差的 L3 消除电离层残差,在图形中找到残差数值大的卫星,将其剔除。

操作 1:在“结果”列表中,点击【 + 】,展开并选择不合格基线,右单击选择【分析】(见图 5-22)。

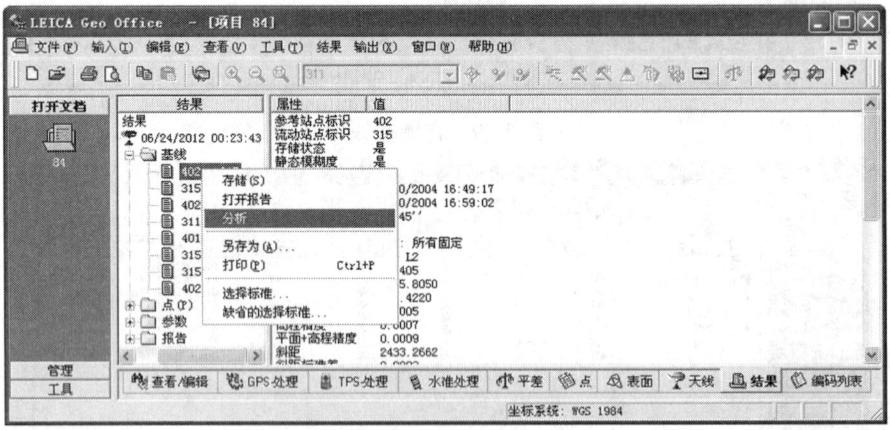

图 5-22　基线分析

操作 2:在“图表配置”下,选择【双差】和【L3 消除电离层】,查看找出纵列值(一般约 0.1 m)大的卫星,在图表配置下面可以查看参与基线解算卫星的一些信息,比如图例、标准差、平均、最大值、最小值,找到某一卫星的残差比较大时,可以将其去除再进行解算(见图 5-23)。

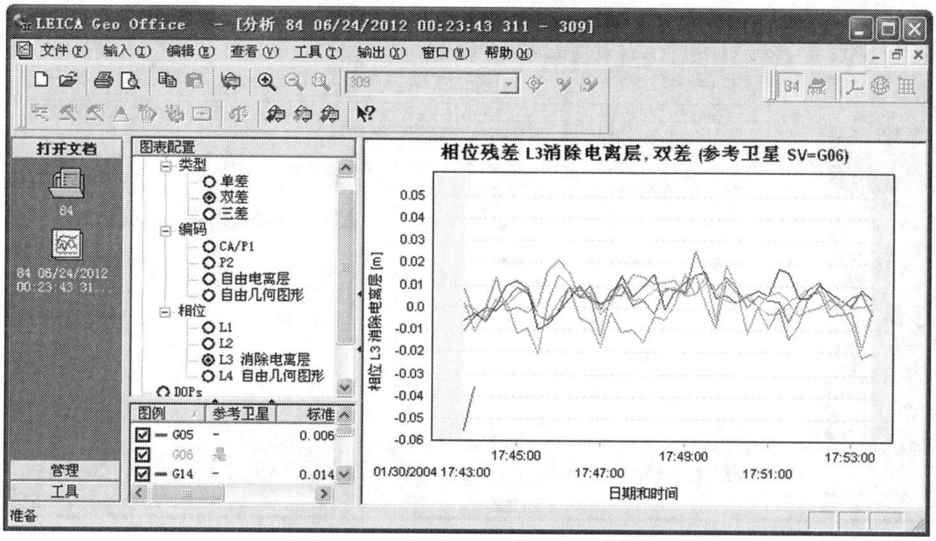

图5-23　基线残差显示及分析

操作3:回到项目后,点击【GPS-处理】,观测时段显示窗口,右键单击,选择【处理参数】、【常规】页面,将残差值大的卫星去掉(如G14),点击【确定】(见图5-24)。在观测时段显示窗口,右键单击,选择【处理】,重新解算基线。

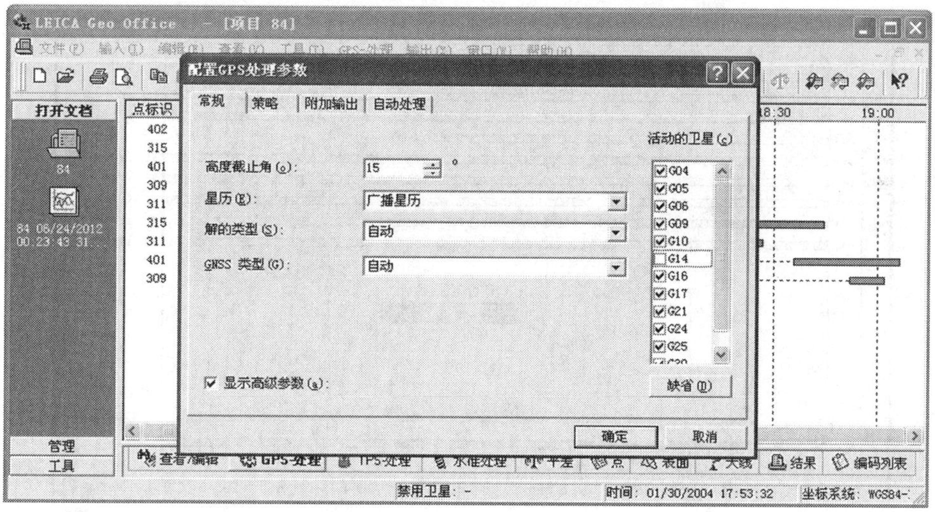

图5-24　剔除卫星

3.3　困难基线的解算——编辑卫星时段

在残差大的基线测站点上,可通过卫星窗口来编辑观测时段,最终得到较好的基线解算。

操作1:在"GPS-处理"界面中,在基线站点上,右键单击,选择【卫星窗口】(见图5-25)→进入"卫星窗口"界面(见图5-26)。

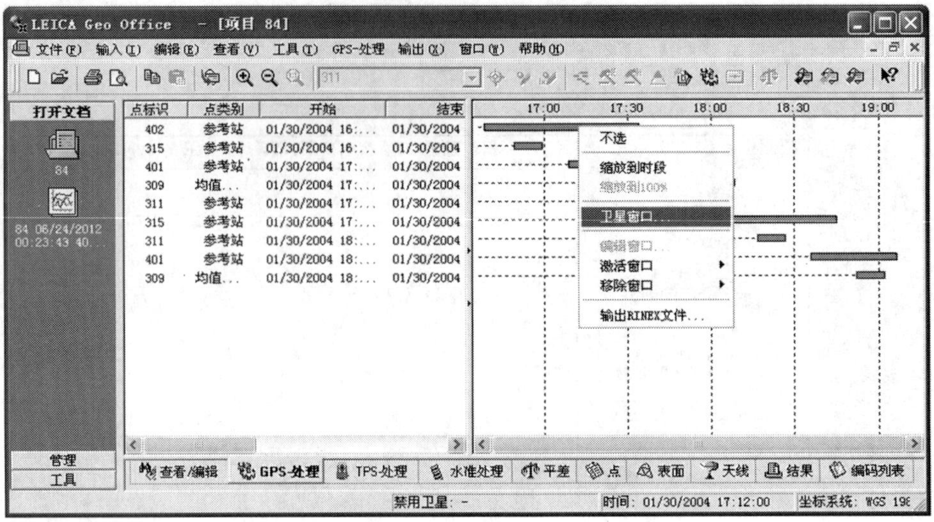

图 5-25　卫星窗口

操作 2:在"卫星窗口"界面中,右键单击,选择开窗方式【开窗(包含)】或【开窗(排除)】,在此,选择【开窗(排除)】(见图 5-26)。

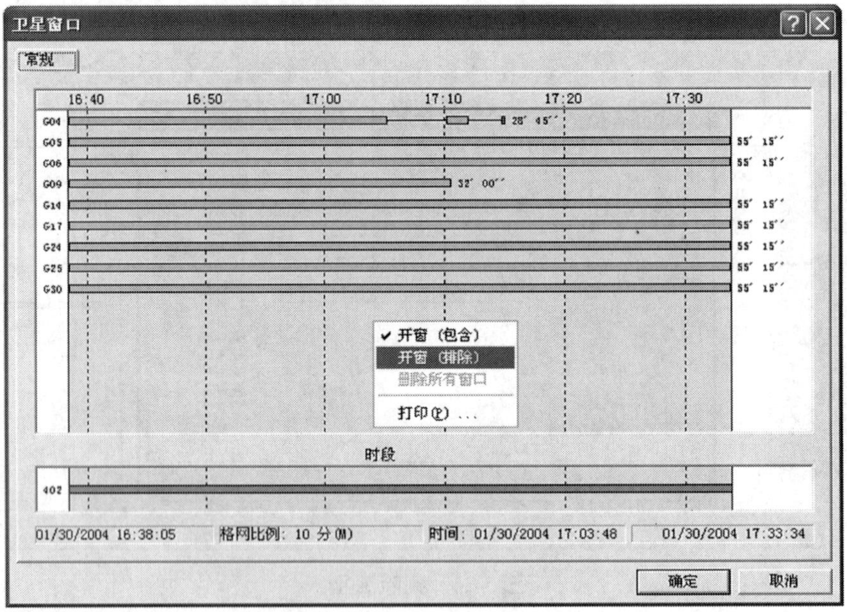

图 5-26　卫星窗口(开窗方式)

操作 3:在"卫星窗口"界面中,将不连续、短的观测时段等差的卫星观测用"开窗(排除)"排除掉。完成后,点击【确定】(见图 5-27)。

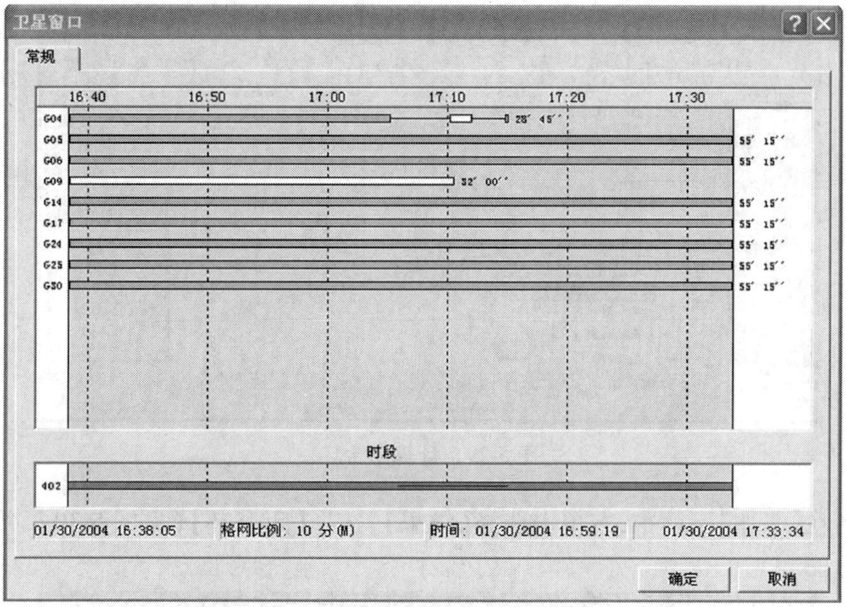

图 5-27　**卫星窗口(观测时段编辑)**

操作 4:将不连续、短的观测时段等差的卫星观测排除掉后,在观测时段显示窗口,右单击选择【处理】,重新解算基线并查看残差(见图 5-28)。

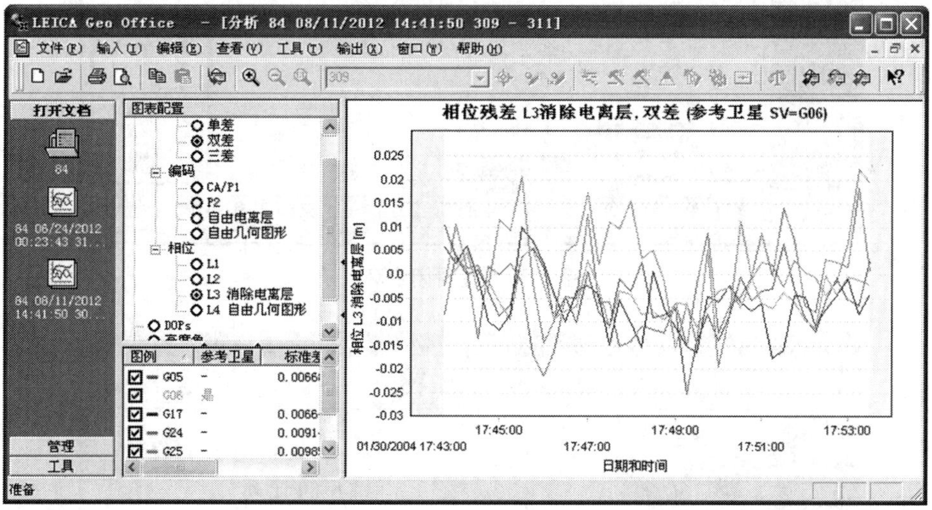

图 5-28　**残差显示(编辑卫星时段)**

4　闭合环的检查

待基线解算合格后(少数几条基线不合格可让其不参与平差),需进行闭合环检查。

操作 1:回到项目后,点击【平差】页面,右单击选择【计算闭合环】(见图 5-29)。

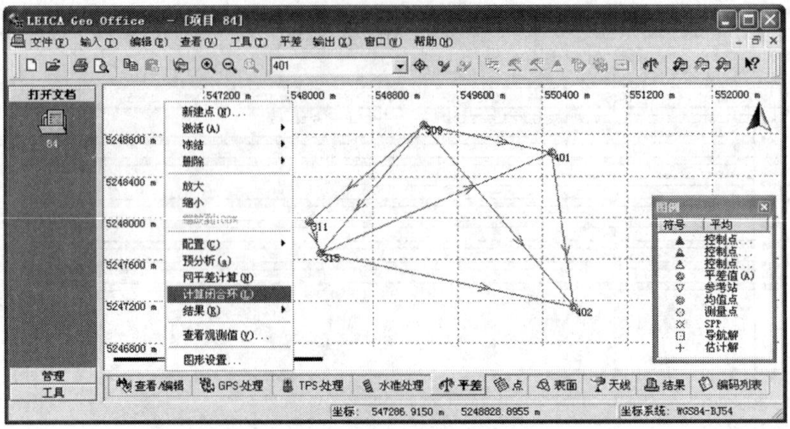

图 5-29　计算闭合环

操作 2:在【平差】页面中,右单击选择【结果】,选择【闭合环】(见图 5-30),并查看结果(见图 5-31)。

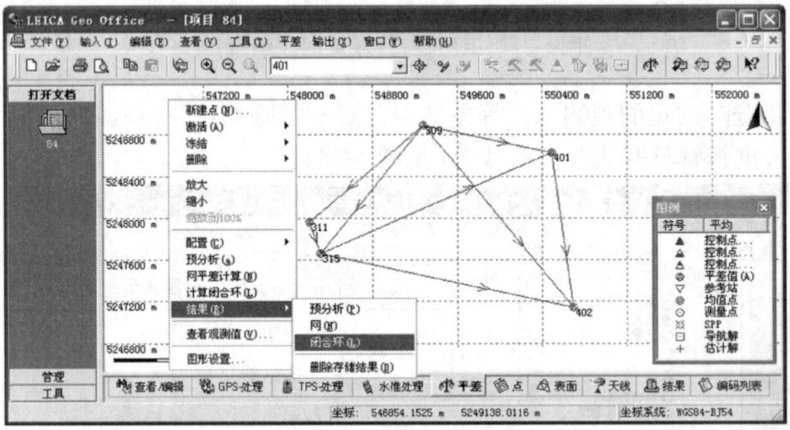

图 5-30　查看闭合环

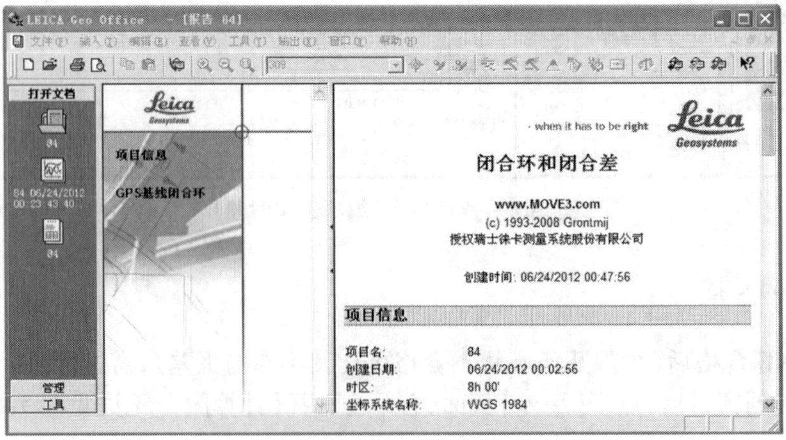

图 5-31　闭合环报告

说明:每个环都执行了粗差探测,W 检验(对每个坐标分量进行的粗差探测)值显示在 X、Y、Z 值的后面。W 检验失败被认为是粗差的观测值,将标明。查找解算差的基线,重新解算,再计算闭合差,直到 W 检验通过。

5　网平差

基线解算合格,重复基线、闭合差合限后,即可进行网平差(在此指三维自由网平差)。

操作 1:在"平差"页面中,右单击选择【配置】下的【一般参数】和【地面参数】(见图 5-32),进行相关设置后(一般默认),点击【确定】(见图 5-33 ~ 图 5-36)。

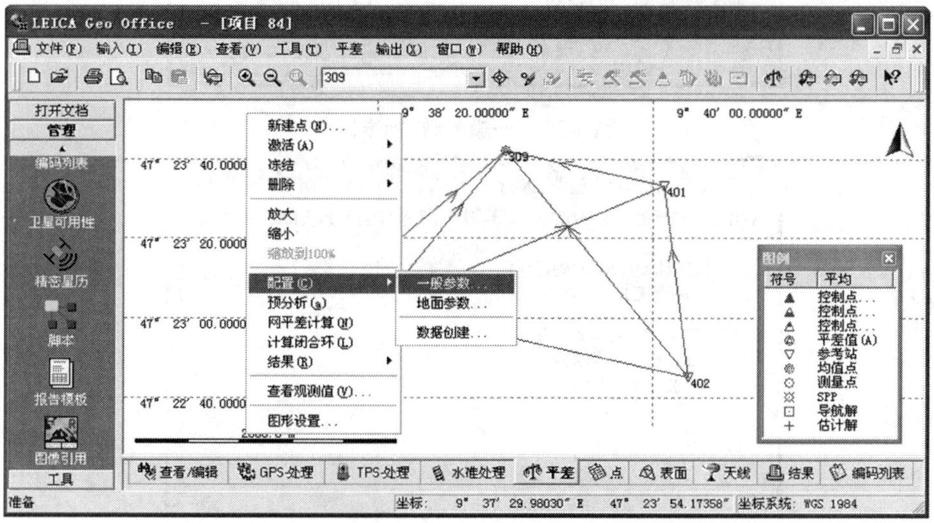

图 5-32　配置

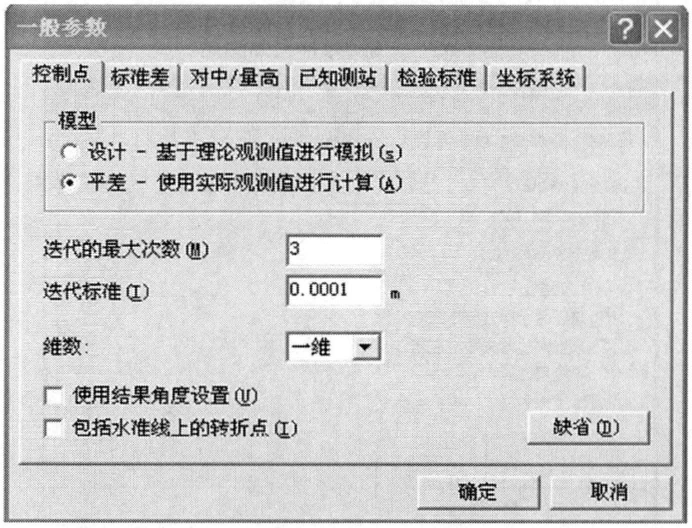

图 5-33　一般参数:控制点

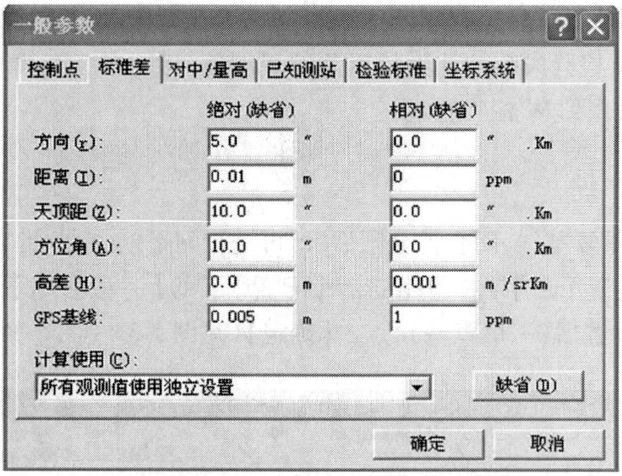

图5-34　一般参数:标准差

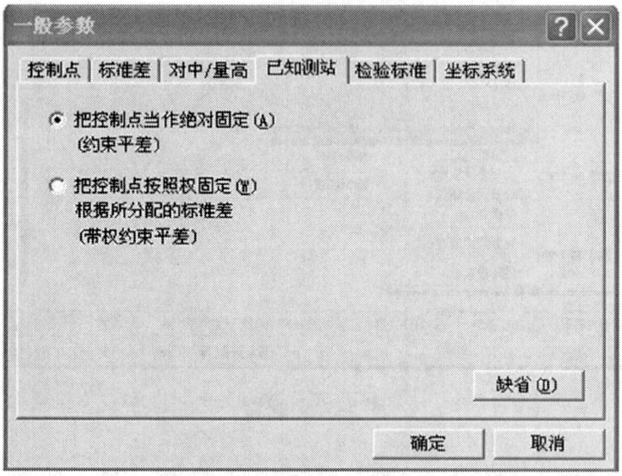

图5-35　一般参数:已知测站

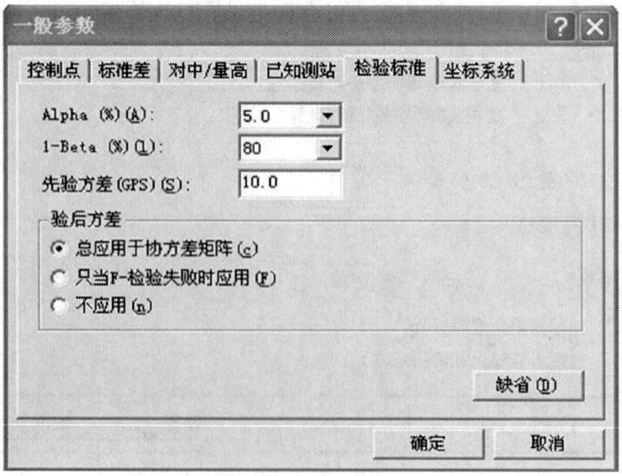

图5-36　一般参数:检验标准

操作 2:在该项目中,选择“平差”页面,右单击选择【预分析】(见图 5-37)。分析后,右单击选择【结果】下的【预分析】(见图 5-38),查看分析结果,没问题后点击关闭(见图 5-39)。

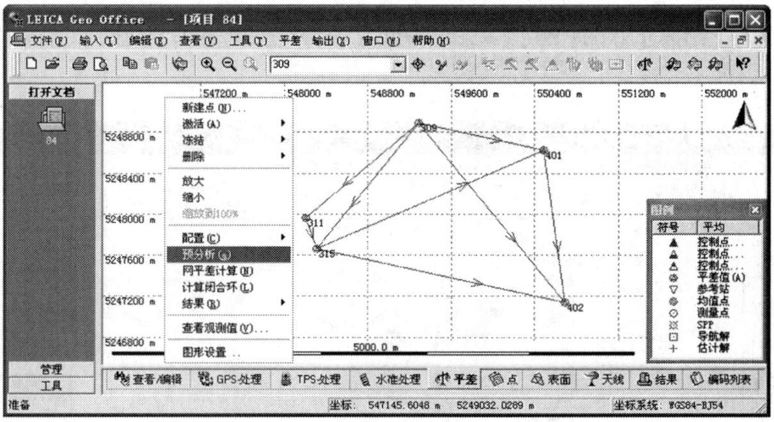

图 5-37　预分析

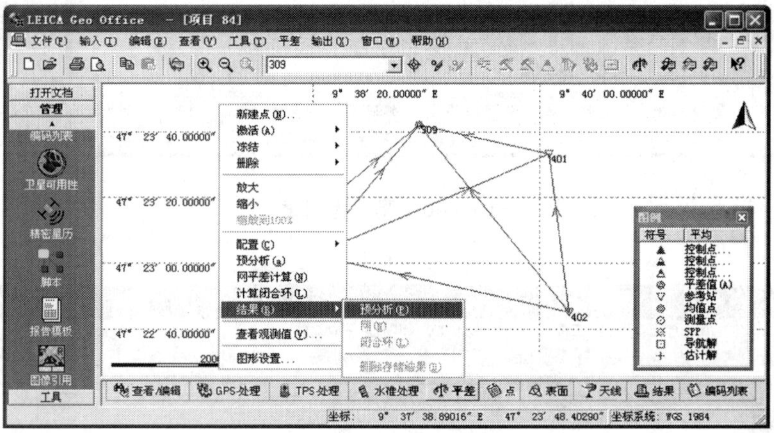

图 5-38　查看预分析结果

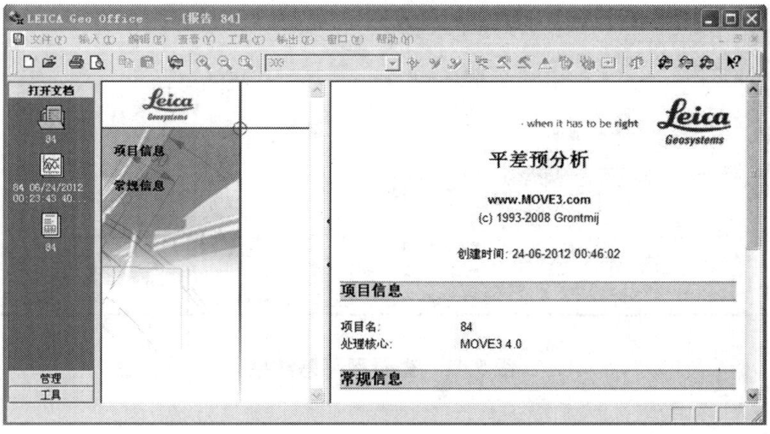

图 5-39　预分析报告

说明:预分析计算用于检核平差时的网的先验误差，同时进行质量控制检核和数据的数学检核。

操作 3:在“平差”页面中,右单击选择【网平差计算】(见图 5-40)。完成三维自由网平差后,右单击选择【结果】下的【网】(见图 5-41),查看平差结果信息,没问题后关闭该页面(见图 5-42)。

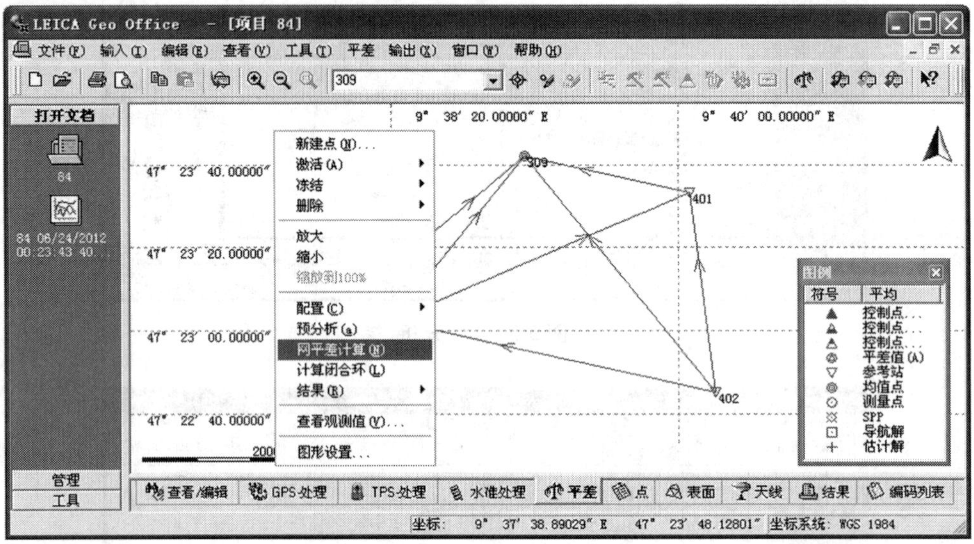

图 5-40　网平差计算

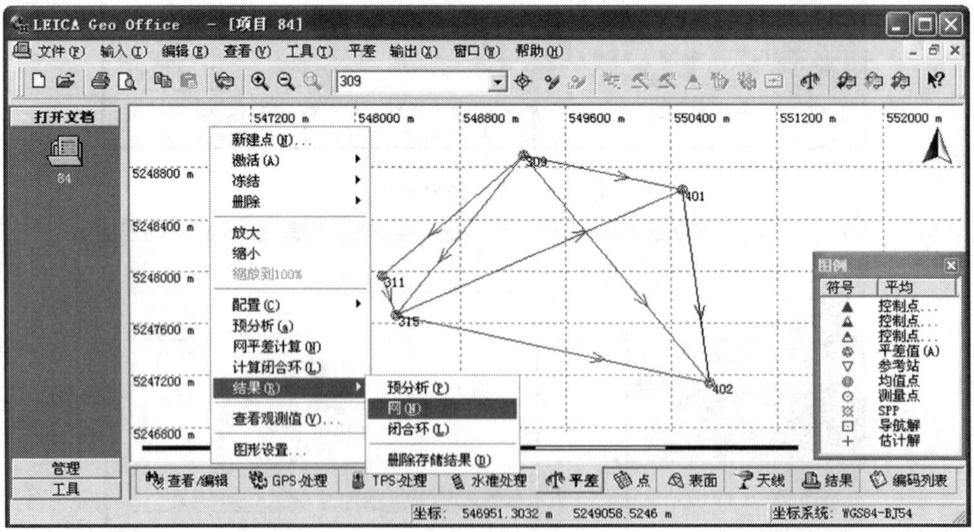

图 5-41　查看网平差结果

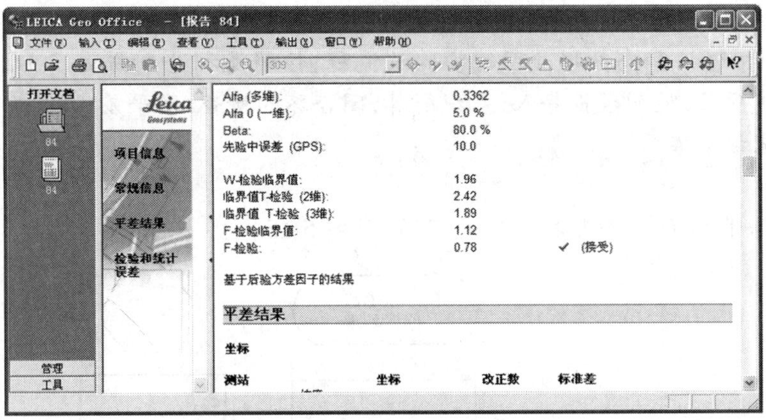

图 5-42　网平差报告

说明：查看平差报告中的 F 检验，如果显示接受，则表明满足要求，F 检验与 F 检验临界值越接近越好，查看后在文件中保存平差报告。

操作 4：选择【点】页面，如果需要 WGS84 坐标值成果，在空白处击右键选择【另存为】（见图 5-43）→进入"另存为"界面，选择路径，输入文件名并选择类型，点击【保存】（见图 5-44）。

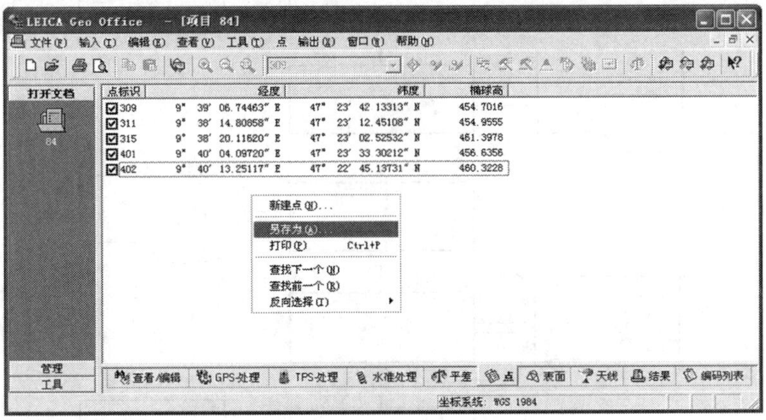

图 5-43　WGS84 坐标另存

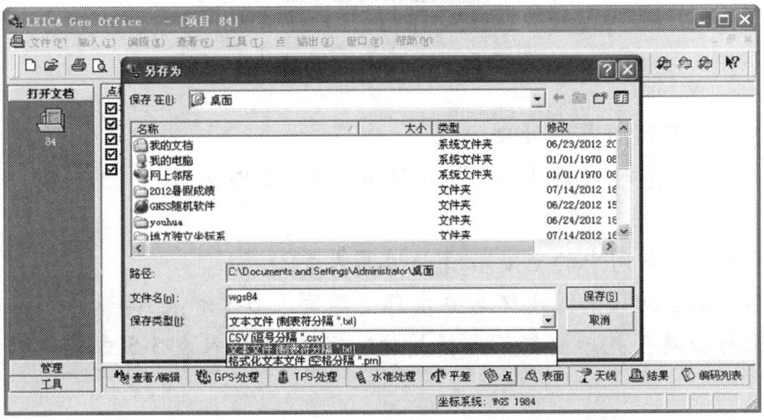

图 5-44　存储 WGS84 坐标

【任务小结】

介绍了徕卡 LGO 静态数据处理的步骤及流程，按照流程分别讲述了 LGO 软件的以下几个内容：新建项目，观测数据导入，基线解算，闭合环的检查，网平差。其中，基线解算是重点也是难点，应该掌握。

【任务考核】

(1)填写徕卡 LGO 静态数据处理流程图(见图 5-45)。

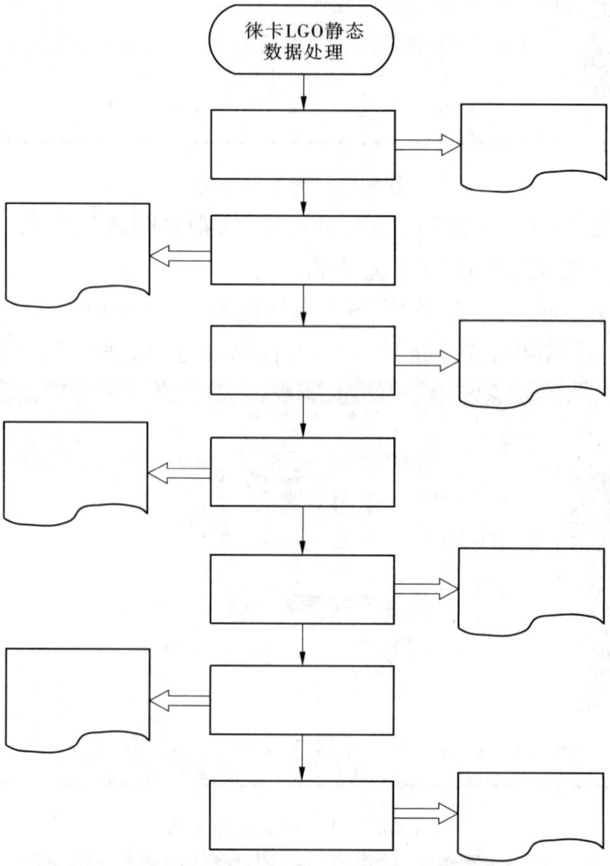

图 5-45　徕卡 LGO 静态数据处理流程

(2)总结并写出基线解算的处理方法。

(3)找出基线解算时模糊度未成功解算或解类型未固定的基线，并将其填写于表 5-1 中。

(4)找出 GNSS 控制网中的重复基线并填写表 5-2。

(5)找出 GNSS 控制网中同步环与异步环并填写表 5-3 和表 5-4。

(6)将三维自由网平差后坐标及点位精度(标准差)填入表 5-5 中。

表5-1　同步观测边检核

同步观测边	基线长(m)	平面精度(m)	高程精度(m)	平面+高程精度(m)	备注

表5-2　重复基线

重复基线	ΔX增量与均值之差(mm)	ΔY增量与均值之差(mm)	ΔZ增量与均值之差(mm)	中误差	基线长(m)	相对误差

注：对于不同观测时段的基线边的互差 d_s，应小于相应级别规定精度（$d_s \leqslant 2\sqrt{2}\sigma$，$\sigma$ 计算时采用外业测量时采用的GNSS接收机标称精度计算），而其中任一时段的结果与各时段平均值之差不能超过相应级别的规定精度。

表5-3　同步环

同步环(环中点)	ΔX(mm)	ΔY(mm)	ΔZ(mm)	$\Delta_{边长}$(mm)	环总长(m)	相对误差

注：同步环坐标分量以及全长相对闭合差的限差规定参考规范。

表5-4　异步环

异步环(环中点)	ΔX(mm)	ΔY(mm)	ΔZ(mm)	$\Delta_{边长}$(mm)	环总长(m)	相对误差

注：非同步观测边所构成的闭合图形(异步环)，各点坐标闭合差必须符合一定的要求。B、C、D、E级各坐标分量闭合差(W_x、W_y、W_z)和坐标闭合差(W_s)应满足相关公式要求($W_x \leqslant 3\sqrt{n}\sigma$、$W_y \leqslant 3\sqrt{n}\sigma$、$W_z \leqslant 3\sqrt{n}\sigma$、$W_s = \sqrt{W_x^2 + W_y^2 + W_z^2}$，$n$ 为闭合环边数，σ 为基线测量中误差，单位为mm)。

表 5-5　平差后坐标及点位精度

F 检验临界值:__________　　　　F 检验:__________

点号(点名)	经度(° ′ ″) 标准差(m)	纬度(° ′ ″) 标准差(m)	高程(m) 标准差(m)	平面精度(m)	高程精度(m)	平面+高程精度(m)

【任务扩展】

在徕卡 LGO 静态数据处理的基础上,学习将其他接收机厂商的静态观测数据导入软件的方法,并进行处理。

任务 2　坐标转换与坐标换带计算

【任务目的】

(1)掌握徕卡 LGO 软件坐标转换的操作步骤与流程。

(2)掌握徕卡 LGO 软件坐标换带计算操作的详细步骤。

【任务分析】

为了限制高斯投影长度变形,将椭球面按一定经度的子午线划分成不同的投影带;或者为了抵偿长度变形,选择某一经度的子午线作为测区的中央子午线。中央子午线的经度不同,使得椭球面上统一的大地坐标系变成了各自独立的平面直角坐标系,就需要将一个投影带的平面直角坐标系,换算成另外一个投影带的平面直角坐标,称为坐标换带。

坐标换带有直接换带计算法和间接换带计算法两种,目前主要采用间接换带计算法,介绍如下:如将第一带(东带或西带)的平面坐标换算为第二带(西带或东带)的平面坐标,方法是先根据第一带的平面坐标 x、y 和中央子午线的经度 L_0,按高斯投影坐标反算公式求得大地坐标 B、L,然后根据 B、L 和第二带的中央子午线经度 L_0',按高斯投影坐标正算公式求得在第二带中的平面坐标 x'、y'。由于在换带计算中,把椭球面上的大地坐标作为过渡坐标,因而称之为间接换带法。这种方法理论上是严密的,而且精度高、通用性强,它适用于 6°带与 6°带、3°带与 3°带、6°带与 3°带之间的坐标换带。

【任务要求】

(1)掌握利用 LGO 软件进行坐标转换的步骤和方法。

(2)掌握不同的坐标转换方法及适用情况。

(3)掌握坐标换带计算的操作步骤。

【任务准备】

(1)仪器准备:计算机设备等,能够保证正常工作使用。

(2)软件准备:徕卡 LGO 软件。

(3)人员准备:按照实习任务,事先分好小组,轮流操作。

(4)记录准备:记录板,本子、笔等学习用具。

【任务实施】

坐标转换与坐标换带计算按以下两个部分进行:坐标转换;坐标换带。

1 坐标转换

三维自由网平差后,需要将 WGS84 坐标系统中的点转换到地方坐标中,此时,就需要建立地方坐标系统,进行坐标转换。

坐标转换实例紧接本项目任务 1,将三维自由网平差后的 WGS84 点转换到地方坐标系中(1954 年北京坐标系),其他坐标转换方法的操作步骤相同。

1.1 地方坐标系统及项目的建立

操作 1:在 LGO 软件界面中,点击最左边导航栏中的【管理】,选择【坐标系统】,在"内容"栏中,选择【投影】,右单击选择【新建】(见图 5-46)→进入"新建投影"界面(见图 5-47)。

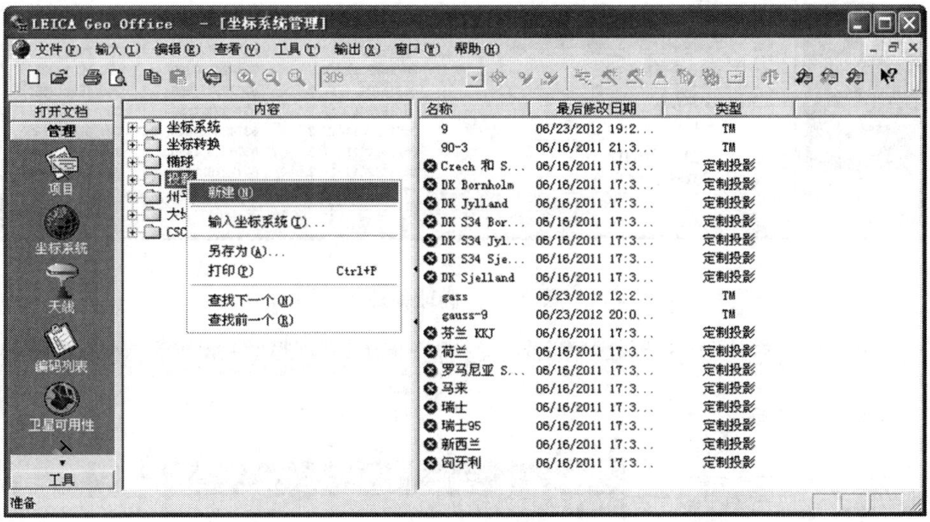

图 5-46 投影新建

操作 2:在"新建投影"界面中,输入名称,选择投影类型(横轴墨卡托投影【TM】)、设定假定东坐标(500 km)、中央子午线、带宽等信息,点击【确定】(见图 5-47),完成新建投影(Gauss -9)并显示在右边列表中。

操作 3:在"内容"栏中,选择【椭球】,右单击选择【新建】(见图 5-48)→进入"新建椭球"界面,输入椭球名称、长半轴和扁率,点击【确定】,新建的椭球显示在最右边列表中(见图 5-49)。

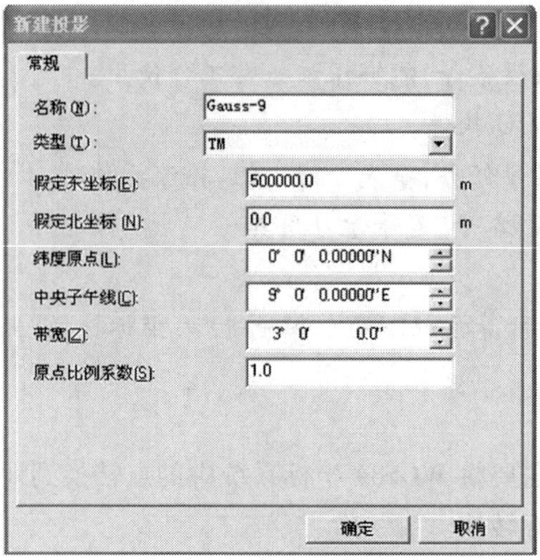

图 5-47　新建投影:高斯投影 9°带

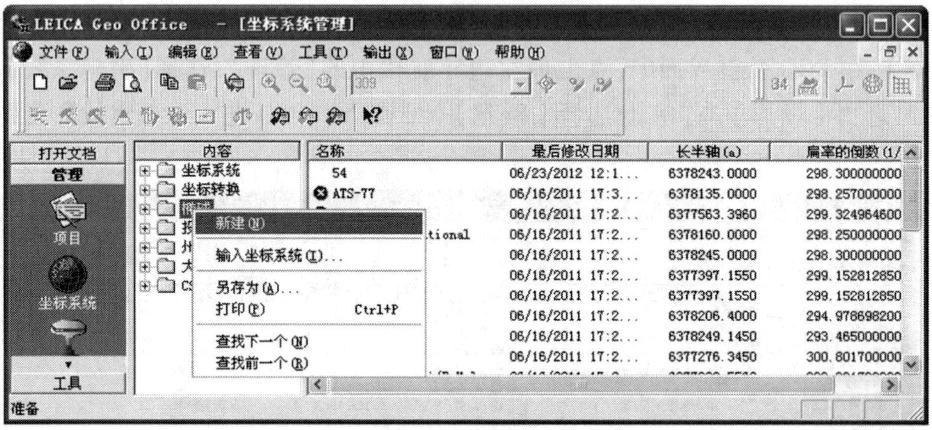

图 5-48　椭球新建

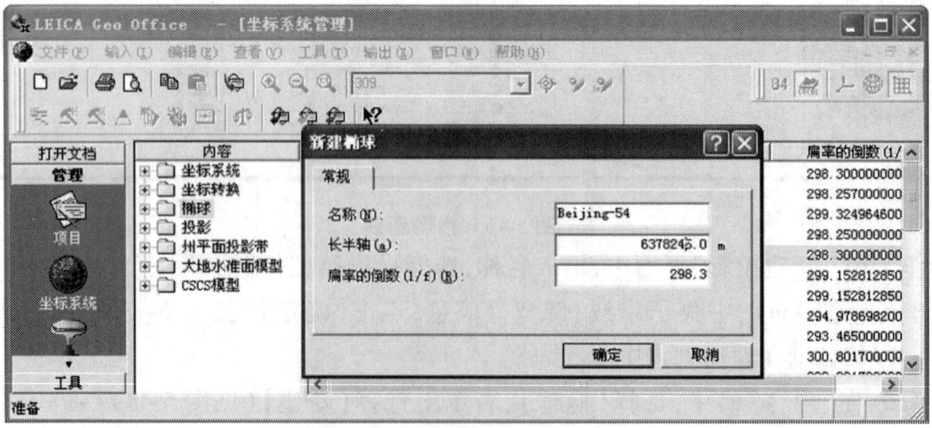

图 5-49　新建椭球

操作4:在“内容”栏中,选择【坐标系统】,右单击选择【新建】(见图5-50)→进入“新建坐标系统”界面(见图5-51)。

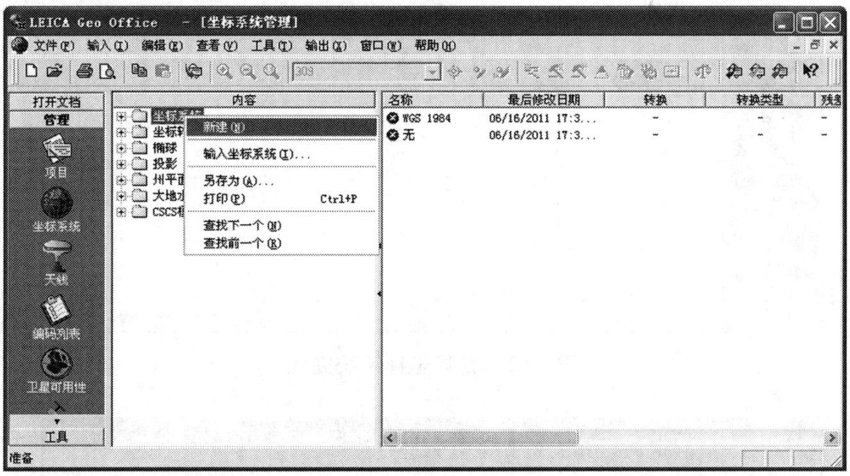

图5-50　**坐标系统新建**

操作5:在“新建坐标系统”界面中,输入名称,从下拉框中选择新建的椭球及投影类型,点击【确定】(见图5-51),新建的坐标系统显示在右边列表中(见图5-52)。

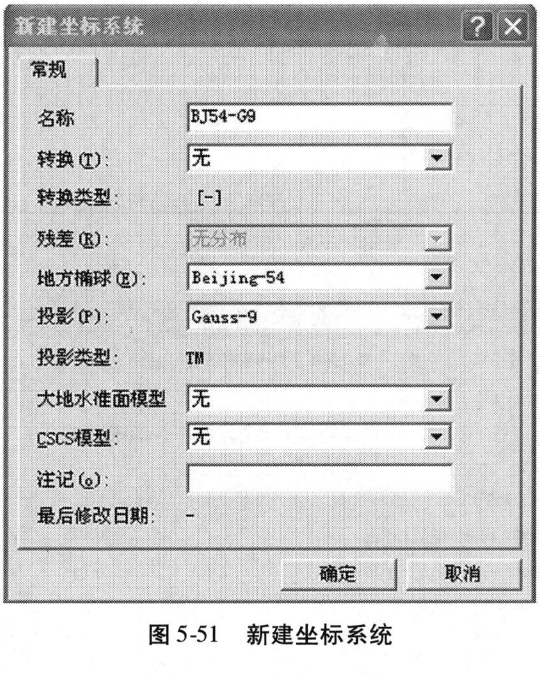

图5-51　**新建坐标系统**

操作6:在 LGO 软件界面中,点击最左边导航栏中的【管理】,选择【项目】,在“内容”栏中选择【项目】,右单击选择【新建】(见图5-53)→进入“新建项目”界面(见图5-54)。

操作7:在“新建项目”界面中,点击【常规】页面,输入项目名称(见图5-54);点击【坐标】页面,选择坐标系统,点击【确定】(见图5-55)。新建的项目(BJ54)显示在右边列表中(见图5-56)。

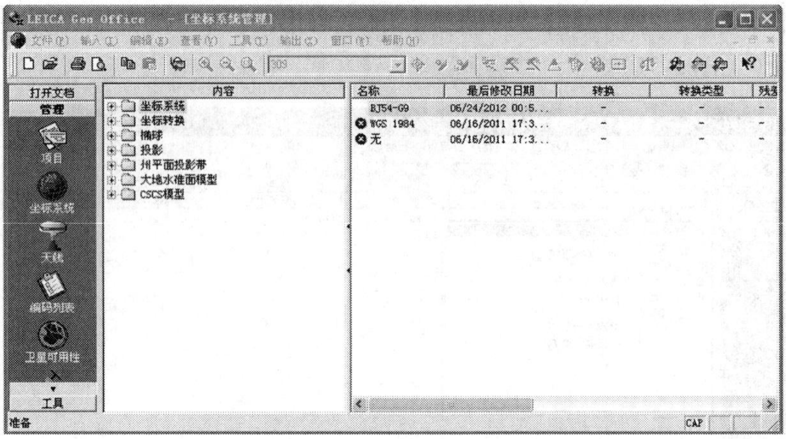

图 5-52　新建坐标系统完成

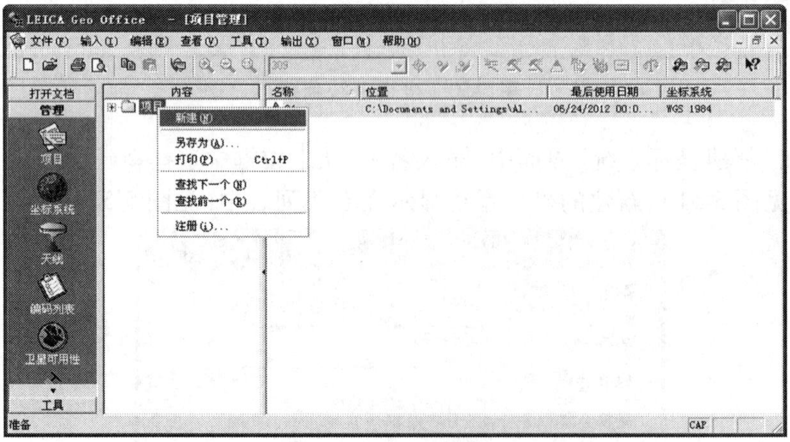

图 5-53　项目新建

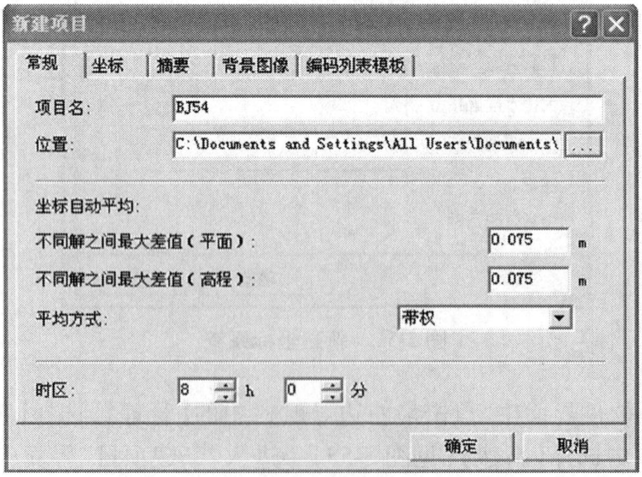

图 5-54　新建项目:常规

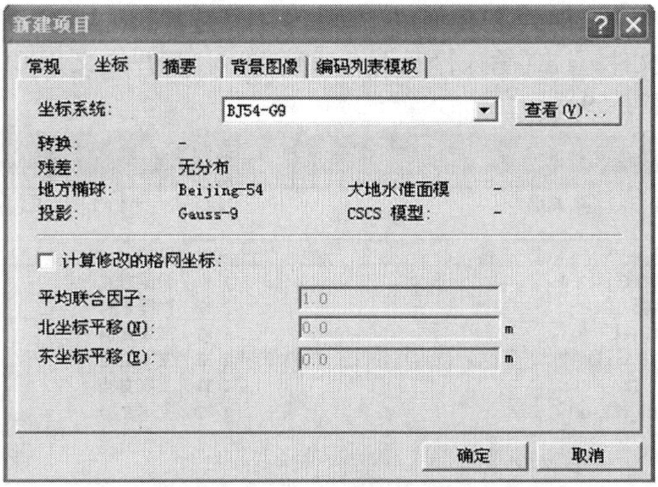

图 5-55 新建项目:坐标

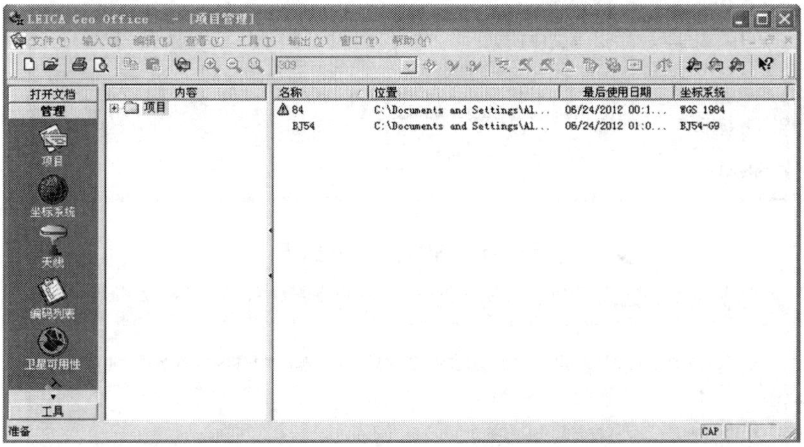

图 5-56 新建项目完成

1.2 输入已知地方坐标数据

操作 1:点击【输入】,选择【ASCII 数据】(见图 5-57)→进入“输入 ASCII 数据”界面(见图 5-58)。

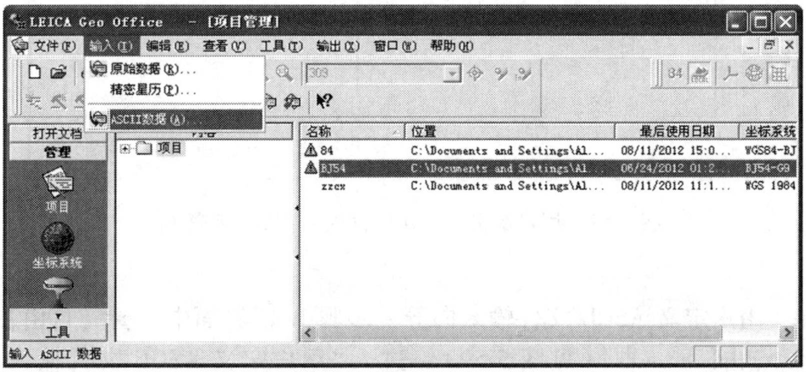

图 5-57 输入已知坐标数据

操作 2:在“输入 ASCII 数据”界面中,“坐标系统”选择【地方】,“高程模式”选择【正高】,选择已知数据文件,点击【输入】(见图 5-58)→进入“用户定义 ASCII 文件输入向导 - 步骤 1/4”界面(见图 5-59)。

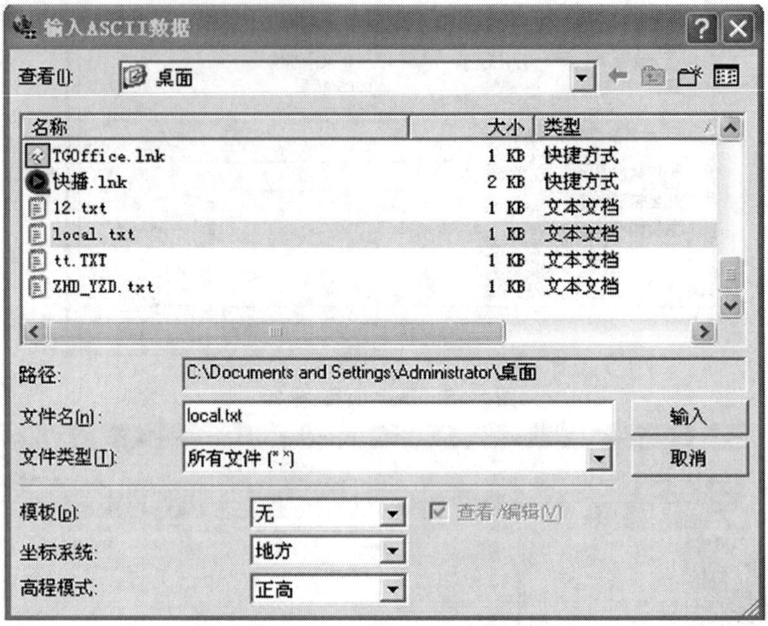

图 5-58　输入 ASCII 数据

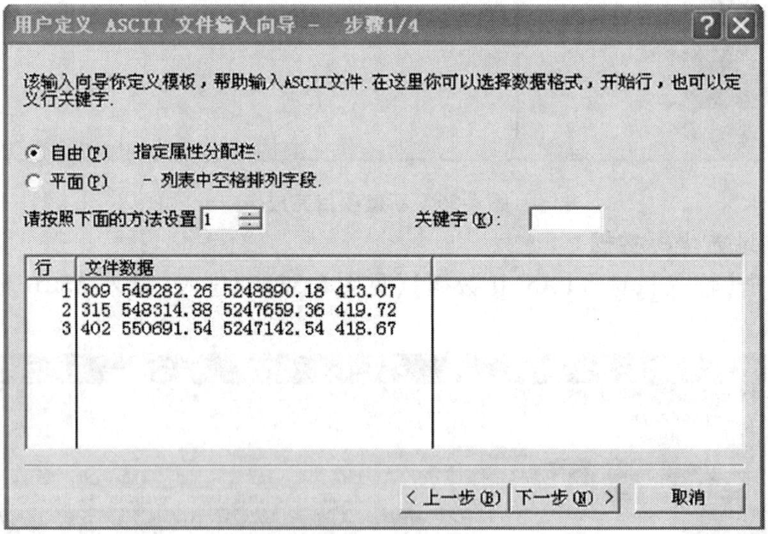

图 5-59　用户定义 ASCII 文件输入向导(步骤 1)

操作 3:在“用户定义 ASCII 文件输入向导 - 步骤 1/4”界面中,选择【自由】或【平面】并设置关键字后,点击【下一步】(见图 5-59)→进入“用户定义 ASCII 文件输入向导 - 步骤 2/4”界面(见图 5-60)。

操作 4:在“用户定义 ASCII 文件输入向导 - 步骤 2/4”界面中,根据文件格式,设置栏分隔符,点击【下一步】(见图 5-60)→进入“用户定义 ASCII 文件输入向导 - 步骤 3/4”(见图 5-61)。

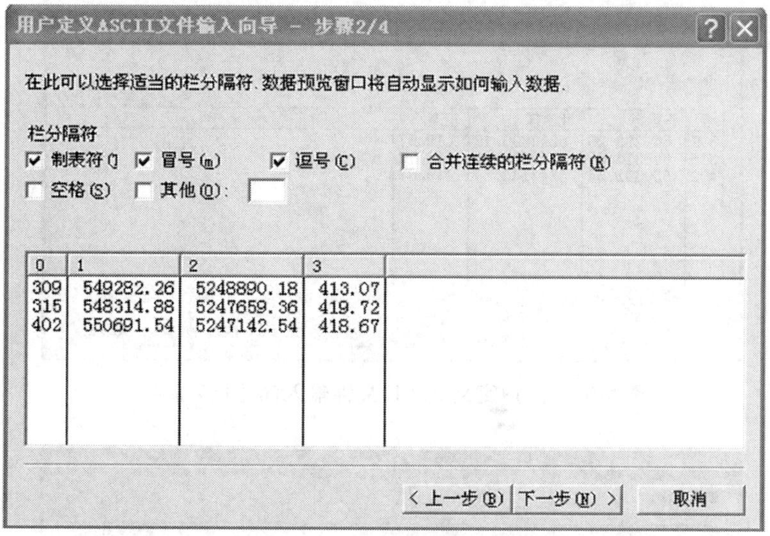

图 5-60　用户定义 ASCII 文件输入向导(步骤 2)

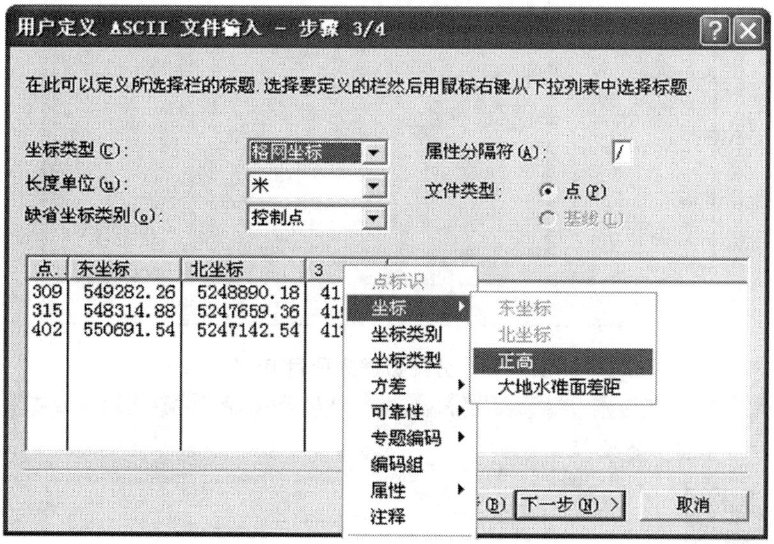

图 5-61　用户定义 ASCII 文件输入向导(步骤 3)

操作 5:在“用户定义 ASCII 文件输入向导 - 步骤 3/4”界面中,设置坐标类型、缺省坐标类别、属性分隔符及文件类型等,右键单击“0”,选择【点标识】,分别右键单击“1”、“2”、“3”,选择【坐标】下的【东坐标】、【北坐标】、【正高】,点击【下一步】(见图 5-61)→进入“用户定义 ASCII 文件输入向导 - 步骤 4/4”,点击【完成】(见图 5-62)→进入“分配数据到项目 BJ54”(见图 5-63)。

操作 6:选择导入数据的项目【BJ54】,点击【分配】(见图 5-63)→进入“查看/编辑”页面(见图 5-64)。

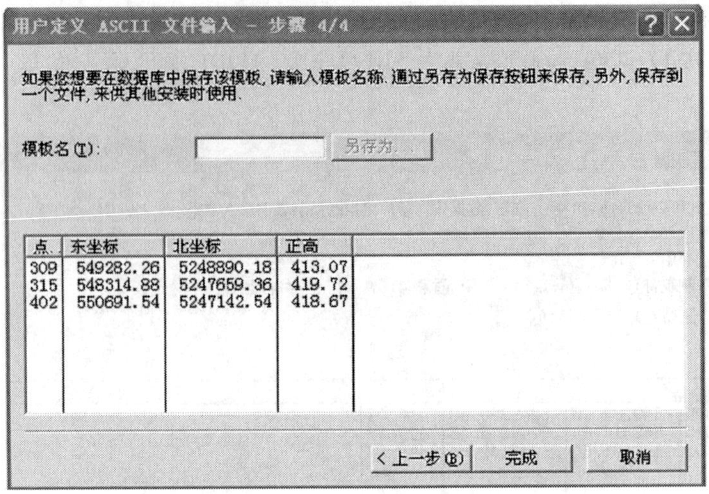

图 5-62　用户定义 ASCII 文件输入向导(步骤 4)

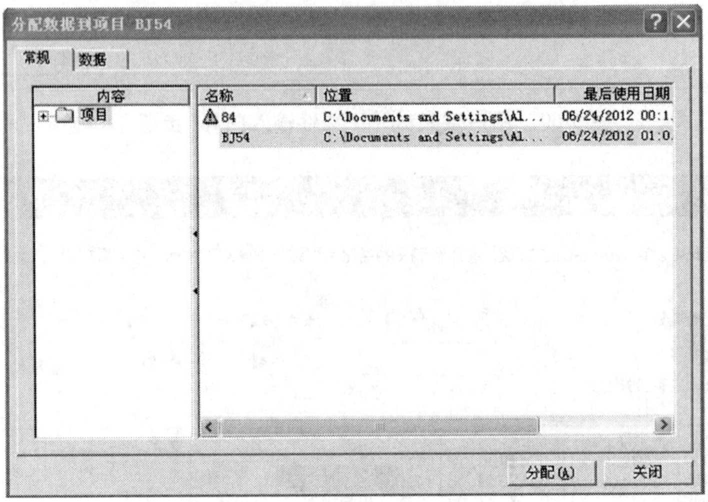

图 5-63　分配数据到项目 BJ54

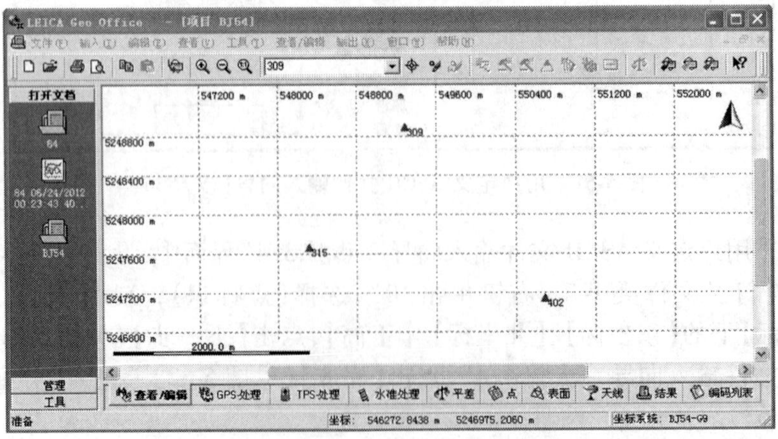

图 5-64　分配数据到项目 BJ54 完成

1.3　基准/投影(坐标转换)

操作1:在"LGO软件"界面中,点击【工具】,选择【基准/投影】(见图5-65)→进入图5-66,在上下项目中,分别选择坐标转换的项目,上面项目选择原始数据项目(84),下面项目选择已知数据项目(BJ54),点击【匹配】→进入图5-67。

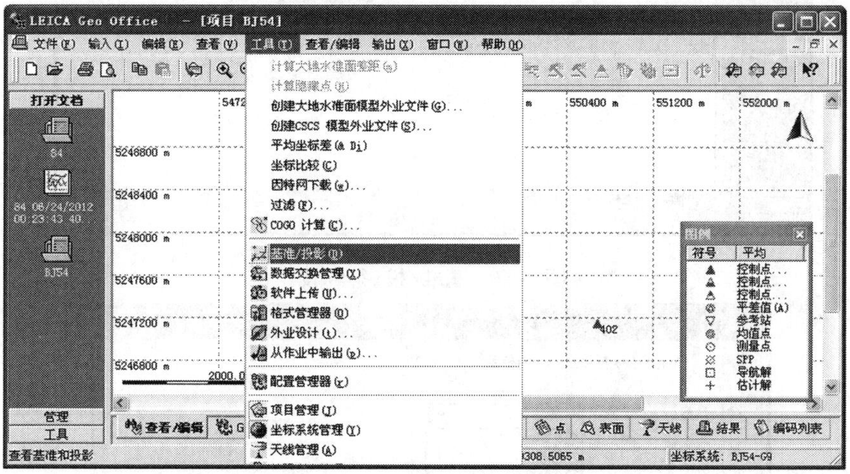

图5-65　选择基准/投影

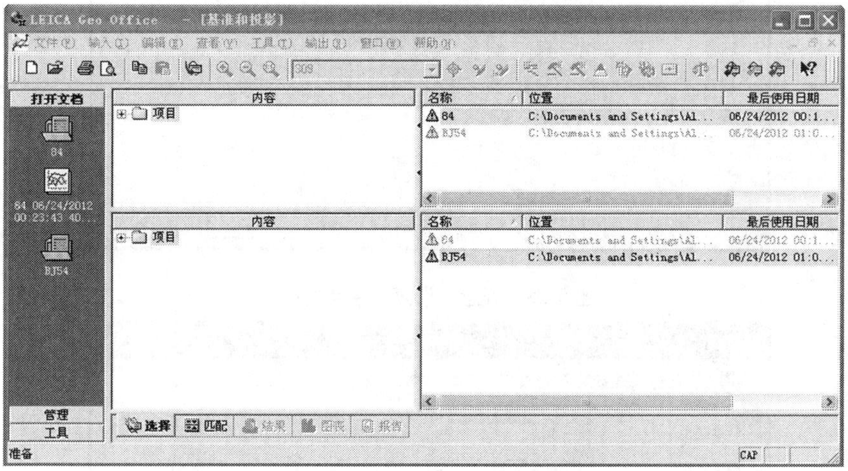

图5-66　基准/投影

操作2:右单击选择【配置】(见图5-67)→进入"配置"页面(见图5-68)。

操作3:在"配置"页面中,选择【常规】选项卡,点击"转换类型"下拉框选择转换方法(经典2D、经典3D、内插法、一步法、两步法、逐步法)(见图5-68);点击"缺省点类型"下拉框选择参与参数计算的分量(平面、高程,或平面和高程)(见图5-69)。

操作4:在"配置"页面中,选择【参数】页面,点击【参数数量】,选择转换参数的类型数量。配置完成后,点击【确定】(见图5-70)。

操作5:在"匹配"页面中,分别选择系统A、系统B中的点,在点上右键单击选择【匹配】

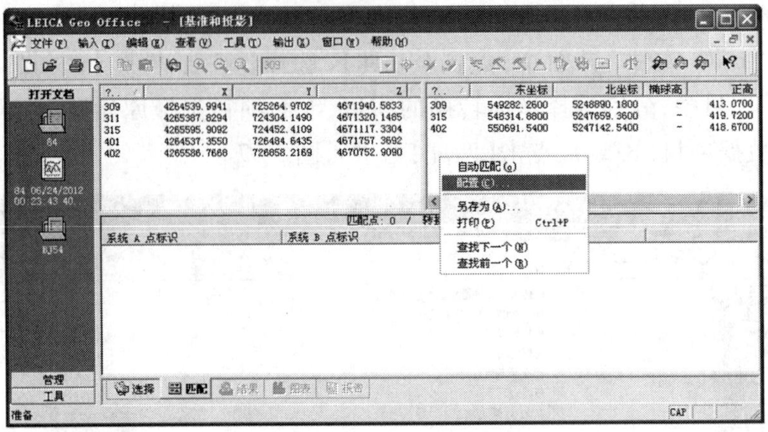

图 5-67　基准/投影:配置

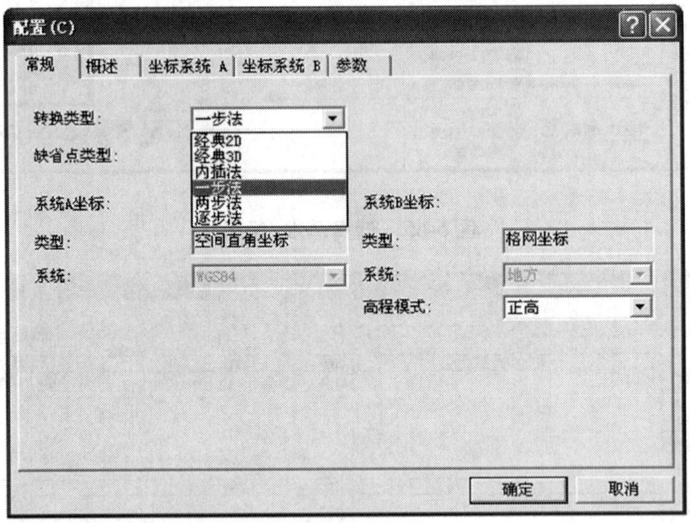

图 5-68　配置:常规(转换类型)

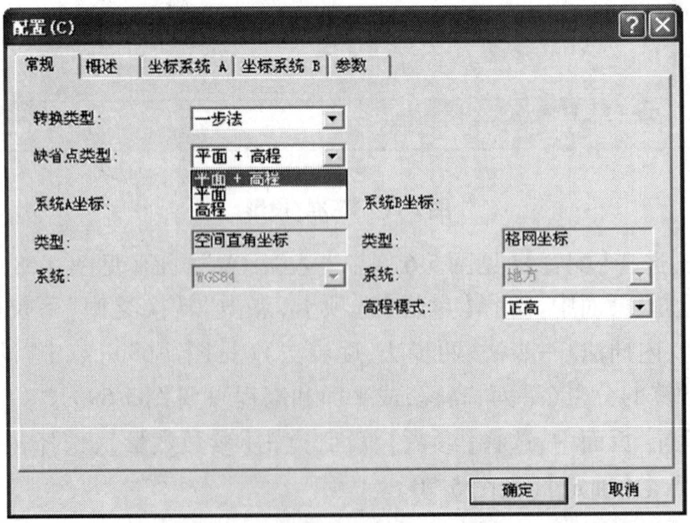

图 5-69　配置:常规(缺省点类型)

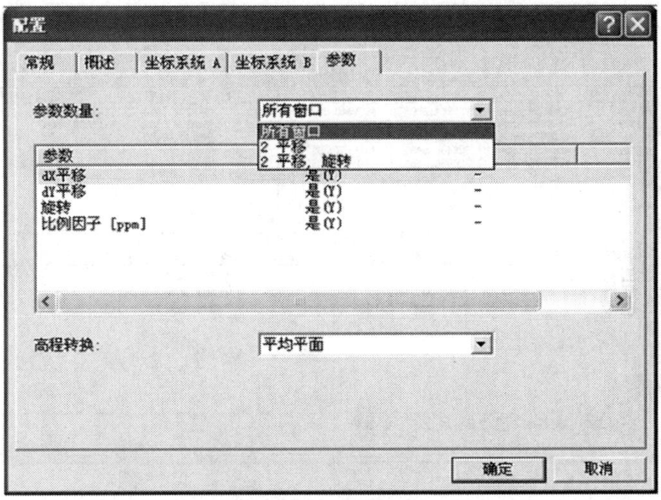

图 5-70　配置:参数

进行匹配(见图 5-71)。如果匹配点名相同,右键单击选择【自动匹配】(见图 5-72),匹配完成后如图 5-73 所示。

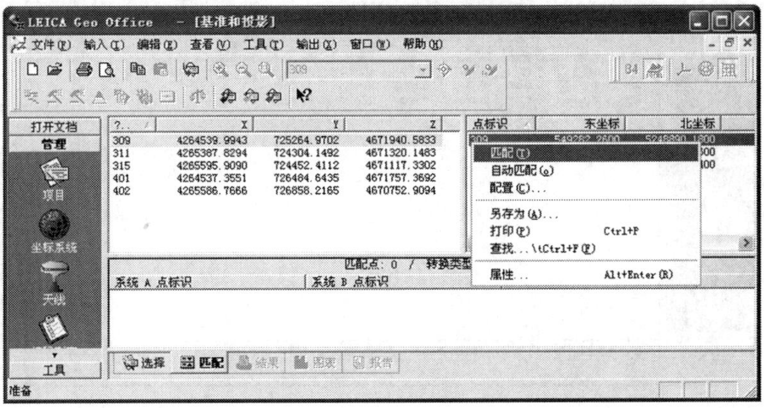

图 5-71　匹配

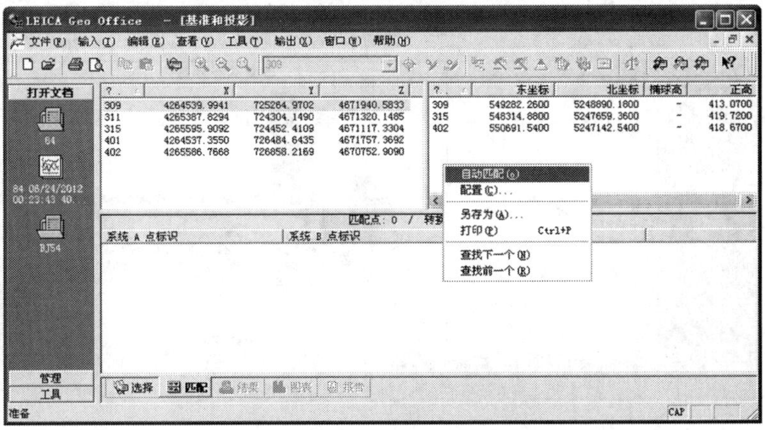

图 5-72　自动匹配

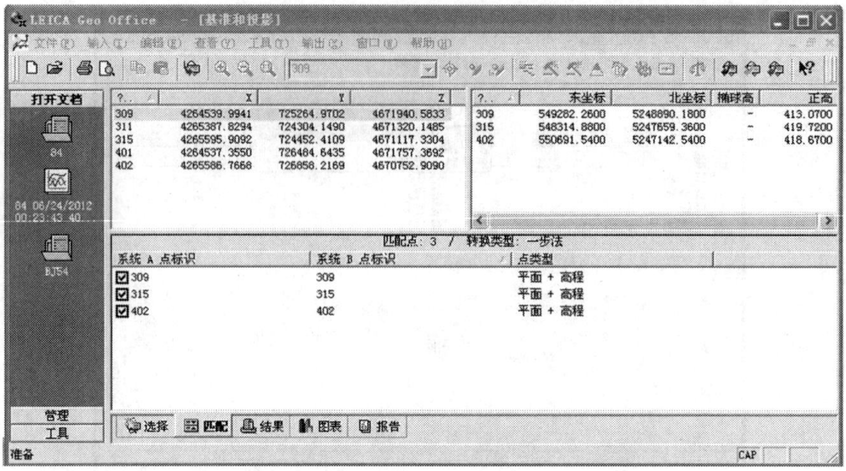

图 5-73　匹配完成

操作 6:匹配完成转换后,选择【结果】(见图 5-74)、【图表】(见图 5-75)或【报告】(见图 5-76)查看转换结果。

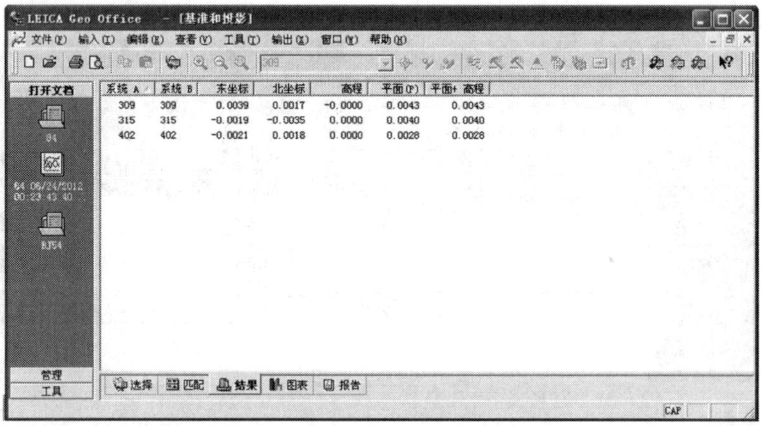

图 5-74　匹配精度

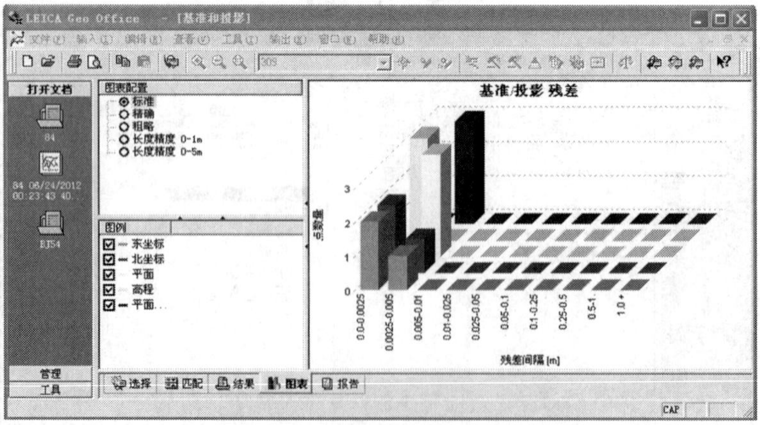

图 5-75　匹配结果图表显示

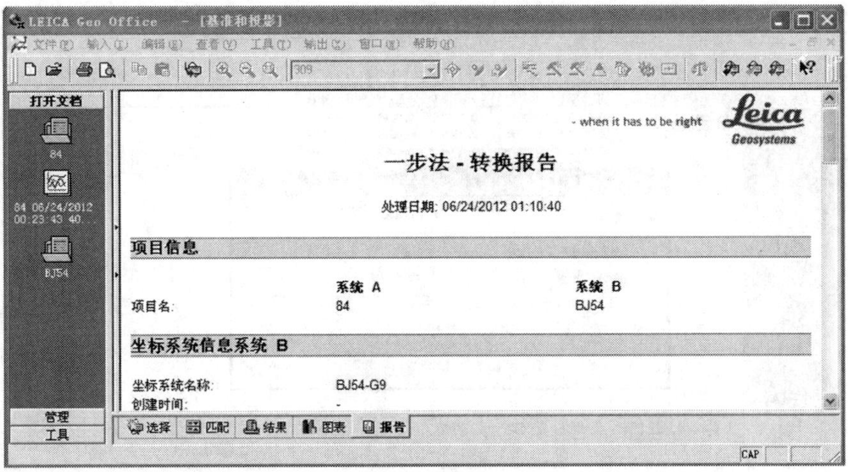

图 5-76　坐标转换报告

1.4　坐标转换集的保存与挂靠

操作1:在“结果”页面中,检查残差结果,如果残差合乎要求,右键单击选择【存储】(见图5-77)。

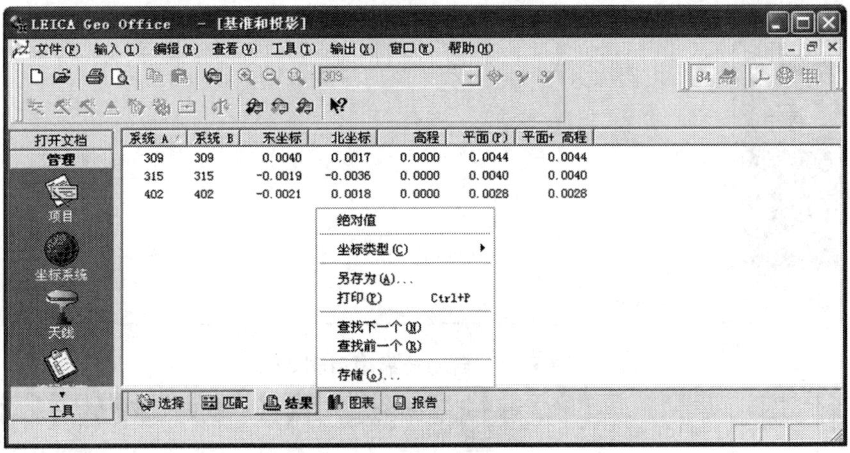

图 5-77　存储转换参数

操作2:在“保存转换参数集”页面中,输入新参数集名称,勾选【自动创建新坐标系统】和【自动附加到项目A并关闭基准/投影】,点击【确定】(见图5-78)。挂靠后,项目84坐标系统由“84”变成“WGS84 - BJ54”(见图5-79)。

1.5　坐标转换集的保存与挂靠

操作1:双击项目【84】进入,点击【点】,在不需要的列项目上,右键单击选择【隐藏】(见图5-80),如果需要显示某一项目,在任意列项目上右键单击选择【查看】下的子项即可。

操作2:在“点”页面中,空白处右键单击选择【另存为】(见图5-81)→进入“另存为”界面,选择路径,输入文件名,选择文件类,点击【保存】(见图5-82)。保存的文件显示如图5-83所示。

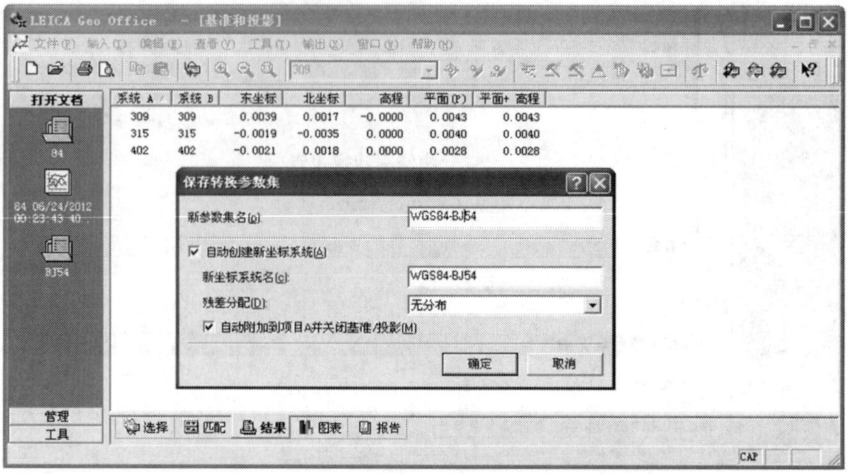

图 5-78　保存转换参数集

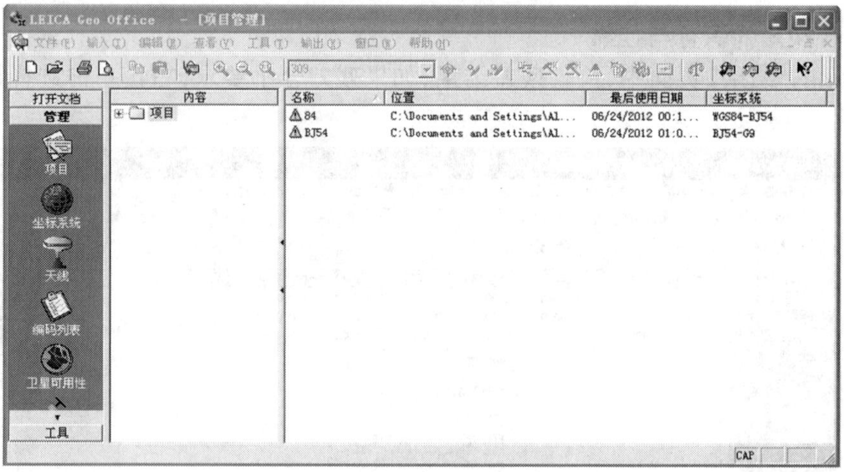

图 5-79　自动挂靠项目到 84

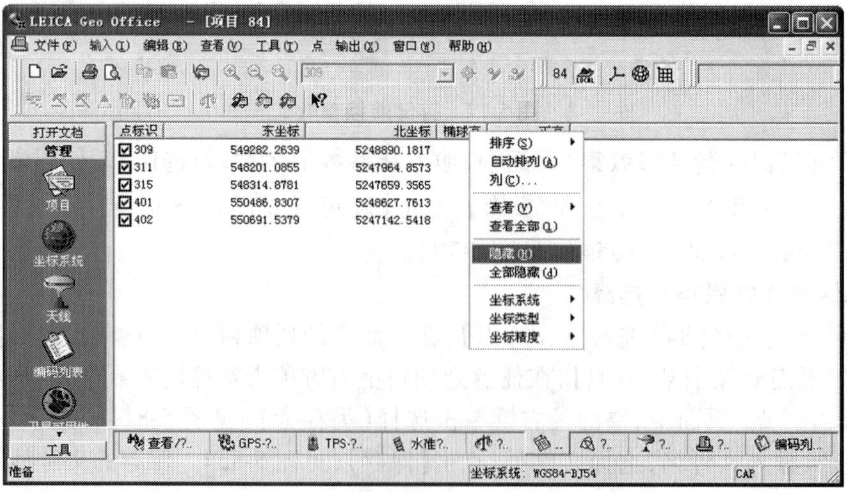

图 5-80　隐藏无需保存项目

图 5-81　转换后坐标保存

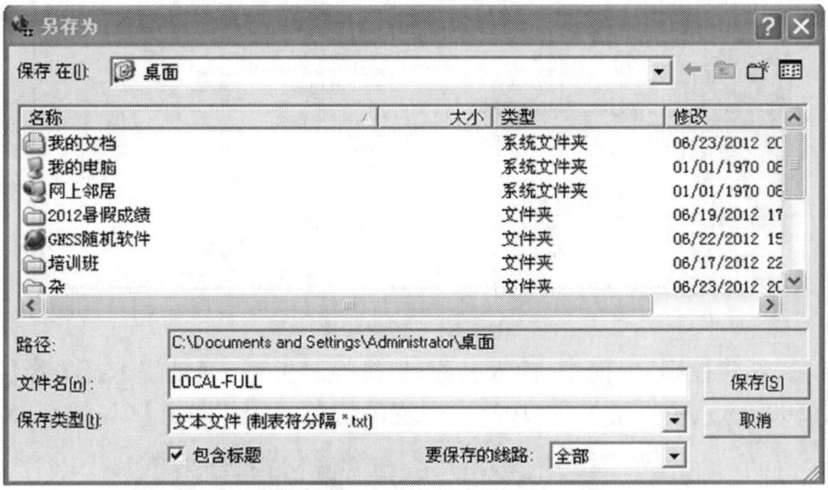

图 5-82　保存坐标

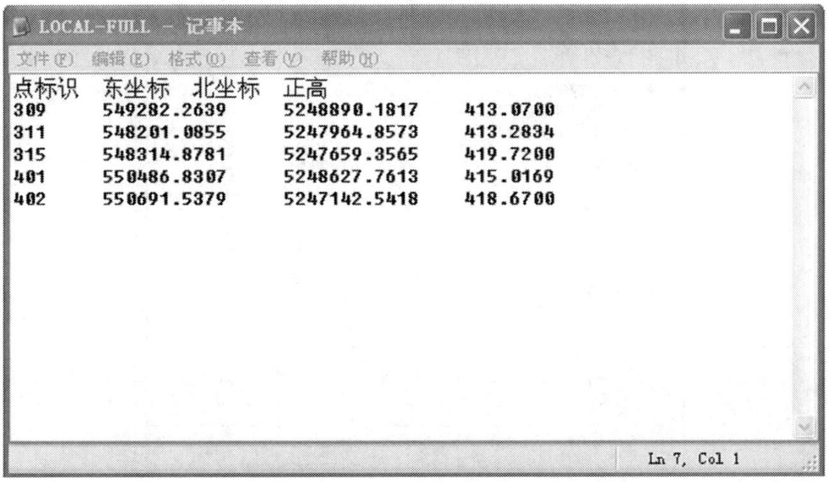

图 5-83　坐标保存文件显示

2　坐标换带

在生产实践中,通常有以下两种情况需要换带计算:一是不同椭球间的坐标换带;二是同一椭球的坐标换带。不同椭球间的坐标换带经过坐标转换后,就变成了同一椭球的坐标换带问题,而坐标转换已在前面讲过,因此我们主要讲述同一椭球的坐标换带问题。

对于同一椭球,讲述的例子为:在 1980 西安坐标系下,中央经度为 102°、3°带的平面坐标转换为中央经度为 99°、3°带的平面坐标。

2.1　新建坐标系统及项目

操作 1:在 LGO 软件主界面中,点击最左边导航栏中的【管理】,选择【坐标系统】,在“内容”列表栏,选择【投影】,右键单击选择【新建】(见图 5-84)→进入“新建投影”界面(见图 5-85)。

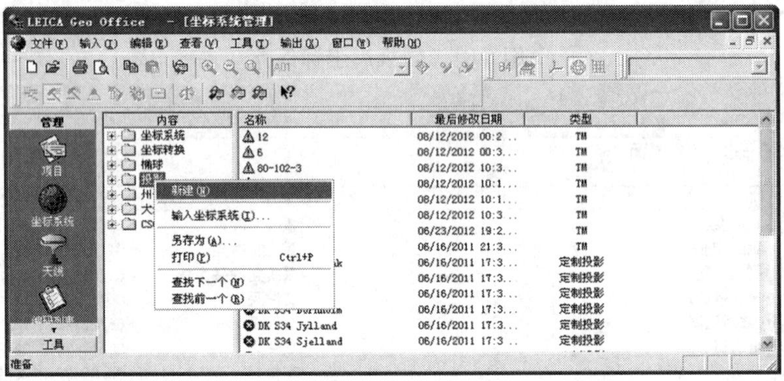

图 5-84　新建投影

操作 2:在“新建投影”界面中,输入名称,选择投影类型(横轴墨卡托投影【TM】)、设定假定东坐标(500 km)、中央子午线(102°)、带宽等信息,点击【确定】(见图 5-85),完成新建

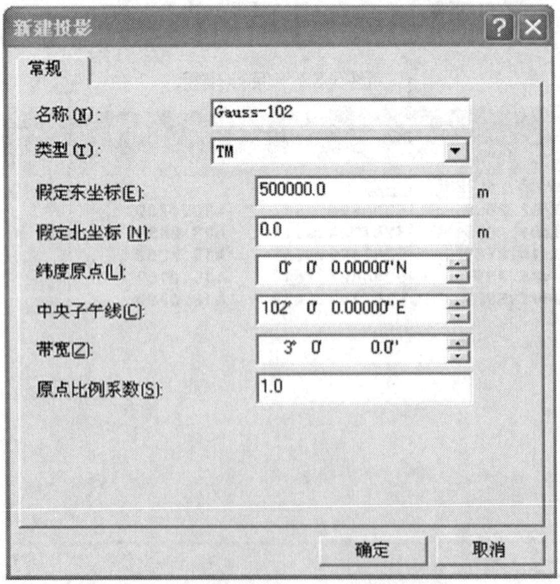

图 5-85　新建投影:中央子午线经度 102°

投影(Gauss - 102)并显示在右边列表中。用相同操作步骤新建投影“Gauss - 99”(见图 5-86)。中央子午线经度为 102°和 99°的投影新建完成后,显示见图 5-87。

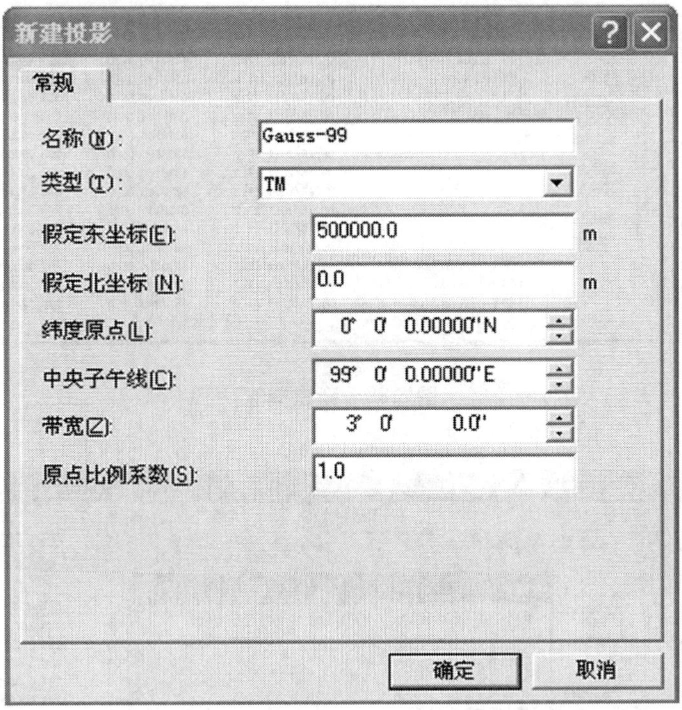

图 5-86　**新建投影:中央子午线经度 99°**

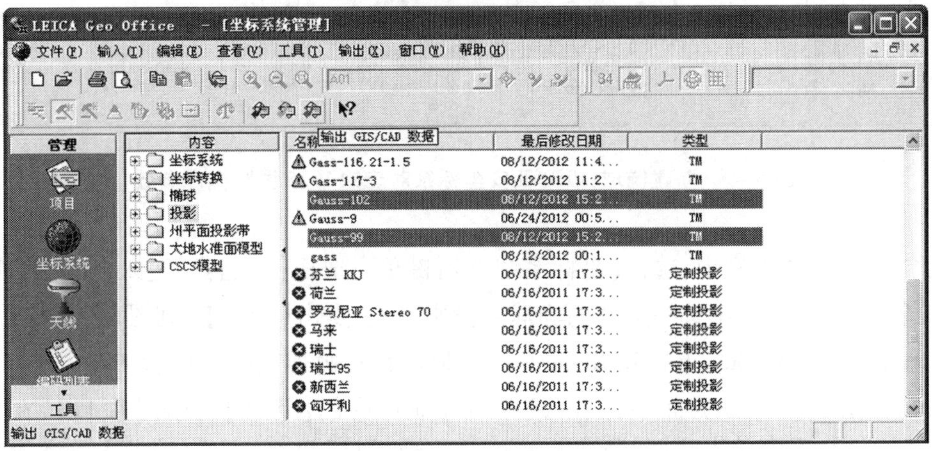

图 5-87　**新建投影完成**

操作 3:在“内容”栏中,选择【椭球】,右键单击选择【新建】(见图 5-88)→进入“新建椭球”界面,输入椭球名称、长半轴和扁率,点击【确定】,新建的椭球显示在最右边列表中见图 5-89。

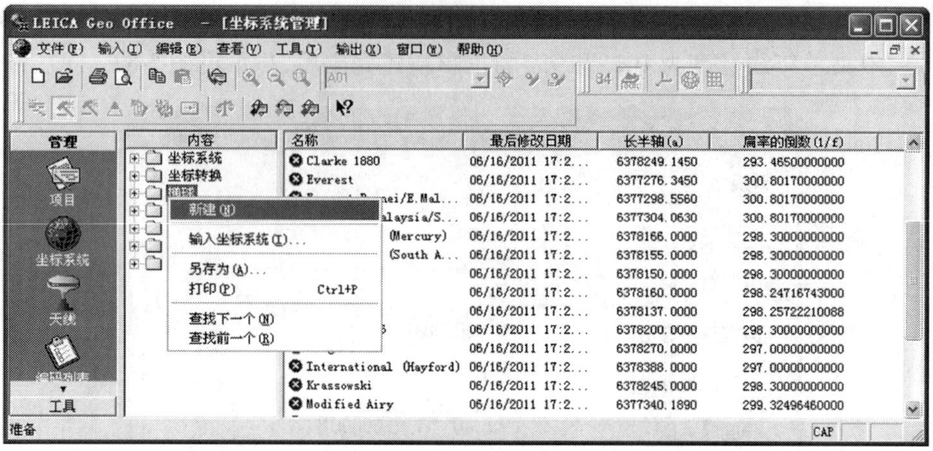

图 5-88　新建椭球

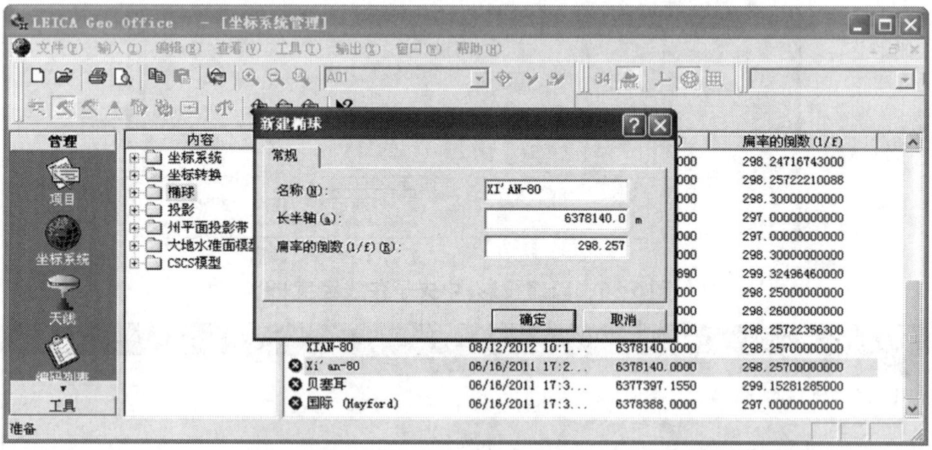

图 5-89　新建椭球:1980 西安坐标系对应的 1975 国际椭球参数

操作 4:在“内容”栏中,选择【坐标系统】,右键单击选择【新建】→进入“新建坐标系”界面,输入名称,从下拉框中选择新建的椭球及投影类型,点击【确定】(见图 5-90 和图 5-91),新建的坐标系统(Xian80 - 102 和 Xian80 - 99)显示在右边列表中(见图 5-92)。

操作 5:在 LGO 软件界面中,点击最左边导航栏中的【管理】,选择【项目】,在“内容”栏,选择【项目】,右键单击选择【新建】→进入“新建项目”界面,点击【常规】页面,输入项目名称,如 Xian80 - 102(见图 5-93);点击【坐标】页面,选择坐标系统,点击【确定】(见图 5-94)。

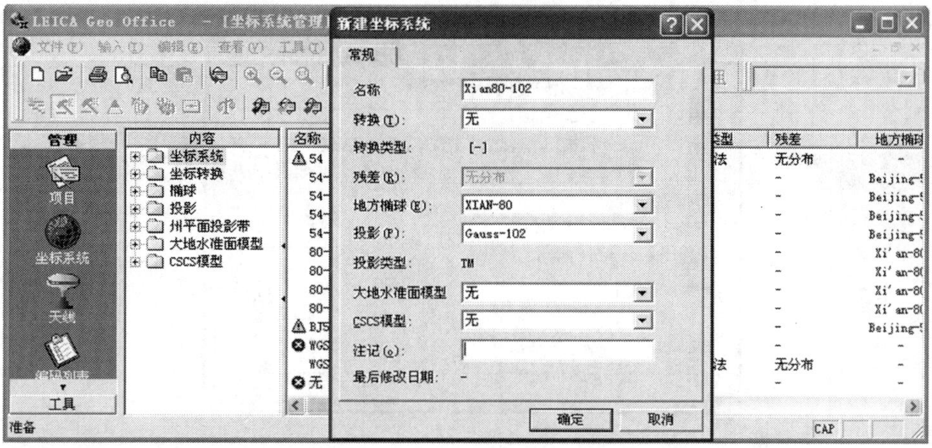

图 5-90　新建坐标系统:包含名称为“Xian－80”的地方椭球和名称为“Gauss－102”的投影

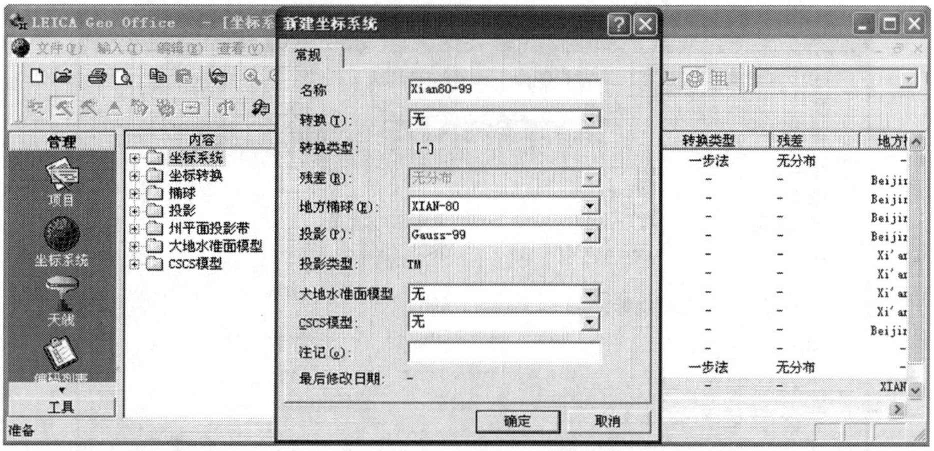

图 5-91　新建坐标系统:包含名称为“Xian－80”的地方椭球和名称为“Gauss－99”的投影

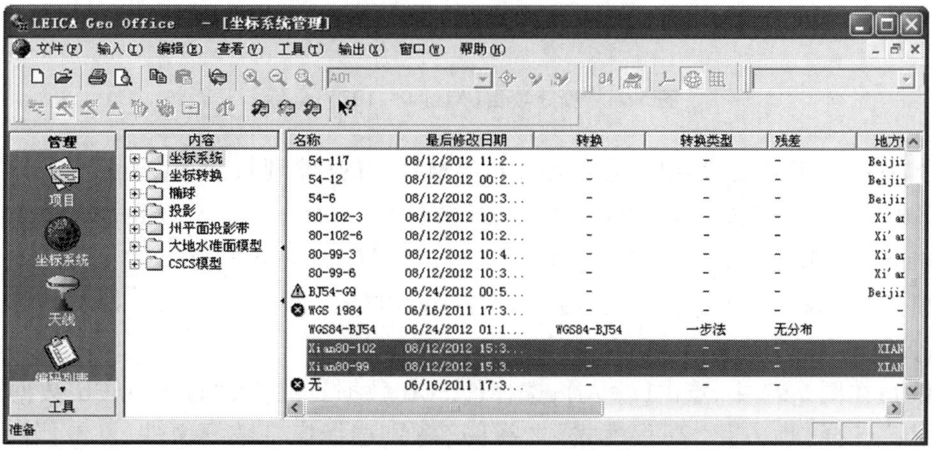

图 5-92　新建坐标系统:Xian80－102 与 Xian80－99

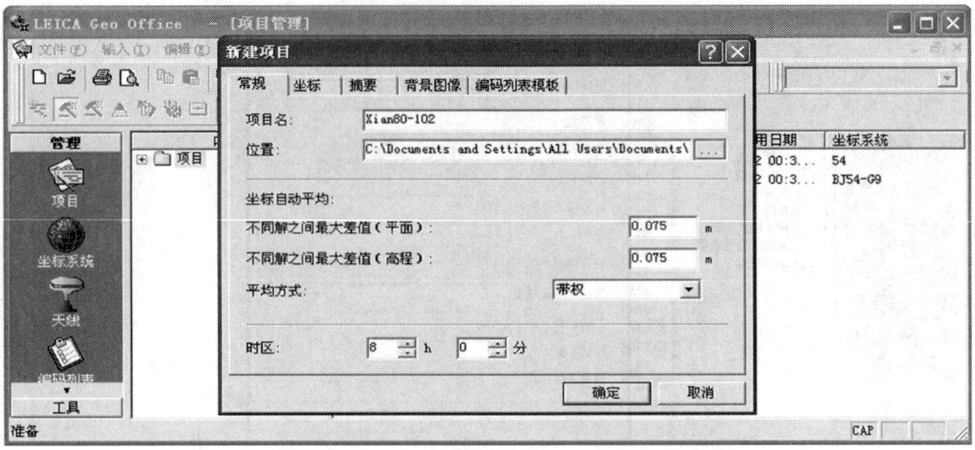

图 5-93　新建项目(Xian80－102):常规

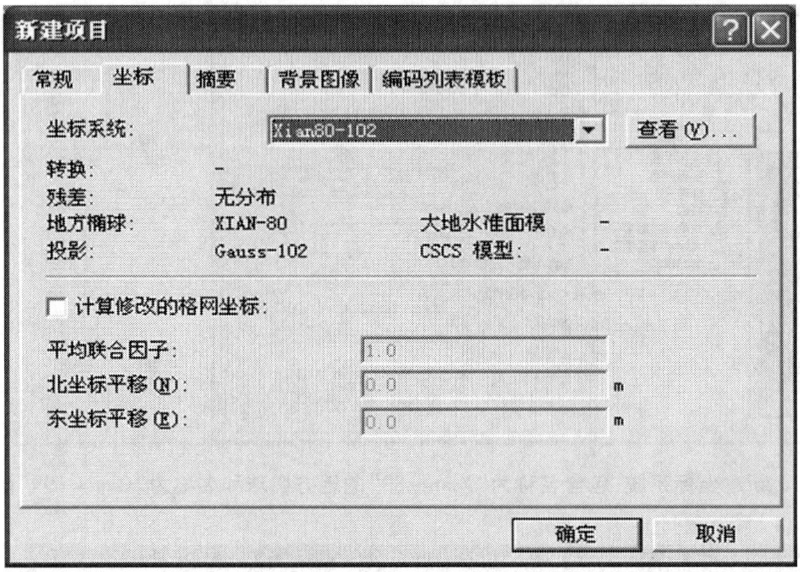

图 5-94　新建项目(Xian80－102):坐标

操作 6:在 LGO 软件界面中,点击最左边导航栏中的【管理】,选择【项目】,在“内容”栏中选择【项目】,右单击选择【新建】→进入“新建项目”界面,点击【常规】页面,输入项目名称,如 Xian80－99(见图 5-95);点击【坐标】页面,选择坐标系统,点击【确定】(见图 5-96)。新建的项目 Xian80－102 与 Xian80－99 显示见图 5-97。

2.2　输入坐标换带的数据(中央经度:102°,x、y 平面坐标)

操作 1:在图 5-97 中,点击【输入】,选择【ASCII 数据】→进入“输入 ASCII 数据”界面,“坐标系统”选择【地方】,“高程模式”选择【正高】,选择换带数据文件,点击【输入】(见图 5-98)→进入“用户定义 ASCII 文件输入向导－步骤 1/4”界面(见图 5-99)。

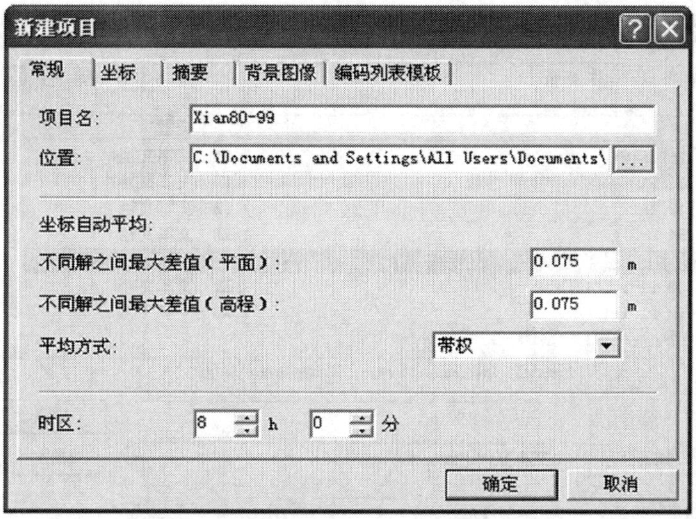

图 5-95　新建项目(Xian80－99):常规

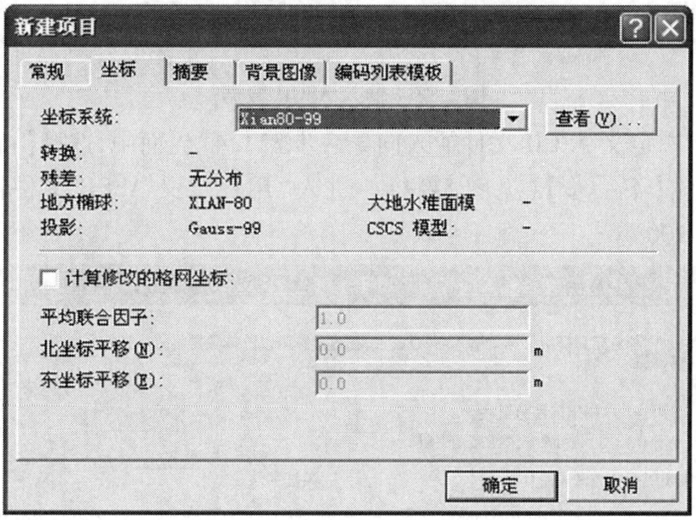

图 5-96　新建项目(Xian80－99):坐标

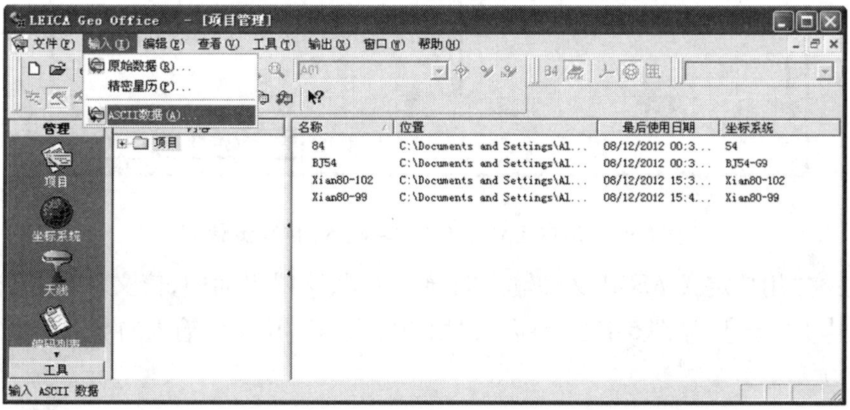

图 5-97　新建项目完成(Xian80－102 与 Xian80－99)

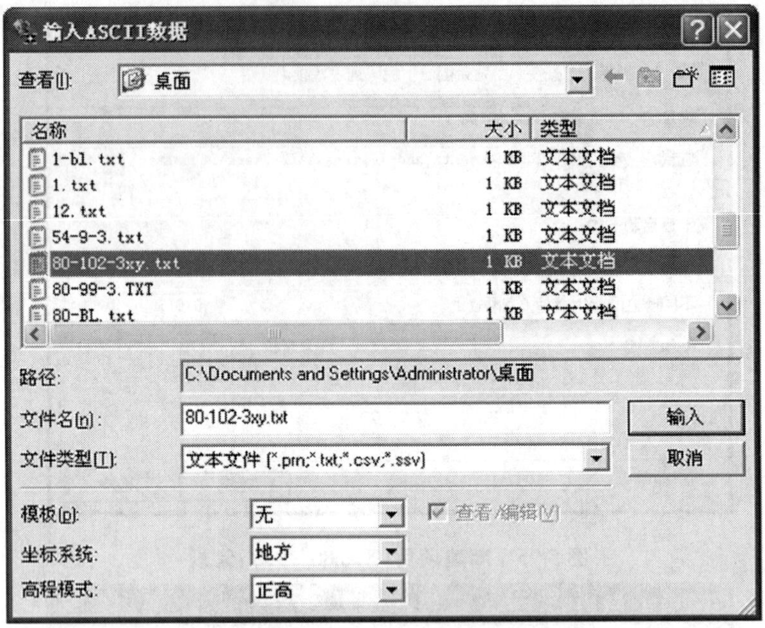

图 5-98　输入 ASCII 数据

操作 2:在“用户定义 ASCII 文件输入向导 - 步骤 1/4”界面中,选择【自由】或【平面】并设置关键字后,点击【下一步】(见图 5-99)→进入“用户定义 ASCII 文件输入向导 - 步骤 2/4”界面(见图 5-100)。

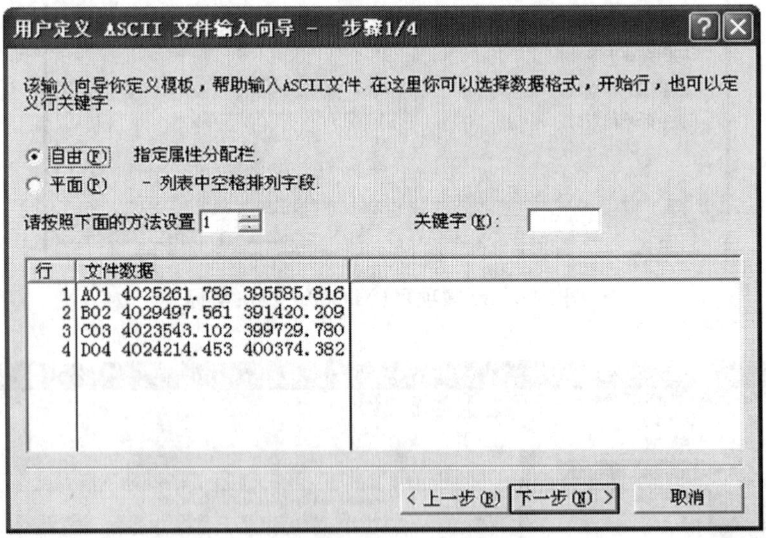

图 5-99　用户定义 ASCII 文件输入向导(步骤 1)

操作 3:在“用户定义 ASCII 文件输入向导 - 步骤 2/4”界面中,依文件格式,设置“栏分隔符”,点击【下一步】(见图 5-100)→进入“用户定义 ASCII 文件输入向导 - 步骤 3/4”界面(见图 5-101)。

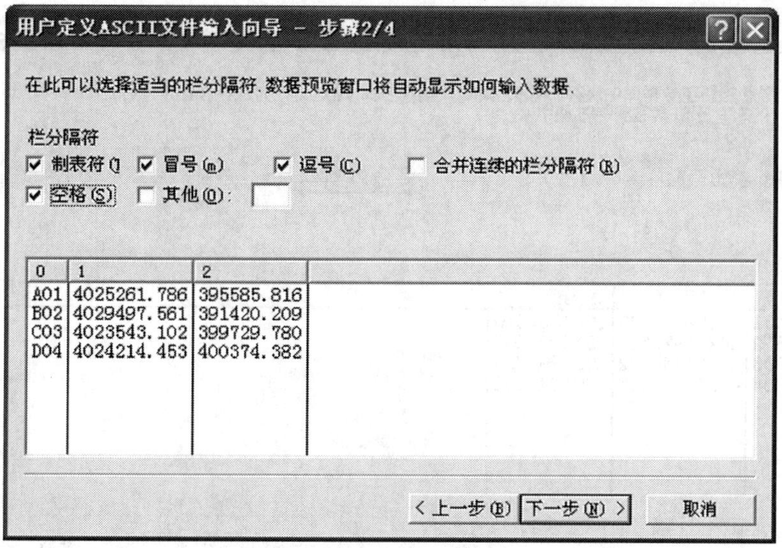

图 5-100　用户定义 ASCII 文件输入向导(步骤 2)

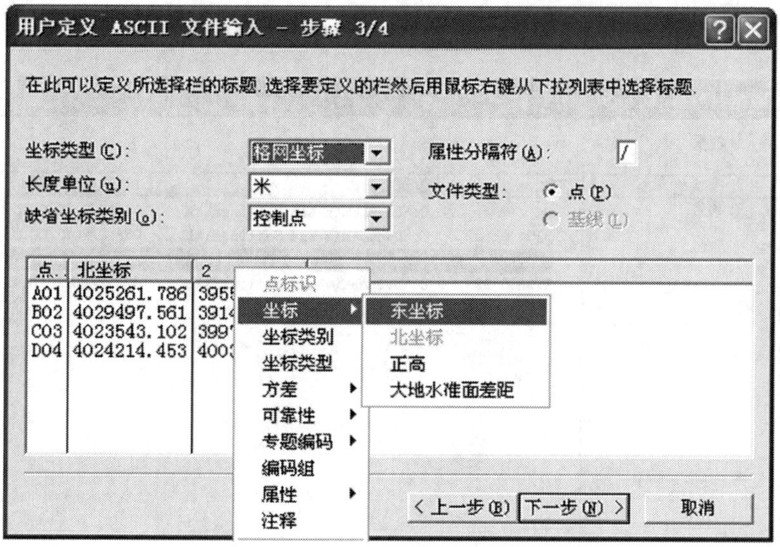

图 5-101　用户定义 ASCII 文件输入向导(步骤 3)

操作 4:设置坐标、文件类型等,右键单击“0”,选择【点标识】,分别右键单击“1”、“2”、“3”,选择【坐标】下的【东坐标】、【北坐标】、【正高】,点击【下一步】(见图 5-101)→进入“用户定义 ASCII 文件输入向导 - 步骤 4/4 界面”(见图 5-102)。

操作 5:在“用户定义 ASCII 文件输入向导 - 步骤 4/4”界面中,点击【完成】(见图 5-102)→进入“分配数据到项目”界面,选择导入数据的项目,如 Xian80 - 102,点击【分配】,点击【关闭】完成(见图 5-103)。

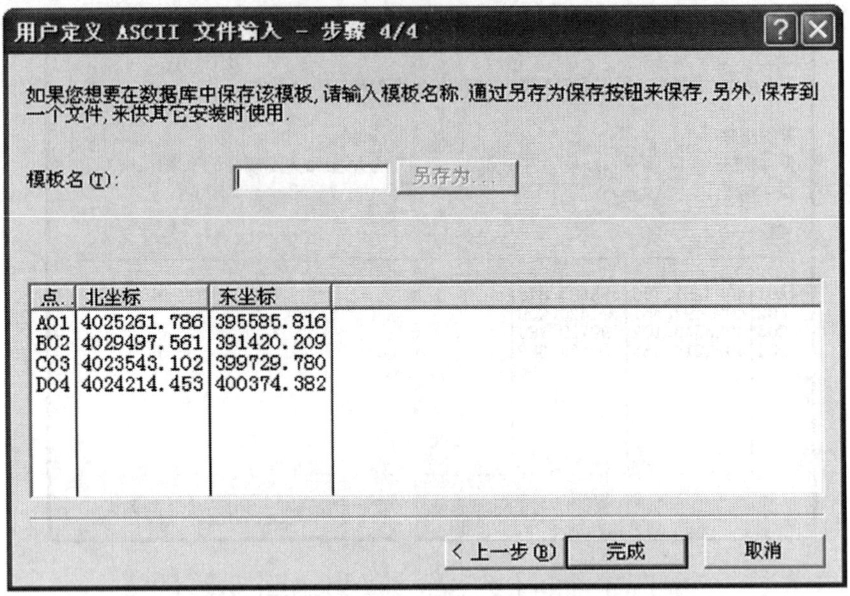

图 5-102　**用户定义 ASCII 文件输入向导(步骤 4)**

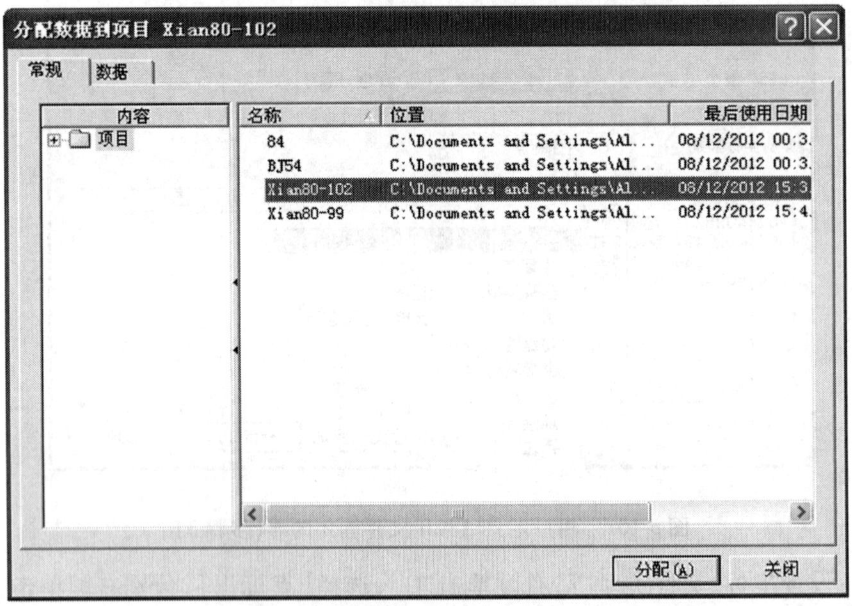

图 5-103　**分配数据到项目** Xian80 - 102

2.3　x、y 平面坐标转换为 B、L 大地坐标

操作 1：在“点”界面中，勾选转换的点，点击图标和图标，将平面坐标转为大地坐标后，右键单击空白处选择【另存为】(见图 5-104)→进入“另存为”对话框(见图 5-105)。

操作 2：在“另存为”界面中，选择路径，输入文件名，选择类型等，点击【保存】(见图 5-105)。

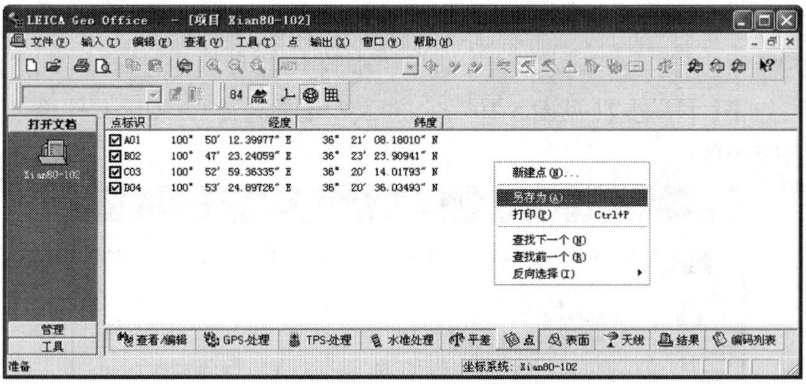

图 5-104　大地坐标另存为

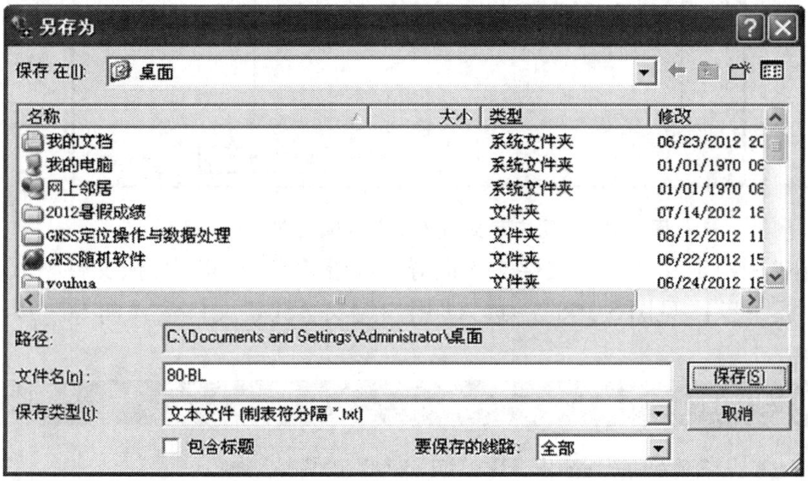

图 5-105　保存大地坐标

2.4　**输入大地坐标(*B*、*L*)文件到目标项目**(Xian80－99)

操作 1:在图 5-106 中,点击【输入】,选择【ASCII 数据】→进入“输入 ASCII 数据”界面,“坐标系统”选择【地方】,“高程模式”选择【正高】,选择大地坐标数据,点击【输入】(见

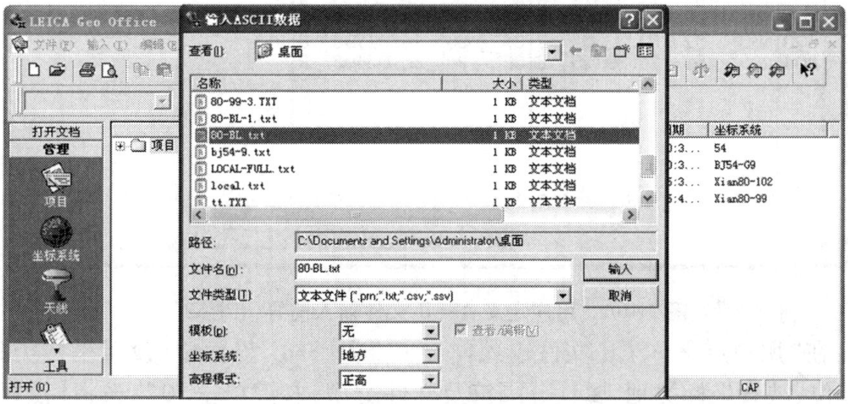

图 5-106　输入 ASCII 数据

图 5-106)→进入“用户定义 ASCII 文件输入向导 - 步骤 1/4”界面(见图 5-107)。

操作 2:在“用户定义 ASCII 文件输入向导 - 步骤 1/4”界面中,选择【自由】或【平面】并设置关键字后,点击【下一步】(见图 5-107)→进入“用户定义 ASSCII 文件输入向导 - 步骤 2/4”界面(见图 5-108)。

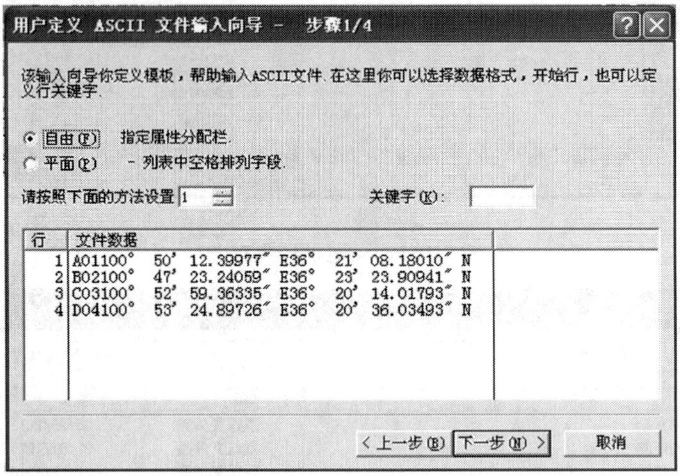

图 5-107　用户定义 ASCII 文件输入向导(步骤 1)

操作 3:在“用户定义 ASCII 文件输入向导 - 步骤 2/4”界面中,依文件格式,设置“栏分隔符”,点击【下一步】(见图 5-108)→进入“用户定义 ASCII 文件输入向导 - 步骤 3/4”界面(见图 5-109)。

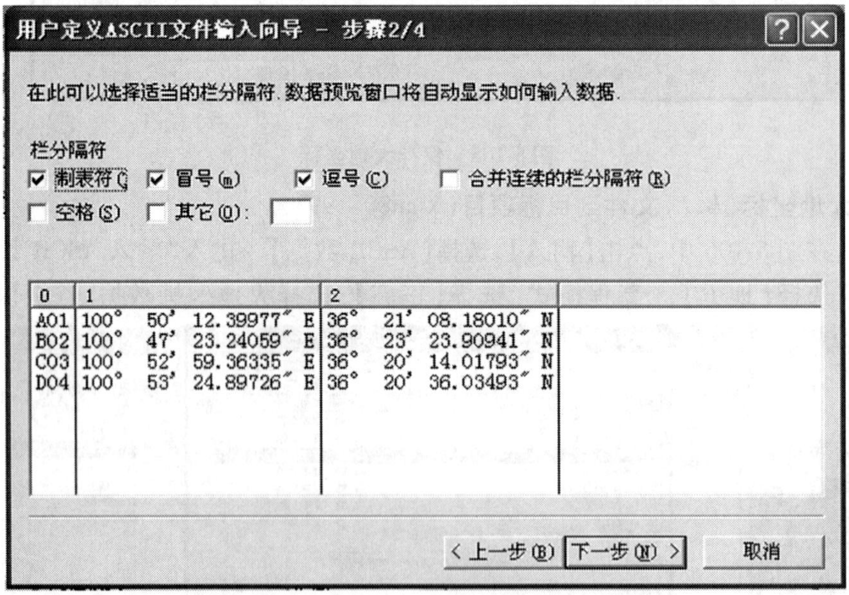

图 5-108　用户定义 ASCII 文件输入向导(步骤 2)

操作 4:在“用户定义 ASCII 文件输入向导 - 步骤 3/4”界面中,设置坐标类型(大地坐标)、长度单位、缺省坐标类别、属性分隔符及文件类型,右键单击“0”,选择【点标识】,分别右键单击“1”、“2”、“3”,选择【坐标】下的【经度】、【纬度】,点击【下一步】(见图 5-109)→进入“用户定义ASCII文件输入向导－步骤4/4”界面，点击【完成】（见图5-110）→进入“分配数据到项目”（见图5-111）。

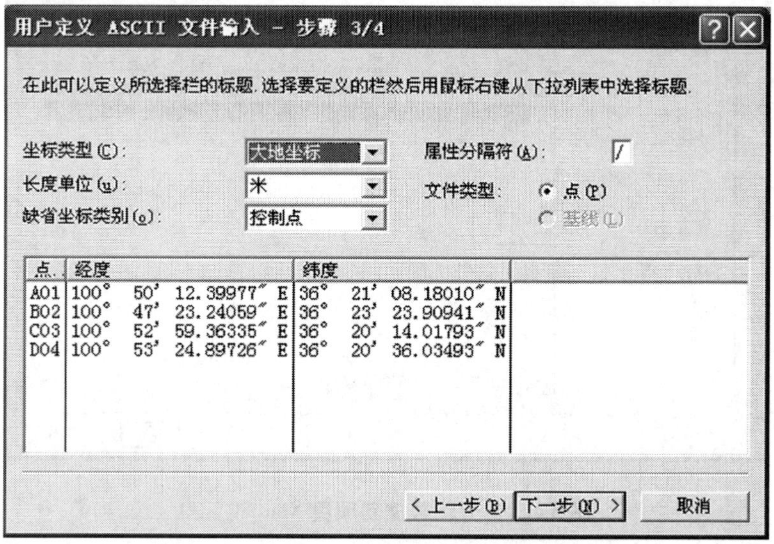

图5-109　用户定义ASCII文件输入向导（步骤3）

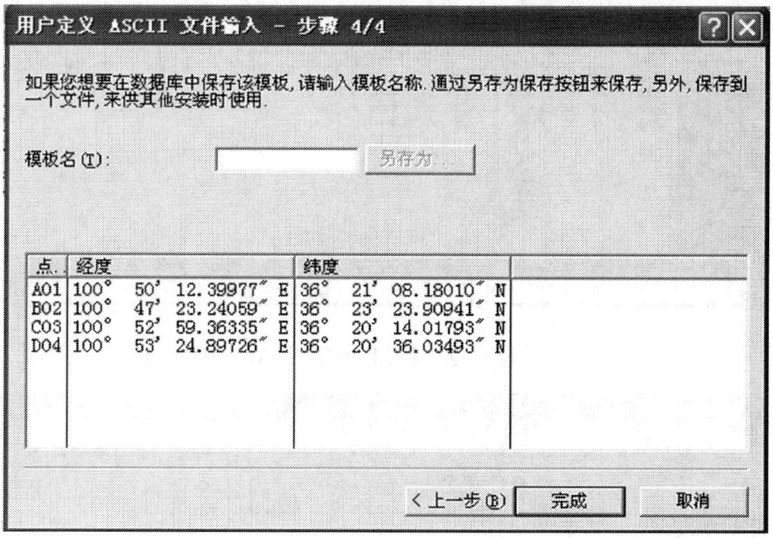

图5-110　用户定义ASCII文件输入向导（步骤4）

操作5：在“分配数据到项目”界面中，选择导入数据的项目，如Xian80－99，点击【分配】，点击【关闭】完成（见图5-111）。

2.5　转换大地坐标（B、L）到目标带（如99°带）平面坐标（x、y）

操作1：双击项目【Xian80－99】进入图5-112→点击“点”页面，勾选要转换的点，点击 和 图标，将B、L转换为目标带99°带平面坐标（x、y）（见图5-113）。

操作2：空白处右键单击选择【另存为】（见图5-114）→进入“另存为”对话框，选择路径、保存类型，输入文件名，点击【保存】（见图5-115）。

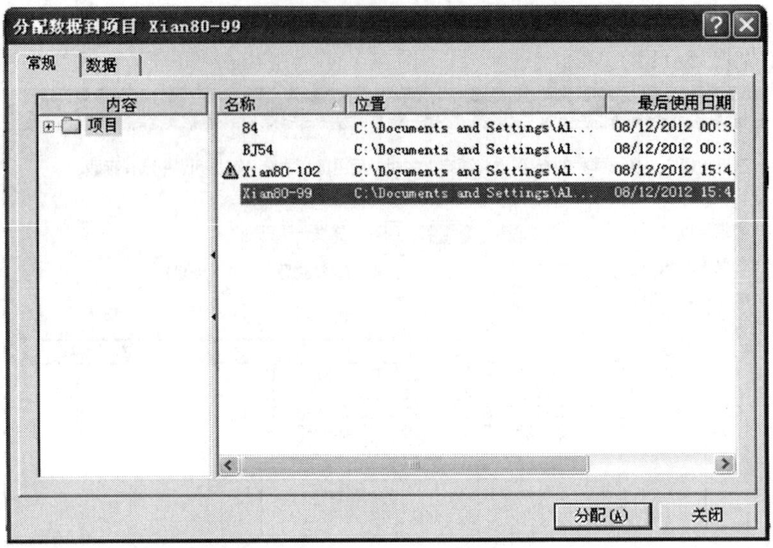

图 5-111　分配数据到项目 Xian 80 - 90

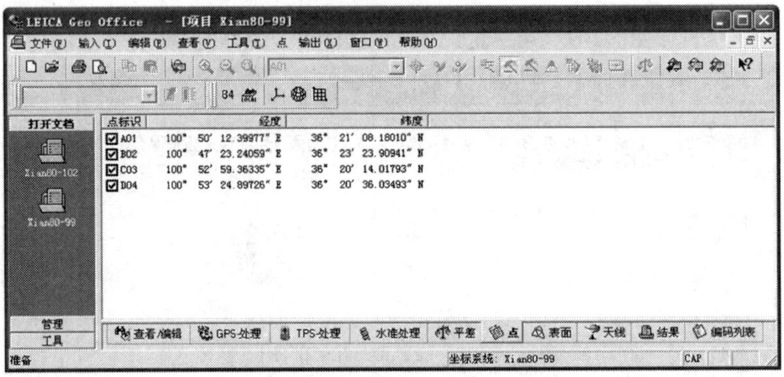

图 5-112　经纬度坐标(目标项目:Xian80 - 99)

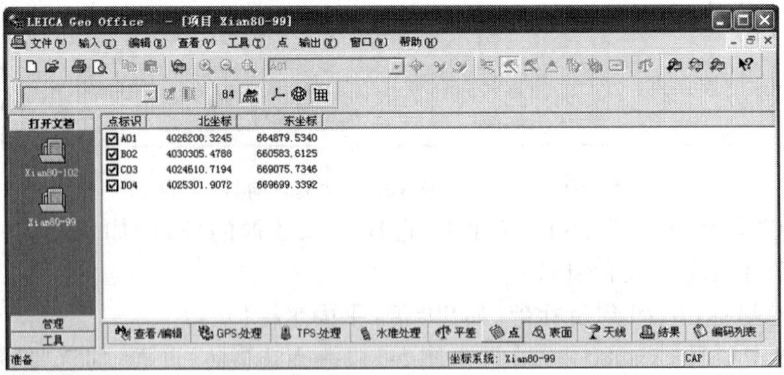

图 5-113　99°带平面坐标(x、y)

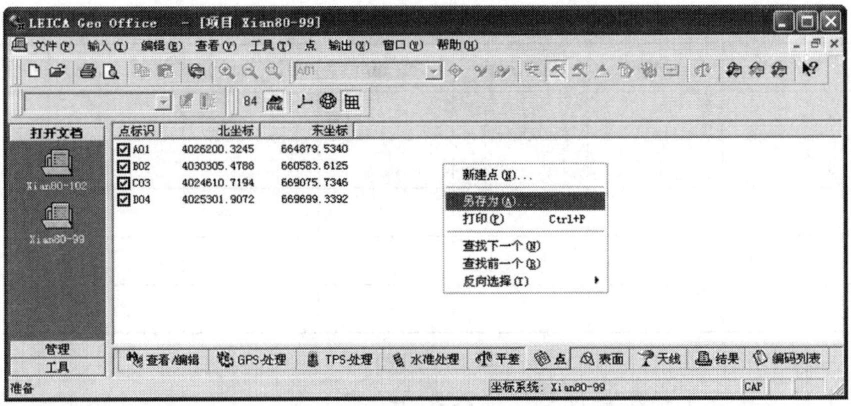

图 5-114 换带后平面坐标数据另存为

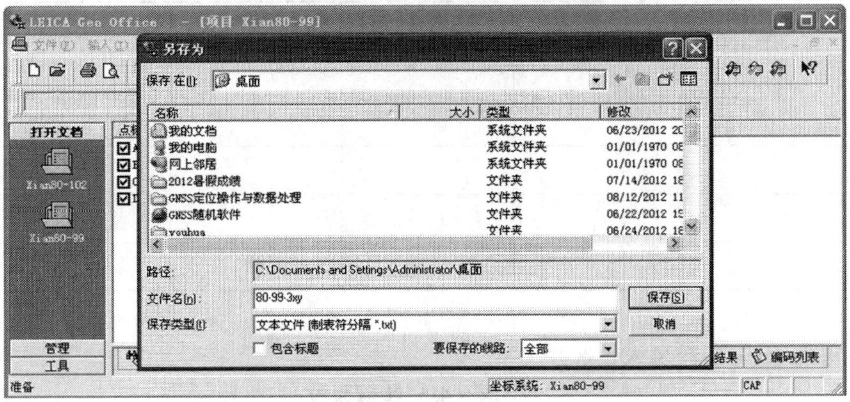

图 5-115 保存换带后平面坐标数据

【任务小结】

介绍了利用徕卡 LGO 软件进行坐标转换与坐标换带的步骤和流程。影响坐标转换的因素有很多,采用不同坐标转换方法转换时,有时结果差别很大,因此坐标转换需注意以下几方面的问题:

(1)参与坐标转换的点坐标系统的统一性。

(2)同一坐标系统,分期布设的点平差结果的符合性、一致性。

(3)点的等级、精度。

(4)点的数量、分布。

(5)转换方法、转换模型的选择等。

(6)测量工作区域的范围及要求。

坐标换带主要介绍了间接法坐标换带,这种方法是严密的,是目前大多数采用的方法。坐标换带可以分为不同椭球的坐标换带与同椭球的坐标换带。不同椭球的坐标换带经坐标转换后,就变成了同一椭球的坐标换带,这也就是讲述同一椭球坐标换带的原因所在。

【任务考核】

(1)总结利用徕卡 LGO 进行坐标转换的操作步骤,并以流程图表示。

(2)将参与坐标转换的公共点残差填入表 5-6 中。

表 5-6　公共点残差

系统 A	系统 B	点类型	dE(mm)	dN(mm)	dH(mm)	平面(mm)	平面+高程(mm)

(3)将坐标转换后坐标及点位精度填入表 5-7 中。

表 5-7　坐标转换后坐标及点位精度

点号(点名)	X 坐标(m)	Y 坐标(m)	平面精度(m)	高程精度(m)	平面+高程精度(m)	备注

(4)将坐标转换参数填入 5-8 中。

表 5-8　坐标转换参数

参数	数值	备注
D_x 平移(m)		
D_y 平移(m)		
D_z 平移(m)		
R_x 旋转(″)		
R_y 旋转(″)		
R_z 旋转(″)		
S_F 尺度(ppm)		

(5)查阅 LGO 帮助文件或其他参考文件,分析以下坐标转换方法(经典 3D、经典 2D、逐步法、一步法、两步法、内插法等)的区别及适用性。

(6)总结并分析换带(间接法)的思路。

(7)将 1954 北京坐标系下,中央子午经度 117°、带宽 3°带的平面坐标(假东:500 000 m,见表 5-9)转换到 1954 北京坐标系下,中央子午经度 116°21′0.9065″、中心纬度 39°51′56.7577″、带宽 1°30′带的平面坐标(假北:300 000 m,假东:500 000 m),并填写表 5-10和表 5-11。

表 5-9　平面坐标(中央子午线经度:117°)

点名	X 坐标(m)	Y 坐标(m)
A6	4 433 596.454	471 222.737
A8	4 435 179.037	484 634.429
A9	4 436 411.148	496 117.270
A1	4 435 415.907	485 480.313
A3	4 433 506.971	475 485.436

表 5-10　大地坐标(B、L)

点名	经度 L(° ′ ″)	纬度 B(° ′ ″)
A6		
A8		
A9		
A1		
A3		

表 5-11　平面坐标(中央经度:116°21′0.9065″)

点名	X 坐标(m)	Y 坐标(m)
A6		
A8		
A9		
A1		
A3		

【任务扩展】

在徕卡 LGO 软件“一步法”坐标转换操作的基础上,学习其他的坐标转换方法,并分析它们之间的异同及相互关系。

项目 6　RTK 定位技术——南方灵锐 S86 接收机

【项目导航】

重点

南方灵锐 S86 接收机定位设置及电台模式;点测量;工程设计与 RTK 放样。

难点

基准站、流动站设置及操作;坐标转换与参数求解。

任务

电台模式下,正确设置操作南方 RTK 定位系统;掌握点测量、工程设计与 RTK 放样的流程、步骤及内容。

作业

RTK 定位设置完成后,进行点测量与点放样。

流程

RTK 定位技术——南方灵锐 S86 接收机操作流程如图 6-1 所示。

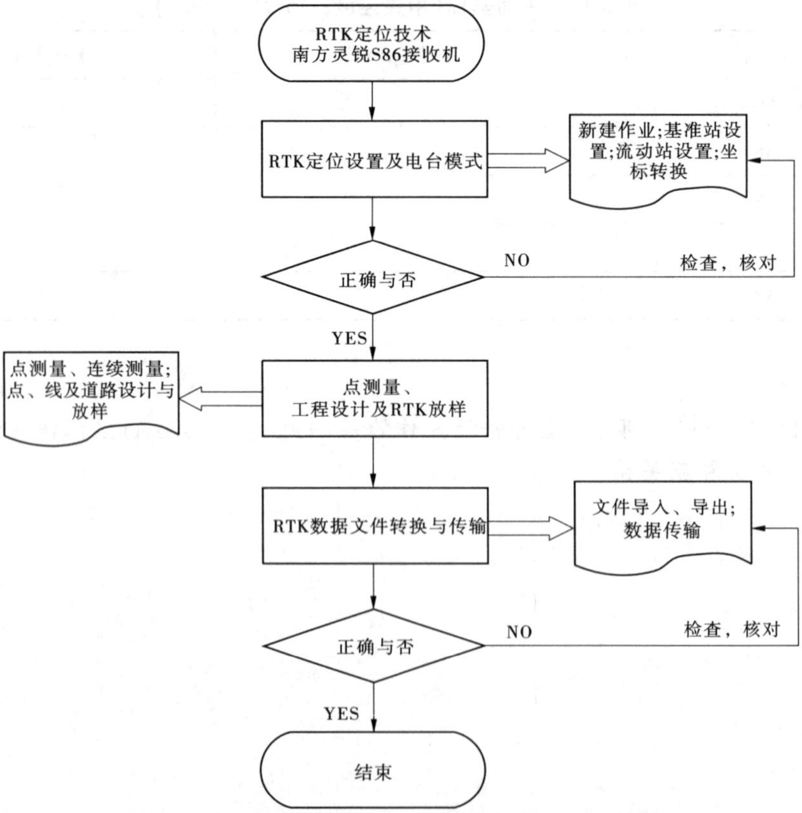

图 6-1　RTK 定位技术——南方 S86 接收机操作流程

南方灵锐S86接收机RTK定位设置操作流程是在内置电台模式下进行的。介绍时，按上述流程分为“任务1　RTK定位设置及电台模式”、“任务2　工程设计与RTK放样”、“任务3　RTK数据文件转换与传输”三部分。

任务1　RTK定位设置及电台模式

【任务目的】

(1)掌握南方灵锐S86接收机的基准站的架设方式、方法。

(2)掌握利用手簿连接基准站、流动站的操作程序，以及基准站、流动站(软件中为“移动站”，两者皆可用)的设置。

(3)掌握坐标转换、参数求解的方法及操作步骤。

(4)掌握点测量的操作步骤。

【任务分析】

南方灵锐S86接收机RTK定位设置可以利用内置电台和外置电台，在这里采用内置电台进行讲解。RTK定位设置包括基准站仪器架设、手簿与接收机的蓝牙连接、作业的新建与已知点输入、基准站设置、流动站设置、坐标转换与参数求解等内容。

【任务要求】

(1)了解南方灵锐S86接收机RTK测量系统的组成。

(2)掌握南方灵锐S86接收机基准站的架设方式、方法。

(3)掌握利用手簿连接南方灵锐S86接收机的操作步骤。

(4)掌握新建工程的内容及操作步骤。

(5)掌握基准站的设置方式、内容与操作步骤。

(6)掌握流动站的设置方式、内容与操作步骤。

(7)掌握坐标转换、参数求解的操作步骤。

(8)掌握点测量的操作步骤。

(9)填写RTK测量基准站观测手簿。

【任务准备】

(1)仪器准备：南方灵锐S86接收机基准站一套(脚架、钢尺、基座、测高片等)，南方灵锐S86接收机流动站一套(对中杆、手簿、手簿托架等)，能够保证正常工作使用。

(2)人员准备：按照实习任务，事先分好小组，轮流操作。

(3)记录准备：准备记录板，RTK测量基准站观测手簿，本子、笔等学习用具。

【任务实施】

南方灵锐S86接收机定位设置及电台模式的介绍分为两个部分：基准站架设在已知点上与基准站架设在未知点上。

基准站可架设在已知点也可架设在未知点，架设时视具体情况而定。已知点可以是地方坐标系，也可是 WGS84 坐标系已知点（如无特殊说明，已知点指已知 WGS84 点）。测量工作坐标系为地方坐标系时的基准站架设情况见表 6-1。

表 6-1　基准站架设情况统计

测量工作的坐标系	地方坐标	WGS84 坐标	转换参数	基准站架设	基准站启动方式
地方坐标系	无	有或无	无	—	无法工作
地方坐标系	无	无	有	—	无法工作
地方坐标系	无	有	有	已知点	输入 WGS84 坐标
地方坐标系	有	无	无	已知或未知点	单点定位
地方坐标系	有	无	有	已知或未知点	单点定位或输入 WGS84 坐标（计算）
地方坐标系	有	有	有	已知或未知点	单点定位或输入 WGS84 坐标

RTK 定位设置可以采用电台模式（内置电台与外置电台）和网络模式，本文主要讲述内置电台模式下 RTK 的定位操作。

南方灵锐 S86 接收机 RTK 定位操作流程（内置电台模式）如图 6-2 所示。

1　基准站架设在已知点上

1.1　基准站架设与天线高量取

操作：架设仪器到已知点上，对中整平→将测高片夹在连接头与接收机主机之间（见图 6-3（a））→由测高片量测边量至标石（或其他标志）或者地面点中心顶端（见图 6-3（b））。

说明：点位选择要考虑 RTK 基准站点位要求与作业的方便。天线高量取时，应在互成 120°的脚架空隙处量取三次，取平均值，且量取的高为斜高。基准站上安装时需采用长天线。

1.2　基准站模式与内置电台模式的选择设置

操作 1：按【电源键】开机→出现灵锐 S86 时，按【F2】键→按【F1/F2】键选择“设置工作模式”，按【电源键】确定→按【F1/F2】键选择“基准站模式”→按【电源键】确定，如图 6-4 所示。

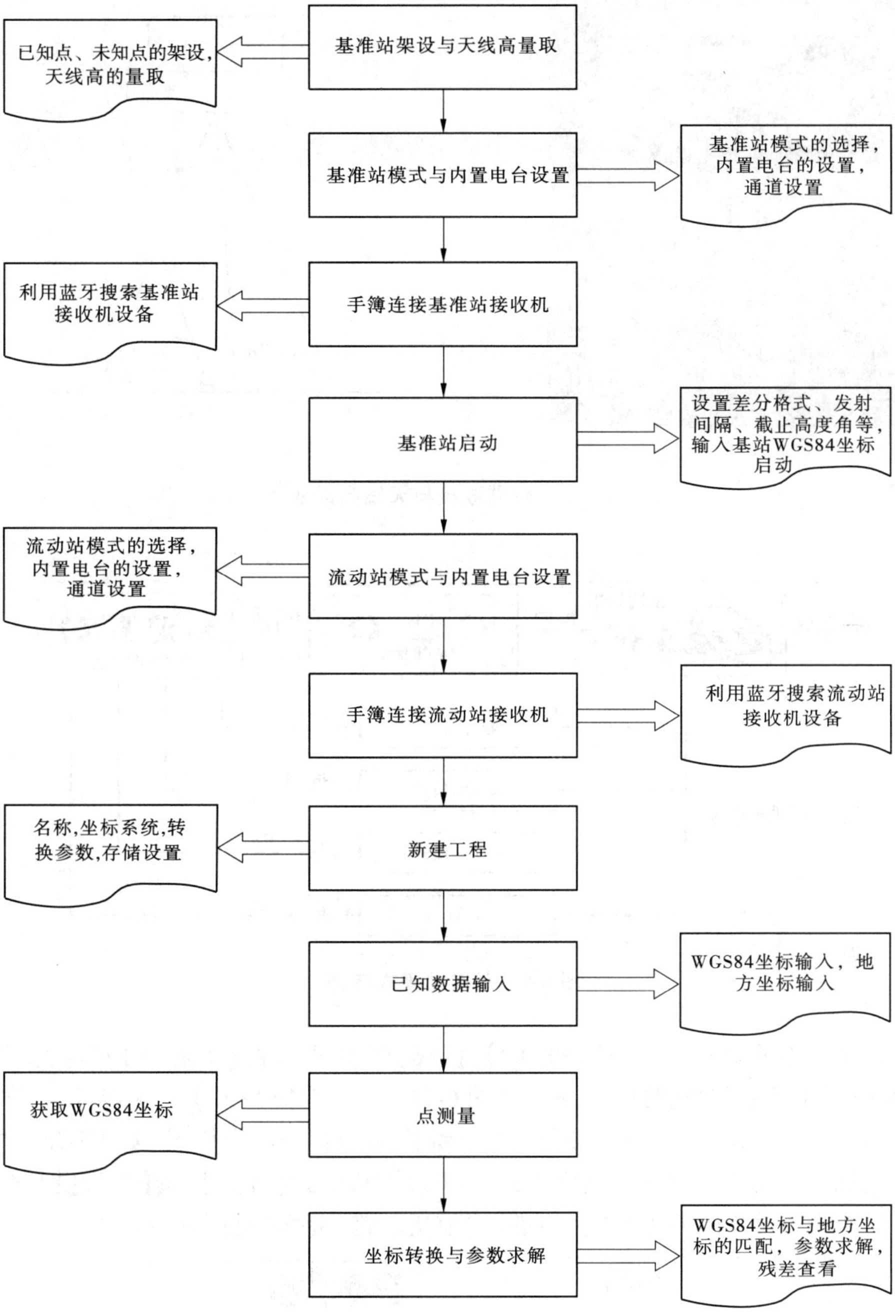

图 6-2　南方灵锐 S86 接收机 RTK 定位操作流程

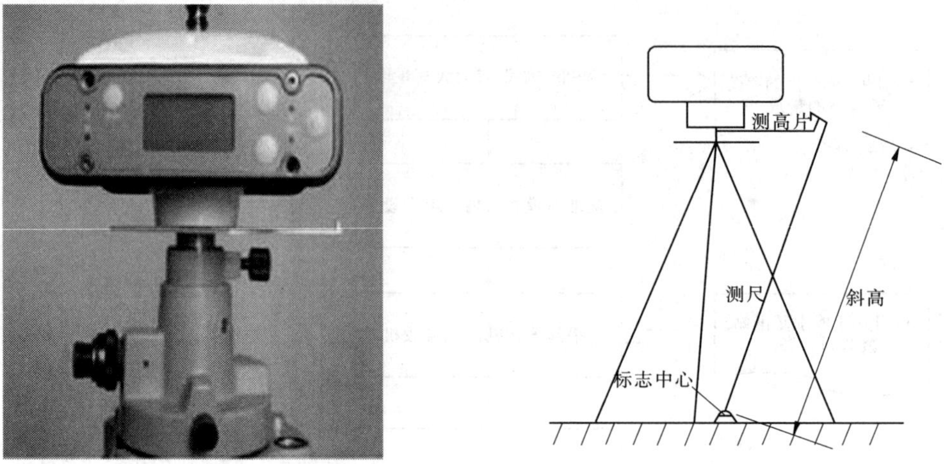

(a)　　(b)

图 6-3　仪器联接与天线高量取

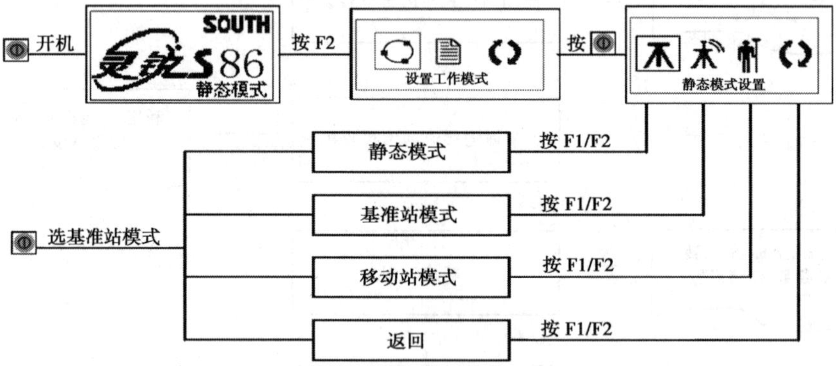

图 6-4　基准站模式选择

操作 2：进入基准站模式后，按【F1/F2】键，移到“修改”，按【电源键】确定，就可以对差分格式、发射间隔及记录数据进行修改（见图 6-5（a））→按【F1/F2】键，移动到差分格式后，按【电源键】确定（见图 6-5（b））→按【F1/F2】键移动到其中一个格式（如 RTCA），按【电源键】确定（见图 6-6（a））。设置完成后，按【F1/F2】键移动到【开始】，按【电源键】确定（发射间隔与记录格式的设置同差分格式）→进入“模块设置”界面（见图 6-7（a））。

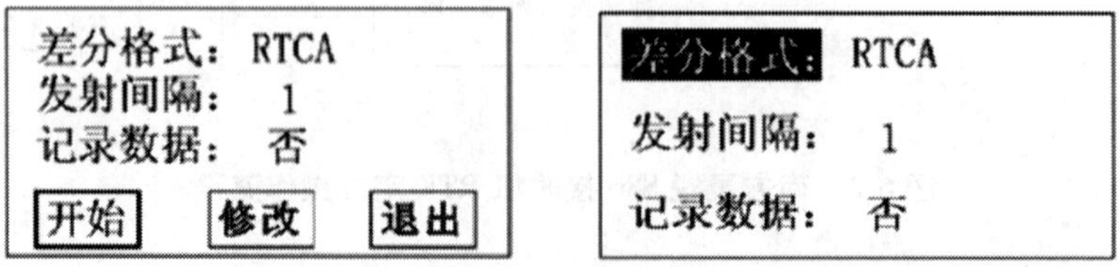

(a)　　(b)

图 6-5　修改差分格式

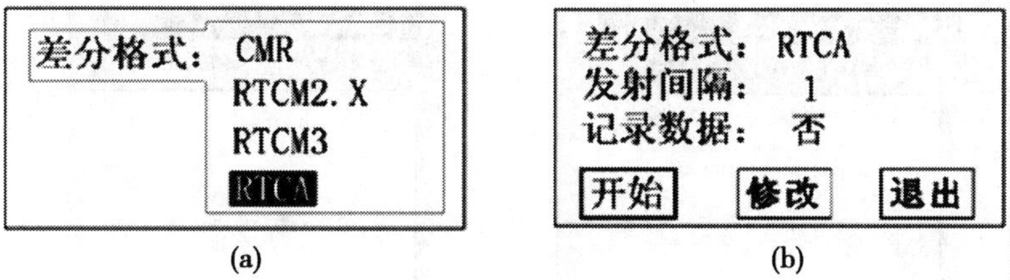

图 6-6　选择差分格式

说明：S86 支持的差分格式有以下几种：CMR、RTCM2. X、RTCA、RTCM3、DGPS。

操作 3："模块设置"界面下，按【F1/F2】键，选择【修改】，按【电源键】确定。按【F1/F2】键选择"数据链"，按【电源键】进入（见图 6-7（a））→按【F1/F2】键选择"电台"，按【电源键】确定（见图 6-7（b））。

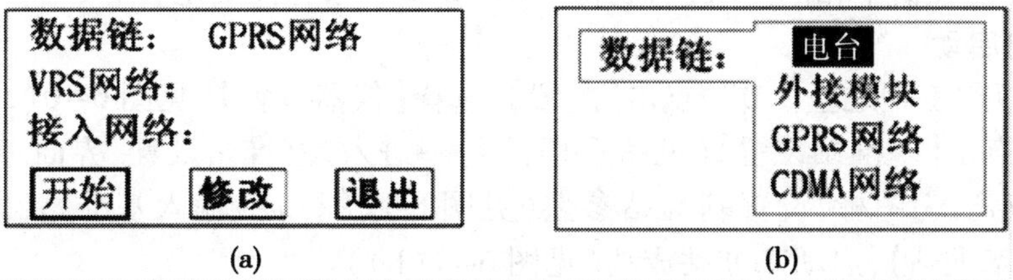

图 6-7　内置电台模式

操作 4：按【F1/F2】键选择"通道"，按【电源键】确定进入（见图 6-8（a））。按【F1/F2】键选择通道（如通道 1），按【电源键】确定（见图 6-8（b））→按【F1/F2】键移动到【开始】，按【电源键】确定，电台、通道设置完成（见图 6-8（a））。

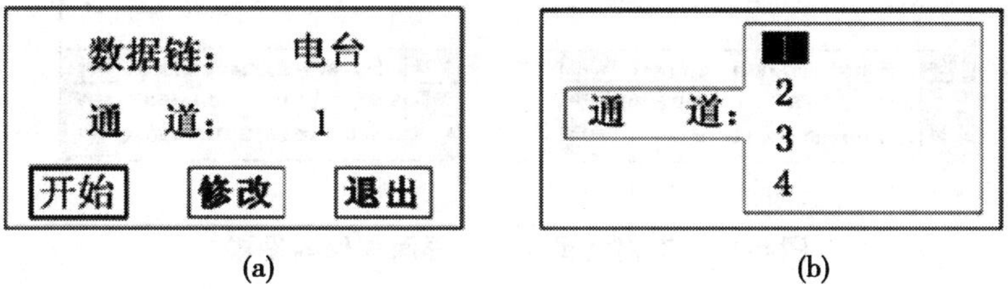

图 6-8　通道设置

说明：通道选择其中任一个即可，基准站与流动站需保持一致。

1.3　通过蓝牙建立手簿和基准站接收机的连接

操作：打开手簿，点击【我的设备】→点击【控制面板】→点击【Bluetooth 设备属性】→点击【扫描设备】（见图 6-9（a））→找到基准站接收机设备后，点击【停止】（见图 6-9（b））→选择搜索到的基准站设备双击，然后双击【串口服务】，选择一个串口号（如 COM7），点击【确定】→点击【OK】确定退出。

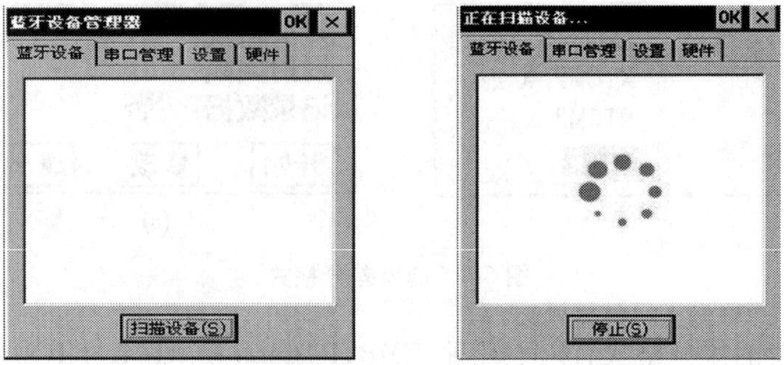

(a)　　(b)

图 6-9　蓝牙设备管理器与蓝牙设备搜索

说明：打开“工程之星 3.0”后，如果端口打开失败，可通过点击【配置】→点击【端口设置】选择与蓝牙管理器中相同的端口，波特率用 115 200，点击【确定】。

1.4　基准站的启动

操作 1：打开“工程之星 3.0”，点击【配置】，选择【仪器设置】(见图 6-10(a))→进入“仪器设置”界面，点击【基准站设置】(见图 6-10(b))→进入“基准站设置”界面，输入并设置基准站参数后，点击图标，设置基准站参数(见图 6-11(a))→输入基准站已知 WGS84 坐标，点击【启动基准站】，启动基准站成功(见图 6-11(b))。

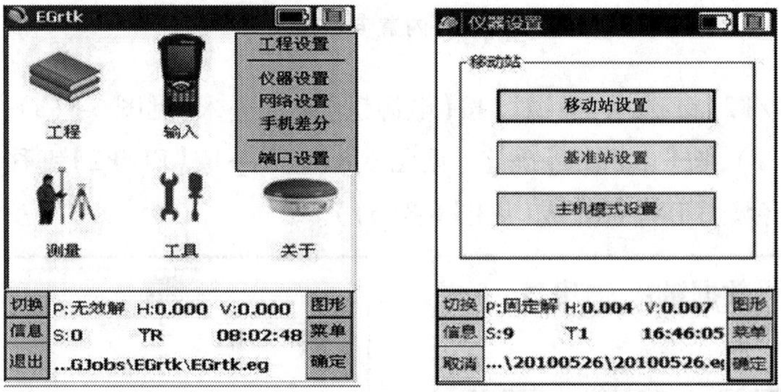

(a)　　(b)

图 6-10　工程之星 3.0 主界面与仪器设置

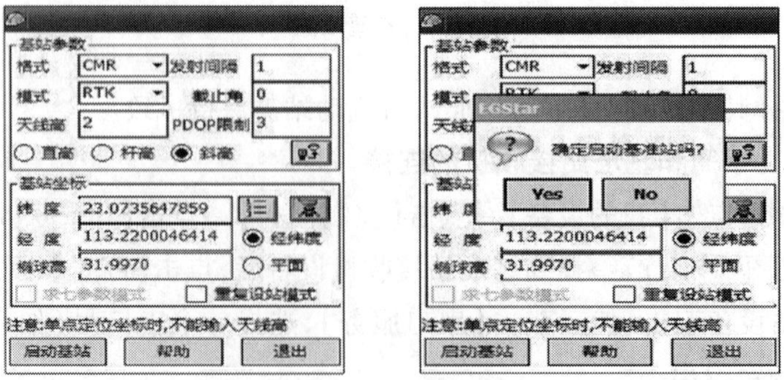

(a)　　(b)

图 6-11　基准站设置与启动

说明:点击图 6-11 中图标设置基准站参数时,会出现“设置基准站参数成功!”的提示,点击【OK】即可。基准站坐标的输入可以直接输入,也可以点击基准坐标右边的图标,从“坐标管理库”中导入需要的基准站坐标。

1.5　流动站模式与内置电台模式的选择设置

操作 1:将流动站接收机、天线(短天线)、对中杆、手簿托架及手簿连接→按【电源键】开机→出现灵锐 S86 时(即初始界面),按【F2】键→按【F1/F2】键选择“设置工作模式”,按【电源键】确定→按【F1/F2】键选择“移动站模式”,按【电源键】确定。具体步骤见图 6-12。

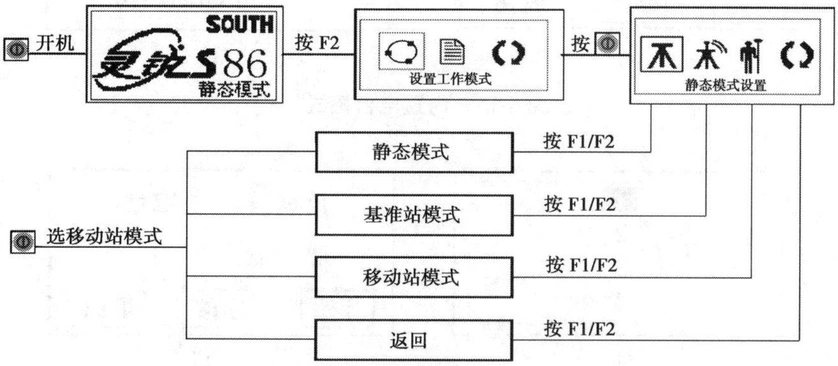

图 6-12　移动站模式选择

操作 2:进入移动站模式后,按【F1/F2】键,到“修改”, 按【电源键】确定,就可以对差分格式、发射间隔及记录数据进行修改(见图 6-13(a))。按【F1/F2】键,移动到差分格式后,按【电源键】确定(见图 6-13(b))。按【F1/F2】键移动到 RTCA(与基准站保持一致),按【电源键】确定(见图 6-14(a))。设置完成后,按【F1/F2】键移动到【开始】,按【电源键】确定(发射间隔与记录格式的设置同差分格式)(见图 6-14(b))→进入“模块设置”界面(见图 6-15(a))。

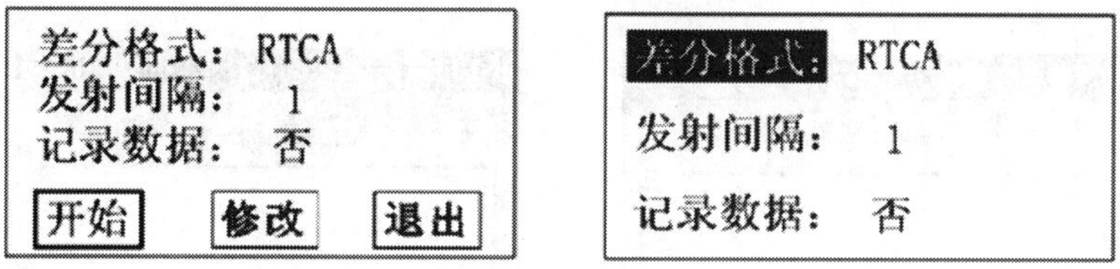

(a)　　(b)

图 6-13　修改差分格式

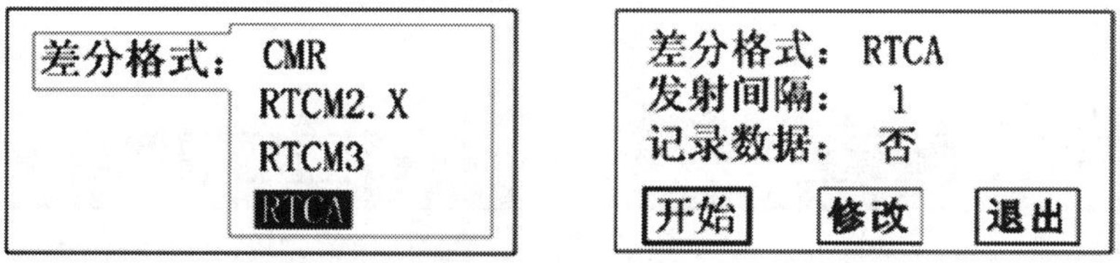

(a)　　(b)

图 6-14　选择差分格式

说明:S86 支持的差分格式有以下几种:CMR、RTCM2. X、RTCA、RTCM3、DGPS。

操作 3:在“模块设置”界面下,按【F1/F2】键,选择“修改”,按【电源键】确定。按【F1/

F2】键选择“数据链”,按【电源键】进入(见图 6-15(a))→按【F1/F2】键选择“电台”,按【电源键】确定(见图 6-15(b))。按【F1/F2】键选择“通道”,按【电源键】确定进入→按【F1/F2】键选择通道(如通道 1,与基准站保持一致),按【电源键】确定(见图 6-16(a))→按【F1/F2】移动到【开始】,按【电源键】确定,电台、通道设置完成(见图 6-16(b))。

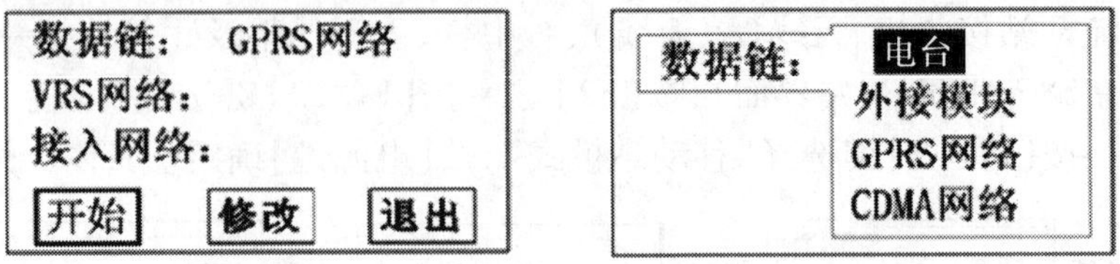

(a)　　(b)

图 6-15　内置电台模式

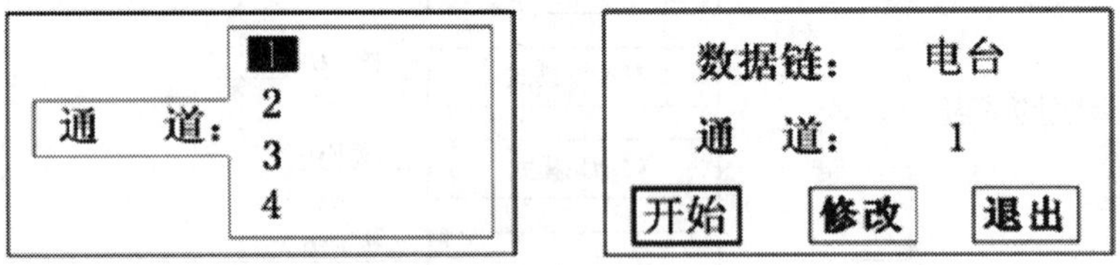

(a)　　(b)

图 6-16　通道设置

1.6　通过蓝牙建立手簿和流动站接收机的连接

操作:点击【我的设备】→点击【控制面板】→点击【Bluetooth 设备属性】→点击【扫描设备】(见图 6-17(a))→找到移动站接收机设备后,点击【停止】(见图 6-17(b))→选择搜索到的设备双击,然后双击【串口服务】,增加一个串口号如 COM7,点击【确定】→点击【OK】退出即可。

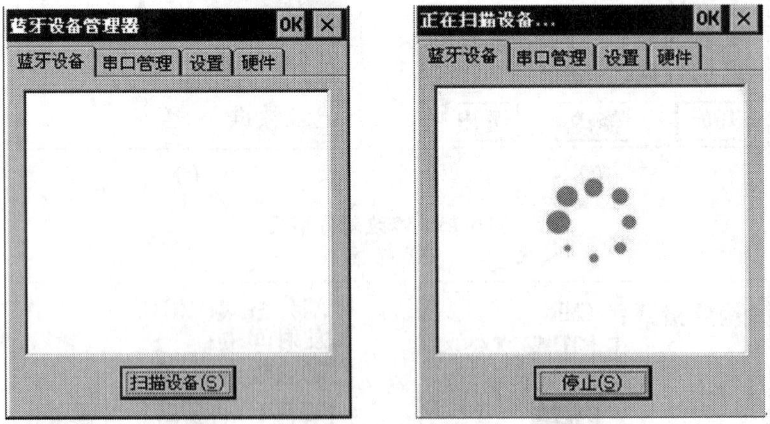

(a)　　(b)

图 6-17　蓝牙设备管理器与蓝牙设备搜索

说明:蓝牙设置完成之后,打开“工程之星 3.0”,如果端口打开失败,可以通过以下步骤设置串口:点击【配置】→点击【端口设置】选择与蓝牙管理器中相同的端口,波特率用 115200,点击【确定】,连接后,如果设置无问题,很快会达到固定解。

1.7　新建工程

操作 1：打开“工程之星 3.0”，点击【工程】，选择【新建工程】（见图 6-18（a））→进入“新建工程”，输入名称，点【确定】（见图 6-18（b））→进入“工程设置”界面（见图 6-19（a））。

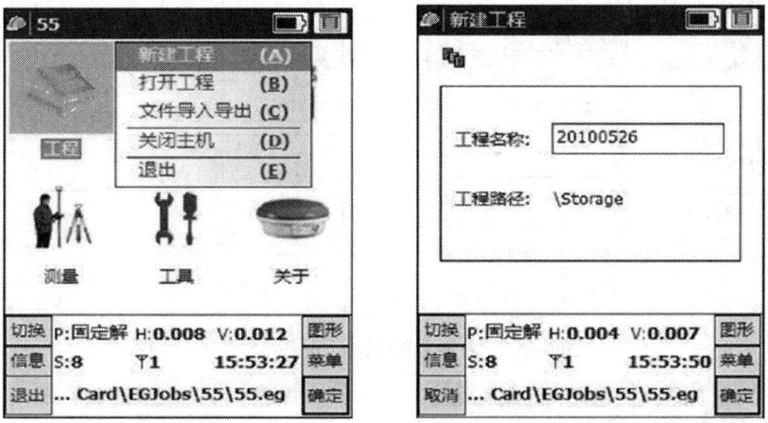

(a)　(b)

图 6-18　新建工程

操作 2：在“工程设置”界面中，选择【坐标系】页面，点【编辑】（见图 6-19（a））→进入“坐标系统编辑”界面，点【增加】或【编辑】（见图 6-19（b））→进入“增加参数系统”（见图 6-20（a））。

(a)　(b)

图 6-19　工程设置与坐标系统

操作 3：“增加参数系统”界面，选择【投影】页面，输入系统名，选择椭球，设置投影方式、中央子午线、东加常数、投影比例尺等信息（见图 6-20（a））→选择【水平】页面，设置四参数，则如果要求四参数，该项无需设置（见图 6-20（b））。

操作 4：分别选择【高程】、【七参】页面，设置高程参数及七参数，如果要求转换参数，则这两项无需设置（见图 6-21（a））→点击【OK】，返回“坐标系统编辑”界面，点击【确定】（见图 6-19（b））→返回到“工程设置”界面，从坐标系统下拉框中选择新建的坐标系统（如广州市区）（见图 6-19（a））→选择【天线高】页面进入（见图 6-22（a））。

(a) (b)

图6-20 增加参数系统(投影、水平)

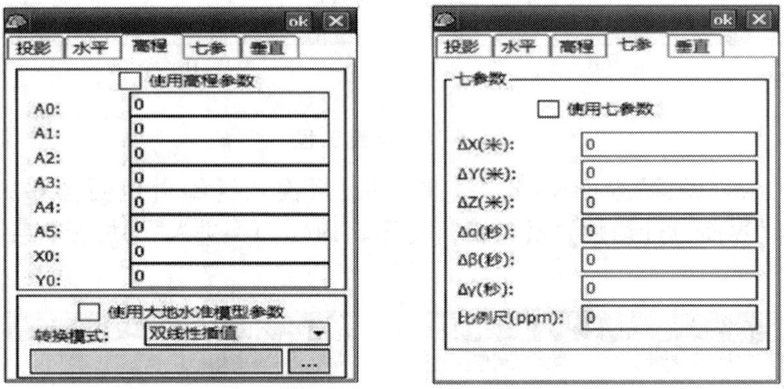

(a) (b)

图6-21 增加参数系统(高程、七参)

操作5:在【天线高】页面中,选择【杆高】并输入杆高,点击【确定】(见图6-22(a))→选择【存储】和【显示】页面,设置后,点击【确定】(见图6-22(b))→返回“工程之星3.0”界面。

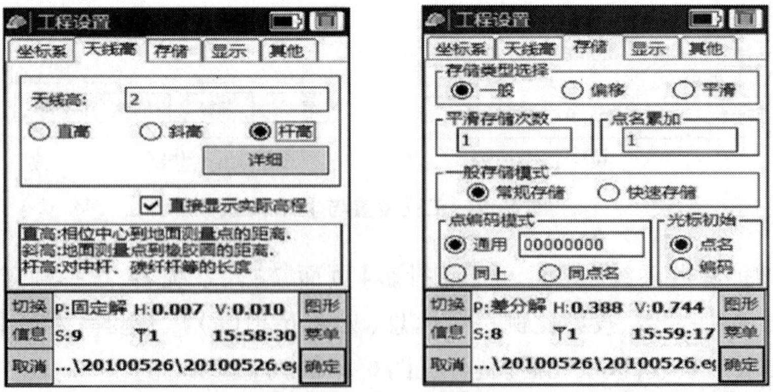

(a) (b)

图6-22 工程设置(天线高、存储)

1.8　已知坐标的输入

1.8.1　地方已知坐标的输入

操作：在“工程之星 3.0”界面中，点击【输入】，选择【坐标管理库】（见图 6-23(a)）→进入“坐标管理库”界面，点击【增加】（见图 6-23(b)）→进入图 6-24(a)所示界面，输入坐标名称、北坐标、东坐标、高程、编码，并从“坐标类型”下拉框中选择【平面坐标】，从“属性类型”中选择【控制点】，点击【确定】（见图 6-24(a)）→进入图 6-24(b)所示界面，新添加的坐标显示在列表中（添加更多地方已知坐标的操作与此相同）。

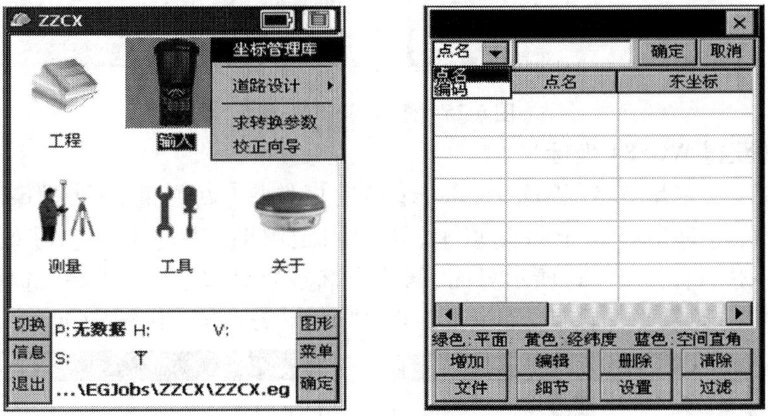

(a)　(b)

图 6-23　坐标管理库

(a)　(b)

图 6-24　增加地方坐标

1.8.2　WGS84 坐标的输入

操作：在“坐标管理库”界面中，点击【增加】（见图 6-23(b)）→进入图 6-25(a)所示界面，输入坐标名称、X、Y、Z、编码，并从坐标类型下拉框中选择【WGS84 经纬度坐标】或【WGS84 空间直角坐标】，从“属性类型”中选择【控制点】，点击【确定】（见图 6-25(a)）→进入图 6-25(b)所示界面，新添加的坐标显示在列表中（添加更多 WGS84 坐标的操作与此相同）。

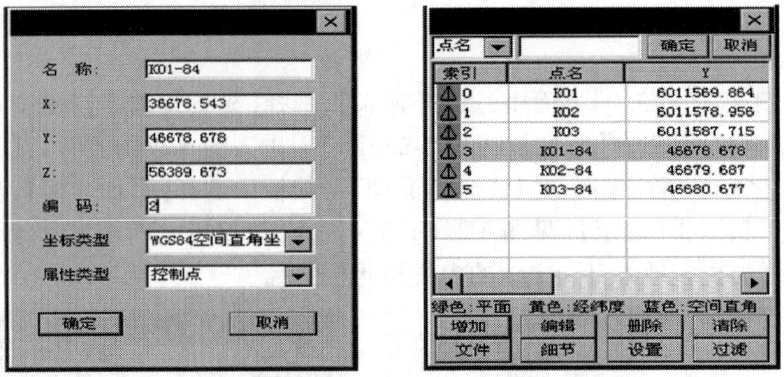

(a) (b)

图 6-25 添加 WGS84 坐标

1.9 点测量(获得 WGS84 坐标)

操作:在“工程之星 3.0”界面中,点击【测量】,选择【点测量】(见图 6-26(a))→进入“点测量”界面,将对中杆立于待测点上,达到固定解时,手簿上按【A】键存储坐标(见图 6-26(b))→进入图 6-27(a)所示界面,修改点名或默认,输入天线高,选择【杆高】,点击【OK】存储完成。如果要查看存储的坐标,可在“坐标管理器” 中查看(见图 6-27(a))。

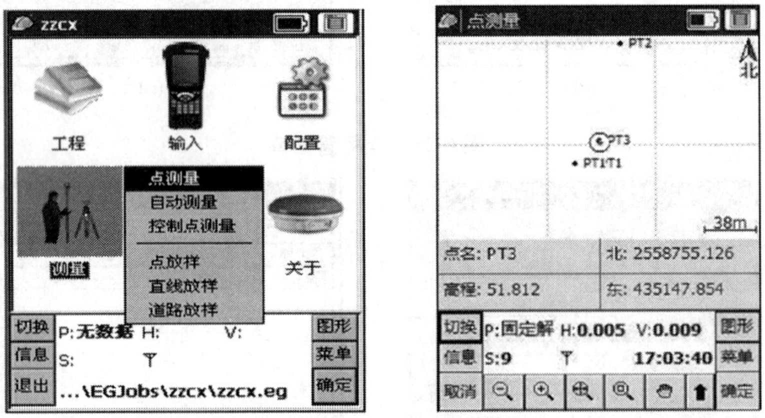

(a) (b)

图 6-26 点测量

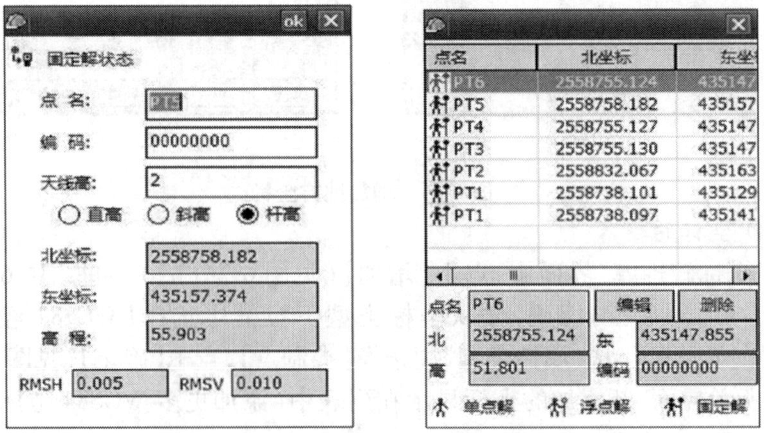

(a) (b)

图 6-27 点存储与坐标查看

1.10 坐标转换与参数求解

GNSS接收机输出的数据是WGS84经纬度坐标，需要转化到施工测量坐标，这就需要软件进行坐标转换参数的计算和设置，转换参数就是完成这一工作的主要工具。求转换参数主要是计算四参数、七参数和高程拟合参数。

1.10.1 四参数

操作1：在“工程之星3.0”界面中，点击【输入】，选择【求转换参数】(见图6-28(a))→进入“求转换参数”界面，点击【设置】(见图6-28(b))→进入“求转换参数-设置”界面，点击“坐标转换方法”下拉框，选择【一步法】，点击【OK】(见图6-29(a))→返回“求转换参数”界面(见图6-28(a))，点击【增加】→进入“增加控制点(已知平面坐标)”界面，手动输入坐标或点击图标(见图6-29(b))→进入“坐标管理库”界面(见图6-30(a))。

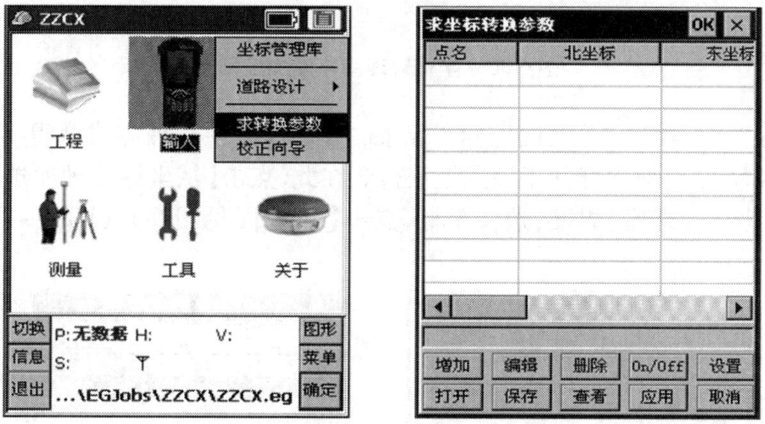

(a) (b)

图6-28 求转换参数

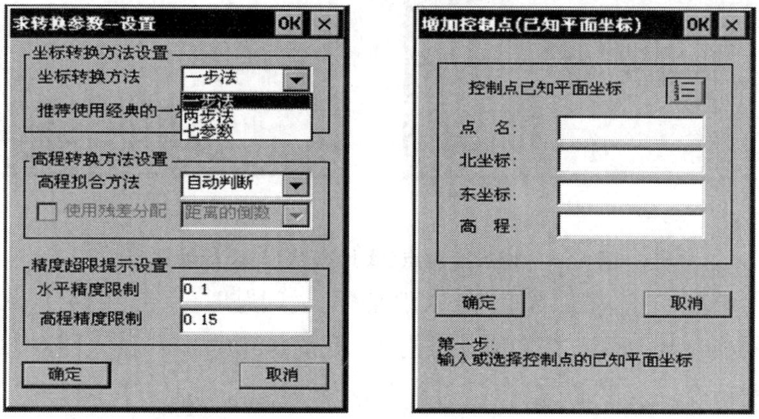

(a) (b)

图6-29 求转换参数-设置与增加控制点(已知平面坐标)

操作2：在“坐标管理库”界面中，选择坐标，点击【确定】(见图6-30(a))→进入“增加控制点(已知平面坐标)”界面，选择的坐标如图6-30(b)所示，点击【OK】→进入“增加控制点(大地坐标)”界面(见图6-31(a))。

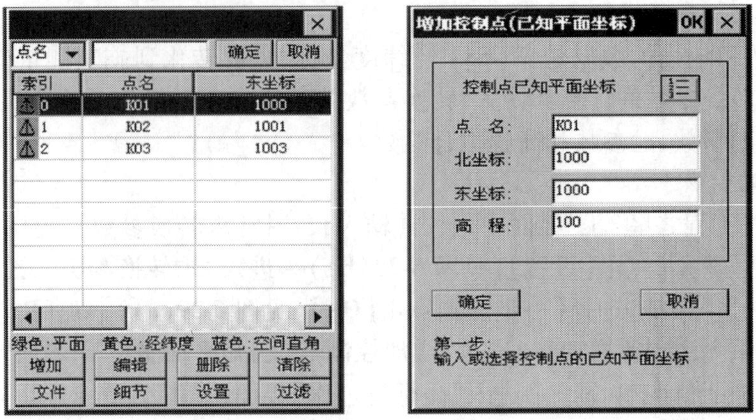

(a)　　(b)

图 6-30　坐标管理库与增加控制点

操作 3:在“增加控制点(大地坐标)”界面中,选择其中一种方式获得 WGS84 坐标,读取当前点坐标时,须将对中杆立于该点上获得。在此,点击【从坐标管理库选点】(见图 6-31(a))→进入“坐标管理库”界面,选择坐标,点击【确定】(见图 6-31(b))→进入图 6-32(a)所示界面。

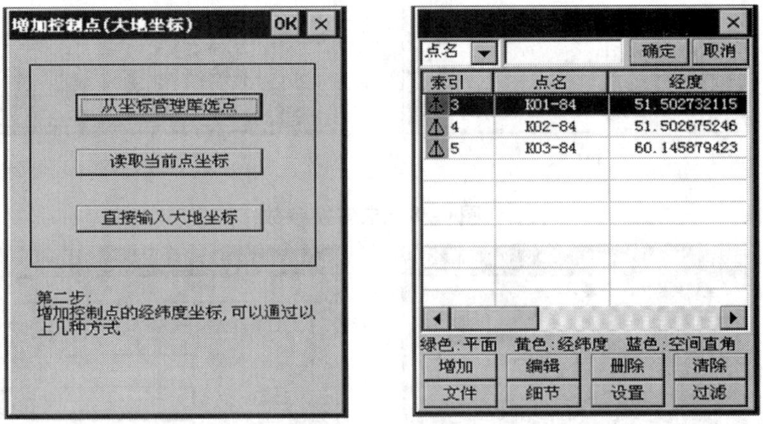

(a)　　(b)

图 6-31　增加控制点(大地坐标)与坐标管理库

操作 4:图 6-32(a)中,增加控制点(大地坐标)无问题时,点击【确定】(见图 6-32(a))→进入“求坐标转换参数”界面,拖动滑动条滑动(见图 6-32(b))→进入图 6-33(a)所示界面,查看水平、高程精度以及平面、高程是否参与求解,点击【On/Off】→进入“使用/不使用设置”界面,选择参与坐标参数计算时是否使用平面、高程,点击【确定】(见图 6-33(b))→返回“求坐标转换参数”界面(见图 6-33(a)),继续添加剩余的匹配的坐标,添加后界面如图 6-34(a)所示。

操作 5:图 6-32(b)中,添加完成后,点击【保存】(见图 6-34(a))。如果参数求解有问题,会出现精度超限,需认真检查。合限后,点击【确定】(见图 6-34(b))→进入“保存文件”界面,输入文件名,点击【OK】(见图 6-35(a))→进入“求坐标转换参数”界面,并出现“保存

(a) (b)

图 6-32 增加控制点(大地坐标)与求坐标转换参数

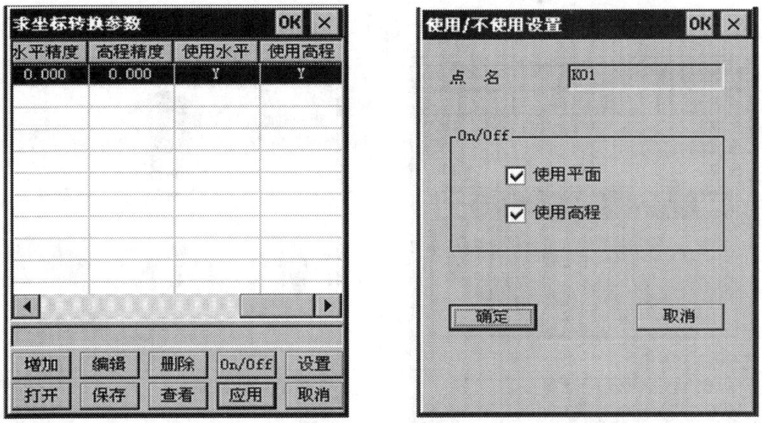

(a) (b)

图 6-33 求坐标转换参数与使用/不使用设置

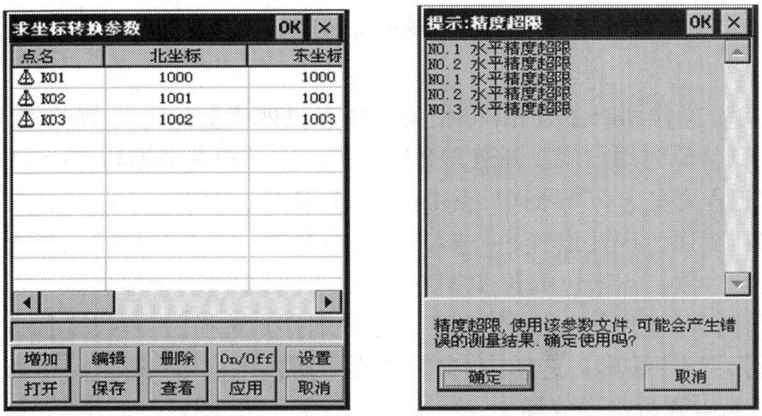

(a) (b)

图 6-34 求转换参数与精度超限

成功"提示,点击【OK】,点击【应用】(见图 6-35(b))→进入图 6-36(a)所示界面。

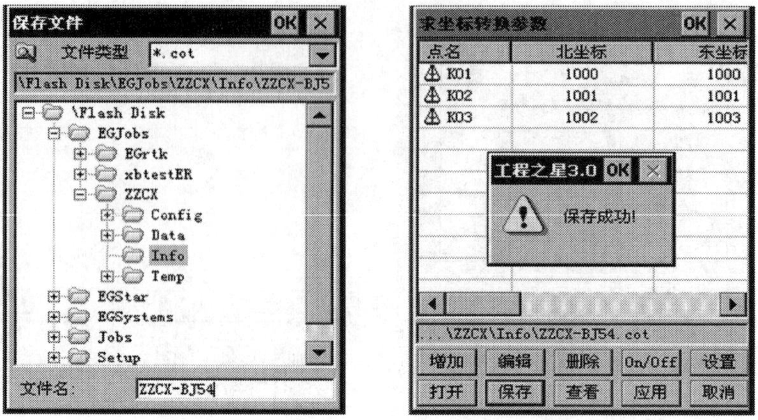

(a) (b)

图 6-35 保存文件与保存成功

操作 6:图 6-36(a)中,确定赋值,点击【是】。完成转换后,返回主界面(见图 6-36(b))。

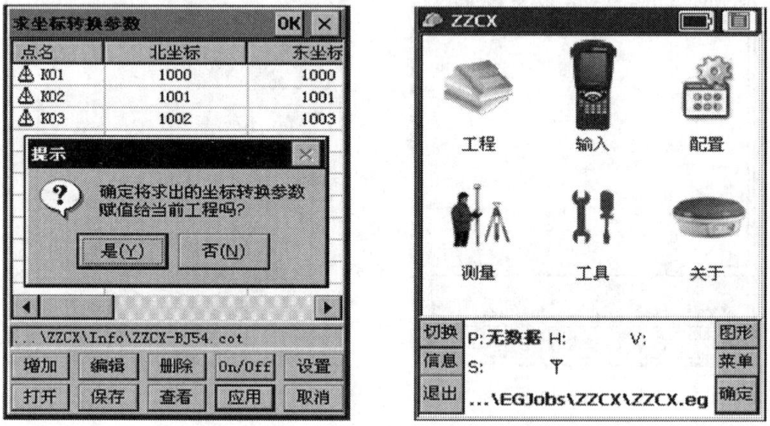

(a) (b)

图 6-36 求坐标转换参数与工程之星 3.0 界面

1.10.2 七参数

七参数的计算操作和四参数相同,相关操作参见四参数。七参数的应用范围较大(一般大于 50 km^2),计算时用户需要知道 3 个以上的地方已知点坐标和 WGS84 坐标。

操作:在"工程之星 3.0"界面中,点击【输入】,选择【求转换参数】(见图 6-28(a))→进入"求转换参数"界面,点击【设置】→进入"求转换参数 - 设置"界面,点击"坐标转换方法"下拉框,选择【七参数】,点击【OK】(见图 6-37(a))→返回"求转换参数"界面,添加匹配坐标后,点击【保存】和【应用】。在主界面下,点击【配置】,选择【工程设置】,选择【坐标系】页面,点击【编辑】,点击【编辑】,选择【七参】,查看求解的七参数(见图 6-37(b))。参数求解完成后,即可进行点测量与点放样。

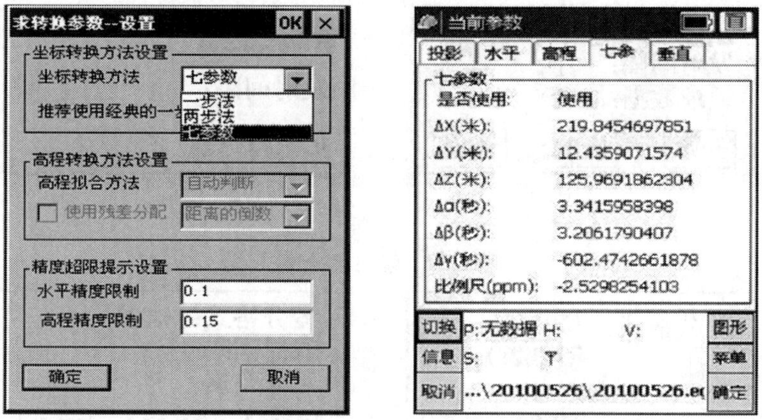

(a)　(b)

图 6-37　求转换参数 - 设置与当前参数

2　基准站架设在未知点上

2.1　基准站架设(无需对中整平,量天线高)

操作:测区中央一定高度且视野开阔的理想点位选一处,架设仪器到上面,将基座、天线连接,无需对中整平,量天线高。

2.2　基准站模式与内置电台模式的选择设置

操作 1:按【电源键】开机→出现灵锐 S86 时,按【F2】键→按【F1/F2】键选择"设置工作模式",按【电源键】确定→按【F1/F2】键选择"基准站模式"→按【电源键】确定,如图 6-38 所示。

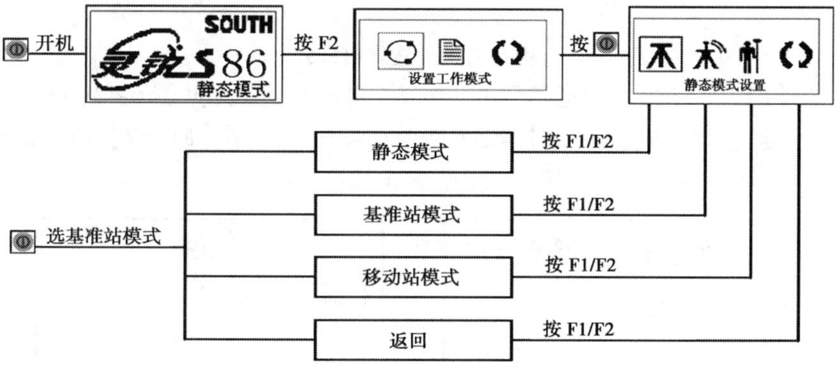

图 6-38　基准站模式选择

操作 2:进入基准站模式后,按【F1/F2】键,移到"修改",按【电源键】确定,就可以对差分格式、发射间隔及记录数据进行修改(见图 6-39(a))。按【F1/F2】,移动到差分格式后,按【电源键】确定(见图 6-39(b))。按【F1/F2】键,移动到其中一个格式(如 RTCA),按【电源键】确定(见图 6-40(a))。设置完成后,按【F1/F2】键,移动到【开始】,按【电源键】确定(发射间隔与记录格式的设置同差分格式)→进入"模块设置"界面。

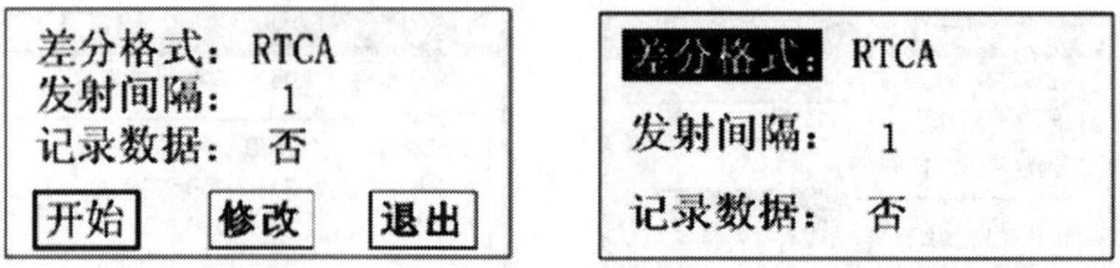

(a)　　　(b)

图 6-39　修改差分格式

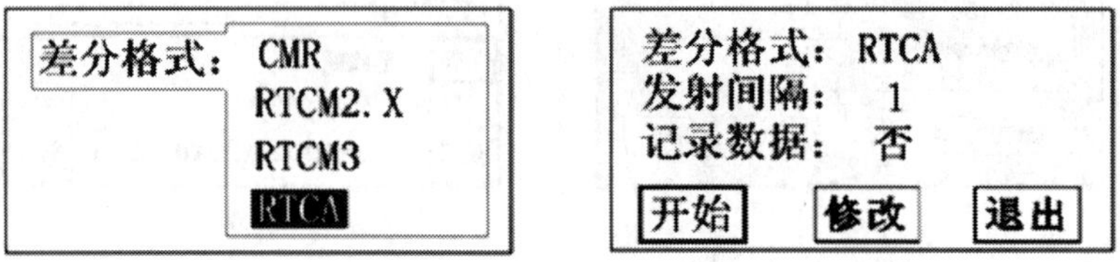

(a)　　　(b)

图 6-40　选择差分格式

说明：S86 支持的差分格式有以下几种：CMR、RTCM2. X、RTCA、RTCM3、DGPS。

操作 3：在“模块设置”界面下，按【F1/F2】键，选择【修改】，按【电源键】确定。按【F1/F2】键选择“数据链”，按【电源键】进入(见图 6-41(a))。按【F1/F2】键选择“电台”，按【电源键】确定(见图 6-41(b))。

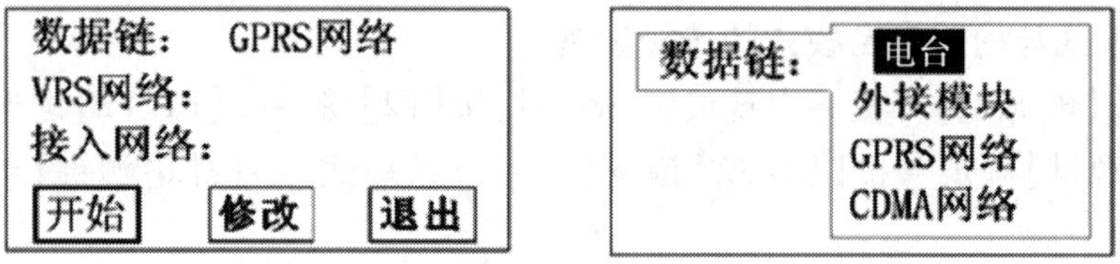

(a)　　　(b)

图 6-41　内置电台模式

操作 4：按【F1/F2】键选择“通道”，按【电源键】确定进入(见图 6-42(a))。按【F1/F2】键选择通道(如通道 1)，按【电源键】确定(见图 6-42(b))。按【F1/F2】键移动到【开始】，按【电源键】确定，至此电台、通道设置完成(见图 6-42(a))。

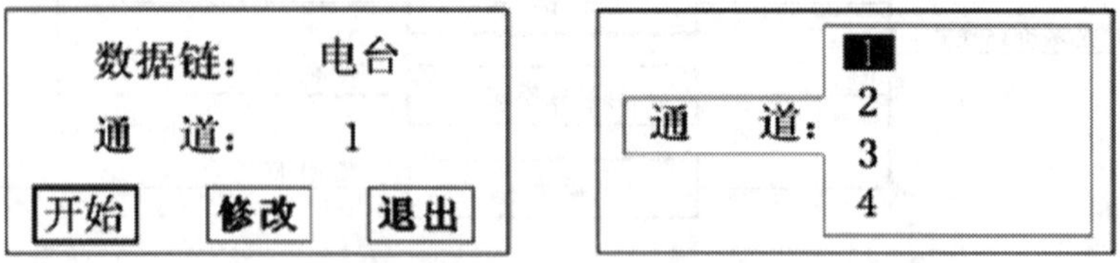

(a)　　　(b)

图 6-42　通道设置

说明：通道选择其中任一个即可，基准站与流动站需保持一致。

2.3　基准站的启动

操作：在基准站模式下，点击【启动】(见图 6-43(a))→进入设站方式，按【F1/F2】键选择【单点设站】，按【电源键】确定(见图 6-43(b))。如果启动时已搜集到 4 颗以上卫星且 GDOP

值较小,则显示“基准站启动”(见图6-44(a)),否则显示“GPS坐标未确定”(见图6-44(b))。

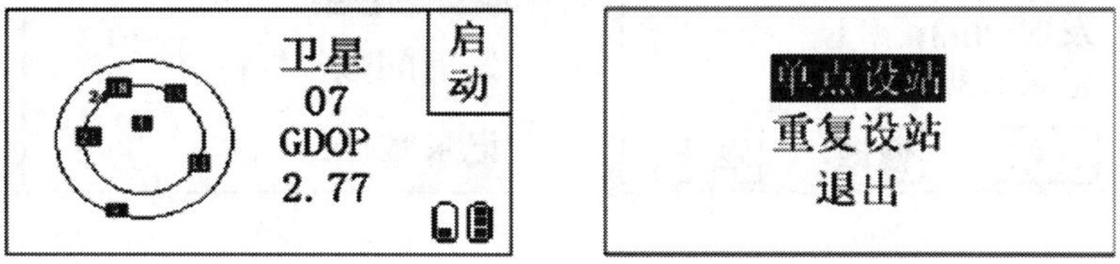

(a)　(b)

图6-43　基准站模式与设站方式

说明:单点设站以当前点信息进行设站,如果前次测量时基准站位置和现在所在位置相同,则可选重复设站。

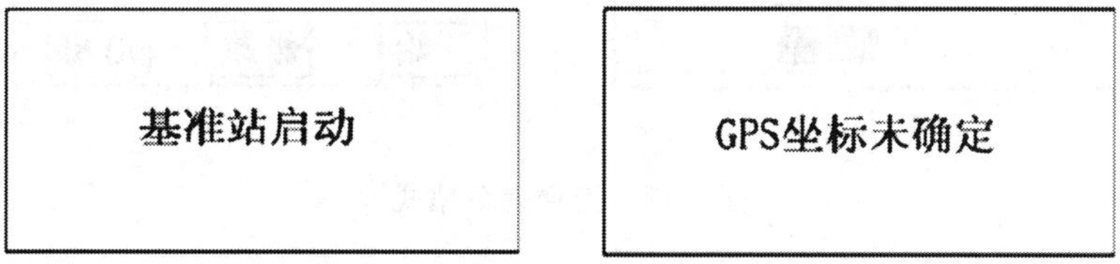

(a)　(b)

图6-44　基准站启动与GPS坐标未确定

说明:基准站启动后,开始以设定通道和差分格式发射数据。

2.4　流动站模式与内置电台模式的选择设置

操作1:将流动站接收机、天线(短天线)、对中杆、手簿托架及手簿连接。按【电源键】开机→出现灵锐S86(初始界面)时,按【F2】键→按【F1/F2】键选择“设置工作模式”,按【电源键】确定→按【F1/F2】键选择“移动站模式”,按【电源键】确定。具体步骤见图6-45。

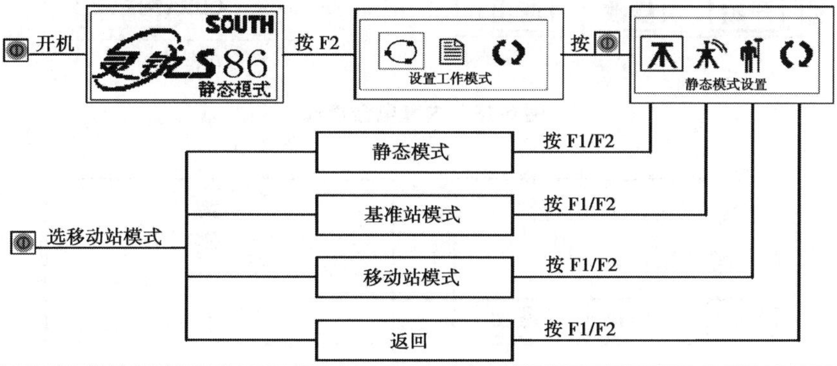

图6-45　移动站模式选择

操作2:进入移动站模式后,按【F1/F2】键,移到【修改】,按【电源键】确定,就可以对差分格式、发射间隔及记录数据进行修改(见图6-46(a))。按【F1/F2】键,移动到差分格式后,按【电源键】确定(见图6-46(b))。按【F1/F2】键,移动到RTCA(与基准站保持一致),按【电源键】确定(见图6-47(a))。设置完成后,按【F1/F2】键,移动到【开始】,按【电源键】确定(发射间隔与记录格式的设置同差分格式)(见图6-47(b))→进入“模块设置”界面(见图6-48(a))。

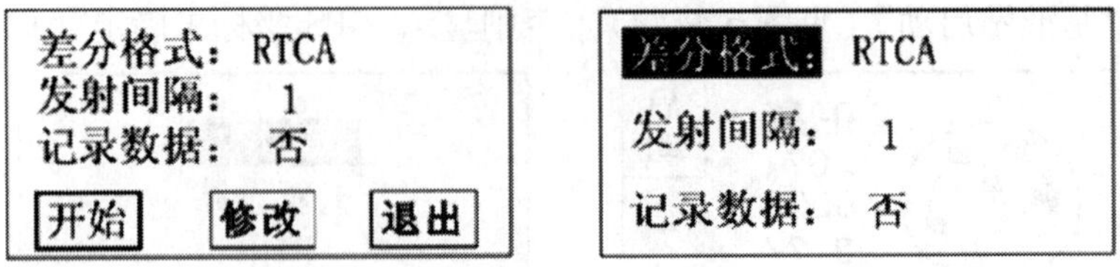

(a)　　　　(b)

图 6-46　修改差分格式

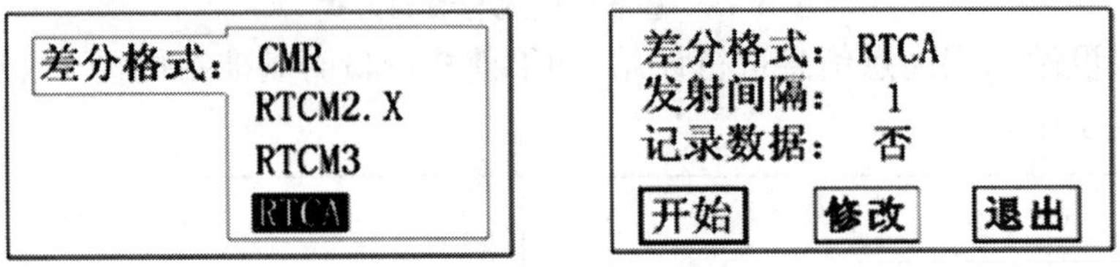

(a)　　　　(b)

图 6-47　选择差分格式

操作 3:在“模块设置”界面中,按【F1/F2】键,选择【修改】,按【电源键】确定。按【F1/F2】键选择“数据链”,按【电源键】进入(见图 6-48(a))。按【F1/F2】键选择“电台”,按【电源键】确定(见图 6-48(b))。按【F1/F2】键选择“通道”,按【电源键】确定进入(见图 6-49(a))。按【F1/F2】键选择通道(如通道 1,与基准站保持一致),按【电源键】确定(见图 6-49(b))。按【F1/F2】移动到【开始】,按【电源键】确定,电台、通道设置完成(见图 6-49(a))。

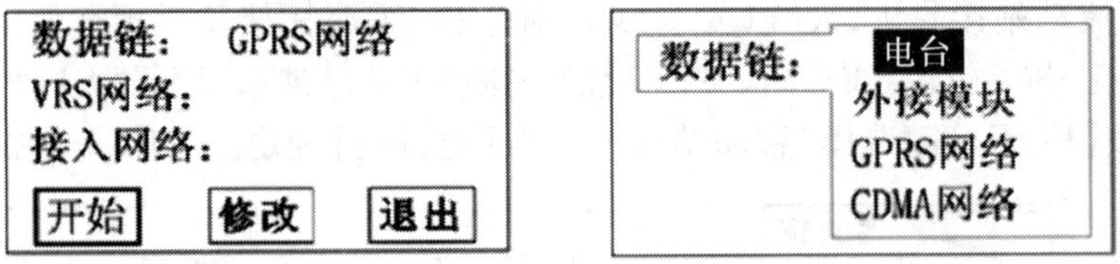

(a)　　　　(b)

图 6-48　内置电台模式

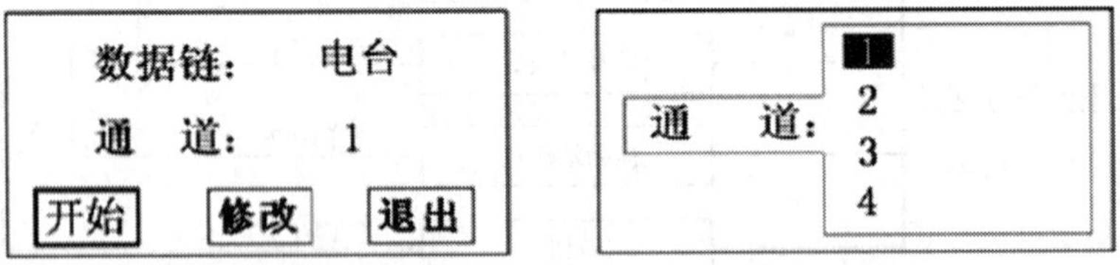

(a)　　　　(b)

图 6-49　通道设置

2.5　通过蓝牙建立手簿和流动站接收机的连接

操作:点击【我的设备】→点击【控制面板】→点击【Bluetooth 设备属性】→点击【扫描设备】(见图 6-50(a))。找到移动站接收机设备后,点击【停止】(见图 6-50(b))。选择搜索到的设备双击,然后双击【串口服务】,增加一个串口号如 COM7,点击【确定】→点击【OK】(见图 6-50(b))。

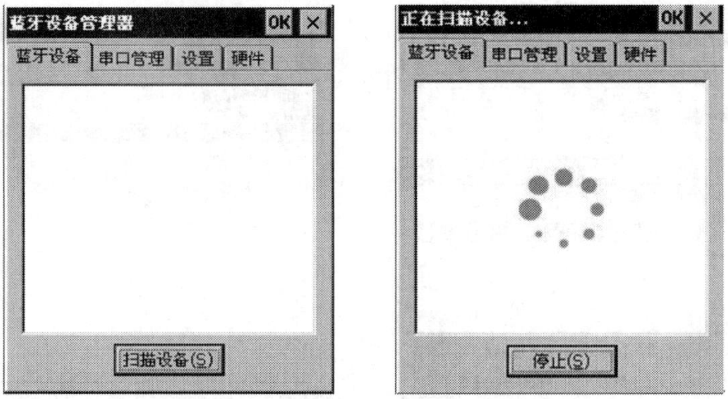

(a)　(b)

图 6-50　蓝牙设备管理器与蓝牙设备搜索

说明：如果打开"工程之星 3.0"界面连接失败，可点【配置】，点击【端口设置】，选择相同的端口，波特率用 115200，点击【确定】，如果设置无问题，很快会达到固定解。

2.6　新建工程

操作 1：打开"工程之星 3.0"界面，点击【工程】，选择【新建工程】（见图 6-51(a)）→进入"新建工程"界面，输入名称，点击【确定】（见图 6-51(b)）→进入"工程设置"界面（见图 6-52(a)）。

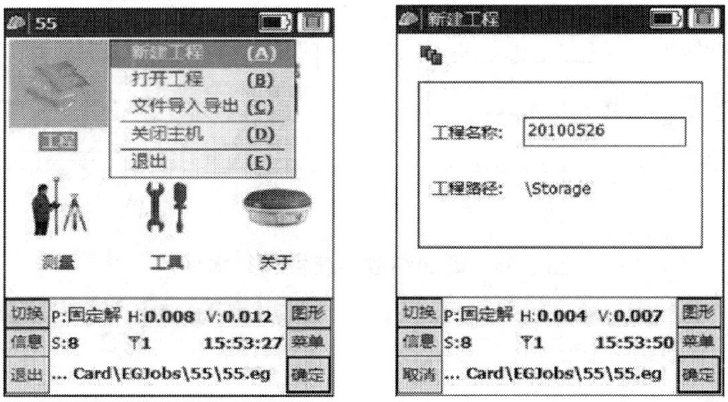

(a)　(b)

图 6-51　新建工程

操作 2：在"工程设置"界面中，选择【坐标系】，点击【编辑】（见图 6-52(a)）→进入"坐标系统编辑"界面，点击【增加】或【编辑】（见图 6-52(b)）→进入"增加参数系统"（见图 6-53(a)）。

操作 3：在"增加参数系统"界面中，选择【投影】页面，输入系统名，选择椭球，设置投影方式、中央子午线、东加常数、投影比例尺等信息（见图 6-53(a)）。选择【水平】页面，设置四参数，如果要求四参数，该项无需设置（见图 6-53(b)）。

操作 4：分别选择【高程】、【七参】，如需求转换参数，则无需设置（见图 6-54）→点击【OK】，返回"坐标系统编辑"，点击【确定】（见图 6-52(b)）→返回"工程设置"，从"坐标系统"下拉框中选择新建的坐标系统（如广州市区）（见图 6-52(a)）。选择【天线高】进入图 6-55(a)所示界面。

(a)　　(b)

图 6-52　工程设置与坐标系统

(a)　　(b)

图 6-53　增加参数系统(投影、水平)

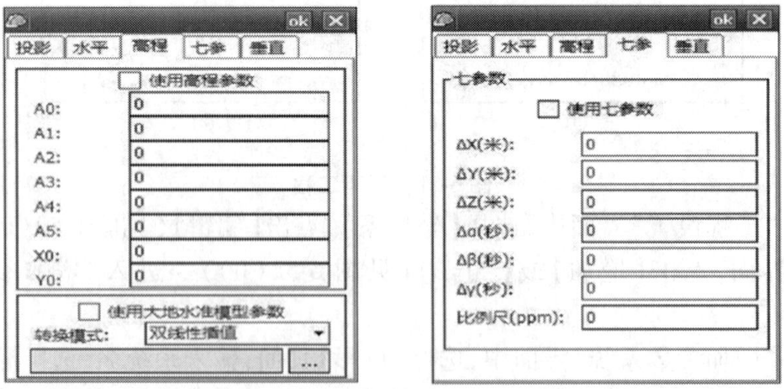

(a)　　(b)

图 6-54　增加参数系统(高程、七参)

操作 5:在【天线高】页面中,选择【杆高】并输入杆高,点击【确定】(见图 6-55(a))。选择【存储】和【显示】,设置后,点击【确定】(见图 6-55(b))→返回工程之星 3.0 界面。

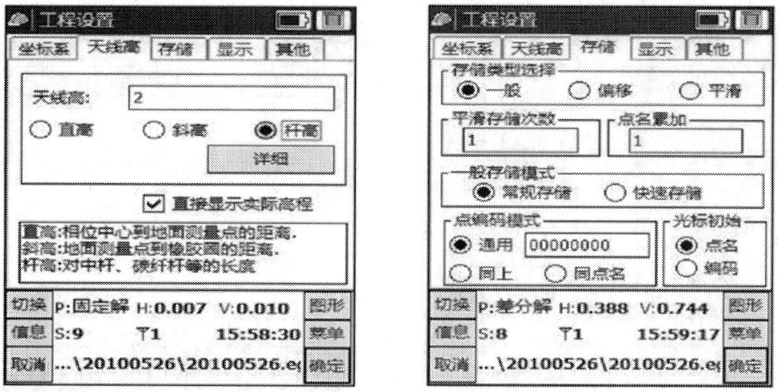

(a)　(b)

图6-55　工程设置(天线高、存储)

2.7　已知坐标的输入

已知坐标的输入是为了坐标转换和参数求解的方便性,把已知地方坐标与WGS84坐标事先输入坐标管理库。

2.7.1　地方已知坐标的输入

操作:在"工程之星3.0"界面中,点击【输入】,选择【坐标管理库】(见图6-56(a))→进入"坐标管理库"界面,点击【增加】(见图6-56(b))→进入图6-57(a)所示界面,输入坐标名称、北坐标、东坐标、高程、编码,并从"坐标类型"下拉框中选择【平面坐标】,从"属性类型"中选择【控制点】,点击【确定】(见图6-57(a))→进入图6-57(b)所示界面,新添加的坐标显示在列表中(添加更多地方已知坐标的操作与此相同)。

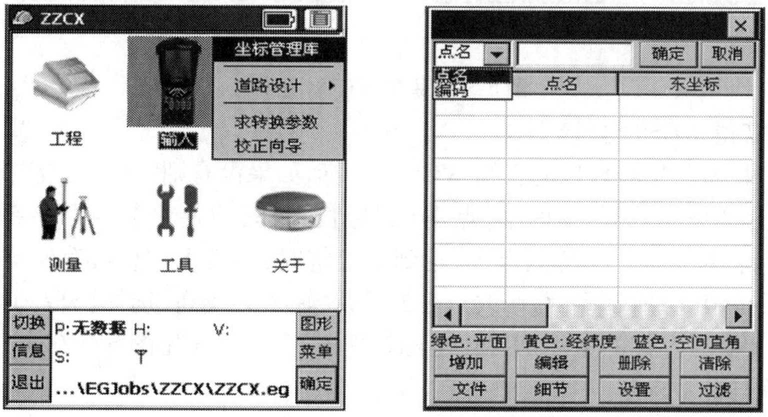

(a)　(b)

图6-56　坐标管理库

2.7.2　WGS84坐标的输入

操作:在"坐标管理库"界面中,点击【增加】(见图6-56(b))→进入图6-58(a)所示界面,输入坐标名称、X、Y、Z、编码,并从"坐标类型"下拉框中选择【WGS84经纬度坐标】或【WGS84空间直角坐标】,从"属性类型"中选择【控制点】,点击【确定】(见图6-58(a))→进入图6-58(b)所示界面,新添加的坐标便显示在列表中(添加更多WGS84坐标时,操作与此相同)。

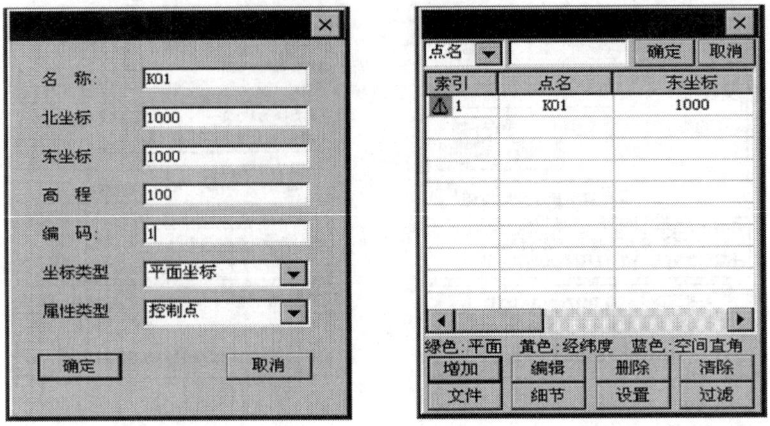

(a)　　　　(b)

图 6-57　增加地方坐标

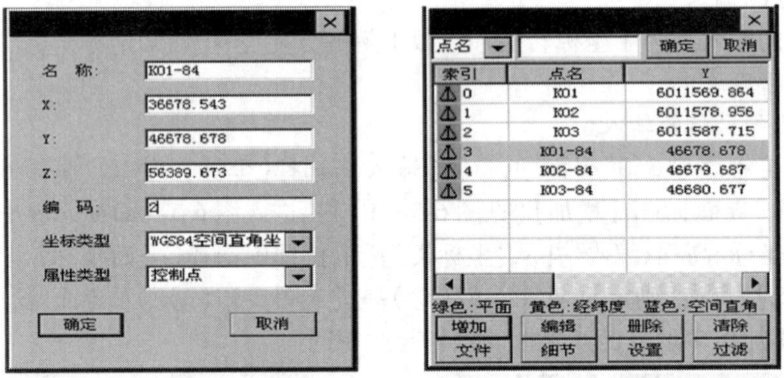

(a)　　　　(b)

图 6-58　添加 WGS84 坐标

2.8　点测量(获得 WGS84 坐标)

坐标转换时,需要足够数目的已知 WGS84 坐标,如果没有则需采用点测量获取。

操作:在“工程之星 3.0”界面中,点击【测量】,选择【点测量】(见图 6-59(a))→进入“点测量”界面,将对中杆立于待测点上,达到固定解时,手簿上按【A】存储坐标(见图 6-59(b))→进入图 6-60(a)所示界面,修改点名或默认,输入天线高,选择【杆高】,点击【OK】存储完成。如果要查看存储的坐标,可在“坐标管理器” 中查看(见图 6-60(b))。

2.9　坐标转换与参数求解

GNSS 接收机输出的数据是 WGS84 经纬度坐标,需要转换到施工测量坐标,这就需要软件进行坐标转换参数的计算和设置,转换参数就是完成这一工作的主要工具。求转换参数主要是计算四参数或七参数和高程拟合参数。

2.9.1　四参数

在工程之星软件中的四参数指的是在投影设置下选定的椭球内 GNSS 坐标系和施工测量坐标系之间的转换参数。需要特别注意的是,参与计算的控制点原则上至少要用两个或两个以上,控制点等级的高低和分布直接决定了四参数的控制范围。四参数理想的控制范围一般都在 20 ~ 30 km^2 以内。

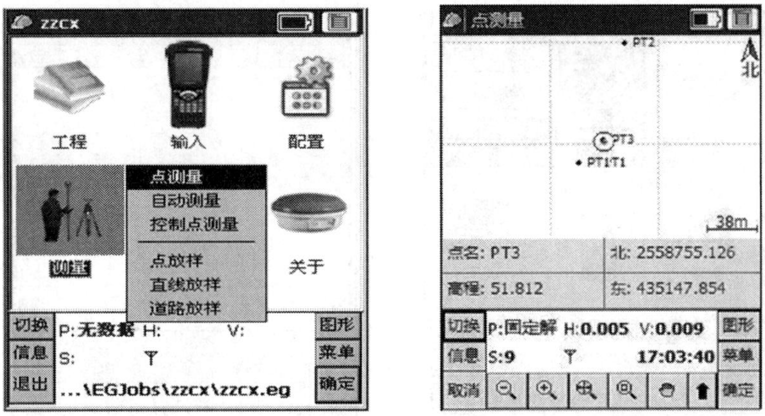

(a)　　　　　　　　(b)

图6-59　点测量

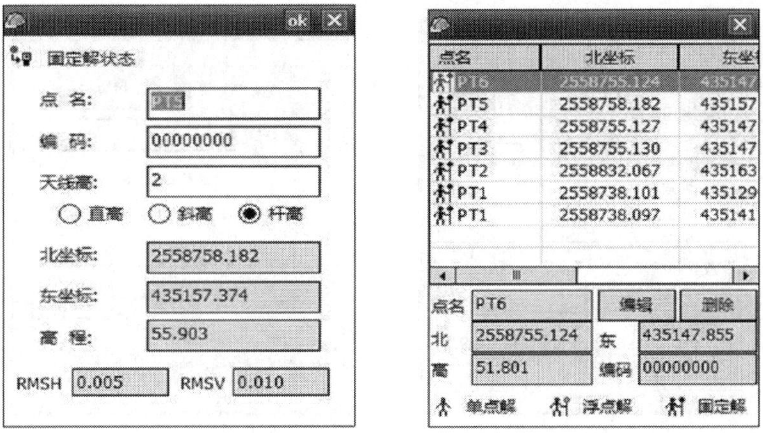

(a)　　　　　　　　(b)

图6-60　点存储与坐标查看

操作1:在“工程之星3.0”界面中,点击【输入】,选择【求转换参数】(见图6-61(a))→进入“求转换参数”界面,点击【设置】(见图6-61(b))→进入“求转换参数－设置”界面,点击坐标转换方法下拉框,选择【一步法】,点击【OK】(见图6-62(a))→返回“求转换参数”界面,点击【增加】(见图6-61(a))→进入“增加控制点(已知平面坐标)”界面,手动输入坐标或点击图标(见图6-62(b))→进入“坐标管理库”界面(见图6-63(a))。

操作2:在“坐标管理库”界面中,选择坐标,点击【确定】(见图6-63(a))→进入“增加控制点(已知平面坐标)”界面,选择的坐标如图6-63所示,点击【OK】→进入“增加控制点(大地坐标)”界面(见图6-64(a))。

操作3:在“增加控制点(大地坐标)”界面中,选择其中一种方式获得WGS84坐标,读取当前点坐标时,须将对中杆立于该点上获得。在此,点击【从坐标管理库选点】(见图6-64(a))→进入“坐标管理库”界面,选择坐标,点击【确定】(见图6-64(b))→进入图6-65(a)所示界面。

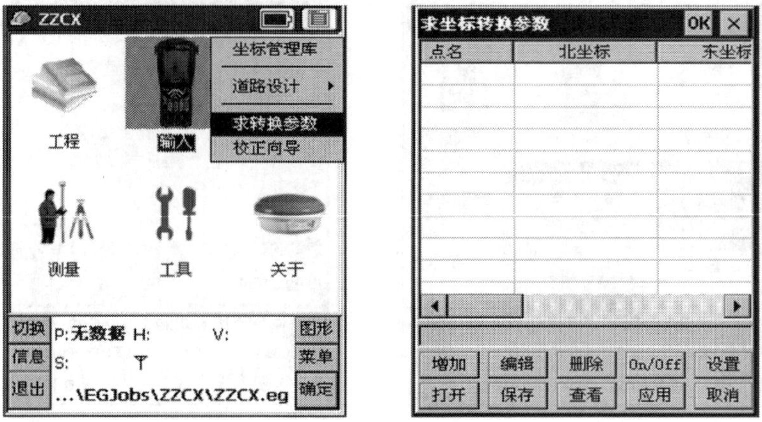

(a)　　(b)

图 6-61　求转换参数

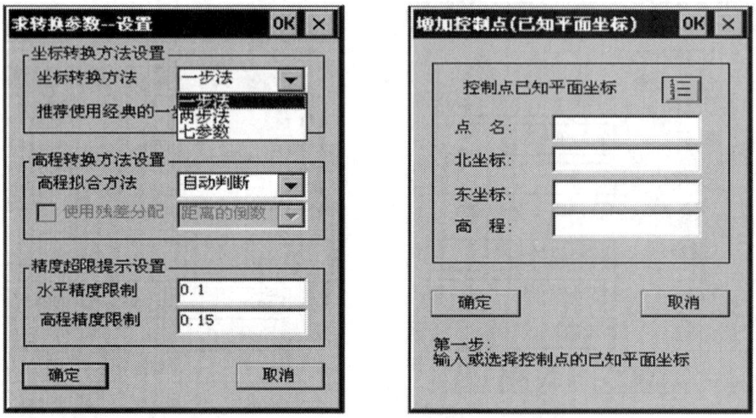

(a)　　(b)

图 6-62　求转换参数－设置与增加控制点(已知平面坐标)

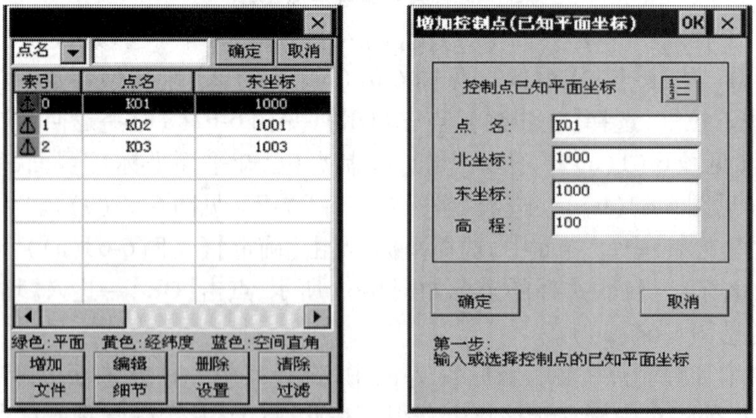

(a)　　(b)

图 6-63　坐标管理库与增加控制点

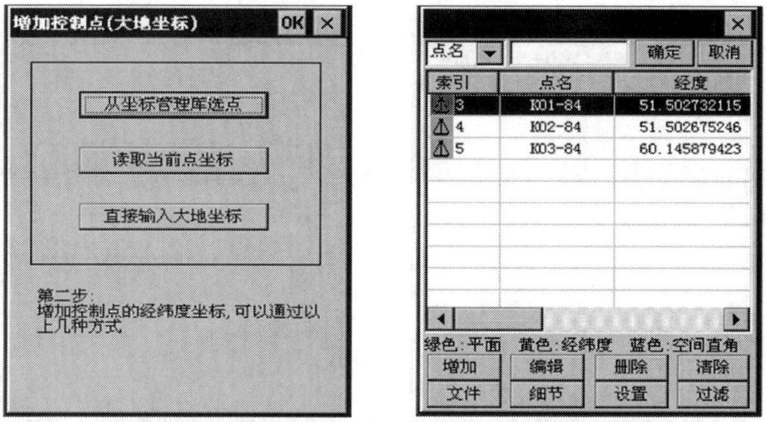

(a)　　(b)

图 6-64　增加控制点(大地坐标)与坐标管理库

操作 4:图 6-65(a)中,增加控制点(大地坐标)无问题时,点击【确定】(见图 6-65(a))→进入"求坐标转换参数"界面,拖动滑动条滑动(见图 6-65(b))→可见图 6-66(a)所示界面。

(a)　　(b)

图 6-65　增加控制点(大地坐标)与求坐标转换参数

操作 5:在图 6-66(a)中,查看水平、高程精度以及水平、高程是否参与求解,点击【On/Off】→进入"使用/不使用设置"界面,求解参数时选择是否使用平面、高程,点击【确定】(见图 6-66(b))→返回"求坐标转换参数"界面(见图 6-66(a)),继续添加匹配坐标(见图 6-67(a))。

操作 6:在图 6-66(a)中添加完成后,点击【保存】(见图 6-67(a))。如参数求解有问题,会精度超限,需认真检查,合限后,点击【确定】(见图 6-67(b))→进入"保存文件"界面(见图 6-68(a))。

操作 7:在"保存文件"界面输入文件名,点击【OK】(见图 6-68(a))→进入"求坐标转换参数",出现"保存成功"提示时,点击【OK】,点击【应用】(见图 6-68(b))→进入图 6-69(a)所示界面。

操作 8:在图 6-69(a)中,确定赋值,点击【是】。完成转换,返回主界面(见图 6-69(b))。

(a)

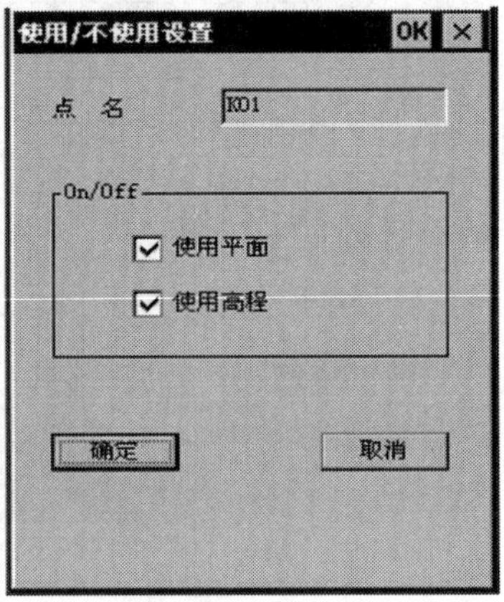

(b)

图 6-66　求坐标转换参数与使用/不使用设置

(a)

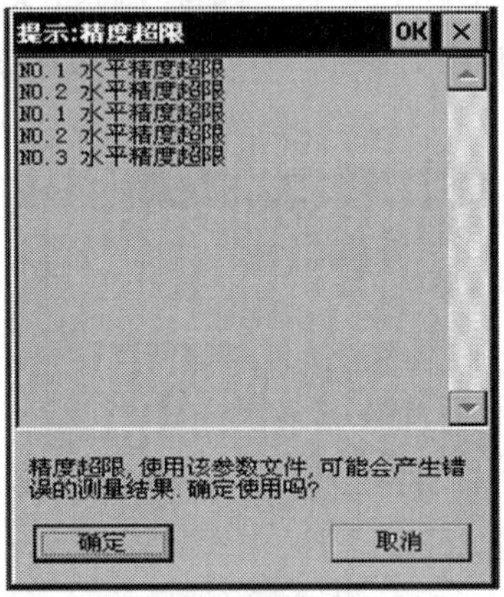

(b)

图 6-67　求坐标转换参数与精度超限

(a)

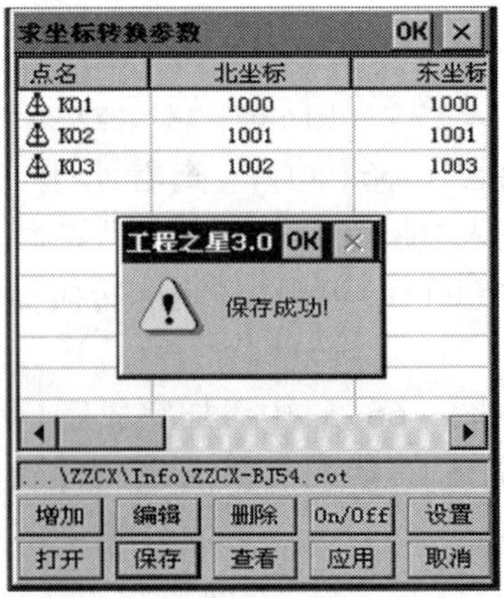

(b)

图 6-68　保存文件与保存成功

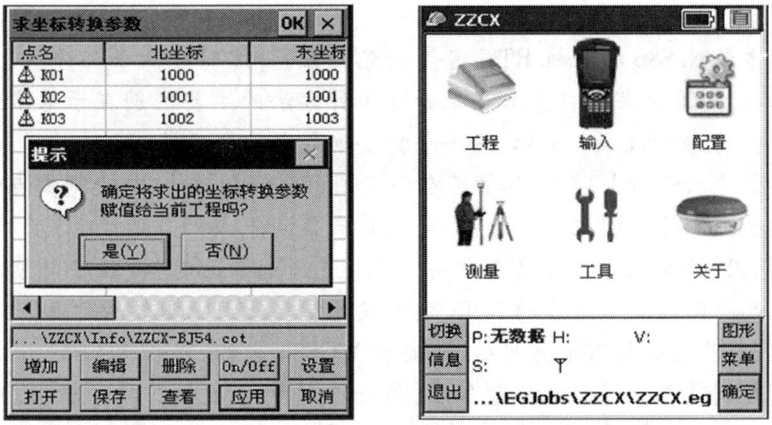

(a)　　　　(b)

图 6-69　求坐标转换参数与工程之星 3.0 界面

2.9.2　七参数

七参数的计算操作和四参数相同，相关操作参见四参数。七参数的应用范围较大(一般大于 50 km^2)，计算时用户需要知道 3 个以上的地方已知点坐标和 WGS84 坐标，即 WGS84 坐标转换到地方坐标的七个转换参数。

操作：在“工程之星 3.0”界面中，点击【输入】，选择【求转换参数】(见图 6-61(a))→进入“求转换参数”界面，点击【设置】→进入“求转换参数 - 设置”界面，点击“坐标转换方法”下拉框，选择【七参数】，点击【OK】(见图 6-70(a))→返回“求转换参数”界面，添加完匹对坐标后，点击【保存】和【应用】。在主界面下，点击【配置】，选择【工程设置】，选择“坐标系”页面，点击【编辑】，点击【编辑】，选择“七参”页面，查看求解的七参数(见图 6-70(b))。参数求解完成后，即可进行点测量与点放样。

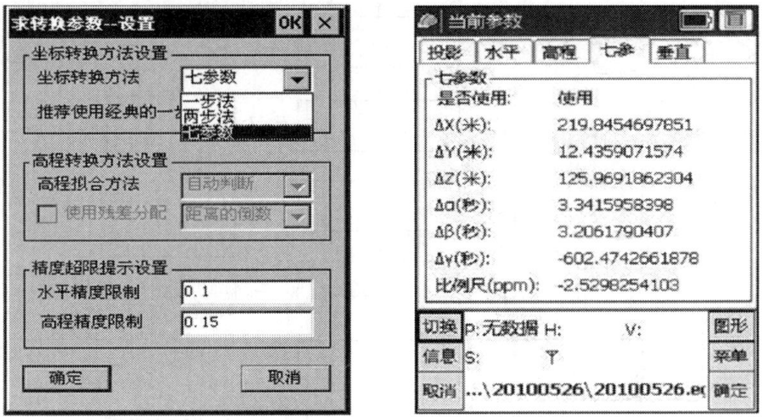

(a)　　　　(b)

图 6-70　求转换参数 - 设置与当前参数

【任务小结】

介绍了南方灵锐 S86 接收机 RTK 定位设置流程，讲述时分两个部分：一是基准站架设在已知点上，二是基准站架设在未知点上。这两种方法的主要区别在于基准站的启动方式不同，一个需输入已知 WGS84 坐标，另一个需要单点定位自启动。

使用四参数方法进行 RTK 的测量可在小范围（20 ~ 30 km^2）内使测量点的平面坐标及高程的精度与已知的控制网之间配合很好，只要采集两点或两点以上的地方坐标点就可以了，但是在大范围（比如几十甚至几百平方千米）进行测量的时候，往往转换参数不能在部分范围起到提高平面和高程精度的作用，这时候就需要使用七参数的方法，已知 3 个或 3 个以上的已知点，这些点既要有地方坐标，又要有 WGS84 坐标。

七参数的控制范围和精度虽然增加了，但七个转换参数都有参考限值，X、Y、Z 轴旋转一般都必须是秒级的；X、Y、Z 轴平移一般小于 1 000 m。若求出的七参数不在这个限值以内，一般是不能使用的。这一限制还是比较苛刻的，因此在具体使用七参数还是四参数时要根据具体的施工情况而定。

【任务考核】

（1）填写南方灵锐 S86 接收机 RTK 定位操作流程图（见图 6-71）。

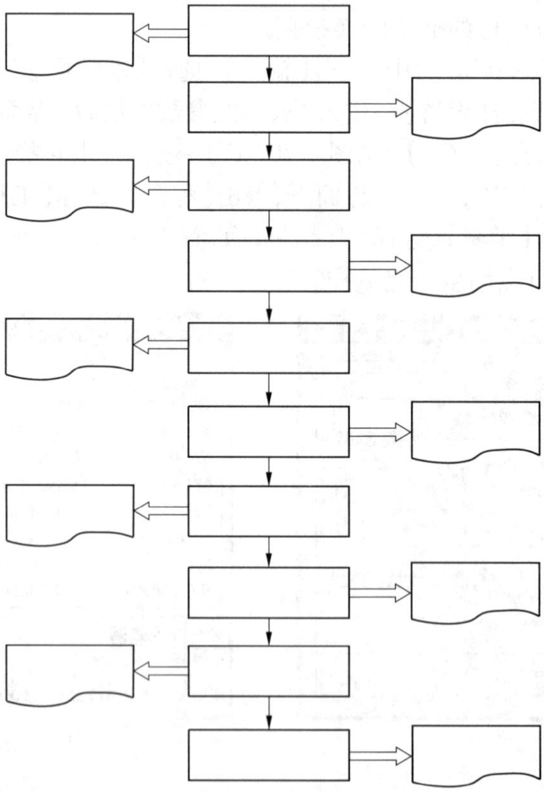

图 6-71　南方灵锐 S86 接收机 RTK 定位操作流程

（2）总结 RTK 基准站应满足的要求，并填入表 6-2。

表6-2 RTK基准站满足的要求

项目	内容及要求
观测环境	
地质环境	
维持环境	
技术要求	

(3)总结基准站架设在已知点与未知点的区别。

(4)填写不同基准站架设情况统计表(见表6-3)。

表6-3 基准站架设情况统计

测量工作的坐标系	地方坐标	WGS84坐标	转换参数	基准站架设	基准站启动方式
地方坐标系	无	有或无	无		
地方坐标系	无	无	有		
地方坐标系	无	有	有		
地方坐标系	有	无	无		
地方坐标系	有	无	有		
地方坐标系	有	有	有		

(5)填写RTK测量基准站观测手簿(见表6-4)。

表 6-4 RTK 测量基准站观测手簿

<table>
<tr><td>点号</td><td></td><td>点名</td><td></td><td>参考点等级</td><td></td></tr>
<tr><td>观测记录员</td><td></td><td>观测日期</td><td></td><td>采样间隔</td><td></td></tr>
<tr><td>接收机类型</td><td></td><td>接收机编号</td><td></td><td>开始记录时间</td><td></td></tr>
<tr><td>天线类型</td><td></td><td>天线编号</td><td></td><td>结束记录时间</td><td></td></tr>
<tr><td>近似纬度 N</td><td>° ′ ″</td><td>近似经度 E</td><td>° ′ ″</td><td>近似高程 H</td><td>m</td></tr>
<tr><td colspan="2">天线高测定</td><td colspan="2">天线高测定方法及略图</td><td colspan="2">点位略图</td></tr>
<tr><td>测前</td><td>测后</td><td colspan="2" rowspan="5"></td><td colspan="2" rowspan="5"></td></tr>
<tr><td></td><td></td></tr>
<tr><td></td><td></td></tr>
<tr><td></td><td></td></tr>
<tr><td>平均值：</td><td>平均值：</td></tr>
</table>

<table>
<tr><td>时间
(UTC)</td><td>跟踪卫星号及信噪比</td><td>纬度
(° ′ ″)</td><td>经度
(° ′ ″)</td><td>大地高
(m)</td><td>天气
状况</td></tr>
<tr><td></td><td></td><td></td><td></td><td></td><td></td></tr>
<tr><td></td><td></td><td></td><td></td><td></td><td></td></tr>
<tr><td></td><td></td><td></td><td></td><td></td><td></td></tr>
<tr><td>备注</td><td colspan="5"></td></tr>
</table>

(6)填写参考点的转换残差及转换参数表(见表 6-5)。

表6-5 参考点的转换残差及转换参数表

参考点地心坐标与地方坐标的转换残差			
序号	参考点名(号)	平面残差(cm)	高程残差(cm)
参考点地心坐标与地方坐标的转换参数			
平面转换参数:			
高程转换参数:			

【任务扩展】

南方灵锐S86接收机RTK定位技术的介绍,采用内置电台模式。在该操作方法的基础上学习RTK外置电台的操作步骤。

在不同数量已知点的情况下,学习坐标转换与参数求解的方法。分析研究不同数量的已知点和不同的分布对参数求解后点位精度的影响以及作业范围的影响。

任务2 工程设计与RTK放样

【任务目的】

(1)掌握南方灵锐S86接收机点放样的操作步骤。

(2)掌握南方灵锐S86接收机线放样的操作步骤。

(3)掌握南方灵锐S86接收机的道路设计方法及放样操作步骤。

【任务分析】

放样是把设计的点位按照预定的要求以一定的精度放样到实地,并标定其位置。南方灵锐S86接收机工程设计及RTK放样介绍了点放样、线放样及道路设计放样。点放样与线放样的操作比较简单,重点介绍了道路设计与放样,该操作步骤是学习的重点。

【任务要求】

(1)掌握点放样的操作步骤。

(2)掌握线放样的操作步骤。

(3)掌握道路设计(水平定线交点法、元素法设计)的操作步骤。

(4)掌握道路放样的内容及操作步骤。

【任务准备】

(1)仪器准备:南方灵锐S86接收机基准站一套(脚架、钢尺、基座、测高片等),南方灵锐S86接收机流动站一套(对中杆、手簿、手簿托架等),能够保证正常工作使用。

(2)人员准备:按照实习任务,事先分好小组,轮流操作。

(3)记录准备:准备记录板,本子、笔等学习用具。

【任务实施】

南方灵锐S86接收机工程设计及RTK放样的介绍分以下三个部分：点放样，线放样与道路设计与道路放样。

工程设计及RTK放样操作内容如图6-72所示。

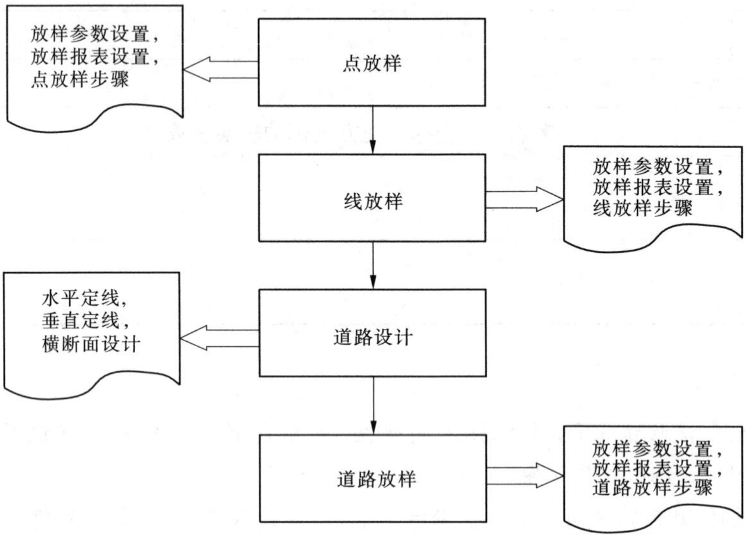

图6-72　工程设计及RTK放样操作内容

1　点放样

操作1：在“工程之星3.0”界面中，点击【测量】，选择【点放样】→进入“点放样”界面，点击【目标】(见图6-73(a))→进入点放样坐标管理库，选择放样点，点击【确定】(见图6-73(b))→进入放样指示界面(见图6-74(a))。

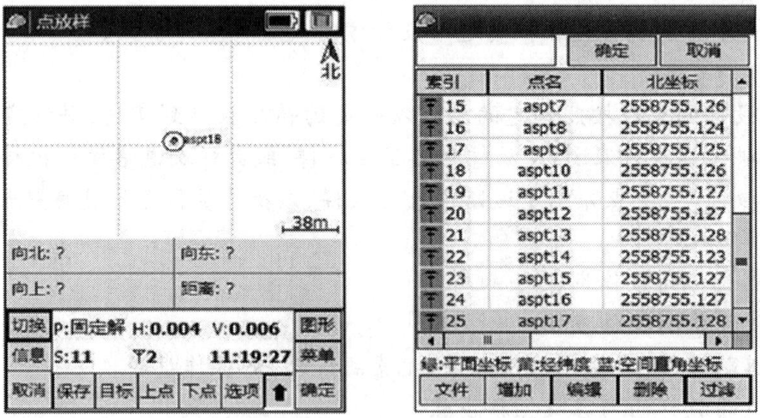

(a)　　　　(b)

图6-73　点放样与点放样坐标管理库

操作2：放样指示界面，显示了当前点【⊗】与放样点【✖】之间的距离为1.857 m，向北1.773 m，向东0.551 m，根据提示进行移动放样(见图6-74(a))→点击【选项】，进入“点放样选项”界面，可进行放样设置，设置后点击【确定】(见图6-74(b))。

(a)　　(b)

图6-74　点放样与点放样选项

说明:在放样过程中,当前点移动到离目标点1 m的距离以内时,软件会进入局部精确放样界面,同时软件会给控制器发出声音提示指令,控制器会有“嘟”的一声长鸣音提示,可在“点选项”界面根据需要选择或输入相关的参数。

2　线放样

操作1:在“工程之星3.0”界面中,点击【测量】,选择【直线放样】→进入“线放样”界面,点击【目标】(见图6-75(a))→进入“直线放样库”,选择要放样的线(文件为 *. lnb)即可选择放样,如果“直线放样库”中没有线放样文件,点击【增加】(见图6-75(b))→进入“增加直线”界面(见图6-76(a))。

(a)　　(b)

图6-75　线放样与增加线放样文件

操作2:在“增加直线”界面中,输入线名、起点坐标高程及起点里程,点击【确定】(见图6-76(a))→返回到“直线放样库”,选择刚才的直线,点击【确定】→进入“线放样”界面,在“线放样”界面中,当前点偏离直线的距离、起点距、终点距和当前点的里程(里程指的是从当前点向直线作垂线,垂足点的里程)等信息(见图6-76(b))。

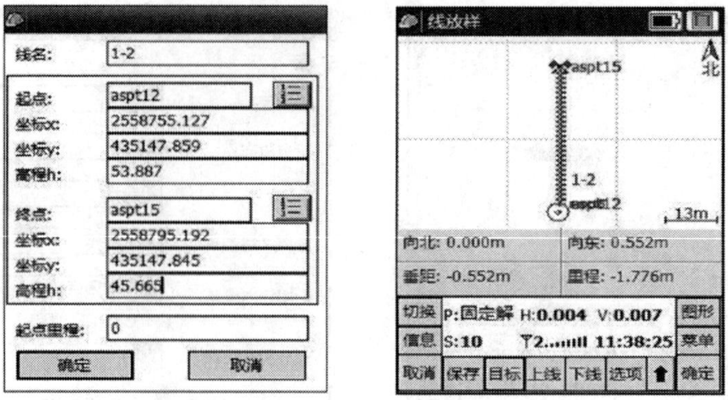

(a)　　(b)

图 6-76　增加直线与线放样界面

说明：偏离距中的左、右方向的依据是当人从起点走向终点时在前进方向的左边还是右边，偏离距的距离则是当前点到线上垂足的距离。

起点距和终点距有两种显示方式：一种是当前点的垂足到起点或终点的距离，另一种是当前点到起点或终点的距离。当前点的垂足不在线段上时，显示当前点在直线外。“线放样”界面中的虚线显示是可以设置的，点击【选项】按钮，进入线放样设置对话框设置。

3　道路设计与道路放样

“道路设计”功能是根据线路设计所需要的设计要素，软件按要求计算出线路点坐标和图形。“道路设计”菜单包括两种道路设计模式：元素模式和交点模式。

3.1　元素模式

元素模式是道路设计中惯用的一种模式，它是将道路线路拆分为各种道路基本元素（点、直线、缓和曲线（软件中简称“缓曲”）、圆曲线等），并按照一定规则把这些基本元素逐一添加组合成线路，从而达到设计整段道路的目的。

操作 1：在“工程之星 3.0”界面中，点击【输入】，选择【道路设计】，选择【元素模式】（见图 6-77（a））→进入“道路设计：元素模式”界面，选择【整桩号】或【整桩距】，输入起点里程与间隔，点击【新建】（见图 6-77（b））→进入“保存文件”界面（见图 6-78（a））。

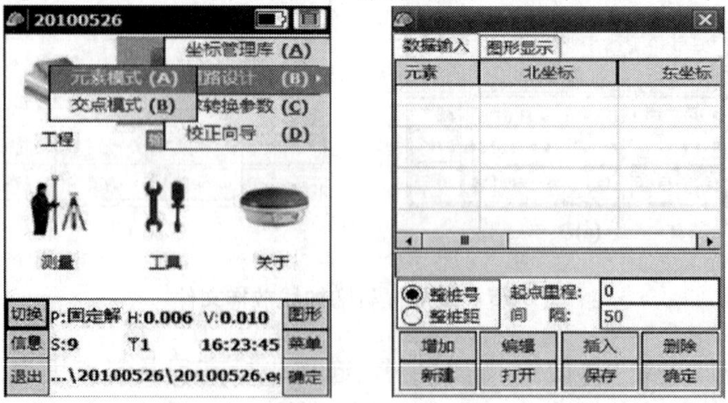

(a)　　(b)

图 6-77　道路设计：元素模式

说明："间隔"为生成线路点坐标的间隔；"整桩号"、"整桩距"是生成坐标的方式；"里程"为起始点里程。在添加各种元素数据之前，需要"新建文件"或者"打开文件"。元素模式的文件格式后缀名为 *. rod，如果没有新建或者打开已有文件，系统会提示："数据文件名为空，请新建或打开文件！"。

操作 2：在"保存文件"界面中，输入文件名，点击【OK】（见图 6-78(a)）→返回"道路设计：元素模式"界面，点击【增加】→进入"元素模式：增加"界面，从"元素类型"中选择增加的元素【点】、【直线】、【圆曲】或【缓曲】，输入相应数值，点击【确定】（见图 6-78(b)）。

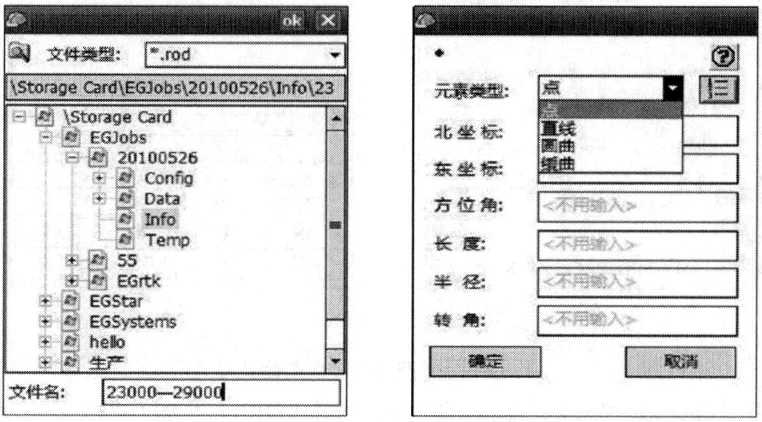

(a)　(b)

图 6-78　保存文件与元素模式：增加

说明：点元素输入 X 坐标和 Y 坐标，直线元素输入方位角和长度，圆曲线元素（简称为"圆曲"）输入半径长度，缓曲元素输入长度。

操作 3：添加完成后，数据输入如图 6-79(a)所示，点击【图形显示】→进入"图形显示"界面（见图 6-79(b)）→在"数据输入"界面中，依次点击【保存】、【确定】完成（见图 6-79(a)）。

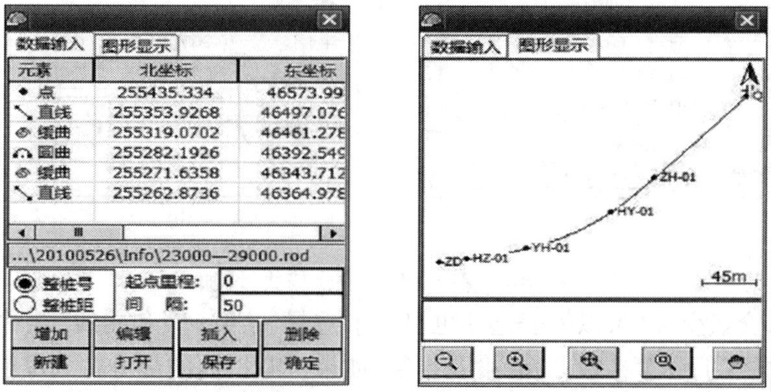

(a)　(b)

图 6-79　数据输入与图形显示

3.2 交点模式

操作1:在“工程之星3.0”界面中,点击【输入】,选择【道路设计】,选择【交点模式】(见图6-80(a))→进入“道路设计:交点模式”界面,选择【整桩号】或【整桩距】,输入起点里程与间隔,点击【新建】(见图6-80(b))→进入“保存文件”界面(见图6-81(a))。

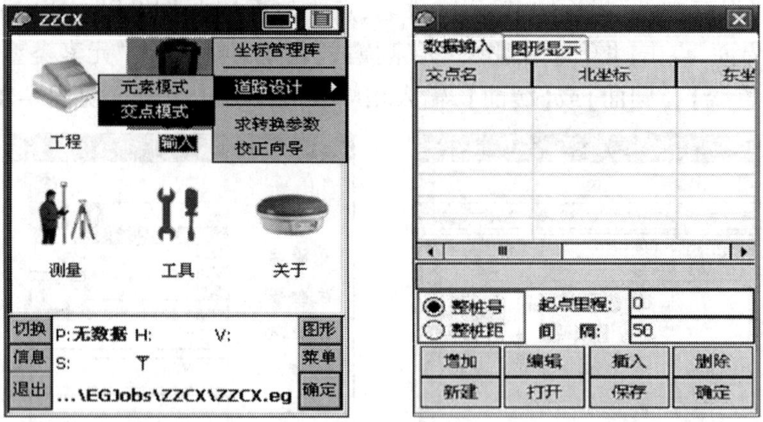

(a) (b)

图6-80 道路设计:交点模式

操作2:在“保存文件”界面中,输入文件名,点击【OK】(见图6-81(a))→返回“道路设计:交点模式”界面,点击【增加】(见图6-80(b))→进入“交点模式:增加”界面,输入相应数值,点击【确定】(见图6-81(b))→返回“道路设计:交点模式”界面。

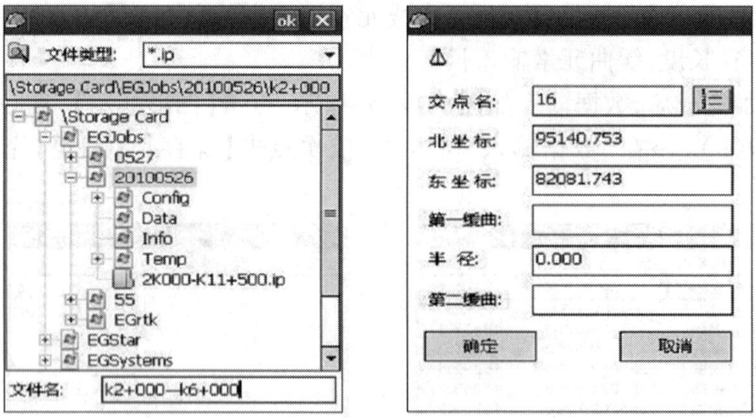

(a) (b)

图6-81 保存文件与交点模式:增加

说明:输入交点坐标(可以列表选择也可图形选择)、第一缓和曲线(简称第一缓曲)长度、第二缓和曲线(简称第二缓曲)长度及半径,如果没有缓曲的部分输入零或不输入,第一个交点和最后一个交点没有第一、第二缓曲长度及半径输入,第二个交点处必须输入里程,程序依此自动计算其他交点的里程。

操作3:添加完成后,数据输入如图6-82(a)所示,点击【图形显示】→进入“图形显示”界面(见图6-82(b))→在“数据输入”界面中,依次点击【保存】,【确定】完成(见图6-82

(a))。

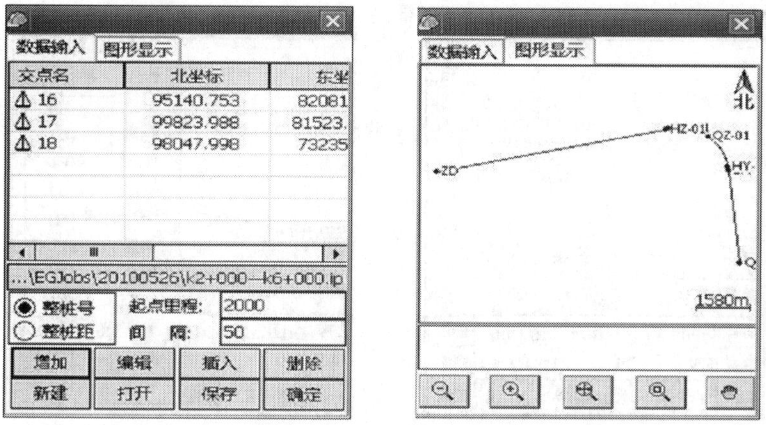

(a)　　(b)

图 6-82　数据输入与图形显示

说明：选择计算模式（整桩距还是整桩号），输入桩距，然后计算，保存，同时生了同名的 ＊. ROD 文件、数据成果文件 ＊. DAT 文件。

3.3　道路放样

操作 1：在“工程之星 3. 0”界面中，点击【测量】，选择【道路放样】→进入“道路放样”界面，点击【目标】（见图 6-83（a））→进入图 6-83（b）所示界面，选择待放样的线路，选择是否显示【标志点】、【加桩点】或【计算点】，点击【点放样】、【道路放样】或【断面放样】进行放样，在此，点击【道路放样】（见图 6-83（b））→进入“道路放样”界面（见图 6-84（a）），显示的内容可以点击【目标】按钮来选择（见图 6-84（b））。

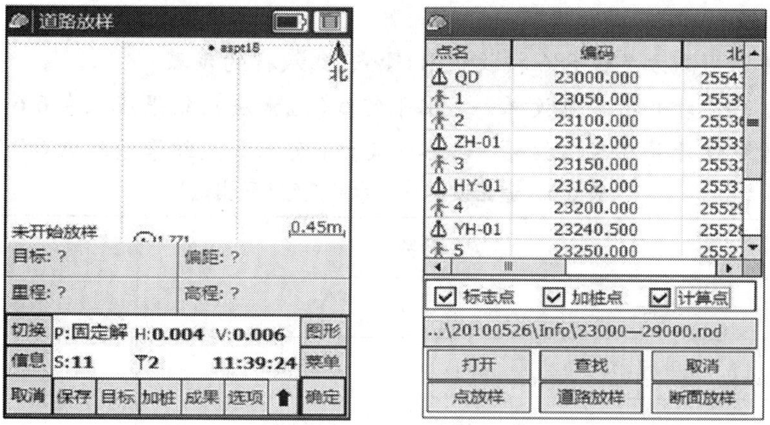

(a)　　(b)

图 6-83　道路放样与道路放样库

说明：列表中显示设计文件中的所有的点（默认设置），用户也可以通过在列表下的标志、加桩、计算前的对话框中打勾来选择是否在列表中显示这些点。选择要放样的点，如果要进行整个线路放样，就按【线路放样】按钮，进入线路放样模式进行放样；如果要对某个标志点或加桩点进行放样，就按【点放样】按钮，进入点放样模式。如果要对某个中桩的横断面放样，就按【断面放样】按钮。

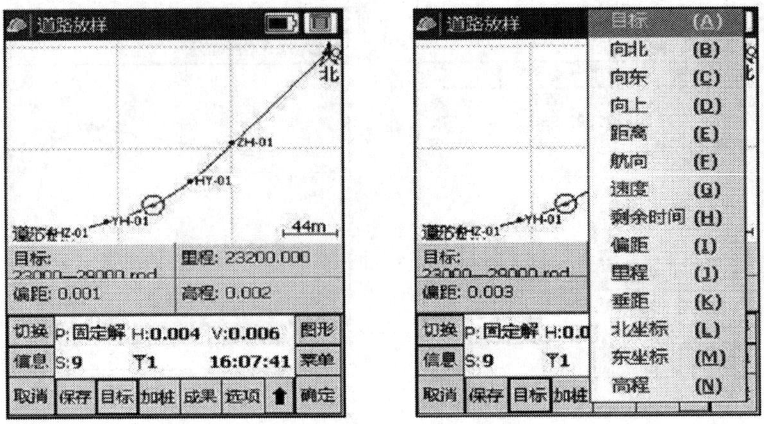

(a)　　(b)

图 6-84　道路放样与显示内容选择

说明：线路放样实际上是点放样的线路表现形式，即在点放样时以设计的线路图为底图，实时地显示当前点在线路上的映射点（当前点距线路上距离最近的点）的里程和前进方向的左或右偏距。在图 6-84（a）中会显示整个线路和当前测量点，并实时计算当前点是否在线路范围内，如果在线路范围内，就计算出到该线路的最近距离和该点在线路上的映射点的里程；如果不在线路范围内，就给出提示。

【任务小结】

介绍了利用南方灵锐 S86 接收机进行 RTK 点放样、线放样的步骤及流程，然后讲述了道路设计与放样的内容、设置及操作。

【任务考核】

（1）总结并写出南方灵锐 S86 接收机 RTK 点、线放样的步骤。

（2）进行道路设计并在实地放样——水平定线（元素法），结果填入表 6-6 中。

（3）进行道路设计并在实地放样——水平定线（交点法），结果填入表 6-7 中。

表 6-6　道路设计——水平定线（元素法）

定线元素	参数			备注
起点	里程：	N：	E：	
直线	里程：	方向：	距离：	
缓和曲线	里程：	半径：	长度：	
圆曲线	里程：	半径：	长度：	
缓和曲线	里程：	半径：	长度：	
直线	里程：	方向：	距离：	

表6-7 道路设计——水平定线(交点法)

定线元素	参数	备注
起点(BP)	里程: N: E: R: A1: A2:	
交点(JD01)	里程: N: E: R: A1: A2:	
交点(JD02)	里程: N: E: R: A1: A2:	
交点(JD03)	里程: N: E: R: A1: A2:	
交点(JD04)	里程: N: E: R: A1: A2:	
交点(JD05)	里程: N: E: R: A1: A2:	
交点(JD06)	里程: N: E: R: A1: A2:	
交点(JD10)	里程: N: E: R: A1: A2:	
交点(JD11)	里程: N: E: R: A1: A2:	
交点(JD12)	里程: N: E: R: A1: A2:	
终点(EP)	里程: N: E: R: A1: A2:	

【任务扩展】

在道路水平定线设计与放样的基础上,进一步学习道路断面设计、放样的步骤,并利用南方灵锐S86接收机完成该项操作。

任务3 RTK数据文件转换与传输

【任务目的】

(1)掌握南方手簿文件的导入与导出操作。

(2)掌握手簿数据传输的操作步骤及内容。

【任务分析】

南方手簿文件导入导出功能,可以导入天宝参数文件和南方加密参数文件。导出功能可以导出南方 CASS 格式文件、AutoCAD 文件、Google Earth 格式文件、威远图格式文件及自定义格式文件。

南方手簿采集的 RTK 数据需要从手簿传输到计算机或其他的存储设备,数据传输主要有三种方法:数据线传输、SD 卡传输、蓝牙传输。这里主要介绍利用数据线进行数据传输。

【任务要求】

(1)掌握文件导入的操作步骤(天宝参数文件的导入)。

(2)掌握文件导出的操作步骤(自定义格式文件的导出)。

(3)掌握利用数据线连接手簿与计算机的方法。

(4)掌握 Microsoft ActiveSync 同步传输软件的安装、卸载及使用。

【任务准备】

(1)硬件准备:南方灵锐 S86 接收机手簿、计算机、接收机传输线等,保证电源充足,能够正常工作使用。

(2)软件准备:Microsoft ActiveSync 同步传输软件。

(3)人员准备:按照实习任务,事先分好小组,轮流操作。

(4)记录准备:记录板,本子、笔等学习用具。

【任务实施】

RTK 数据文件转换与传输采用南方 S730 手簿,任务的实施分为以下两个部分介绍:手簿文件的导入导出和手簿数据传输。

RTK 数据文件导出与传输操作流程如图 6-85 所示。

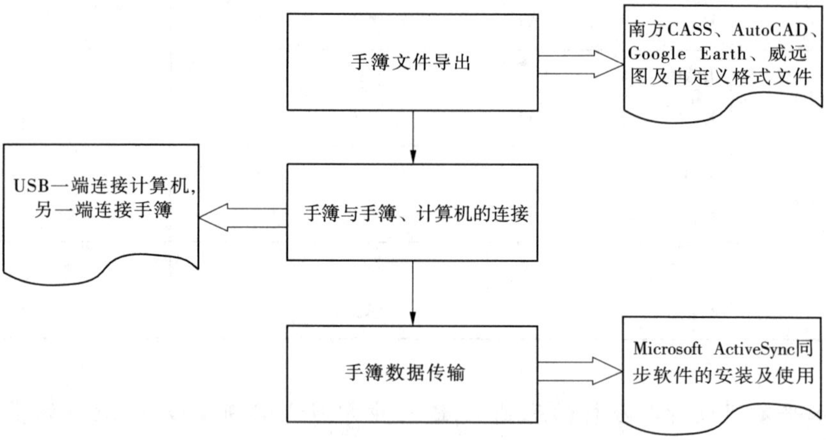

图 6-85　RTK 数据文件导出与传输操作流程

1　手簿文件的导入导出

文件导入功能可以导入天宝参数文件和南方加密参数文件。文件导出功能可以导出南方 CASS 格式文件、AutoCAD 文件、Google Earth 格式文件、威远图格式文件及自定义格式文件。

1.1　文件导入

操作 1:在"工程之星 3.0"界面中,点击【工程】,选择【文件导入导出】(见图 6-86(a))→进入"文件导入导出"界面,点击【文件导入】(见图 6-86(b))→进入"文件导入"界面(见

图6-87(a))。

(a)

(b)

图6-86 文件导入导出

操作2:在"文件导入"界面中,在"导入文件类型"下拉框选择导入文件类型,点击【打开文件】(见图6-87(a))→进入"打开文件"界面,选择对应类型文件(见图6-87(b)),点击【OK】→返回"文件导入"界面(见图6-88(a))。

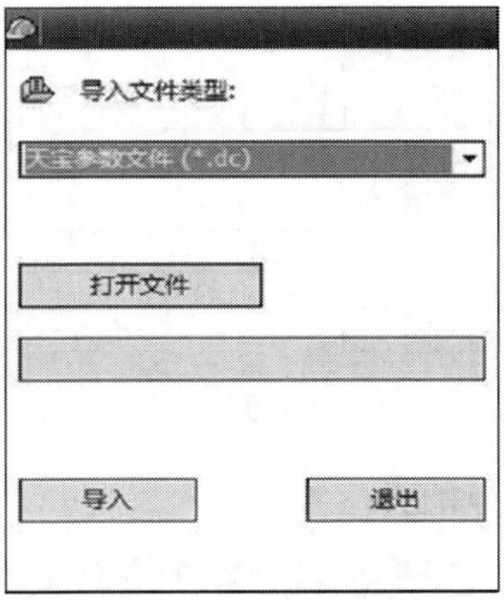

(a)

(b)

图6-87 文件导入与打开文件

操作3:在"文件导入"界面中,点击【导入】(见图6-88(a))→弹出导入信息框,点击【OK】,点击【退出】(见图6-88(a))→返回"文件导入导出"界面(见图6-88(b))。

1.2 **文件导出**

操作1:在"文件导入导出"界面中,点击【文件导出】(见图6-88(b))→进入"文件导出"界面,从"导出文件类型"中选择导出类型(见图6-89(a)),或点击【自定义】(见图6-89(b))→进入"文件导出:自定义格式"界面(见图6-90(a))。

操作2:在"文件导出:自定义格式"界面中,输入格式名、分隔符、扩展名,数据列表选择项目,点击【增加】(见图6-90(a))。自定义完成后,点击【确定】(见图6-90(b))→进入"文件导出:自定义格式"界面(见图6-91(a))。

操作3:在"文件导出"界面中,选择新建格式,点击【测量文件】(见图6-91(a))→进入

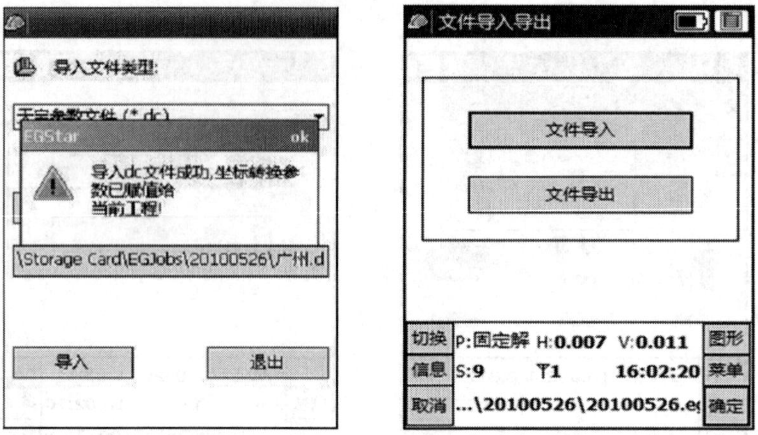

(a)　　(b)

图 6-88　导入数据与文件导入导出

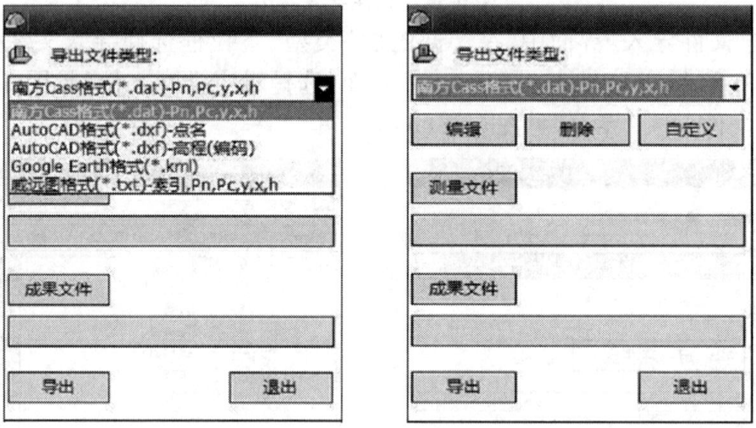

(a)　　(b)

图 6-89　文件导出

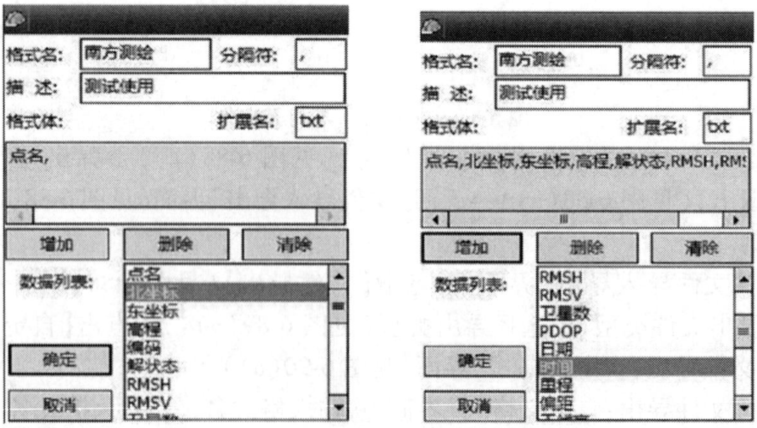

(a)　　(b)

图 6-90　文件导出:自定义格式

“打开文件”，选择测量文件，点击【OK】(见图 6-91(b))→进入“文件导出”界面(见图 6-92(a))。

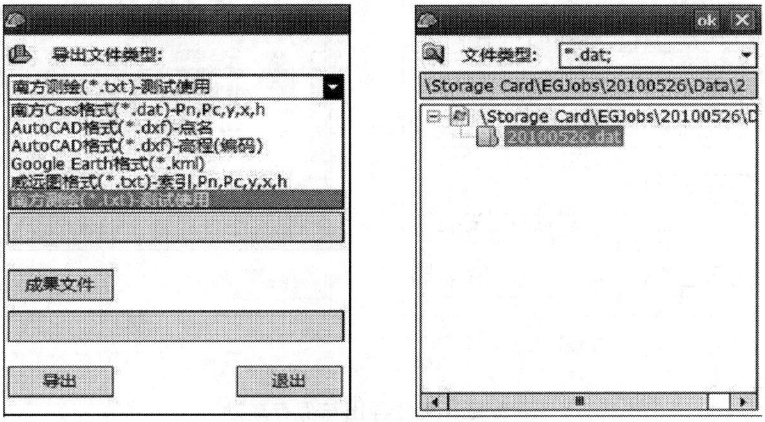

(a) (b)

图 6-91 文件导出与打开测量文件

操作 4：在“文件导出”界面中，点击【成果文件】(见图 6-92(a))→进入“保存文件”，选择路径，输入文件名，点击【OK】(见图 6-92(b))→进入“文件导出”界面(见图 6-93(a))。

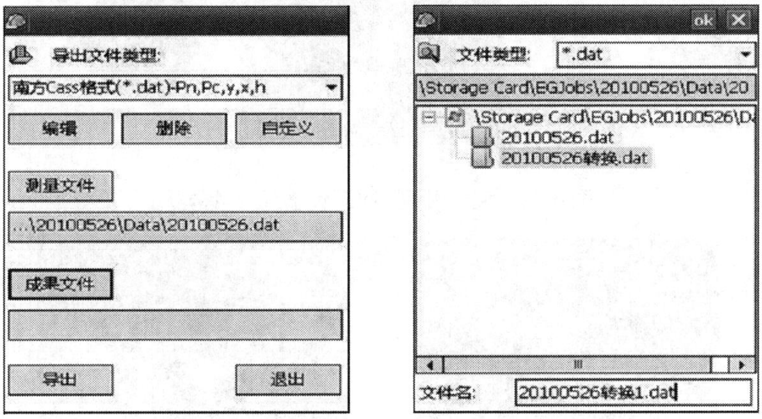

(a) (b)

图 6-92 文件导出与成果文件

操作 5：在“文件导出”界面中，点击【导出】(见图 6-93(a))→显示导出成功信息框，点击【OK】，点击【退出】(见图 6-93(b))→返回“文件导入导出”界面，点击【确定】。

2 手簿数据传输

如图 6-94 所示，准备好数据传输线、S730 手簿、计算机并安装 Microsoft ActiveSync 同步传输软件。

操作 1：用传输线 USB 一端连接计算机(见图 6-95(a))，另一端连接手簿(见图 6-95(b))，打开电脑与手簿。

操作 2：打开 Microsoft ActiveSync 软件(见图 6-96(a))→点击【文件】，选择【进行连接】

(a)

(b)

图 6-93　文件导出与保存成功

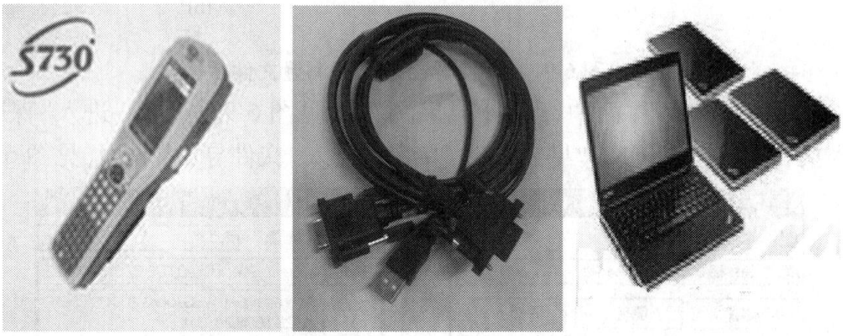

图 6-94　S730 手簿、数据传输线与计算机

(a)

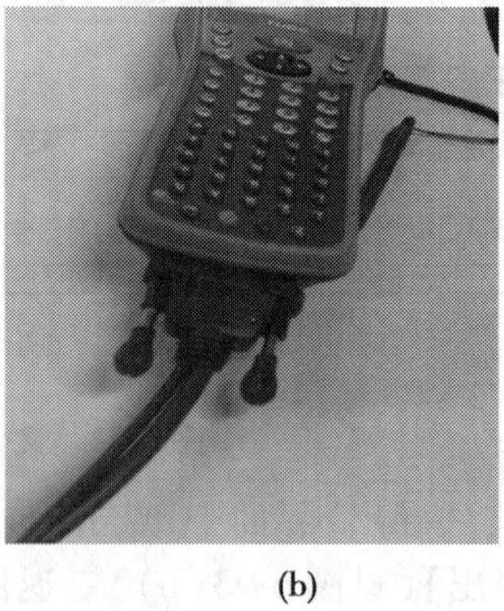

(b)

图 6-95　连接计算机与手簿

(见图 6-96(b))→显示已连接(见图 6-97(a)),点击【浏览】,浏览手簿文件,并拷贝(见图 6-97(b))。

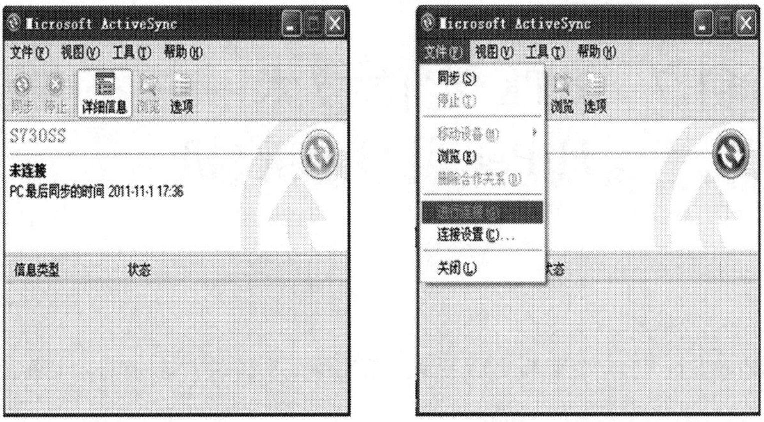

(a)　　(b)

图 6-96　Microsoft ActiveSync 软件与连接手簿

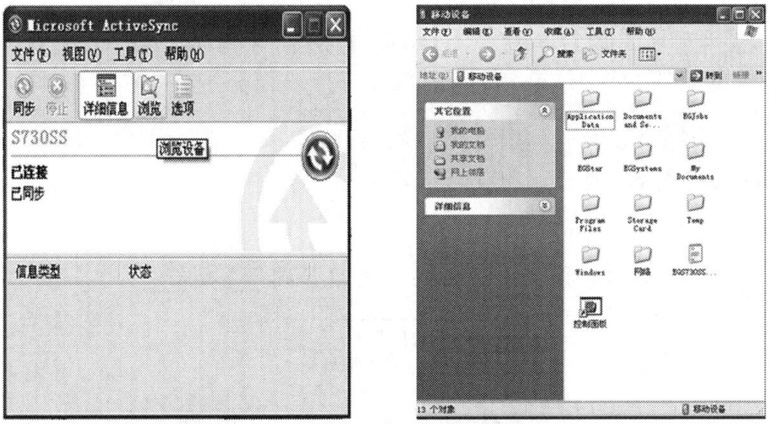

(a)　　(b)

图 6-97　浏览手簿文件与手簿文件显示

【任务小结】

介绍了南方手簿文件导入导出功能，导入功能可以导入天宝参数文件和南方加密参数文件，导出功能可以导出南方 CASS 格式文件、AutoCAD 文件、Google Earth 格式文件、威远图格式文件及自定义格式文件。然后讲述了手簿数据的数据线传输。

【任务考核】

(1)总结并写出南方手簿文件导入导出的操作流程及步骤。

(2)写出 CASS 文本文件的格式，自定义该格式并进行数据导出与传输。

【任务扩展】

南方手簿数据传输有三种方法：数据线传输、SD 卡传输、蓝牙传输。在此只介绍了利用数据线进行数据传输，请自行学习 SD 卡传输与蓝牙传输。

项目 7　RTK 定位技术——拓普康 HiPer ⅡG 接收机

【项目导航】

重点

拓普康 HiPer ⅡG 定位设置及电台模式、点测量、工程设计与 RTK 放样。

难点

基准站、流动站设置及操作;坐标转换与参数求解。

任务

电台模式下,正确设置操作拓普康 RTK 定位系统;掌握点测量、工程设计与 RTK 放样的流程、步骤及内容。

作业

RTK 定位设置完成后,进行点测量与点放样。

流程

RTK 定位技术——HiPer ⅡG 接收机操作流程如图 7-1 所示。

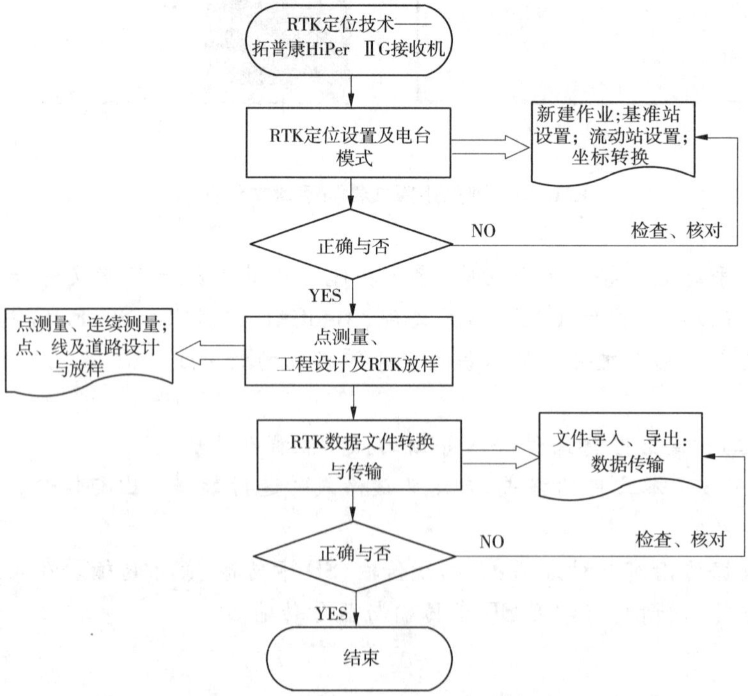

图 7-1　RTK 定位技术——HiPer ⅡG 接收机操作流程

拓普康HiPer ⅡG接收机RTK定位设置操作流程是在内置电台模式下进行的。介绍时,按上述流程分以下三个部分:“任务1　RTK定位设置及电台模式”;“任务2　工程设计及RTK放样”;“任务3　RTK数据文件转换与传输”。

任务1　RTK定位设置及电台模式

【任务目的】

(1)掌握拓普康HiPer ⅡG接收机的基准站的架设方式、方法。

(2)掌握利用手簿连接基准站、流动站的操作程序,以及基准站、流动站的设置。

(3)掌握坐标转换、参数求解的方法及操作步骤。

(4)掌握点测量的操作步骤。

【任务分析】

拓普康HiPer ⅡG接收机RTK定位设置可以利用内置电台和外置电台,在这里采用内置电台分析。RTK定位设置包括基准站仪器架设、手簿与接收机的蓝牙连接、作业的新建与已知点输入、基准站设置、流动站设置、坐标转换与参数求解等内容。

【任务要求】

(1)了解HiPer ⅡG接收机RTK测量系统的组成。

(2)掌握HiPer ⅡG接收机基准站的架设方式、方法。

(3)掌握HiPer ⅡG接收机蓝牙连接的操作步骤。

(4)掌握作业新建的内容及操作步骤。

(5)掌握基准站的设置方式、内容与操作步骤。

(6)掌握流动站的设置方式、内容与操作步骤。

(7)掌握坐标转换、参数求解的操作步骤。

(8)掌握点测量的操作步骤。

(9)填写RTK测量基准站观测手簿。

【任务准备】

(1)仪器准备:拓普康HiPer ⅡG接收机基准站一套(脚架、钢尺、基座、连接头等),HiPer ⅡG接收机流动站一套(对中杆、手簿、手簿托架等),能够保证正常工作使用。

(2)人员准备:按照实习任务,事先分好小组,轮流操作。

(3)记录准备:记录板,RTK测量基准站观测手簿,本子、笔等学习用具。

【任务实施】

拓普康HiPer ⅡG接收机定位设置及电台模式的介绍分两个部分:基准站架设在已知点上与基准站架设在未知点上。

基准站可以架设在已知点上也可以架设在未知点上,架设时视具体情况而定。已知点可以是地方坐标系已知点,也可以是WGS84坐标系已知点(一般情况下,已知点指已知WGS84点。在本项目中,如无特殊说明,指WGS84已知点)。不同基准站架设情况统计如表7-1所示。

表 7-1　不同基准站架设情况统计表

测量工作的坐标系	地方坐标	WGS84坐标	转换参数	基准站架设	基准站启动方式
WGS84 坐标系	无	无	有或无	未知点	单点定位
WGS184 坐标系	无	有	有或无	WGS84 已知点	输入 WGS84 坐标
WGS84 坐标系	有	无	无	已知或未知点	单点定位
WGS84 坐标系	有	无	有	WGS84 已知点（计算获得）	输入 WGS84 坐标（计算获得）
WGS84 坐标系	有	有	有或无	WGS84 已知点	输入 WGS84 坐标
地方坐标系	无	有或无	无	—	无法工作
地方坐标系	无	无	有	—	无法工作
地方坐标系	无	有	有	已知点	输入 WGS84 坐标
地方坐标系	有	无	无	已知或未知点	单点定位
地方坐标系	有	无	有	已知或未知点	单点定位或输入 WGS84 坐标(计算)
地方坐标系	有	有	有	已知或未知点	单点定位或输入 WGS84 坐标

注：地方与 WGS84 坐标栏中的“有”表示大于等于 1 个；转换参数栏中的“有”表示可以是三参、四参或七参；基准站架设栏中的“已知点”如无说明，则表示既可以是地方已知点，也可以是 WGS84 已知点。

RTK 定位设置可以采用电台模式（内置电台与外挂电台）和网络模式，本任务主要讲述内置电台模式下 RTK 的定位操作。

拓普康 HiPer ⅡG 接收机 RTK 定位操作流程如图 7-2 所示（内置电台模式）。

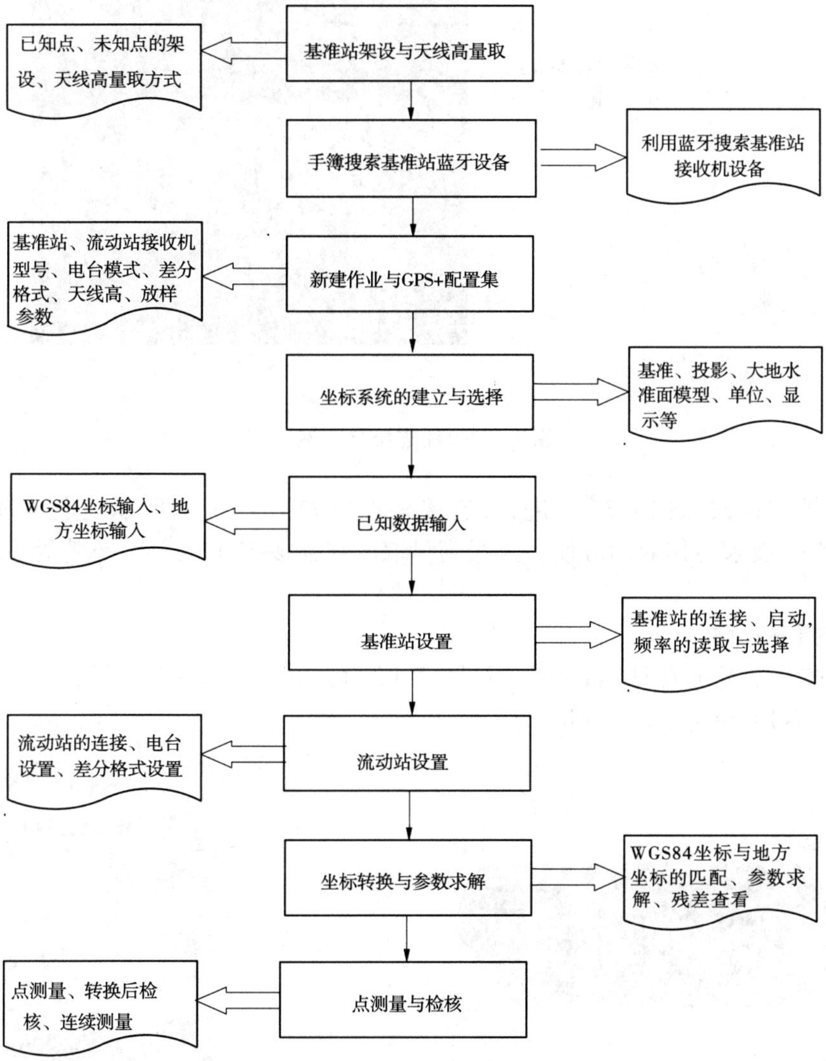

图7-2　HiPer ⅡG 接收机 RTK 定位操作流程

1　基准站架设在已知点上

1.1　基准站架设与天线高量取

操作:架设脚架到已知点,对中整平(见图7-3(a))。由量高尺固定挂钩量至标石(或其他标志)或者地面点中心顶端,并记录天线高(见图7-3(b))。

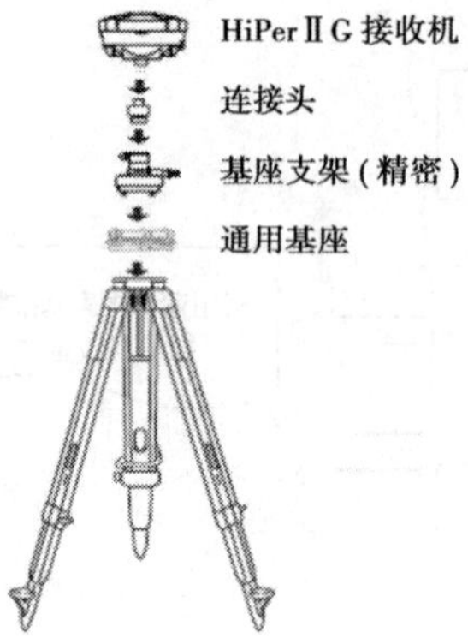

图 7-3　仪器连接与架设

说明:仪器连接按照图 7-3(a)进行,连接架设后如图 7-3(b)所示。点位选择要考虑 RTK 基准站点位要求与作业的方便。天线高量取应在互成 120°的脚架空隙处量取 3 次,取平均值。

1.2　手簿连接基准站

操作 1:按接收机【电源键】开机(见图 7-4(a)),翻开 FC－25 手簿底座,将开关由【OFF】拨至【ON】开机(见图 7-4(b))。

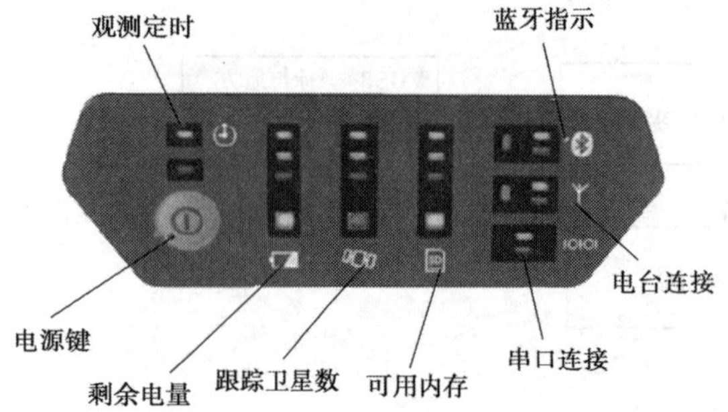

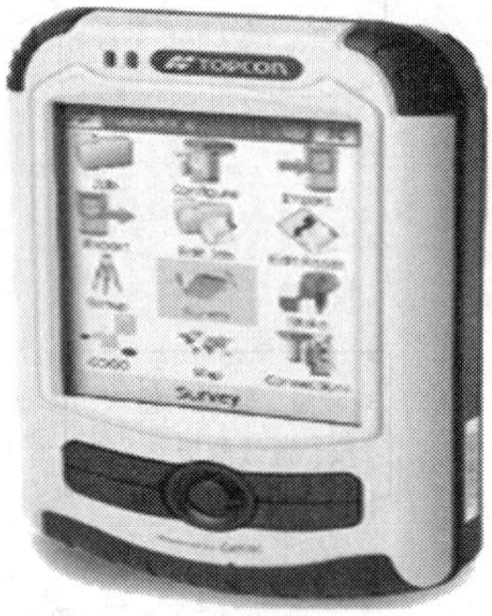

图 7-4　HiPer Ⅱ G 接收机 LED 显示面板与 FC－25 手簿

说明:FC－25 手簿底座翻开后,电源开关在右边,由【OFF】拨至【ON】开机。

操作 2:点击【蓝牙】图标,点击【打开发射器】(见图 7-5(a))。点击【蓝牙】图标,点击【蓝牙管理器】(见图 7-5(b))。

(a) (b)

图 7-5 打开发射器与蓝牙管理器

说明:蓝牙没有打开时显示为灰色,打开时显示为蓝色。

操作 3:点击【工具】,点击【发现设备】(见图 7-6(a))→点击【继续】(见图 7-6(b))。

(a) (b)

图 7-6 点击发现设备继续

操作 4:选择【任何的蓝牙设备】,点击【继续】(见图 7-7(a))→勾选基准站接收机蓝牙设备(如 443 - 0204),点击【继续】(见图 7-7(b))→点击【完成】,就完成了设备的添加。

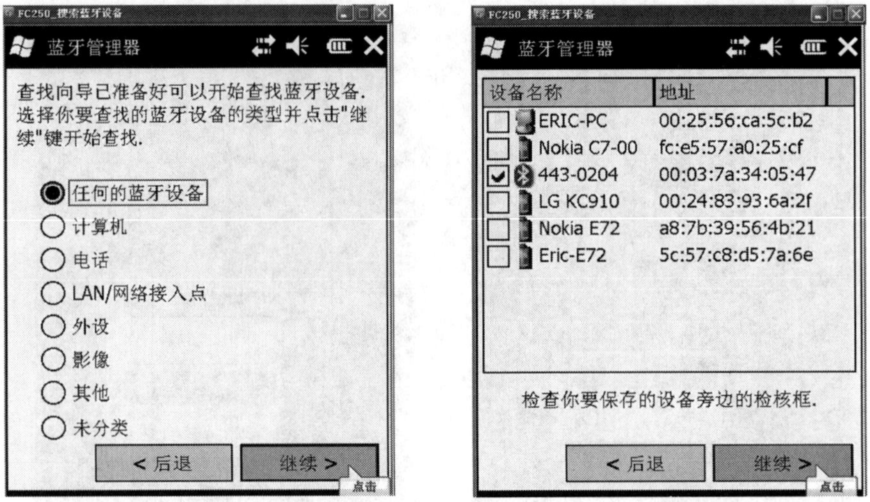

(a)　　(b)

图 7-7　选择任何的蓝牙设备与选择接收机蓝牙设备

说明:每台接收机底面都有唯一的仪器编号,利用手簿进行接收机蓝牙搜索时要事先看一下接收机底面的机器编号,当搜索到设备时停止搜索并选择该蓝牙设备即可,在搜索蓝牙设备时,手簿要尽可能在接收机附近,不要离得过远(虽然蓝牙模块的指标为:室内最远 10 m,室外最远 50 m)。

操作 5:点击【完成】(见图 7-8(a))→显示新添加的基准站蓝牙设备(见图 7-8(b))。

(a)　　(b)

图 7-8　设备添加成功及设备显示

说明:完成后就可以看到搜索添加的设备了。

1.3　新建作业及 GPS + 配置集

操作 1:手簿开机,双击【TopSURV】图标(见图 7-9(a))→进入“打开作业”界面,点击【新建】(见图 7-9(b)),进入“新建作业”界面(见图 7-10(a))。

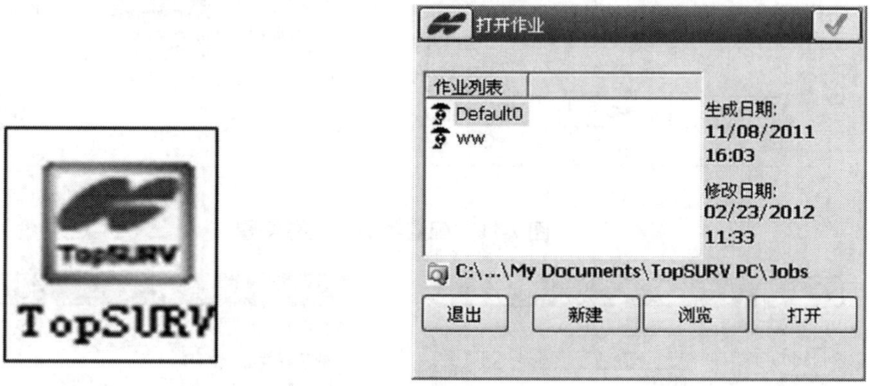

(a)　(b)

图 7-9　TopSURV 软件与打开作业界面

说明:在“打开作业”界面下,可以新建作业,打开已有作业,或者浏览作业。

操作 2:在“新建作业”界面下,输入名称(如 cecxiao0223),点击【继续】(见图 7-10(a))→进入“测量配置”界面,点击“GPS + 配置”名称后面的【...】按钮(见图 7-10(b)),弹出“配置”对话框(见图 7-11(a))。

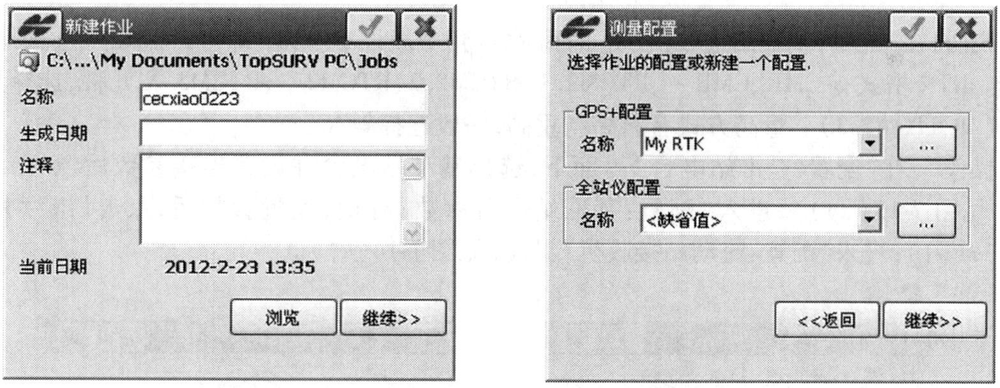

(a)　(b)

图 7-10　新建作业与测量配置

操作 3:在“配置”对话框下,选择“My RTK”,点击【增加】(见图 7-11(a))→进入“配置:测量”界面,输入名称(如 cexiao RTK),点击“类型”下拉框并选择【RTK】,点击【继续】(见图 7-11(b)),进入“配置:接收机制造商”界面(见图 7-12(a))。

操作 4:在“配置:接收机制造商“界面下,选择基准站与流动站制造商,点击【继续】(见图 7-12(a))→进入“配置:基准站接收机”界面,输入基准站有关信息,点击【继续】(见图 7-12(b))→进入“配置:基准站电台”界面(见图 7-13(a))。

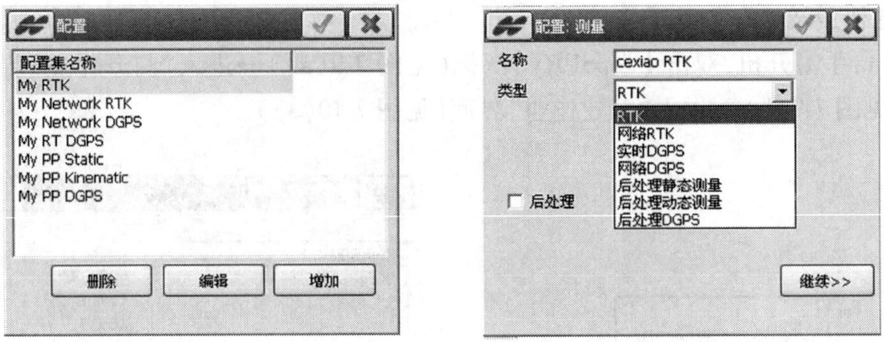

(a)　　(b)

图 7-11　配置界面与配置测量

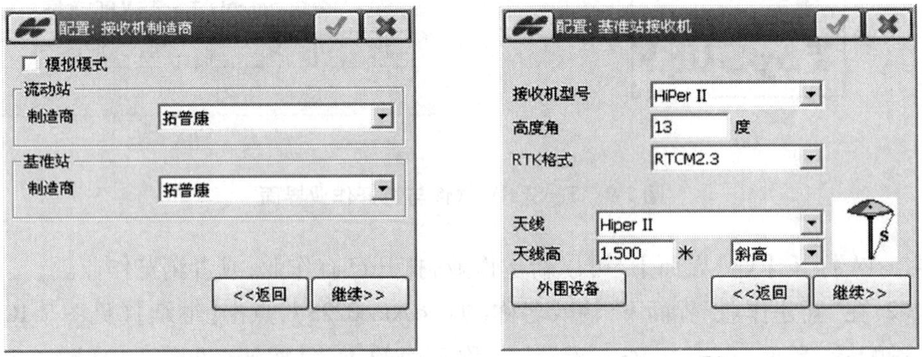

(a)　　(b)

图 7-12　配置接收机制造商与基准站接收机

说明：在"配置：基准站接收机"界面下，高度角一般设 10°以上即可，视基准站周围情况而定。RTK 格式有 CMR、CMR + 、RTCM2. 1、RTCM2. 2、RTCM2. 3、RTCM3. X 几种，选择其中一种（如 RTCM2. 3）。量高方式有斜高与垂高，一般选择斜高。

操作 5：在"配置：基准站电台"界面下，选择基准站电台并设置连接参数后，点击【继续】（见图 7-13（a））→进入"配置：基准站电台参数"界面，设置参数后，点击【继续】（见图 7-13（b）），进入"配置：流动站接收机"界面（见图 7-14（a））。

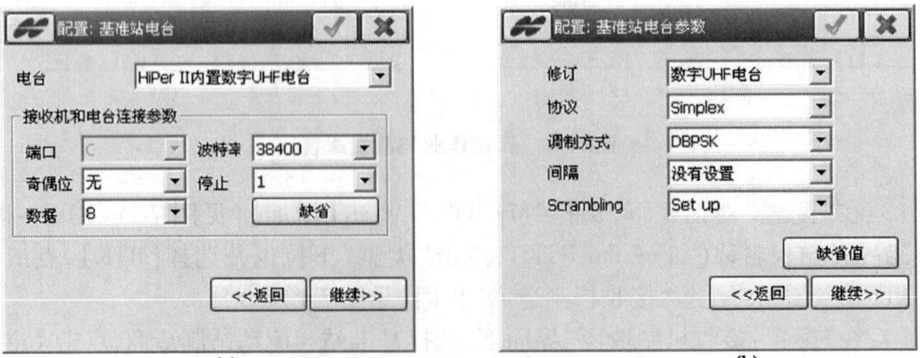

(a)　　(b)

图 7-13　配置基准站电台与基准站电台参数

说明:在“配置:基准站电台”界面下,需要注意:电台选择“HiPer ⅡG 内置数字 UHF 电台”。

操作 6:在“配置:流动站接收机”界面下,设置流动接收机信息,点击【继续】(见图 7-14(a))→进入“配置:流动站电台”界面,设置电台后,点击【继续】(见图 7-14(b)),进入“配置:流动站电台参数”界面(见图 7-15(a))。

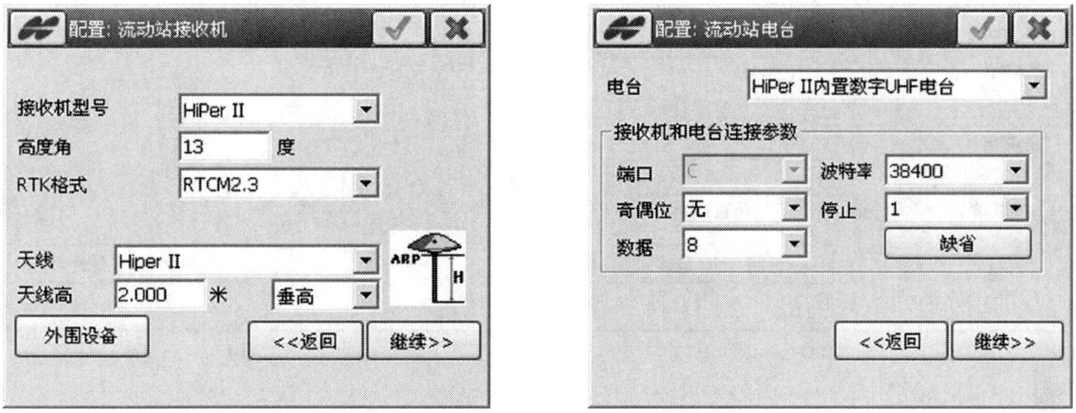

(a)　(b)

图 7-14　配置流动站接收机与流动站电台

说明:在“配置:流动站接收机”界面下,RTK 格式必须与基准站保持一致。由于流动站采用对中杆(垂直长度:2. 00 m),因此选择垂高。

操作 7:在“配置:流动站电台参数”界面下,设置如图 7-15(a)所示参数后,点击【继续】→进入“配置:测量参数”界面,设置参数后,点击【继续】(见图 7-15(b))→进入“配置:放样参数 1”界面(见图 7-16(a))。

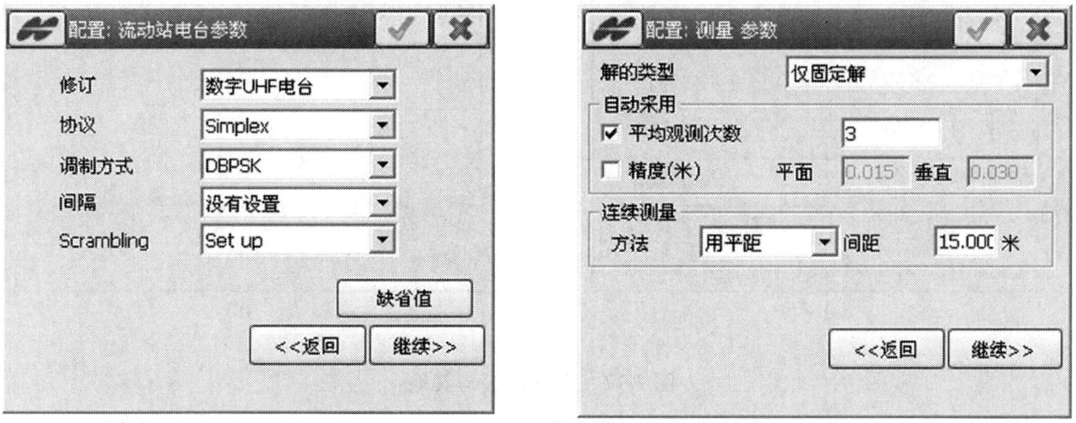

(a)　(b)

图 7-15　配置流动站电台参数与测量参数

说明:在“配置:测量参数”界面下,解类型有固定解、浮点解、单点解,精度依次降低。

操作 8:在"配置:放样参数 1"界面下,根据需要设置参数,点击【继续】(见图 7-16(a))→进入"配置:放样参数 2"界面,设置后缀,点击【继续】(见图 7-16(b)),进入图 7-17(a)所示界面。

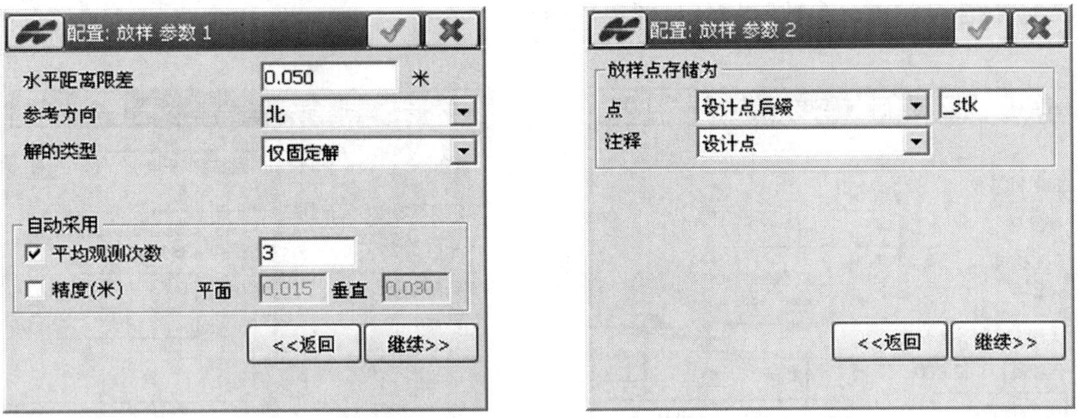

(a)　　(b)

图 7-16　配置放样参数 1 与放样参数 2

说明:在"配置:放样参数 1"界面下,参考方向一般选北方向,解类型一般为固定解。

操作 9:在"配置:高级"界面下,设置参数后,点击【继续】(见图 7-17(a))→进入"配置:其他"界面,设置后,点击【✓】(见图 7-17(b)),返回"测量配置"界面(见图 7-18(a))。

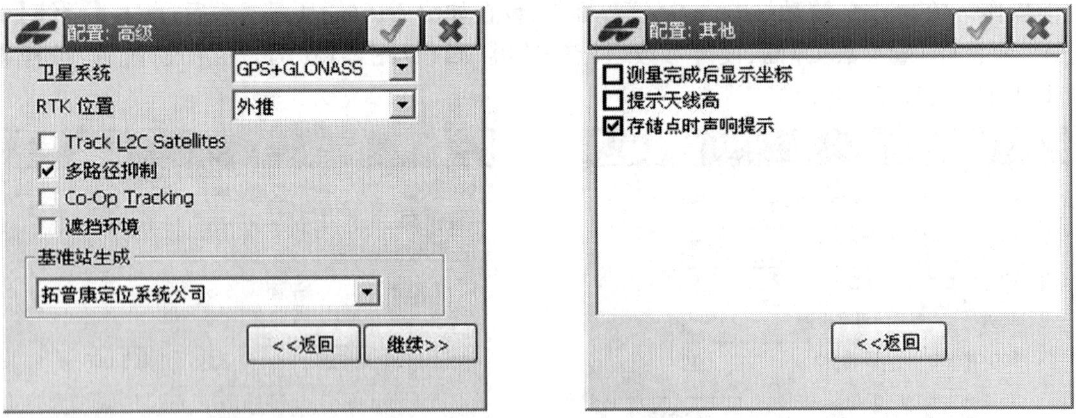

(a)　　(b)

图 7-17　配置高级与其他

说明:在"配置:高级"界面下,可以选择跟踪的卫星系统 GPS 或 GPS + GLONASS。

操作 10:在"测量配置"界面下,可以看到新添加的"cexiao RTK"配置集,点击"GPS + 配置"名称后的下拉框,选择新建的"cexiao RTK"配置→点击【继续】(见图 7-18(b)),进入"坐标系统"界面(见图 7-19(a))。

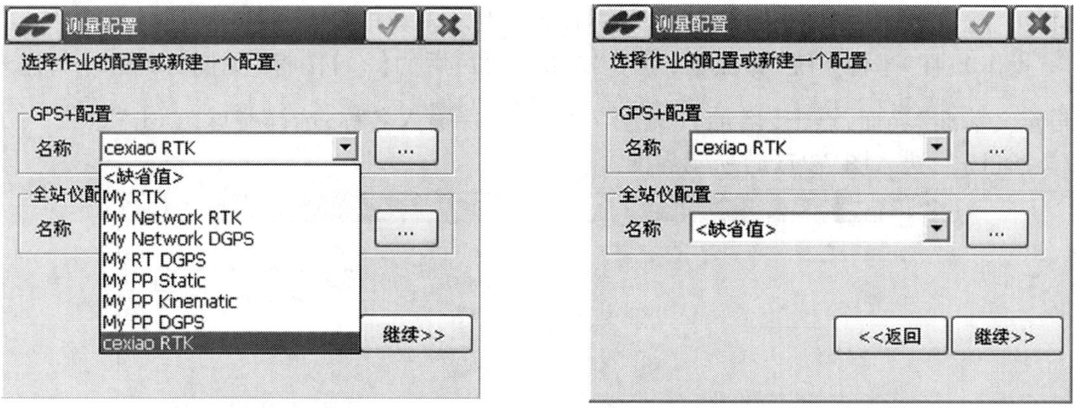

(a)　　(b)

图 7-18　测量配置高级与其他

1.4　坐标系统的建立与选择

如果测量工作的坐标系为 WGS84 坐标系，则在坐标系统的建立与选择时，基准需采用 WGS84，投影选择无。

如果测量工作的坐标系为地方坐标系，那么坐标系统的建立或选择一般可以分以下几种情况：第一种是地方坐标的椭球参数、投影方式与转换参数已知；第二种是椭球参数与投影方式都不知道，无转换参数；第三种就是椭球参数与投影方式只知道其一，无转换参数。

说明：在“测量配置”界面下，“全站仪配置”项不用设置，它是为全站仪设置的。

对于上述情况，无论测量工作是在 WGS84 坐标系还是在地方坐标系，在坐标系统建立选择时可归纳为两种情况：一是地方坐标所采用的椭球参数与投影方式情况未定，需求转换参数，以及测量工作的坐标系为 WGS84 坐标系；二是地方坐标所采用的椭球参数、投影方式与转换参数已知，这种情况以 1954 北京坐标系为例讲述，投影采用横轴墨卡托投影。

1.4.1　地方坐标采用椭球、投影不定，需求转换参数或测量工作的坐标系为 WGS84

操作：在“坐标系统”界面下，点击“投影”选项后的下拉框选择“无”，点击“基准”选项后的下拉框选择“WGS84”（见图 7-19（a））→点击【继续】（见图 7-19（b）），进入“单位”设置界面（见图 7-20（a））。

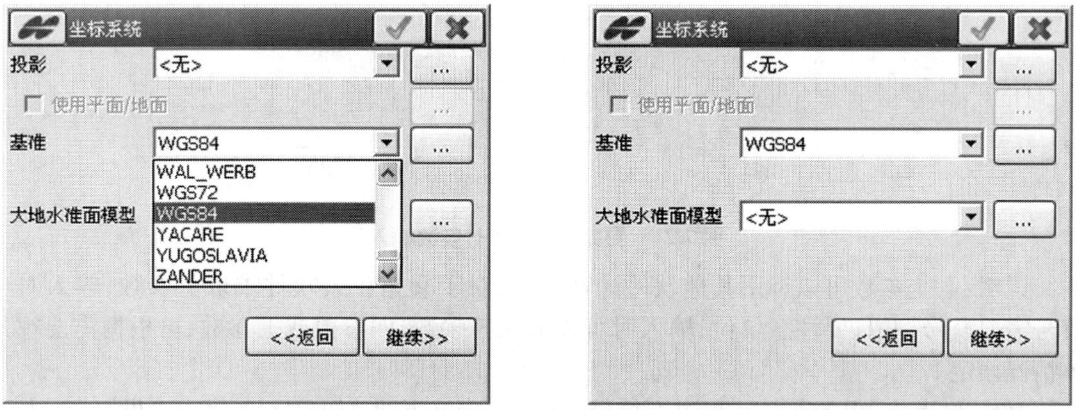

(a)　　(b)

图 7-19　坐标系统的建立（未知椭球参数与投影方式）

1.4.2　地方坐标所采用的椭球参数、投影方式与转换参数已知

操作 1:在“坐标系统”界面下,点击“基准”项目后的【...】图标(见图 7-19(b)),进入“自定义基准”界面,点击【增加】(见图 7-20(a))→输入名称,选择椭球,点击“继续”(见图 7-20(b)),进入图 7-21(a)所示界面。

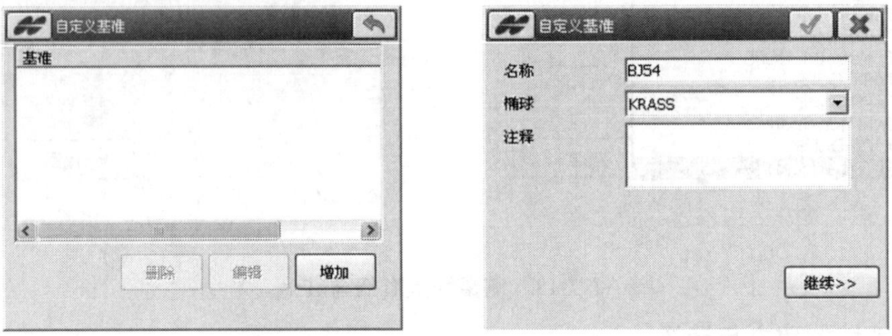

(a)　　(b)

图 7-20　自定义基准(名称与椭球)

说明:地方坐标是以 1954 北京坐标系为例介绍的,因此椭球选择“KRASS”。如果地方坐标属于 1980 西安坐标系,那就要采用 1975 国际椭球;如果地方坐标采用地方建立的坐标系,就要采用地方椭球参数,地方椭球参数可以根据建立坐标系统的方法,依据一定的公式计算得到。

操作 2:在“自定义基准”界面下,输入转换参数,点击【 】(见图 7-21(a))→进入图 7-21(b)所示界面,点击 图标,返回“坐标系统”界面(见图 7-22(a))。

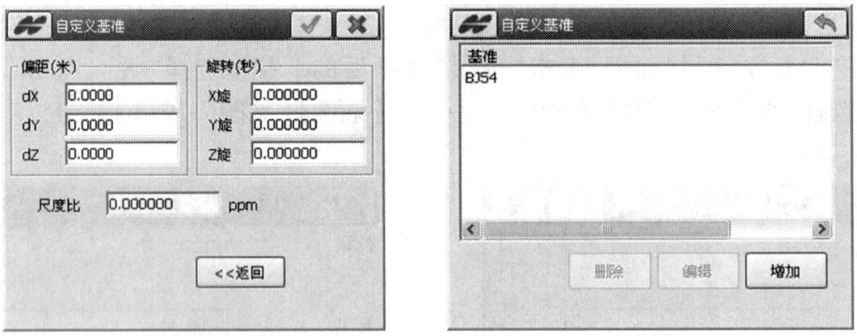

(a)　　(b)

图 7-21　自定义基准(七参数输入)

说明:七个参数可以利用其他软件计算得到,对于非拓普康软件求取的参数,输入时正负号需要反号,并且要注意单位,输入时可以输入三参数、四参数或七参数,可根据需要视具体情况而定。

操作 3:点击“基准”项目右边下拉框,选择自定义基准(如 BJ54),点击“投影”项右边【...】图标(见图 7-22(a))→进入“投影”界面,点击【自定义】,进入“自定义投影”界面(见图 7-23(a))。

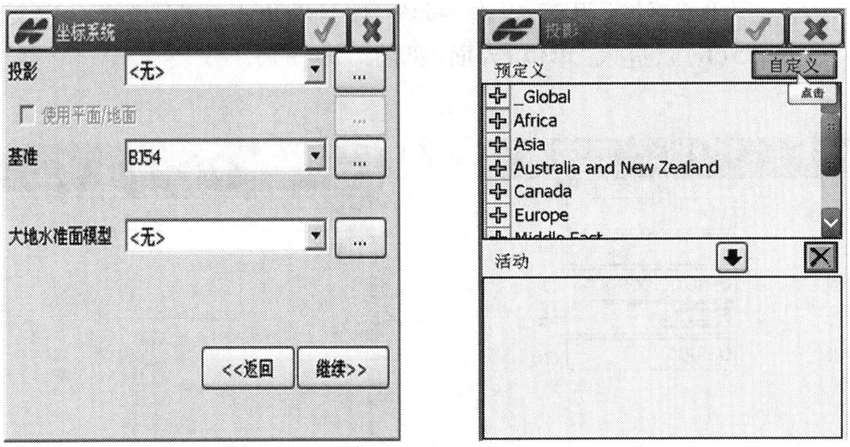

(a)　(b)

图7-22　坐标系统与自定义投影

说明:水准面对一些作业区(海拔高且起伏大)的高程精度有较好作用。添加时点击“大地水准面模型”后的【...】→【大地水准面文件格式】→【浏览】选择文件(如 EGM96_CH. gff)。

操作4:在“自定义投影”界面下,点击【增加】(见图7-23(a))→进入图7-23(b)界面,输入名称、类型与基准,点击【继续】(见图7-23(b)),进入图7-24(a)界面。

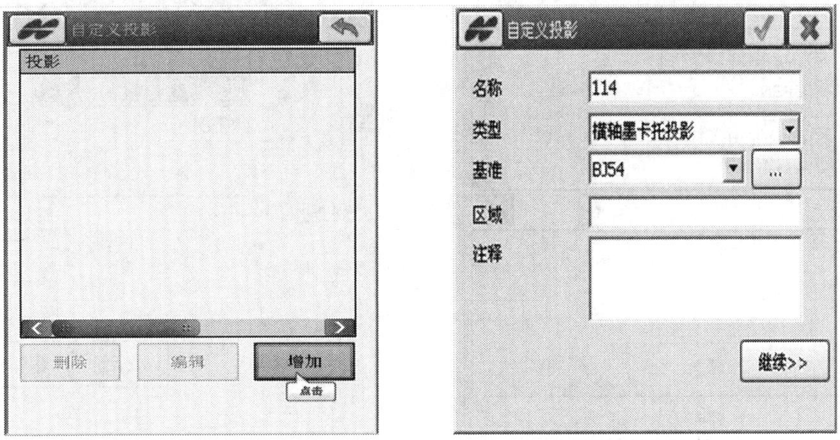

(a)　(b)

图7-23　增加投影与选择投影类型、基准

操作5:在“自定义投影”界面下,输入测区中央子午线经度、尺度比为1、东向常数500000m,点击【 】(见图7-24(a))→进入图7-24(b)所示界面,点击【 】→进入图7-25(a)所示界面。

操作6:在“投影”界面下,在“预定义”框中,点击“Global”前的【+】号后展开,【+】号变为【-】号,选择自定义的投影“114”,点击【 】图标,显示在“活动”框中,点击【 】(见

图 7-25(a))→返回“坐标系统”界面,点击“投影”项目右边下拉框,选择自定义的投影,点击【继续】(见图 7-25(b)),进入“单位”界面(见图 7-26(a))。

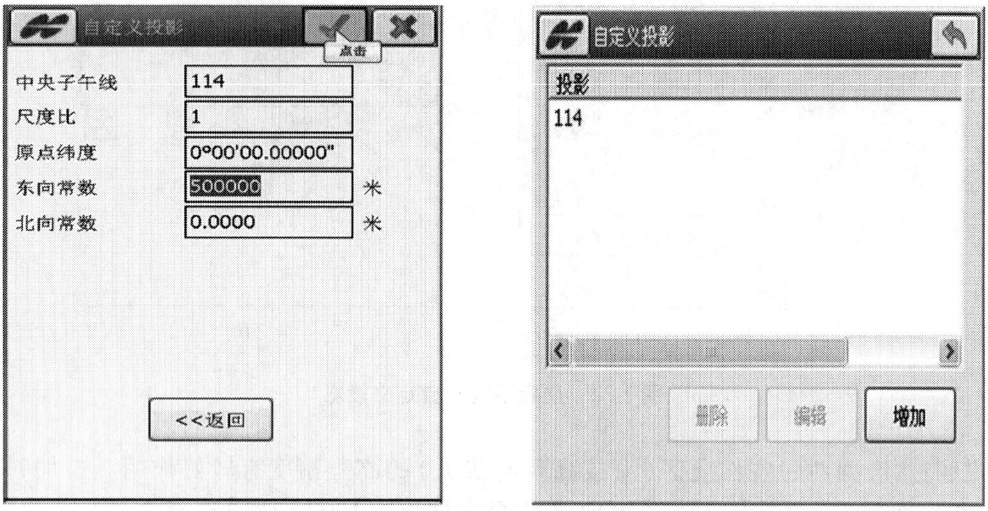

(a) (b)

图 7-24 设置中央子午线经度、尺度比、东向常数

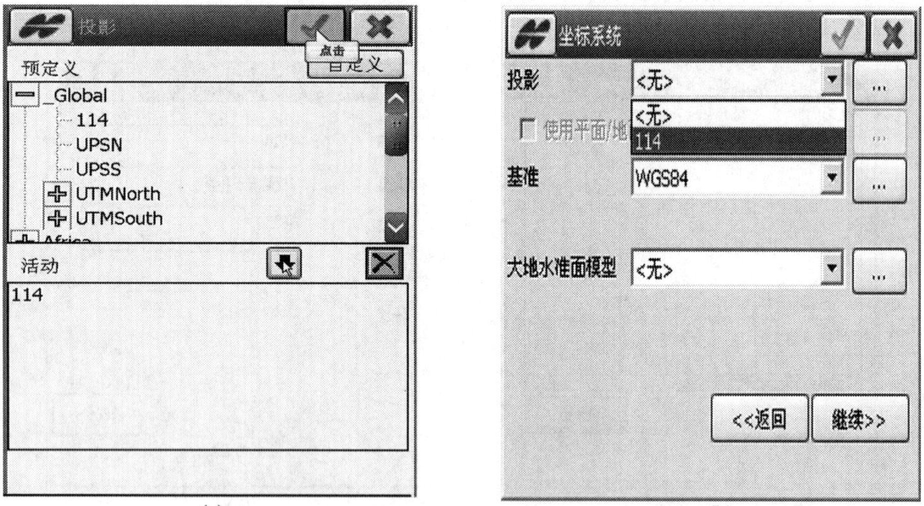

(a) (b)

图 7-25 激活投影与自定义投影的选择

操作 7:在“单位”界面下,可以根据需要分别点击【距离】、【角度】、【Coordinate】、【其他】页面进行设置(见图 7-26、图 7-27)→点击【继续】,进入“显示”界面。

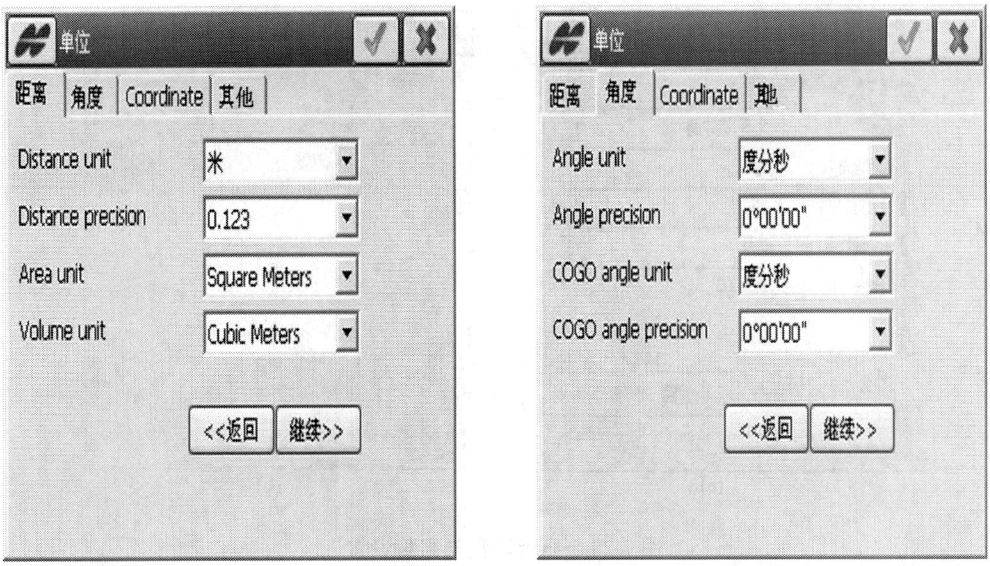

(a)　　(b)

图 7-26　距离单位与角度单位

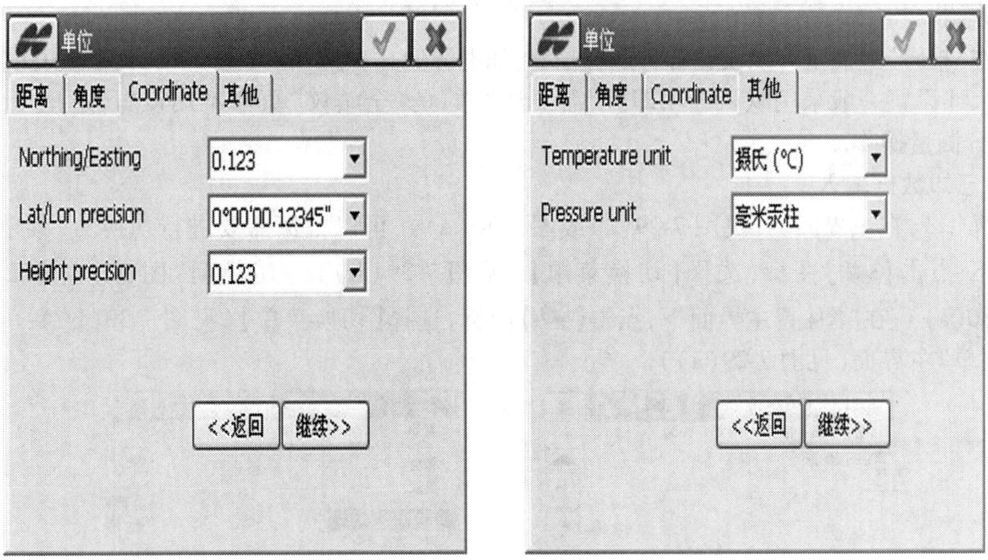

(a)　　(b)

图 7-27　坐标单位与其他单位

说明：在“单位”界面下，距离、角度、坐标及其他如无特殊需要，一般默认即可。

操作 8：在“显示”界面下，设置后，点击【继续】(见图 7-28(a))→进入“报警”界面，可以分别点击【主】、【手簿】、【GPS +】页面进行设置(见图 7-28(b))→点击【 】完成新建作业，如进入“连接”界面，点击【 】图标返回关闭。

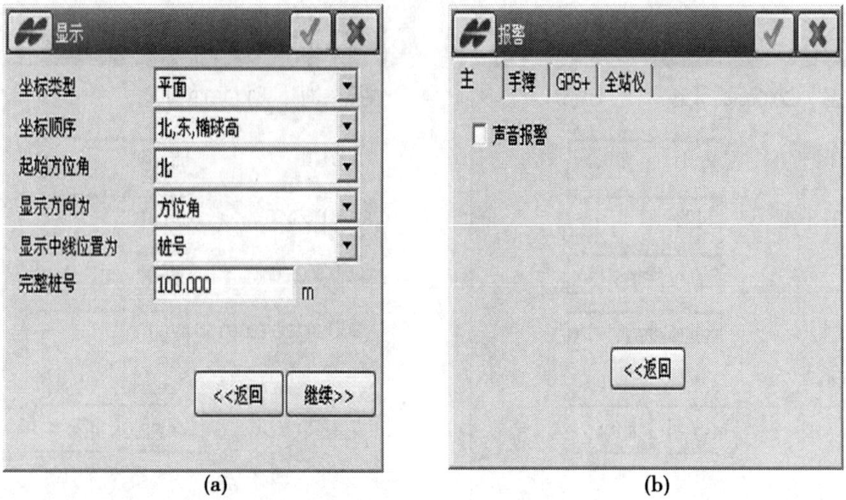

图 7-28　**显示设置与报警设置**

说明:在“显示”界面下,坐标类型可以选择平面、基准及 WGS84 坐标形式;坐标顺序可根据习惯选择;起始方位角可以选择东西南北;显示方向、中线位置及桩号可根据需要设置,不再介绍。

在“报警”界面下可以设置各种声音报警,如电源低、内存不足、电台连接弱、卫星失锁等。

上述设置一般采用默认选项即可,需要注意的是“全站仪”页面不用设置,这里介绍的为 GPS 测量操作。

1.5　已知数据输入

操作 1:在主界面下(见图 7-29(a)或图 7-30(a)),可以根据需要进行切换。“菜单”主界面下,点击【 】图标,选择【切换菜单】(见图 7-29(b))→切换到“图标”主界面(见图 7-30(a));在“图标”主界面下,点击【 】图标,选择【切换菜单】(见图 7-30(b))→切换到“菜单”主界面(见图 7-29(a))。

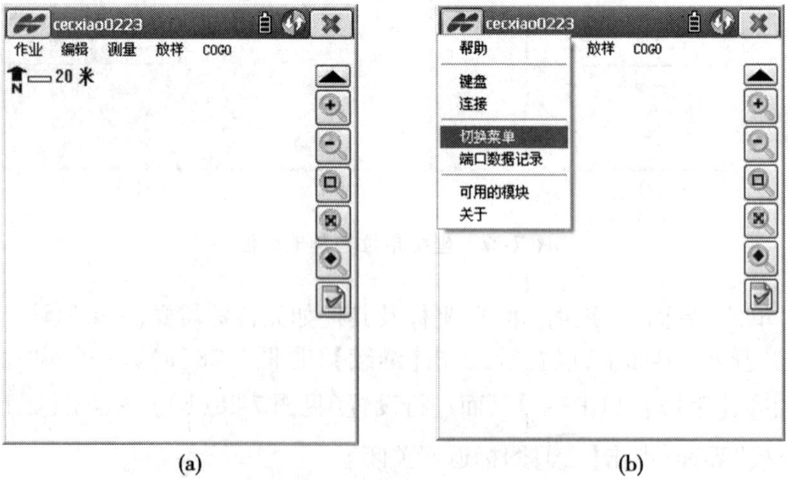

图 7-29　**菜单界面与切换菜单**

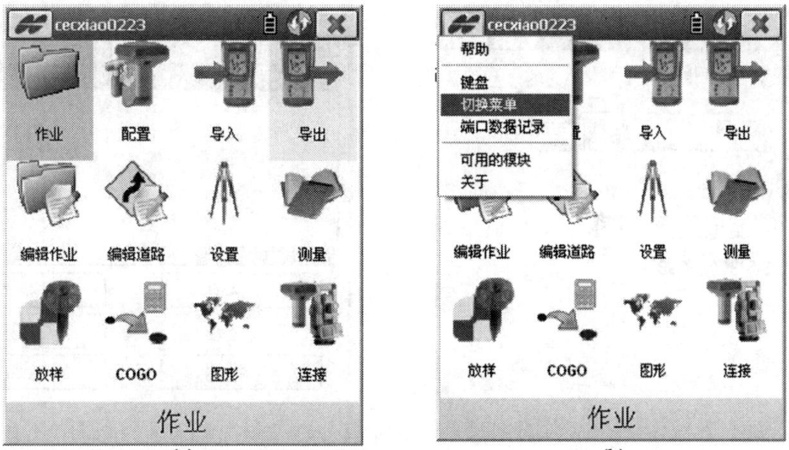

(a)　(b)

图 7-30　**图标界面与切换菜单**

1.5.1　输入 WGS84 坐标

操作 1:在“图标”界面下,点击【编辑作业】→点击【点】,进入输入点界面→点击【 】图标(见图 7-31(a))→进入坐标“显示”界面(见图 7-31(b))→设置显示参数,点击【 】,返回图 7-31(a)所示界面→点击【增加】,进入“增加点”界面(见图 7-32(a))。

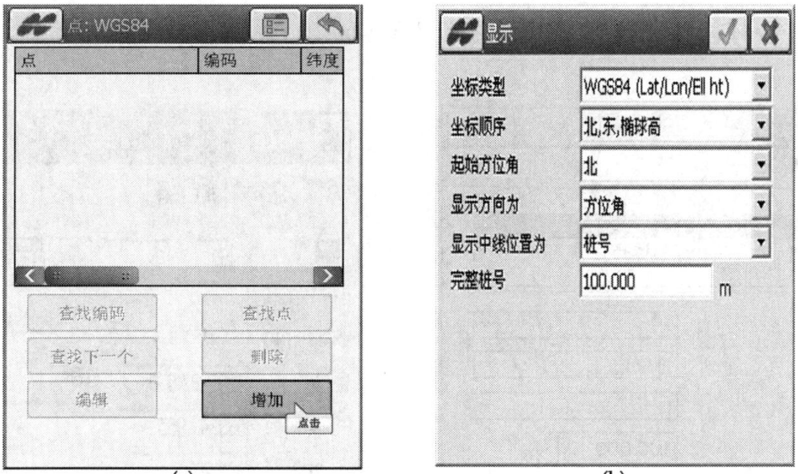

(a)　(b)

图 7-31　**输入点与显示界面**

说明:输入 WGS84 坐标时,坐标类型可选择(Lat/Lon/Ell ht)或(X/Y/Z)。

操作 2:在“增加点”界面下,输入点名、坐标,并勾选【控制点】,点击【 】(见图 7-32(a))→进入图 7-32(b)所示界面,输入一个 WGS84 点坐标完成,多个点时操作同上。

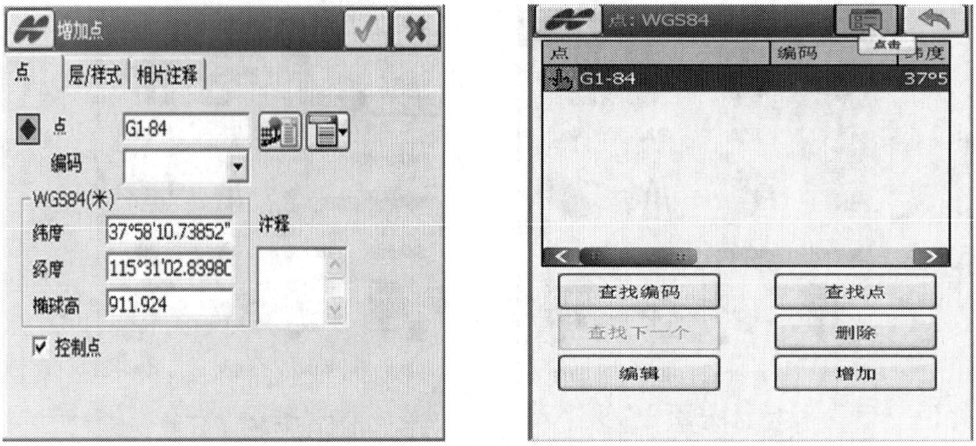

(a) (b)

图 7-32 增加点与输入点

说明:点名的输入最好能标示出是 WGS84 坐标。

1.5.2 输入地方坐标

操作:在图 7-31(a)所示界面下,点击【】图标,进入“显示”界面,“坐标类型”选择“地面”,点击【】(见图 7-33(a))→进入“增加点”界面,输入名称、地方坐标值,勾选【控制点】,点击【】(见图 7-33(b)),进入输入点界面(见图 7-34(a)),多个点的输入同上→输完后,点击【】,返回“图标”界面(见图 7-34(b))。

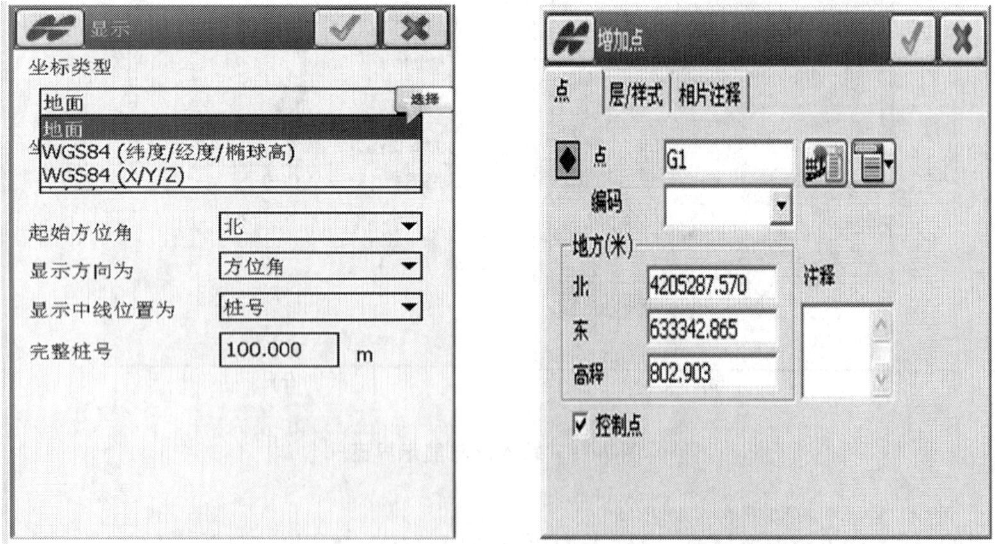

(a) (b)

图 7-33 显示界面与增加点

说明:“显示”界面,坐标类型中的项目“地面”,只有在“坐标系统”界面中,基准选择“WGS84”,投影选择“无”时才会显示,否则显示为“平面”。

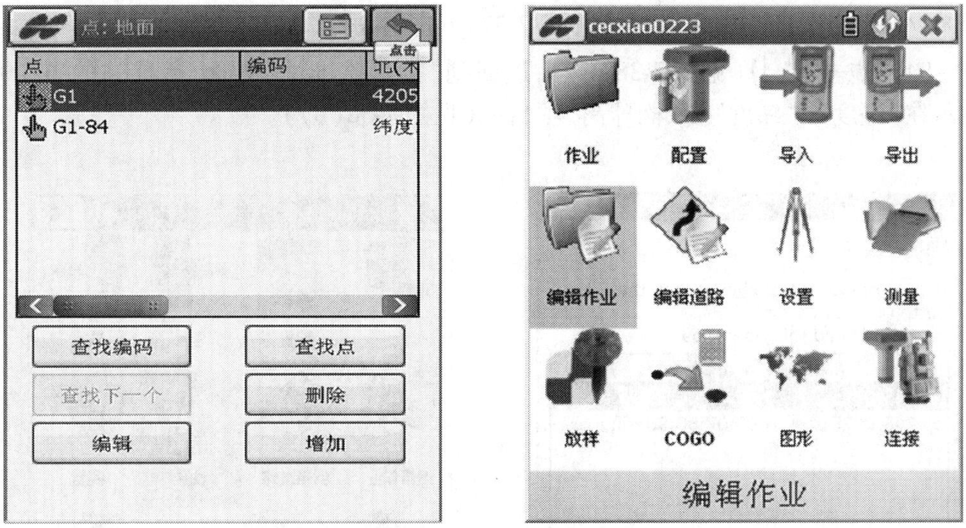

(a)　　(b)

图 7-34　输入点与图标界面

说明:相同点的地方坐标与 WGS84 坐标要有所区分。

1.6　基准站设置

操作 1:在"图标"界面下,点击【连接】图标(见图 7-35(a))→进入"连接"界面,选择【General】页面,选择【GPS】,并选择新建的配置集(如 cexiao RTK),选择【基准站】,勾选【蓝牙】与【启动时提示】,点击【连接】(见图 7-35(b))→进入"蓝牙设备"界面(见图 7-36(a))。

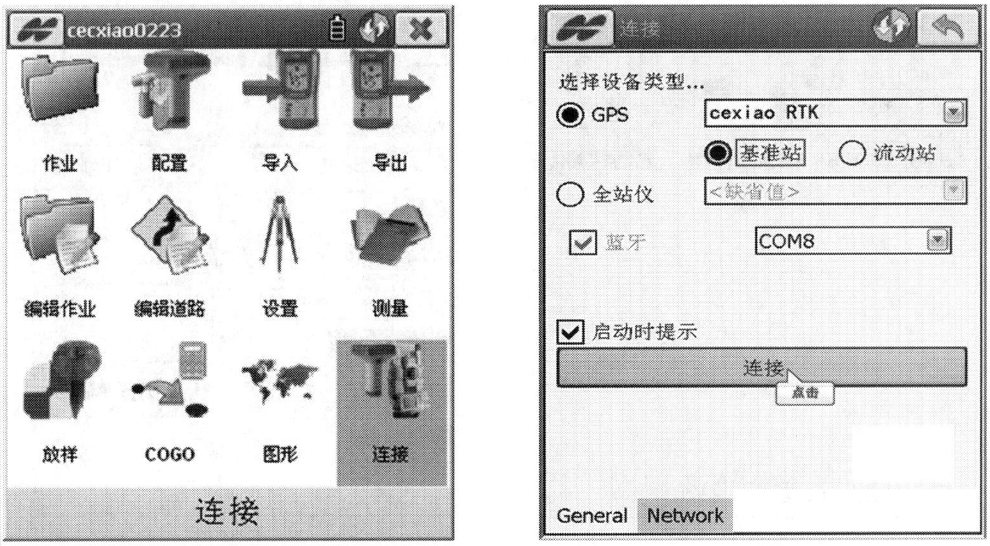

(a)　　(b)

图 7-35　图标界面与连接

操作 2:在"蓝牙设备"界面下,选择基准站蓝牙设备(如 745 - 00257),点击【Select】(见图 7-36(a)→进入"图标"界面,点击【设置】(见图 7-36(b))→进入图 7-37(a)所示界面。

操作 3:点击【设置基准站】(见图 7-37(a))→进入"设置基准站"界面,输入天线高、已知 WGS84 坐标或点击【】图标(见图 7-37(b))→进入“点”界面,选择基准站坐标(如 G1－84),点击【】(见图 7-38(a)),返回到“设置基准站”界面,基准站的 WGS84 坐标就显示在“经度”、“纬度”和“椭球高”项目栏(见图 7-38(b))。

(a)　　(b)

图 7-36　蓝牙设备与图标界面

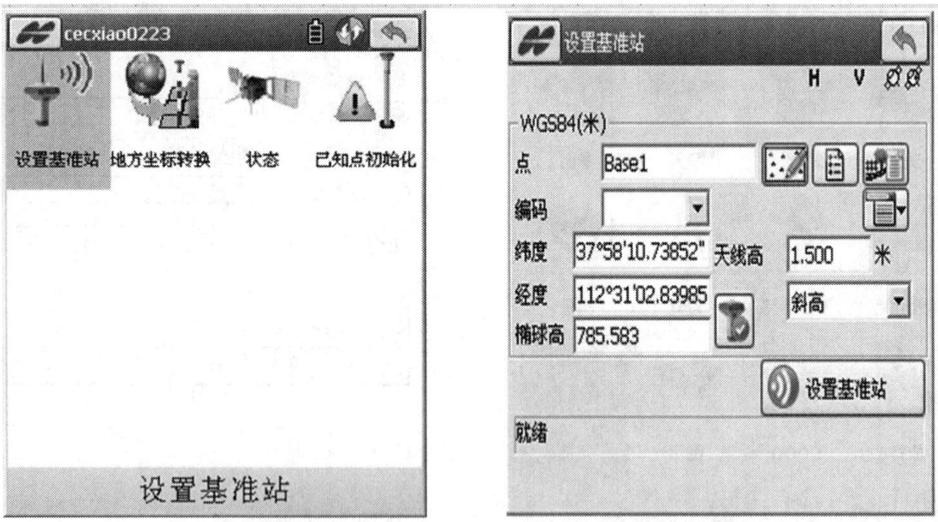

(a)　　(b)

图 7-37　基准站的选择与设置

操作 4:在“设置基准站”界面下,点击【设置基准站】(见图 7-38(b))→显示“正读取频率列表”(见图 7-39(a))→读完后,从下拉框中选择其中一个频率(如 3－457. 55000),点击【确定】(见图 7-39(b))→进入图 7-40(a)所示界面。

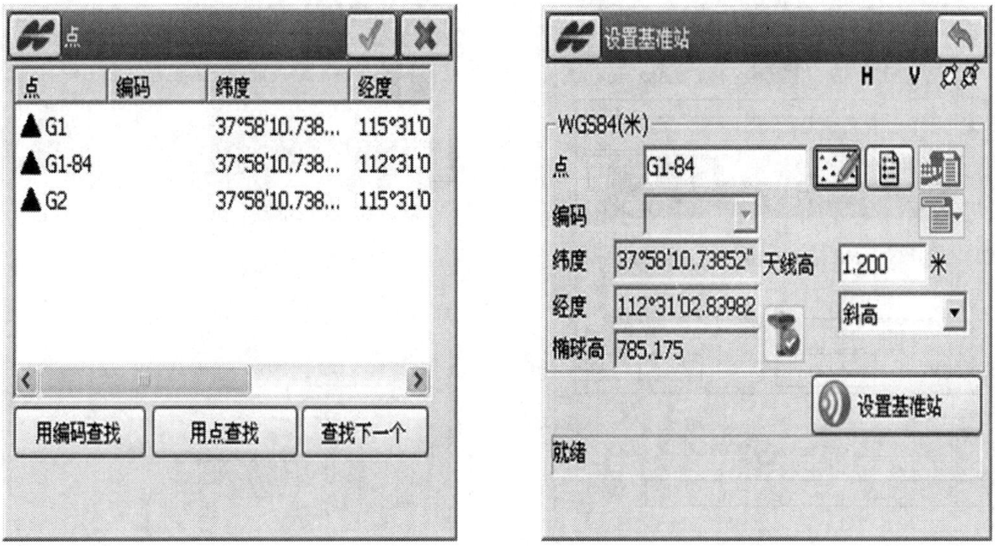

(a)　　(b)

图 7-38　已知 WGS84 坐标的选择与设置

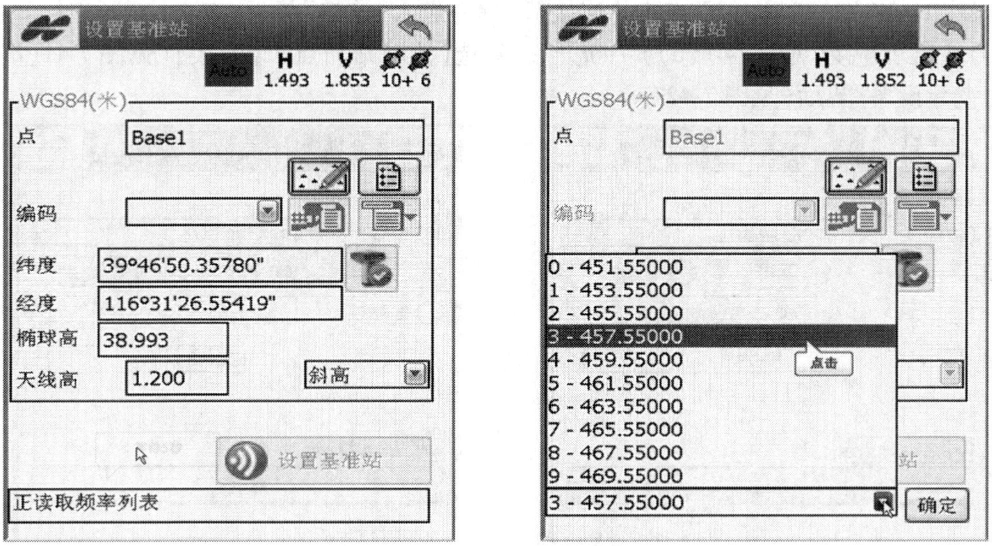

(a)　　(b)

图 7-39　频率的读取与选择

说明:基准站频率选择其中任一个即可。

操作 5:显示“Modem setup successful”信息后,点击【OK】(见图 7-40(a))→显示“基准站设置成功并已开始工作”信息后,点击【关闭】(见图 7-40(b)),返回到“图标”界面。

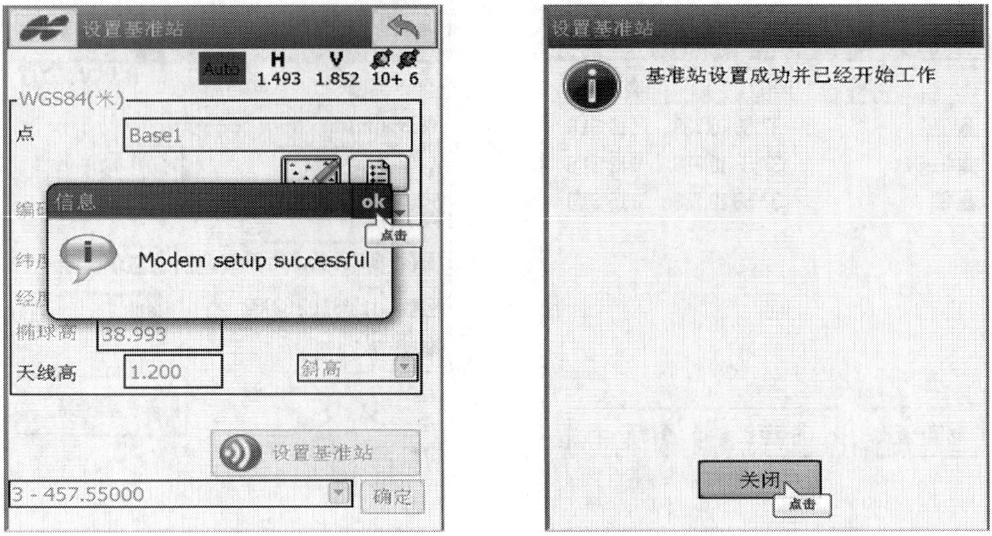

(a) (b)

图 7-40 基准站设置完成与关闭

1.7 手簿与流动站的连接

操作 1:在“图标”界面下,点击【连接】图标→进入“连接”界面,点击【断开连接】,断开手簿与基准站连接(见图 7-41(a))→断开后,勾选【流动站】,点击【连接】(见图 7-41(b))→进入“蓝牙设备”界面(见图 7-42(a))。

(a) (b)

图 7-41 基准站断开与流动站连接

说明:基准站没断开时,基准站单选按钮显示灰色,不可选,且“启动时提示”下面的按钮显示为“断开连接”,断开时显示为“连接”。

操作 2：在“蓝牙设备”界面下，选择流动站蓝牙设备，点击【Select】（见图 7-42（a））后，返回到“图标”界面（见图 7-42（b））。

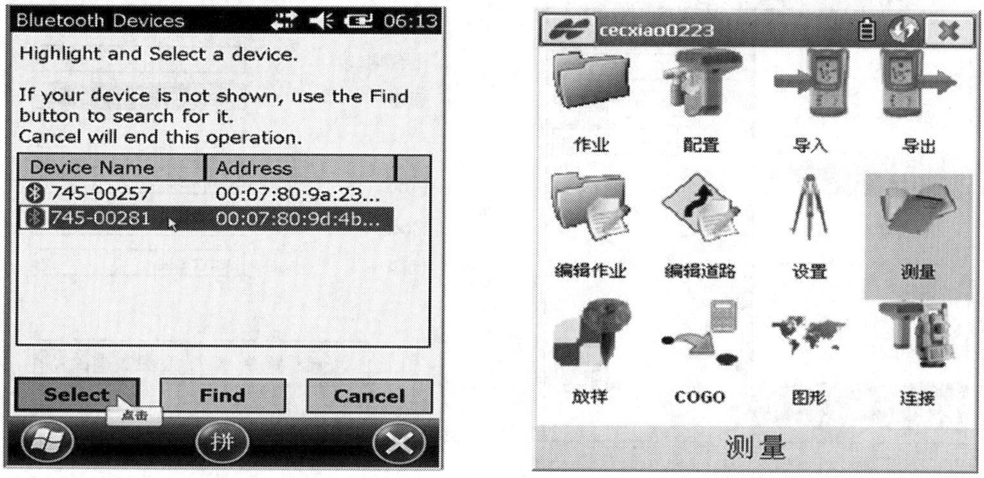

(a)　(b)

图 7-42　流动站蓝牙选择与图标界面

说明：流动站蓝牙设备序列号在接收机底面，注意区分基准站与流动站序列号。

1.8　流动站设置

操作 1：在“图标”界面下，点击【测量】→点击【点测量】（见图 7-43（b））→进入“点测量”界面，点击【 】图标（见图 7-43（b））→选择【设置电台】（见图 7-44（a））→进入“设置电台”界面，连接到流动站，选择与基准站相同的频率，其他默认即可。点击【设置电台】（见图 7-44（b）），进入图 7-45（a）所示界面。

(a)　(b)

图 7-43　选择点测量与点测量界面

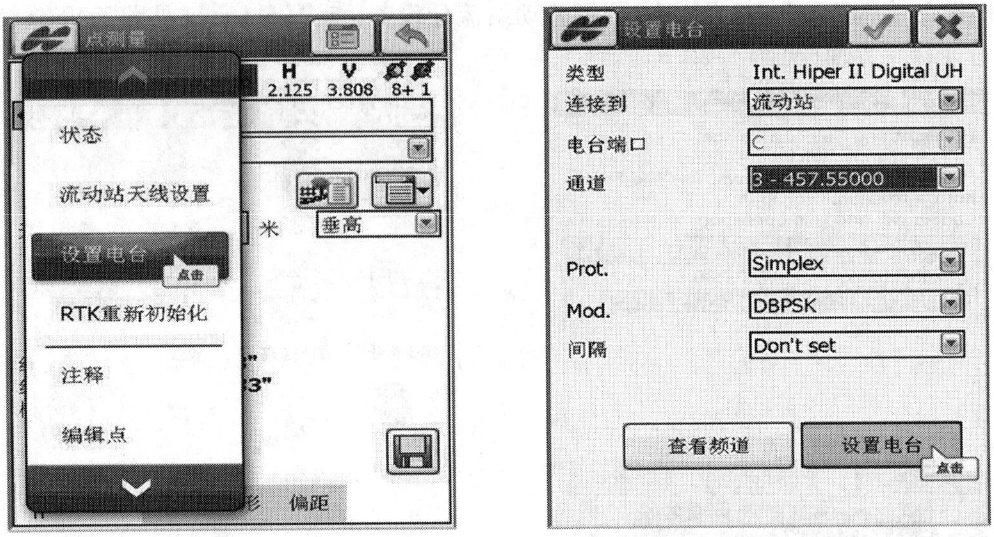

(a)　　　　(b)

图 7-44　电台的选择与设置

说明：基准站和流动站都是内置 UHF 数字电台时，可选用 Simplex 协议和 DBPSK 调制模式。

操作 2：显示“Modem setup successful”信息，点击【OK】(见图 7-45(a))→“点测量”界面下，点击【】图标，选择【状态】(见图 7-45(b))→进入“状态”界面，选择【系统】页面，可以查看相关信息，点击【】图标(见图 7-46(a))，返回到“点测量”界面(见图 7-46(b))→解类型达到要求时，点击【】图标，保存坐标(见图 7-46(b))。

(a)　　　　(b)

图 7-45　流动站设置完成与状态

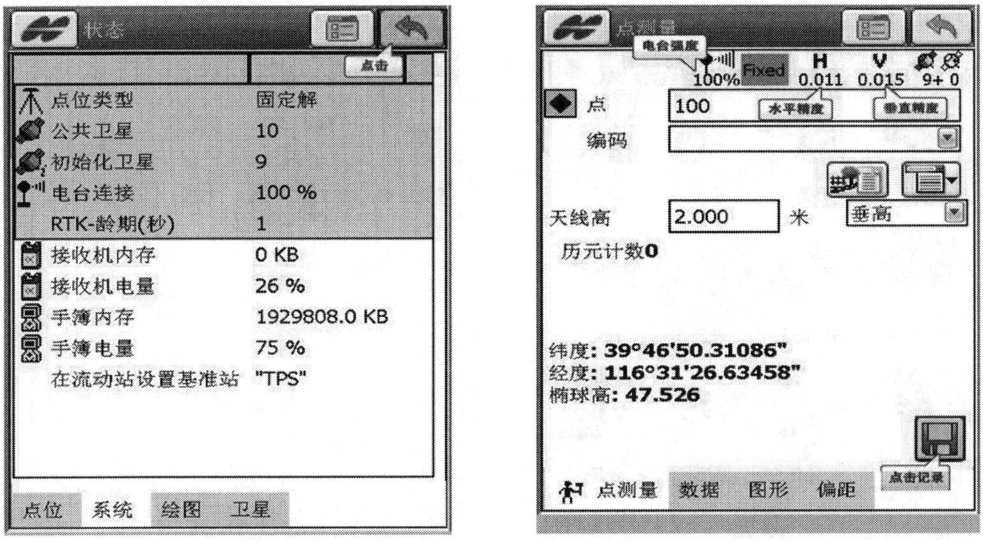

(a)　(b)

图 7-46　状态与点测量

说明:在“状态”界面下,可以查看点位解的类型、公共卫星数、初始化卫星数、数据发射频率等信息。在“点测量”界面下,分别点击“点测量”、“数据”、“图形”、“偏距”四个不同的选项,可以进入相关页面。解的类型可以根据不同的精度需要选择。

1.9　坐标转换与参数求解

如果测量工作在 WGS84 坐标系下进行,一般无需求解参数。

如果测量工作在地方坐标系下,已知地方椭球、投影信息,且有转换参数,无需求解。

如果测量工作在地方坐标系下,地方椭球、投影信息不定,且无转换参数,点测量或放样前需求转换参数(下面参数求解的操作主要讲述此种情况)。

在参数转换时,一般需已知 3 个或 3 个以上的点,这些点既有地方坐标,又有 WGS84 坐标(如果有已知 WGS84 坐标,就输入;若无,可利用“点测量”得到,参考“1.10　点测量与检核”)。这样的情况是理想的,实际工作时遇到的情况往往会更复杂,求解时可参考表 7-1。

操作 1:在“图标”界面下,点击【设置】(见图 7-47(a))→点击【地方坐标转换】(见图 7-47(b))。

操作 2:在“地方坐标转换”界面下,“类型”下拉框选择【WGS84 ->地方】,点击【增加】(见图 7-48(a))→进入“增加地方坐标转换点”界面,分别点击“已知点”和“已测量点”后的【　】图标,并选择匹配的点(如 G1 和 G1 - 84);勾选【使用平面坐标】和【使用高程】,或者其一→匹配完成后,点击【　】确定(见图 7-48(b))→完成后显示在“地方坐标转换”界面(见图 7-49(a))。按照上述步骤,添加其他的点(如 G2 和 G2 - 84、G3 和 G3 - 84)(见图 7-49(b))。

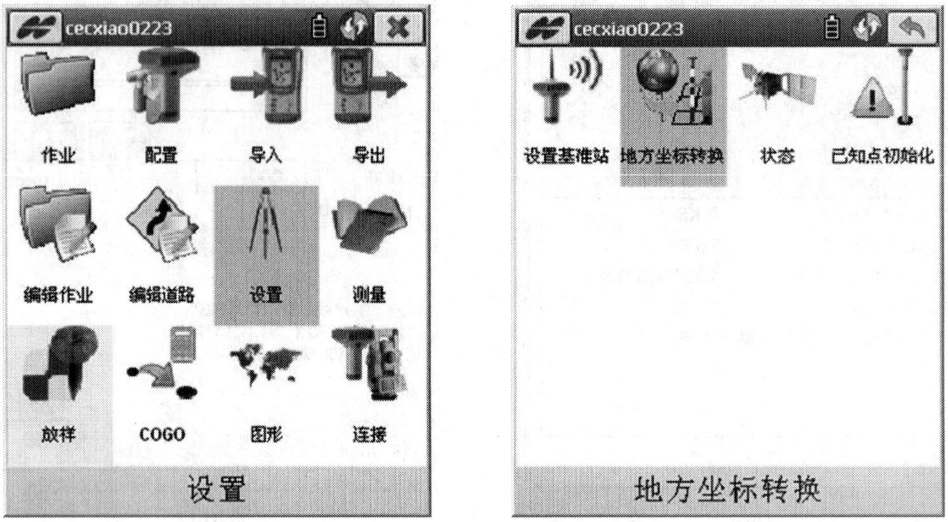

(a)　　(b)

图 7-47　设置与地方坐标转换

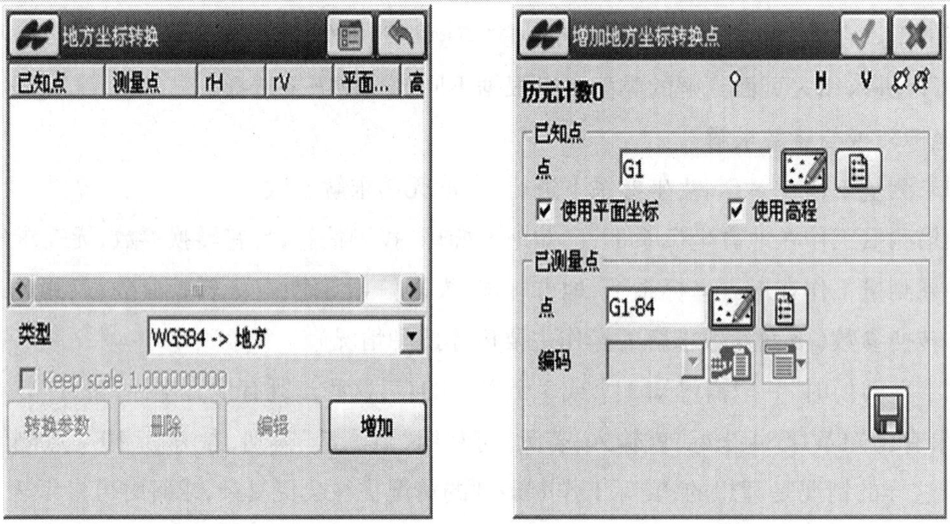

(a)　　(b)

图 7-48　地方坐标转换与已知点匹配

说明:参与参数计算的匹配点,可以是平面坐标也可以是高程,或者两者都参与计算。

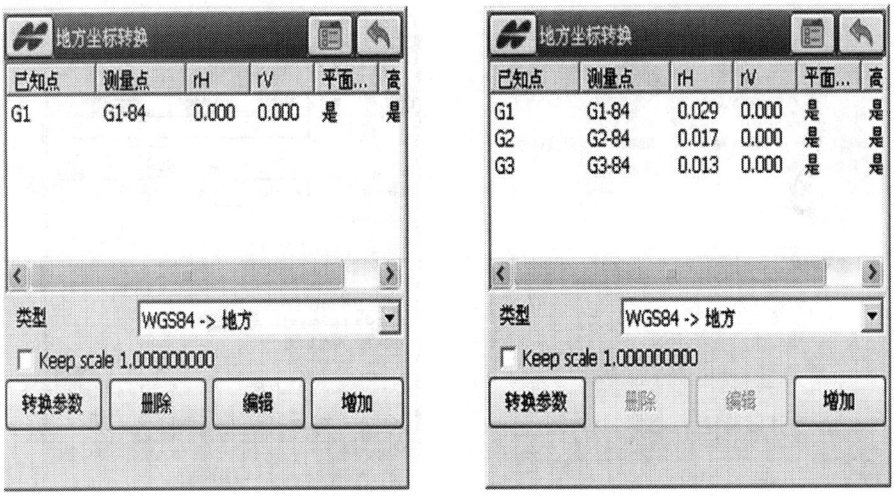

(a)　　　　(b)

图 7-49　参与坐标转换点的匹配

说明：匹配后，可选择某一匹配点编辑或删除，并可查看水平（rH）残差与高程（rV）残差，分别表示使用该转换参数进行坐标转换后在该点上的剩余误差，一般不要超过 2 cm。

操作 3：在“地方坐标转换”界面下，点击【转换参数】，查看坐标转换参数（见图 7-50（a））→转换完成后，在“图标”界面下，点击【配置】，点击【地方坐标系统】。在“坐标系统”页面的“投影”栏中，不再显示为“无”，而显示为“地方坐标转换”（见图 7-50（b））。

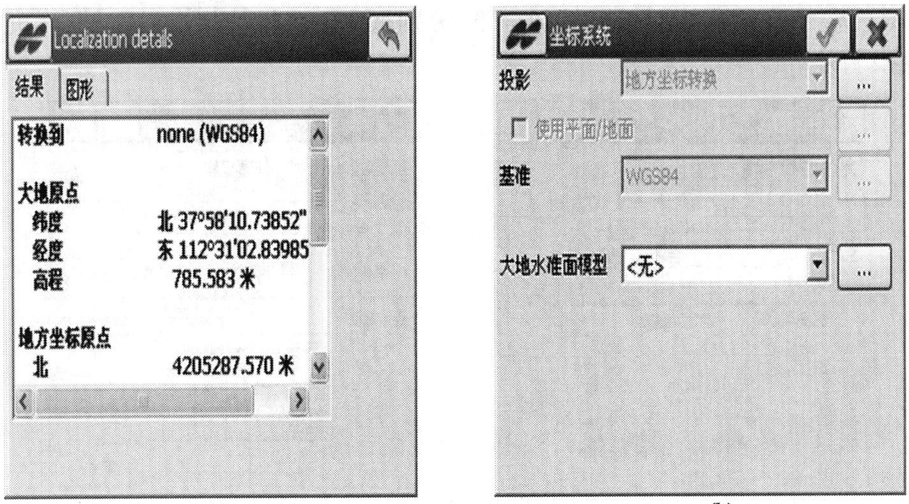

(a)　　　　(b)

图 7-50　转换参数与坐标转换

1.10　点测量与检核

操作 1：在“图标”界面下，点击【测量】，点击【点测量】（见图 7-51（a））→进入“点测量”界面，将对中杆放到另一已知点，达到固定解时，点击【 】保存，并与已知点比较检核，测量其他点的操作同上（见图 7-51（b））。

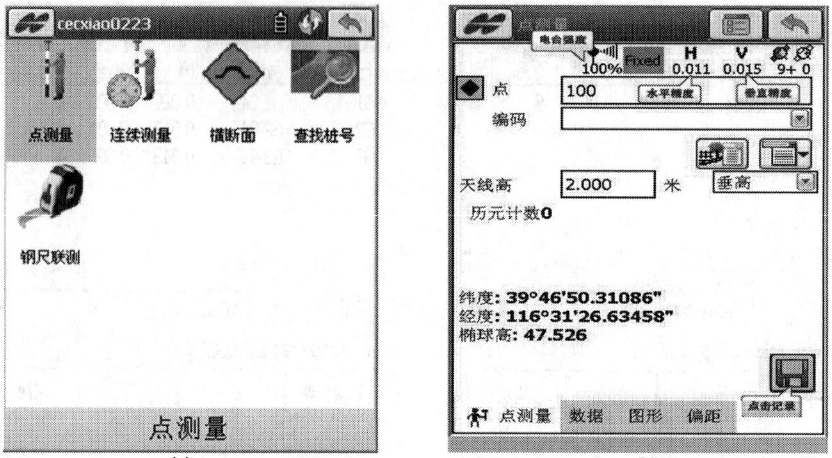

(a)　　(b)

图 7-51　转点测量图标与点测量界面

说明:每次作业开始前或重新架设基准站后,均应进行至少一个同等级或高等级已知点的检核,平面坐标较差不应大于 7 cm。

操作 2:在“图标”界面下,点击【测量】,点击【连续测量】→进入“连续测量”界面,点击【 】图标(见图 7-52(a))→进入“测量参数”界面,选择连续测量的方法,点击【 】图标确定(见图 7-52(b))。在“连续测量”界面下,分别点击【 】、【 】、【 】图标进行保存、开始测量及暂停。

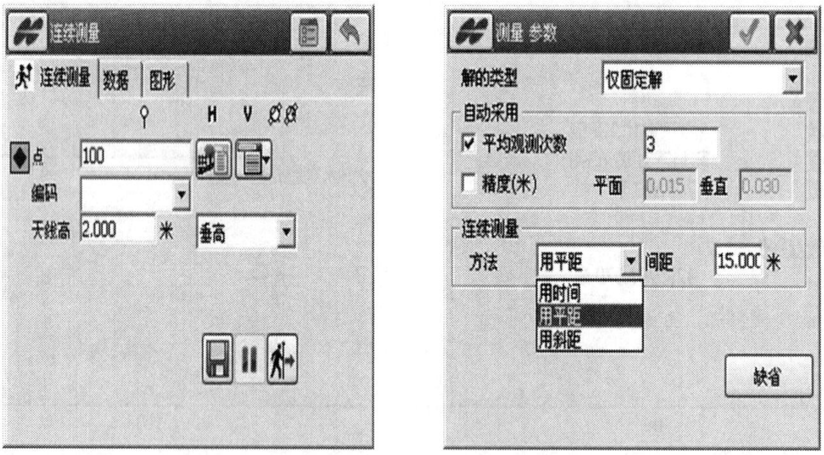

(a)　　(b)

图 7-52　连续测量与测量参数

说明:在“连续测量”界面下,可以点击【连续测量】、【数据】、【图形】页面进行切换。

2　基准站架设在未知点上

2.1　基准站架设与天线高量取

操作:在测区中央一定高度且视野开阔的理想点位选一未知点,架设仪器到未知点上,对中整平(见图7-53(a))。由量高尺固定挂钩量至标石(或其他标志)或者地面点中心顶端,并记录天线高(见图7-53(b))。

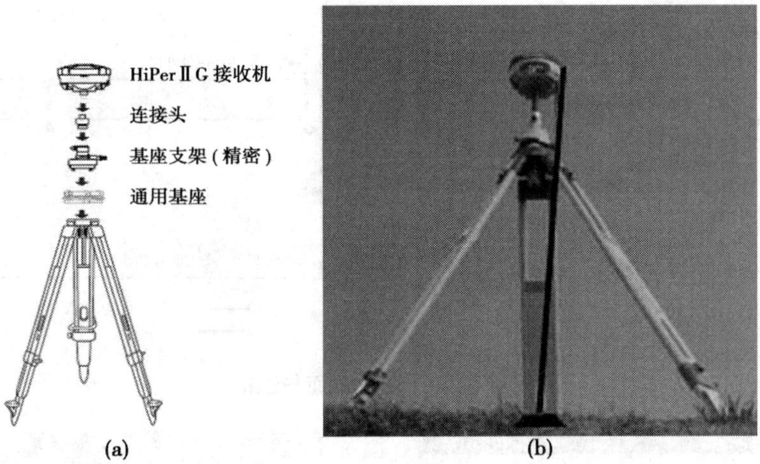

图7-53　仪器连接与架设

说明:天线高量取应在互成120°的脚架空隙处量取3次,取平均值。

2.2　手簿搜索基准站蓝牙设备

操作:操作步骤同本任务“1.2　手簿连接基准站”。

2.3　新建作业及GPS+配置集

操作:操作步骤同本任务“1.3　新建作业及GPS+配置集”。

2.4　坐标系统的建立与选择

操作:操作步骤同本任务“1.4　坐标系统的建立与选择”。

2.5　已知数据输入

操作:操作步骤同本任务“1.5　已知数据输入”。

2.6　基准站设置

操作1:在“图标”界面下,点击【连接】图标(见图7-54(a))→进入“连接”界面,选择【General】页面,选择【GPS】,并选择新建的配置集(如cexiao RTK),选择【基准站】,勾选【蓝牙】与【启动时提示】,点击【连接】(见图7-54(b))→进入“蓝牙设备”界面(见图7-55(a))。

操作2:在“蓝牙设备”界面下,选择基准站蓝牙设备(如745-00257),点击【Select】(见图7-55(a))→进入“图标”界面中,点击【设置】(见图7-55(b))→进入图7-56(a)所示界面。

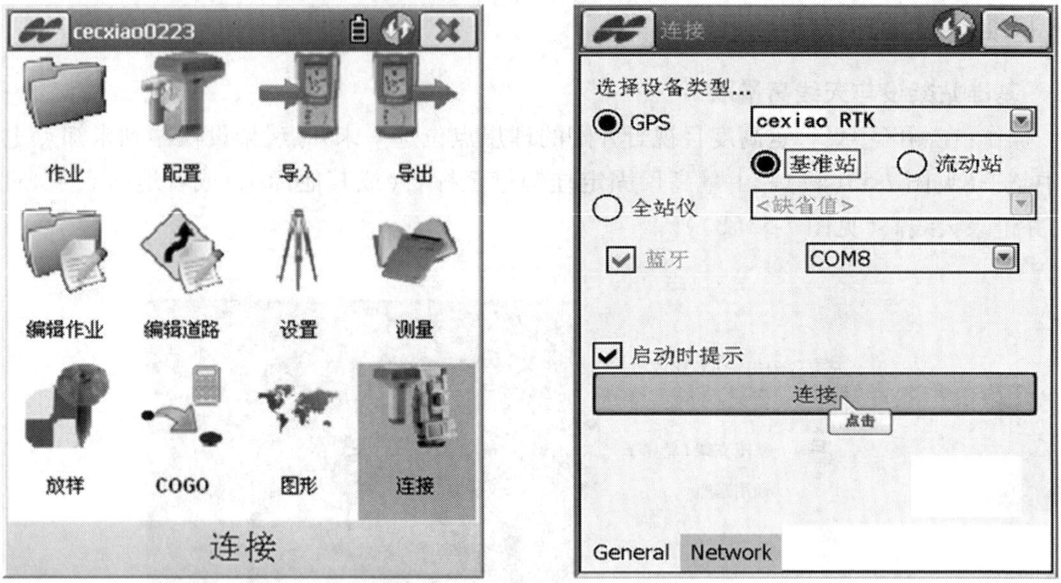

(a)　　(b)

图 7-54　图标界面与连接

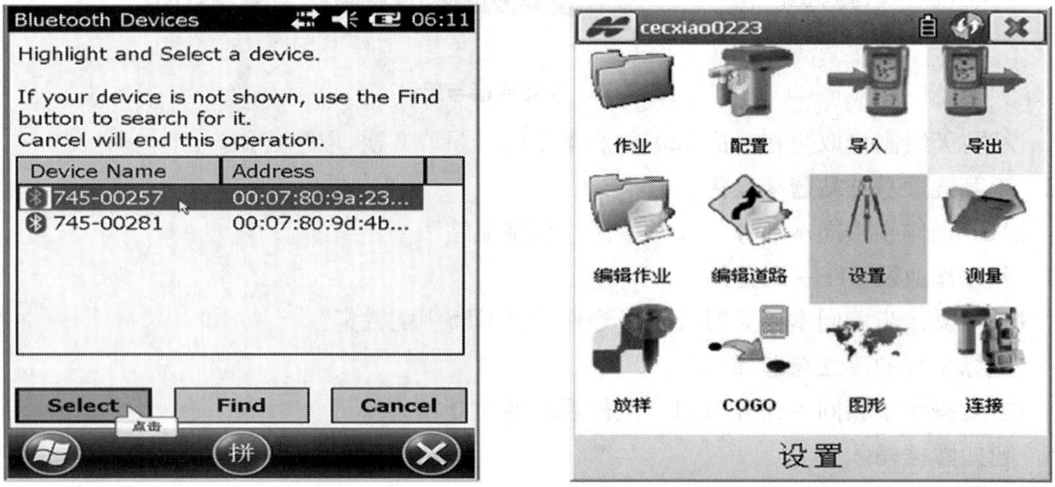

(a)　　(b)

图 7-55　蓝牙设备与图标界面

操作 3:点击【设置基准站】(见图 7-56(a))→进入“设置基准站”界面,输入点名、天线高。点击【】图标自动定位,基准站坐标不断变化,【自动定位】变为【停止】,观测至少 60 s 以后,点击【停止】,基准站 WGS84 坐标显示在坐标项目栏中(见图 7-56(b))。

操作 4:在“设置基准站”界面下,点击【设置基准站】(见图 7-56(b))→显示“正读取频率列表”(见图 7-57(a))。读完后,从下拉框中选择其中一个频率(如 3 – 457. 55000),点击【确定】(见图 7-57(b))→进入图 7-58(a)所示界面。

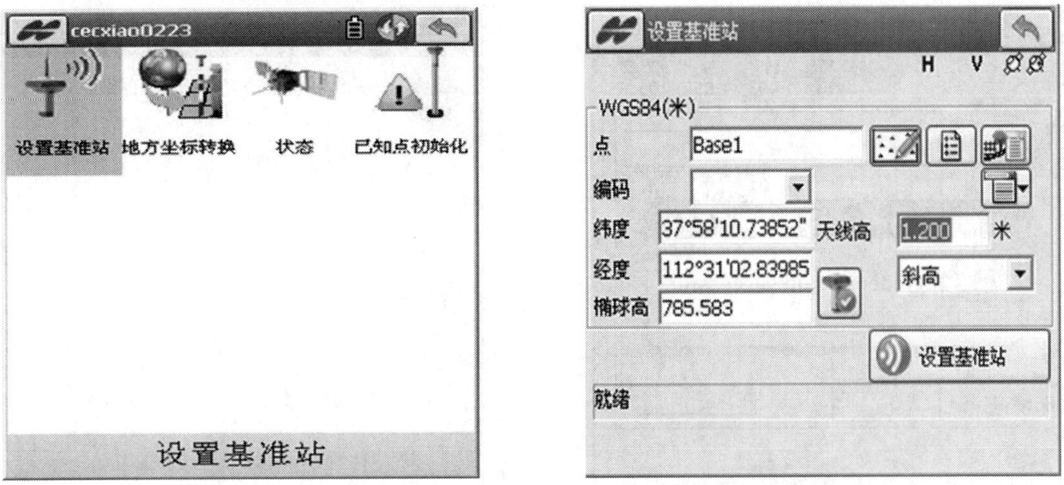

(a)　(b)

图 7-56　基准站的选择与设置

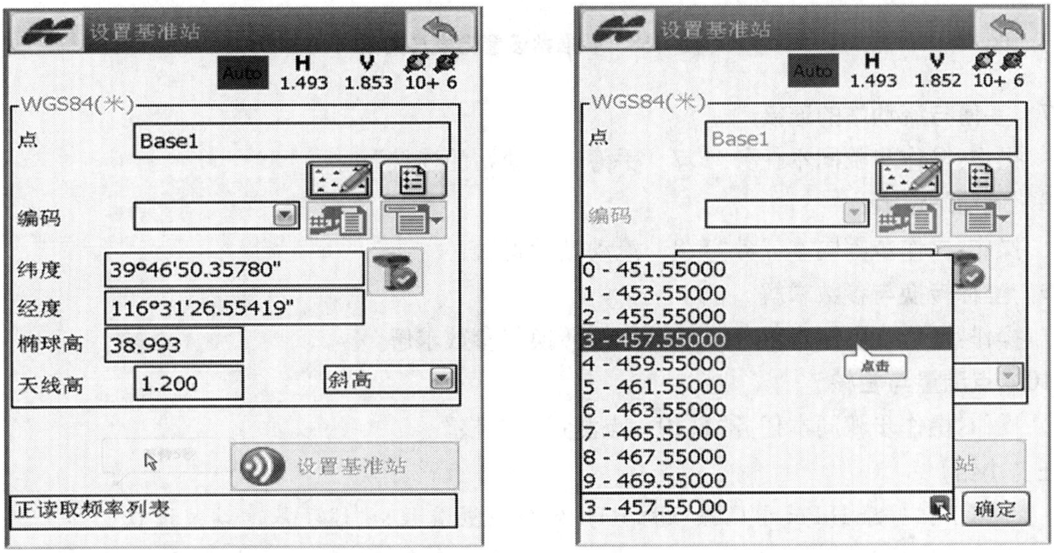

(a)　(b)

图 7-57　频率的读取与选择

说明：基准站频率选择其中任一个即可。

操作 5：显示“Modem setup successful”信息后，点击【OK】（见图 7-58（a））→显示“基准站设置成功并已开始工作”信息后，点击【关闭】（见图 7-58（b）），返回到“图标”界面。

(a)

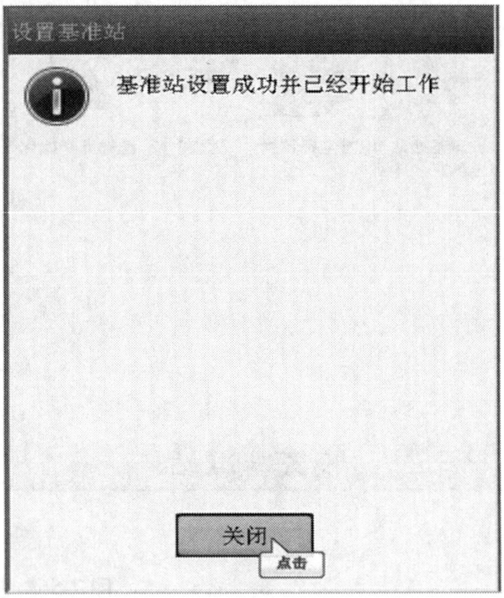

(b)

图 7-58　基准站设置完成与关闭

2.7　手簿与流动站的连接

操作:操作步骤同本任务“1.7　手簿与流动站的连接”。

2.8　流动站设置

操作:操作步骤同本任务“1.8　流动站设置”。

2.9　坐标转换与参数求解

操作:操作步骤同本任务“1.9　坐标转换与参数求解”。

2.10　点测量与检核

操作:操作步骤同本任务“1.10　点测量与检核”。

【任务小结】

介绍了拓普康 HiPer ⅡG 接收机 RTK 定位设置流程,讲述了基准站架设在已知点上和未知点上的操作步骤。这两种方法主要的区别在于基准站的启动方式不同,一个需输入已知 WGS84 坐标,另一个需要单点定位自启动。如果测量工作的坐标系需要在地方坐标系下进行,就需要求取参数,进行坐标转换,把 WGS84 坐标转换到地方坐标。

【任务考核】

(1)总结 RTK 基准站应满足的要求,并填入表 7-2 中。

(2)填写不同基准站架设情况统计表(见表 7-3)。

(3)填写拓普康 HiPer ⅡG 接收机 RTK 定位操作流程图(见图 7-59)。

(4)填写 RTK 测量基准站观测手簿(见表 7-4)。

(5)填写参考点的转换残差及转换参数表(见表 7-5)。

表 7-2　RTK 基准站应满足的要求

项目	内容及要求
观测环境	
地质环境	
维持环境	
技术要求	

表 7-3　不同基准站架设情况统计表

测量工作的坐标系	地方坐标	WGS84 坐标	转换参数	基准站架设	基准站启动方式
WGS84 坐标系	无	无	有或无		
WGS84 坐标系	无	有	有或无		
WGS84 坐标系	有	无	无		
WGS84 坐标系	有	无	有		
WGS84 坐标系	有	有	有或无		
地方坐标系	无	有或无	无		
地方坐标系	无	无	有		
地方坐标系	无	有	有		
地方坐标系	有	无	无		
地方坐标系	有	无	有		
地方坐标系	有	有	有		

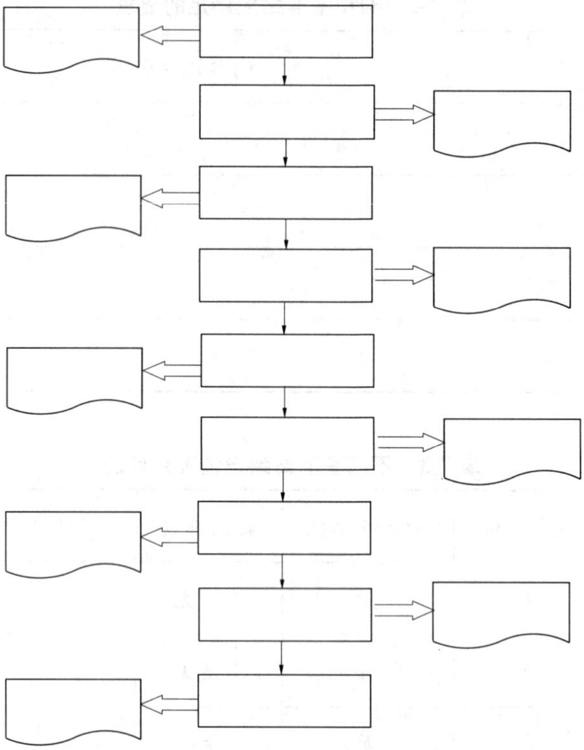

图 7-59　HiPer ⅡG 接收机 RTK 定位操作流程

表 7-4　RTK 测量基准站观测手簿

点号		点名		参考点等级	
观测记录员		观测日期		采样间隔	
接收机类型		接收机编号		开始记录时间	
天线类型		天线编号		结束记录时间	
近似纬度 N	°　′　″	近似经度 E	°　′　″	近似高程 H	m
天线高测定		天线高测定方法及略略		点位略图	
测前	测后				
平均值：	平均值：				
时间(UTC)	跟踪卫星号及信噪比	纬度(°　′　″)	经度(°　′　″)	大地高(m)	天气状况
备注					

表 7-5　参考点的转换残差及转换参数表

参考点地心坐标与地方坐标的转换残差			
序号	参考点名(号)	平面残差(cm)	高程残差(cm)
参考点地心坐标与地方坐标的转换参数			
平面转换参数:			
高程转换参数:			

【任务扩展】

拓普康 HiPer ⅡG 接收机 RTK 定位技术的介绍,采用内置电台模式。试在该操作方法的基础上学习 RTK 外置电台的操作步骤。

在不同数量已知点的情况下,学习坐标转换与参数求解的方法。分析研究不同数量的已知点和不同的分布对参数求解后点位精度的影响以及作业范围的影响。

任务 2　工程设计及 RTK 放样

【任务目的】

(1)掌握拓普康 HiPer ⅡG 接收机点放样的操作步骤。

(2)掌握拓普康 HiPer ⅡG 接收机线放样的操作步骤。

(3)掌握拓普康 HiPer ⅡG 接收机道路设计方法及放样操作步骤。

【任务分析】

放样是把设计的点位按照预定的要求以一定的精度放样到实地,并标定其位置。本任务介绍点放样、线放样及道路设计放样。点放样与线放样的操作比较简单,重点介绍道路设计与放样,该操作步骤是学习的重点。

【任务要求】

(1)掌握点放样的放样参数设置、报表设置及放样操作步骤。

(2)掌握线放样的放样参数设置、报表设置及放样操作步骤。

(3)掌握道路设计、水平定线、垂直定线、横断面设计的操作步骤。

(4)掌握道路放样的内容及操作步骤。

【任务准备】

(1)仪器准备:拓普康 HiPer ⅡG 接收机基准站一套(脚架、卷尺、基座、连接头等),HiPer ⅡG接收机流动站一套(对中杆、手簿、手簿托架等),能够保证正常工作使用。

(2)人员准备:按照实习任务,事先分好小组,轮流操作。

(3)记录准备:记录板,本子、笔等学习用具。

【任务实施】

拓普康 HiPer ⅡG 接收机工程设计及 RTK 放样的介绍分三个部分:点放样、线放样与道路设计与道路放样。

工程设计及 RTK 放样操作流程如图 7-60 所示。

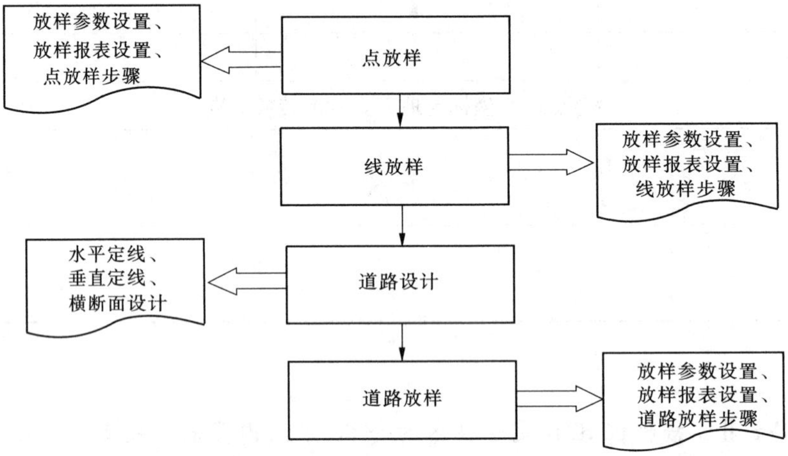

图 7-60　工程设计及 RTK 放样操作流程

1　点放样

1.1　放样参数设置

操作 1:在“图标”界面下,点击【放样】→点击【点】→进入“放样点”界面,点击图标【】(见图 7-61(a))→进入“配置:放样参数 1”界面,设置完成后,点击【继续】(见图 7-61(b))→进入“配置:放样参数 2”界面(见图 7-62(a))。

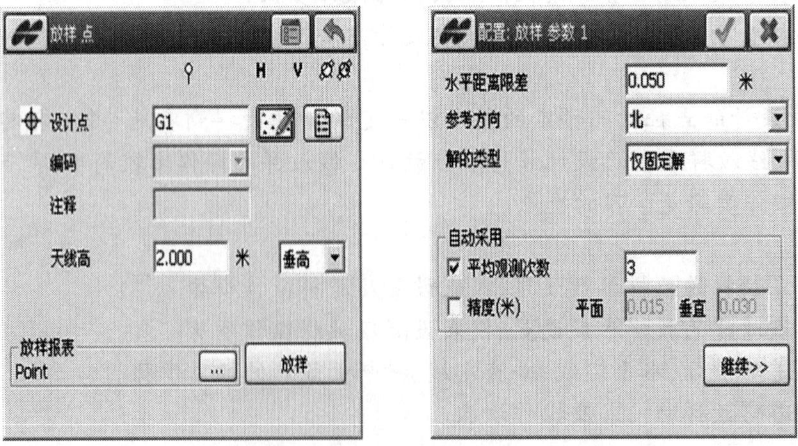

(a)　　(b)

图 7-61　放样点与放样参数 1

说明:在“配置:放样参数 1”界面下可设置水平距离限差、参考方向(一般选北)、解的类型以及平均观测次数。

操作 2:在“配置:放样参数 2”界面下,设置完成后,点击【继续】(见图 7-62(a))→进入“放样点图标”界面,设置完成后,点击【返回】(见图 7-62(b)),返回“放样点”界面(见图 7-61(a))。

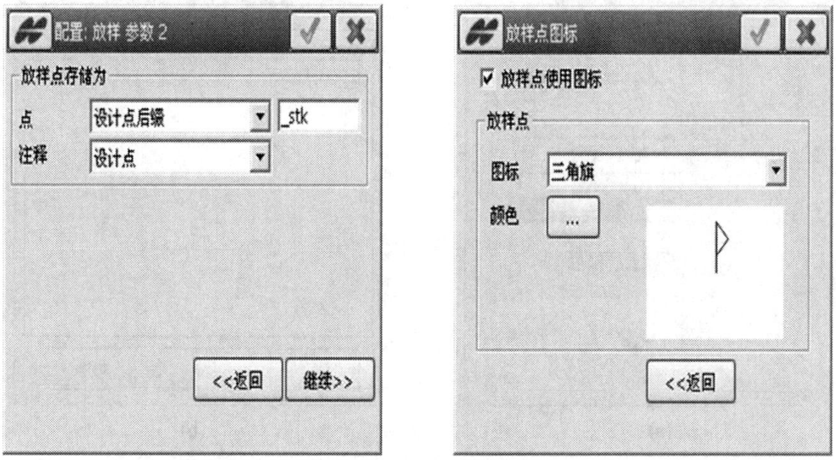

(a)　(b)

图 7-62　放样参数 2 与放样点图标

说明:在“配置:放样参数 2”界面下可以设置点后缀。“放样点图标”界面下可以设置点的图标和颜色。

1.2　**放样报表设置**

操作 1:在“放样点”界面下,点击“放样报表”后面的按钮【...】(见图 7-63(a))→进入“放样报表列表”界面,点击【增加】(见图 7-63(b))→进入“放样报表”界面(见图 7-64(a))。

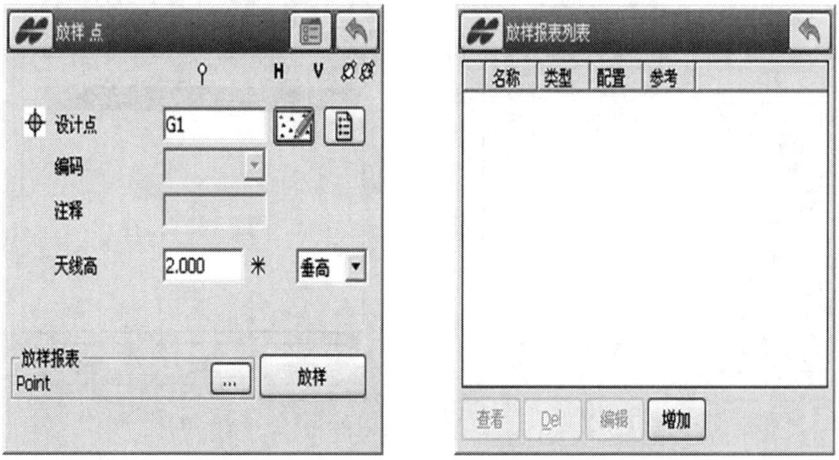

(a)　(b)

图 7-63　放样点与放样报表列表

说明:“放样报表”可以用来设置点输出的格式与内容。

操作 2:在“放样报表”界面下,输入报表名称,点击“配置”下拉框,选择点击【 <编辑… >】(见图 7-64(a))→进入“放样报表配置列表”界面,点击【增加】(见图 7-64(b))→进入“报表配置”界面(见图 7-65(a))。

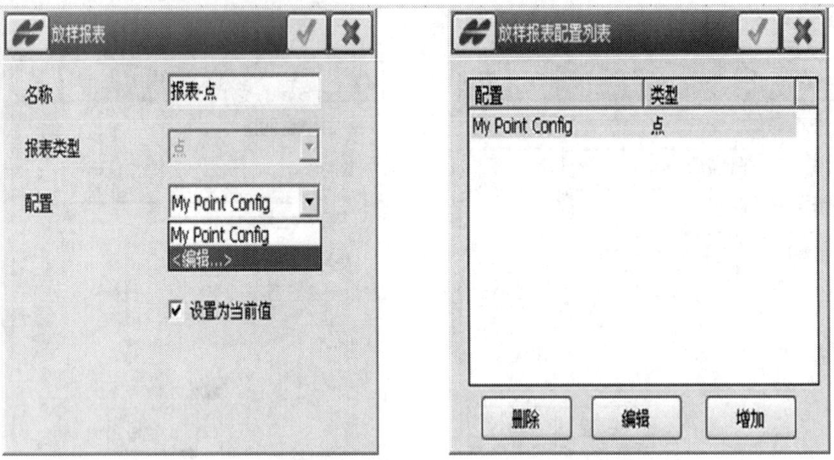

(a)　　(b)

图 7-64　放样报表与放样报表配置列表

说明:“配置”可以选择已有配置【My Point Config】或自己编辑,添加一个放样报表配置。

操作 3:在“报表配置”界面下,输入名称,根据需要勾选相应项目,并可以点击图标【】和【】对选定的项目进行上下移动,设置后点击【】确定(见图 7-65(a))→进入“放样报表配置列表”界面,选择一个配置,点击【】确定(见图 7-65(b))→回到“放样点”界面,点击【】图标,选择【查看报告】(见图 7-66(a))→进入“点”报表界面,设置的点报表格式内容显示如图 7-66(b)所示。

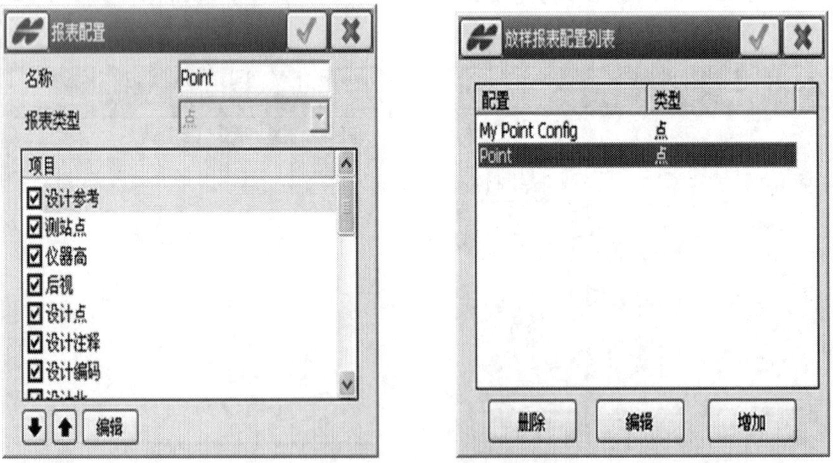

(a)　　(b)

图 7-65　报表配置与放样报表配置列表

说明:在“报表类型”列表里,每一个项目都是可选的,并且可以调整它们间的次序。

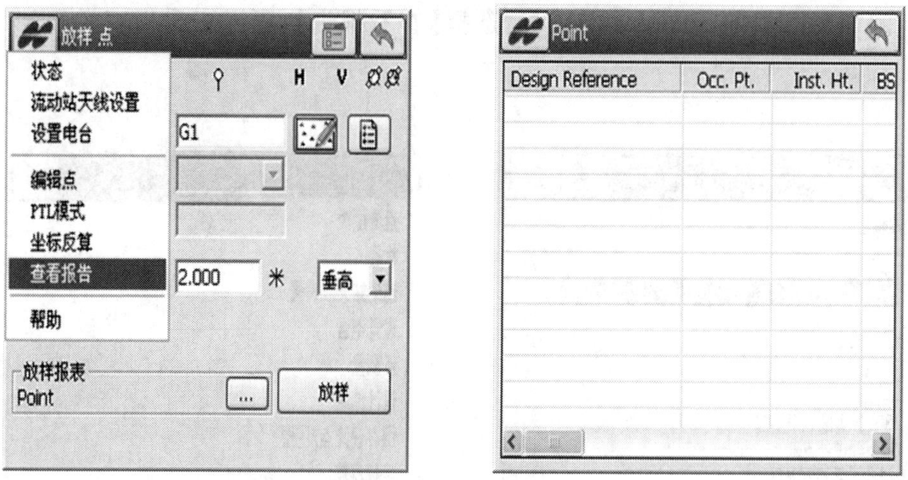

(a)　　(b)

图 7-66　查看报表与点报表

说明："报表类型"列表里的设置顺序和内容与图 7-66 所示格式内容应是一致的。

1.3　点放样

操作 1：在"放样点"界面下，点击【放样】（见图 7-67（a））→进入"放样"界面，根据点的解算精度（固定解、浮点解、单点解等）与图示进行点放样，点击【 】图标，保存该点（见图 7-67（b））。点击【 】或【 】图标，放样上一个点或下一个点（见图 7-67（b））。

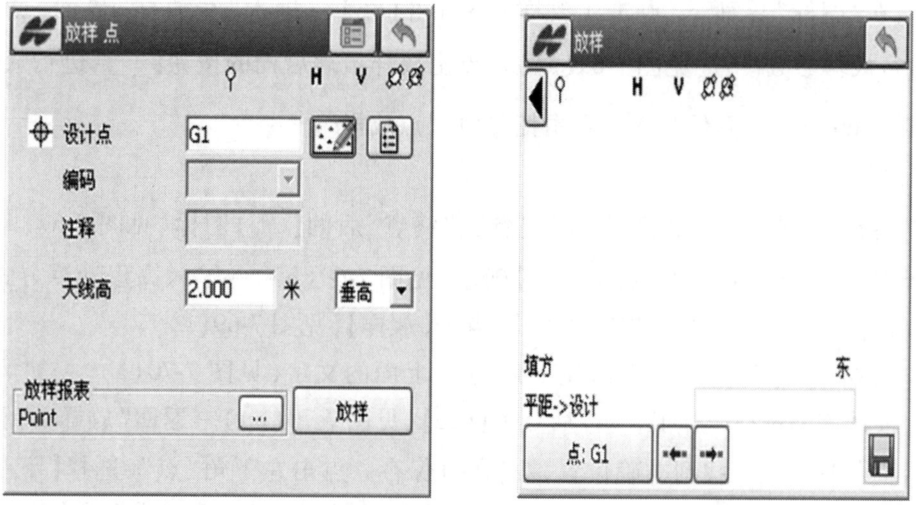

(a)　　(b)

图 7-67　点放样

操作 2：在"放样"界面下，点击左下角"点：G1"上面的文字，图示为【填方，平距->设计】（见图 7-67（b））→进入"选择值"界面，根据需要选择放样值，选择后点击【 】（见图 7-68

(a))→返回“放样”界面,点击【】图标,选择【查看报告】,可以查看报表类型(见图 7-68(b))。

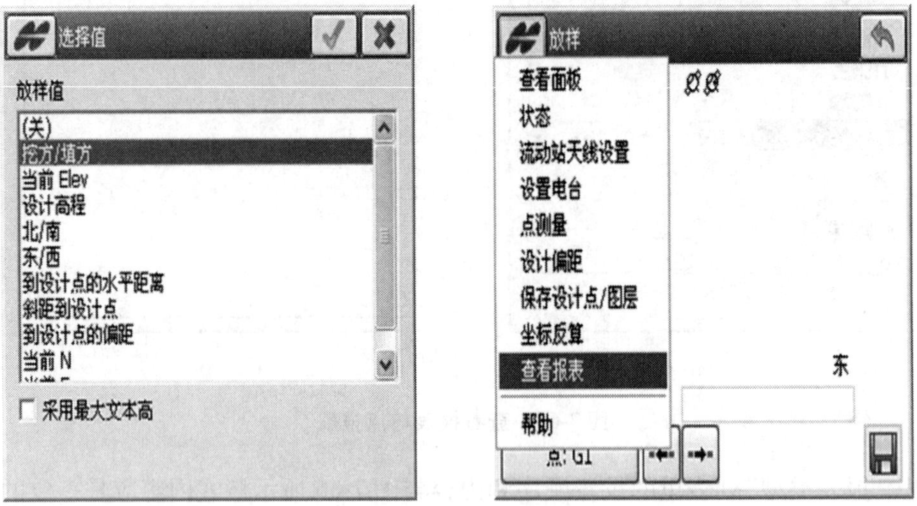

(a)　　(b)

图 7-68　选择值与查看报表

2　线放样

2.1　放样参数设置与放样报表设置

操作:在“图标”界面下,点击【放样】→点击【线】→进入“线放样”界面,点击图标【】,进行放样参数设置(见图 7-69(a))。点击放样报表后面的按钮【...】,进行放样报表设置(见图 7-69(a))。具体操作参考本任务“1　点放样”。

2.2　线放样

操作 1:在“线放样”界面下,点击“起点”、“终点”后的【】图标(见图 7-69(a))→进入“点”界面,选择起点和终点,点击【】确定(见图 7-69(b))→输入高程计算方式(起点高程或内插高程);输入天线高与量高方式,点击【放样】(见图 7-69(a))。

操作 2:在“放样”界面下,点击左下角“点”上面的文字(见图 7-70(a))→进入“选择值”界面,根据需要选择放样值,选择后点击【】(见图 7-70(b))→返回“放样”界面,根据“放样”界面的提示信息找到准确位置,按【】保存。点击左下角“点”,选择【下一点】放样下一点(见图 7-70(a))→在“放样”界面下点击【】图标,选择【查看报表】可以查看报表类型(见图 7-70(b))。

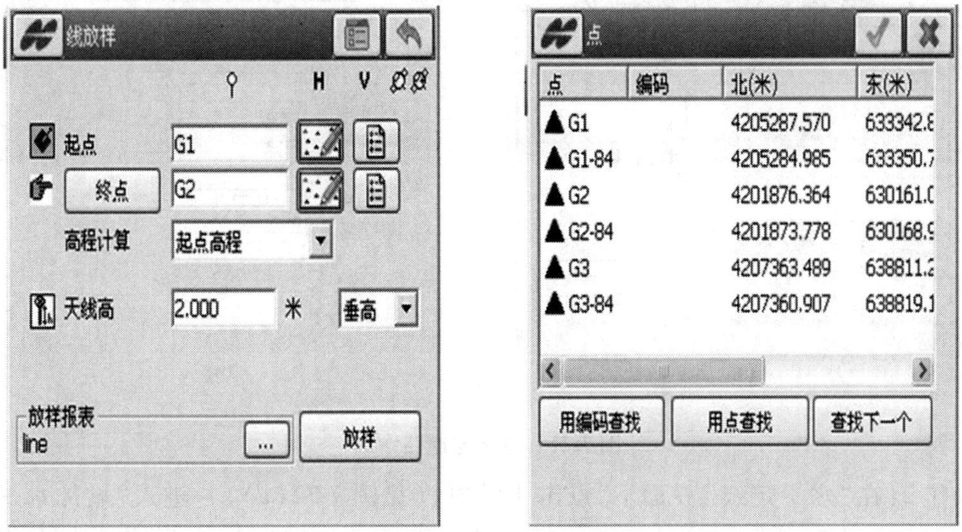

(a)　　(b)

图 7-69　线放样与点选择

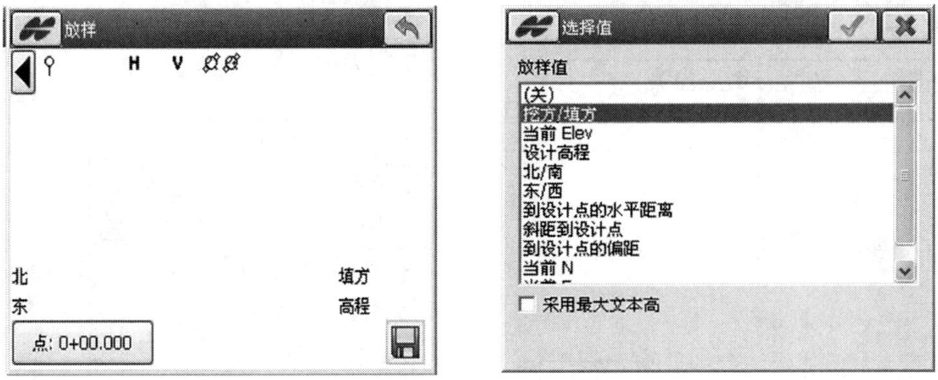

(a)　　(b)

图 7-70　线放样与放样值

3　道路设计与道路放样

3.1　道路设计——水平定线(交点法)

操作 1:在“图标”界面下,点击【编辑道路】,点击【道路】→进入“道路”界面,点击【增加】(见图 7-71(a))→进入“增加道路”界面,选择【定线】页面,输入名称,点击水平定线后的【...】(见图 7-71(b))→进入“水平定线”界面(见图 7-72(a))。

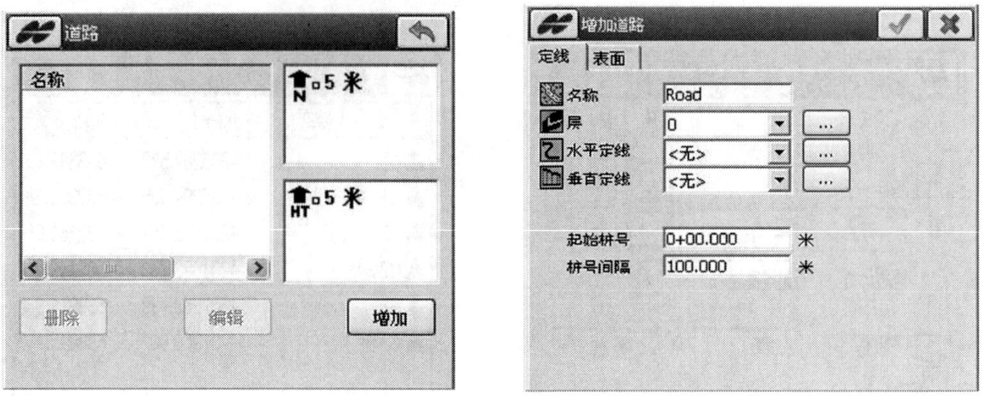

(a)　　　　(b)

图 7-71　道路与道路增加

操作 2:在“水平定线”界面下,点击【增加】(见图 7-72(a))→进入“增加水平定线(HZ – Road)”界面,选择【起点】页面,输入定线名称、起点、编码、坐标、开始桩号(见图 7-72(b))。

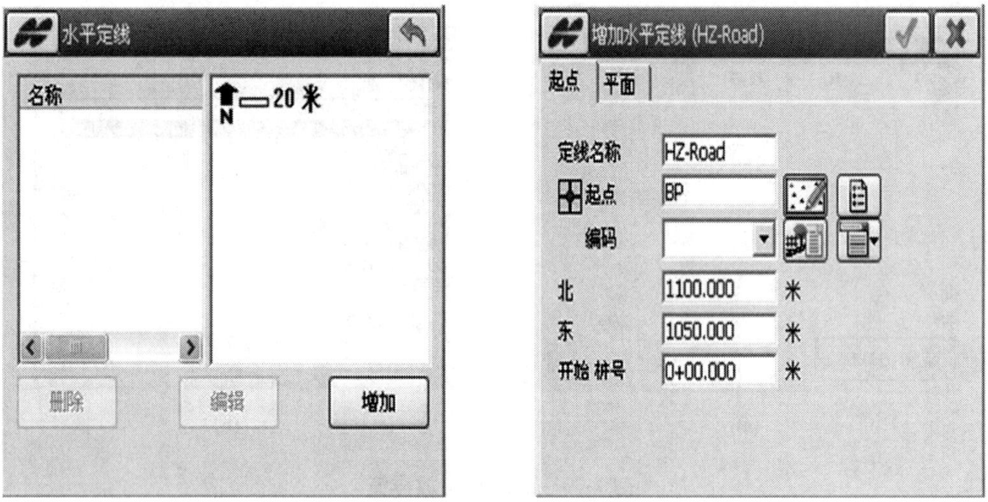

(a)　　　　(b)

图 7-72　水平定线与增加水平定线(增加起点)

操作 3:在“水平定线”界面下,选择【平面】,点击【增加】,选择【交点】(见图 7-73(a))→进入“交点”界面,输入缓和曲线交点点名、坐标,半径,第一、第二缓和曲线参数,点击【✓】(见图 7-73(b))→返回“增加水平定线”界面(见图 7-74(a))。

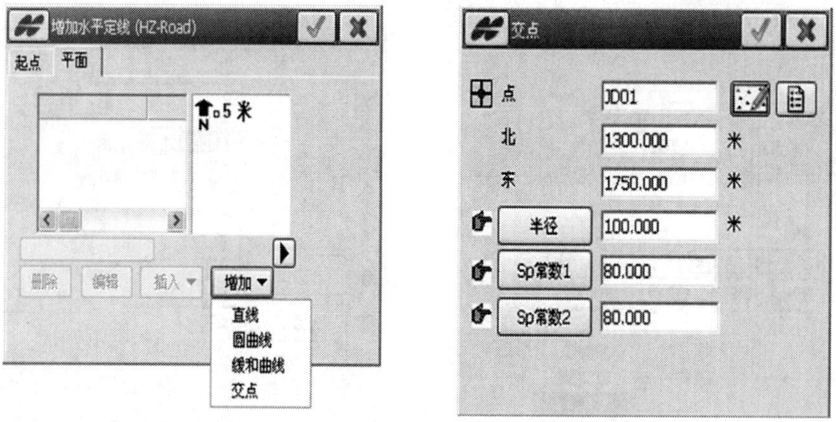

(a)　(b)

图 7-73　**增加水平定线与交点(增加缓和曲线)**

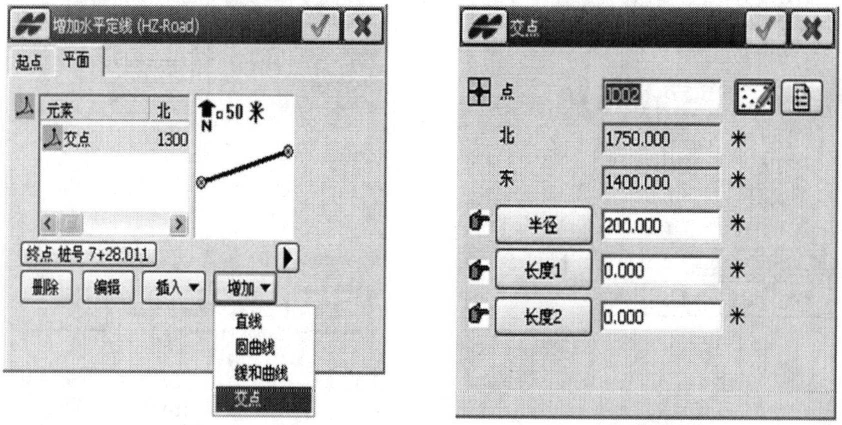

(a)　(b)

图 7-74　**增加水平定线与交点(增加圆曲线)**

操作 4:在“增加水平定线 HZ – Road”界面下,点击【增加】,选择【交点】(见图 7-74(a))→进入“交点”界面,输入圆曲线交点点名、坐标,半径,第一、第二缓和曲线参数为 0,点击【 】(见图 7-74(b))→返回“增加水平定线 HZ – Road”界面(见图 7-75(a))。

操作 5:在“增加水平定线 HZ – Road”界面下,点击【增加】,选择【交点】(见图 7-75(a))→进入“交点”界面,输入终点交点点名、坐标,半径,第一、第二缓和曲线参数为 0,点击【 】(见图 7-75(b))→返回“增加水平定线 HZ – Road”界面(见图 7-76(a))。

操作 6:在“增加水平定线 HZ – Road”界面下,点击【 】(见图 7-76(a))→进入“水平定线”界面,点击【 】(见图 7-76(b))→返回“增加道路 HZ – Road”界面,点击“水平定线”下拉框,选择设计的水平定线(如 HZ – Road)(见图 7-77(b))。

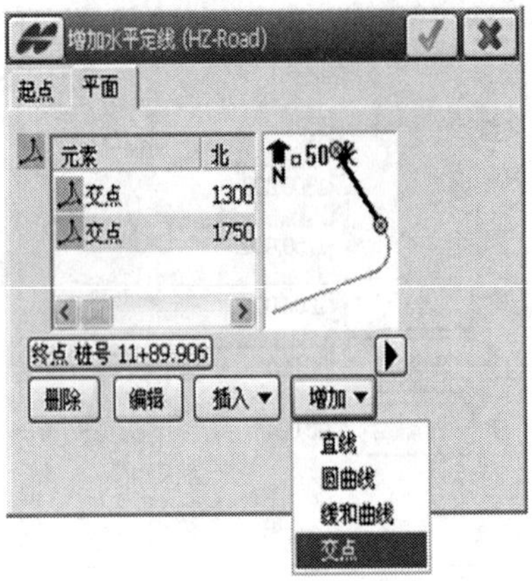

(a)

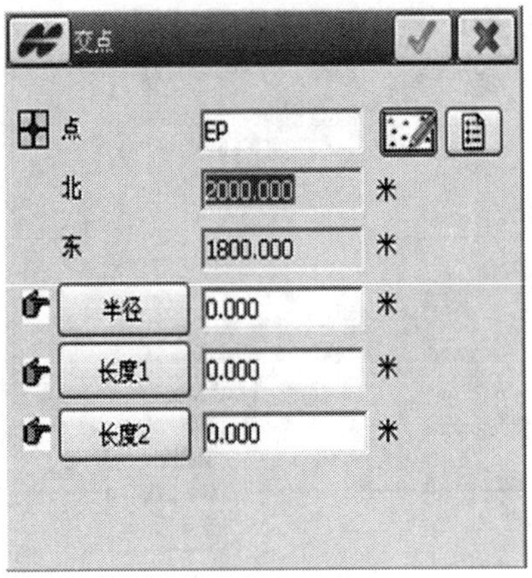

(b)

图 7-75　增加水平定线与交点(增加终点)

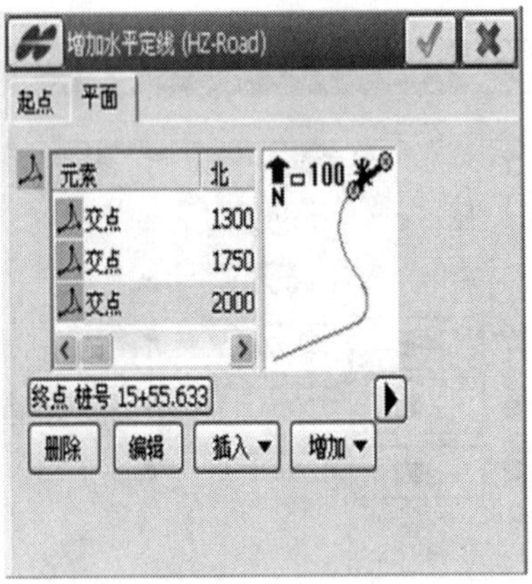

(a)

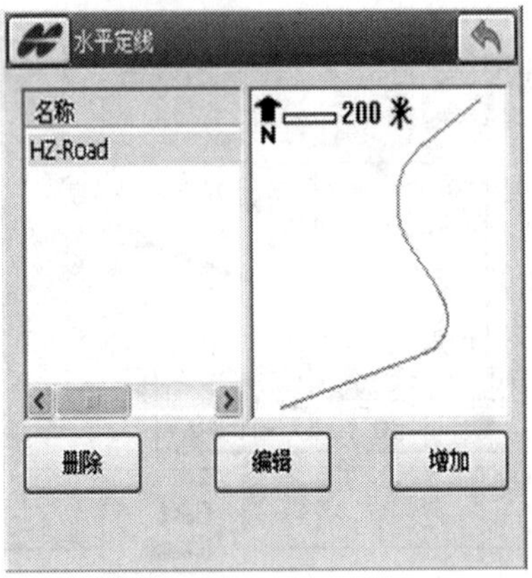

(b)

图 7-76　增加水平定线与水平定线

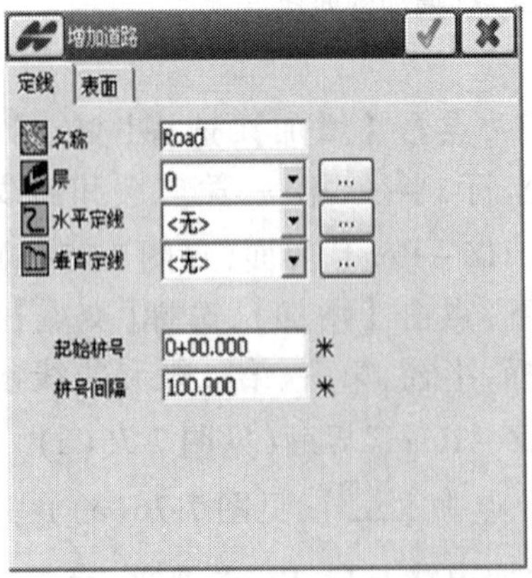

(a)

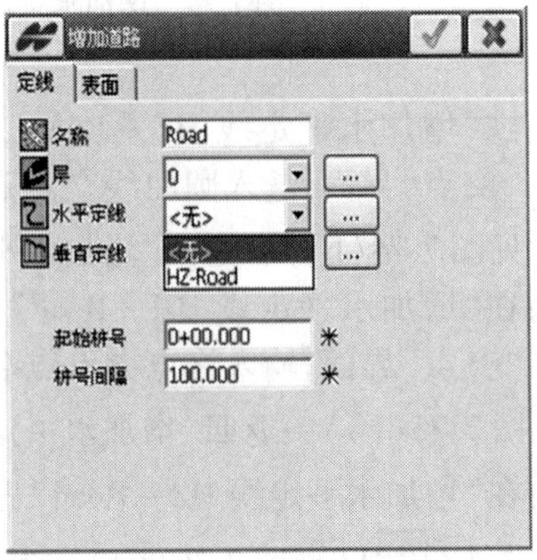

(b)

图 7-77　增加道路

3.2　道路设计——水平定线(元素法)

操作 1:在“图标”界面下,点击【编辑道路】,点击【道路】→进入“道路”界面,点击【增加】(见图 7-78(a))→进入“增加道路”界面,选择【定线】页面,输入名称,点击水平定线后的【...】(见图 7-78(b))→进入“水平定线”界面(见图 7-79(a))。

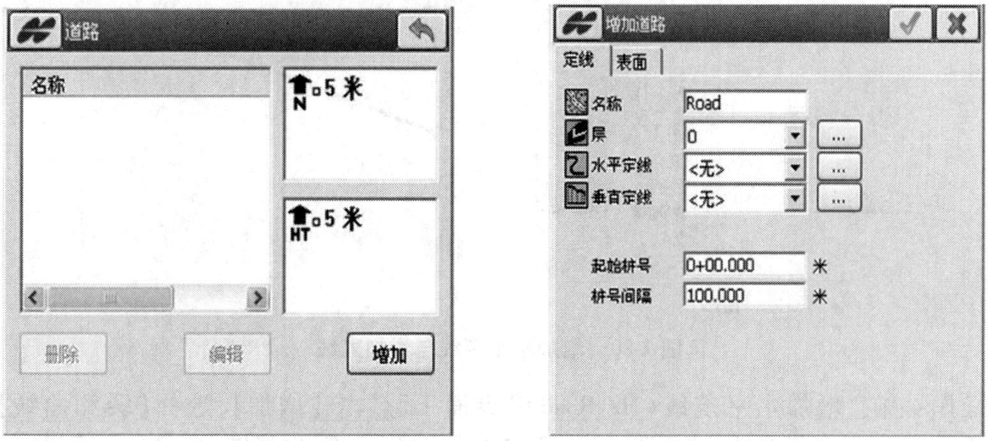

(a)　(b)

图 7-78　道路与增加道路

操作 2:在“水平定线”界面下,点击【增加】(见图 7-79(a))→进入“增加水平定线(HZ-Road)”界面,选择【起点】页面,输入定线名称、起点名称、坐标、开始桩号(见图 7-79(b))。

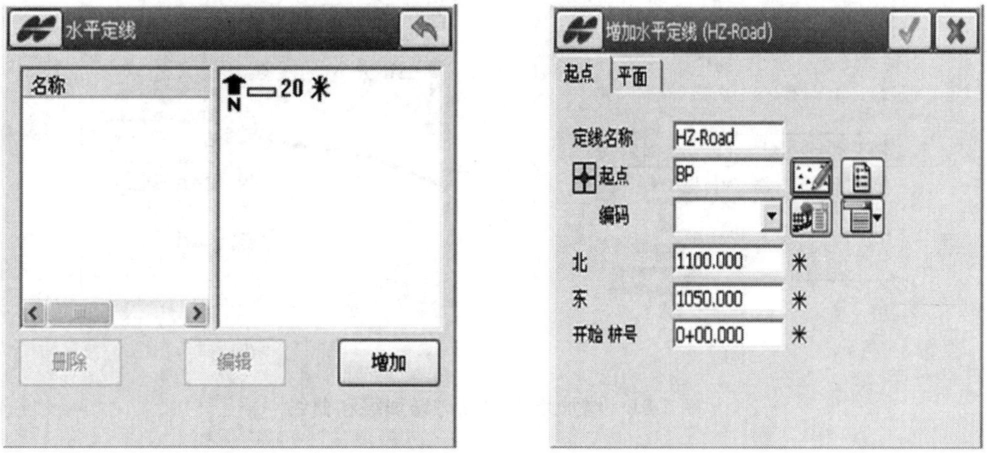

(a)　(b)

图 7-79　水平定线与增加水平定线(增加起点)

操作 3:在“增加水平定线(HZ-Road)”界面下,选择【平面】,点击【增加】,选择【直线】(见图 7-80(a))→进入“直线”界面,输入长度和方位角,点击【✓】(见图 7-80(b))→返回图 7-81(a)所示界面。

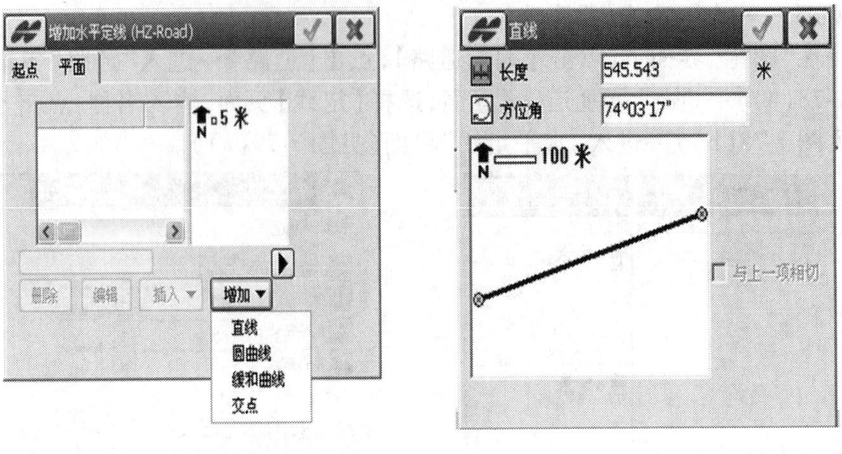

(a)　　(b)

图 7-80　增加水平定线与增加直线

操作 4:在"增加水平定线(HZ-Road)"界面下,点击【增加】,选择【缓和曲线】(见图 7-81(a))→进入"缓和曲线"界面,输入缓和曲线半径、长度,选择转向、方向、是否与上一项相切,点击【✓】(见图 7-81(b))→返回"增加水平定线(HZ – Road)"界面(见图 7-82(a))。

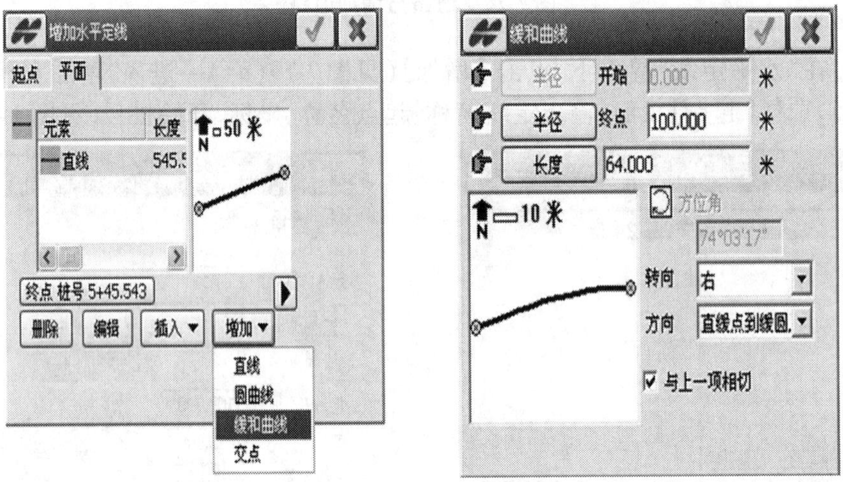

(a)　　(b)

图 7-81　增加水平定线与增加缓和曲线

操作 5:在"增加水平定线"界面下,点击【增加】,选择【圆曲线】(见图 7-82(a))→进入"圆曲线"界面,输入圆曲线半径、长度,选择转向、是否与上一项相切,点击【✓】(见图 7-82(b)),完成圆曲线的添加→返回"增加水平定线"界面(见图 7-83(a))。

操作 6:在"增加水平定线"界面下,点击【✓】(见图 7-83(a))→进入"水平定线"界面,点击【↰】(见图 7-83(b))→返回"增加道路"界面,点击"水平定线"下拉框,选择设计的水平定线(如 HZ – Road)(见图 7-84(b))。

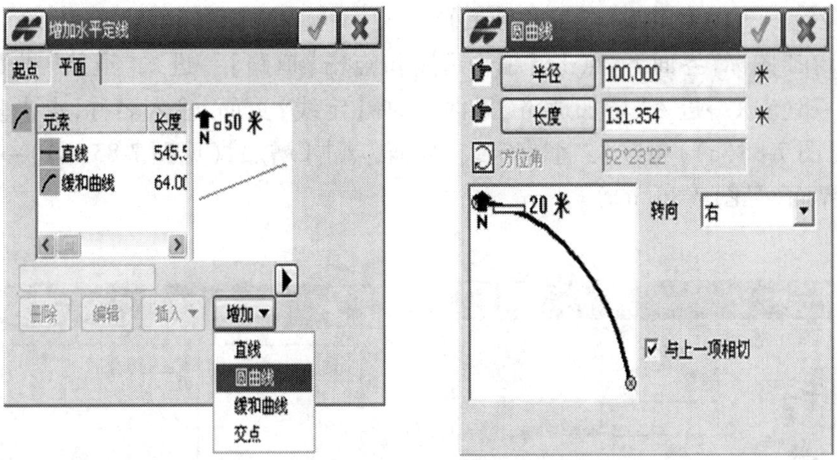

(a)　(b)

图 7-82　增加水平定线与增加圆曲线

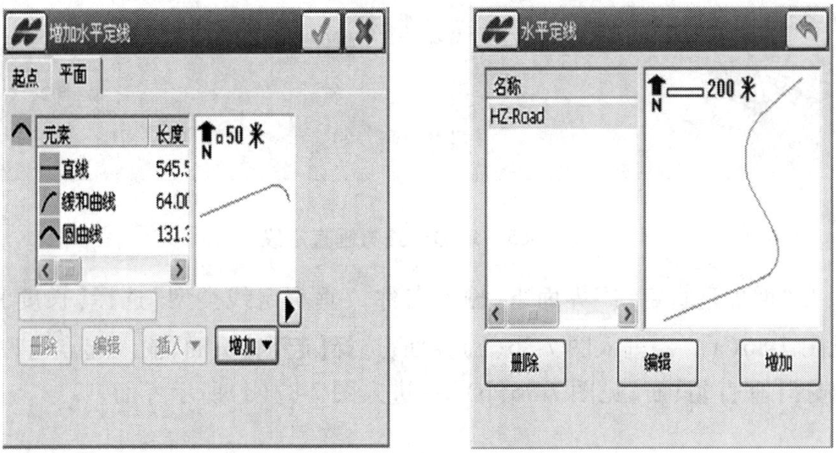

(a)　(b)

图 7-83　增加水平定线与水平定线

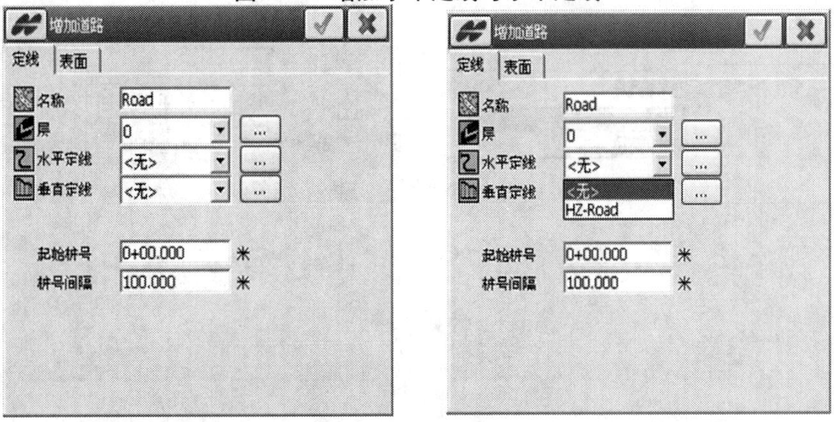

(a)　(b)

图 7-84　增加道路

3.3　道路设计——垂直定线(长度和坡度)

操作 1:在“图标”界面下,点击【编辑道路】,点击【道路】→进入“道路”界面,点击【增加】(见图 7-78(a))→进入“增加道路”界面,选择【定线】页面,输入名称,点击垂直定线后的【...】(见图 7-85(a))→进入“垂直定线”界面,点击【增加】(见图 7-85(b))→进入“增加垂直定线”界面(见图 7-86(a))。

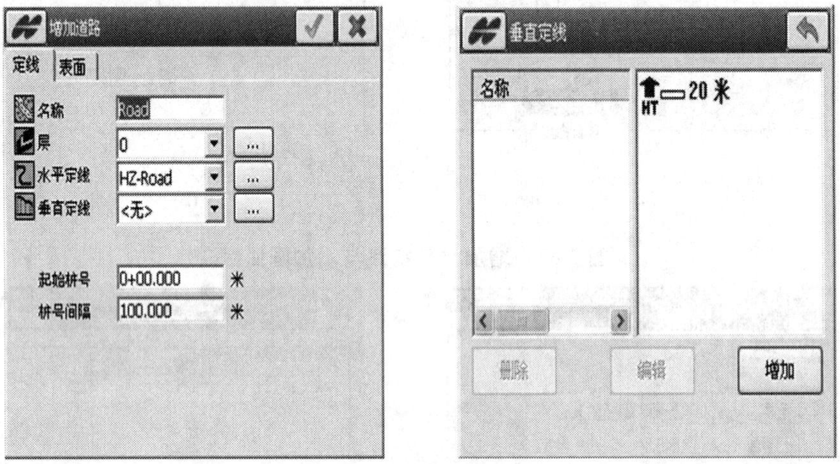

(a)　　(b)

图 7-85　增加道路与垂直定线

操作 2:在“增加垂直定线”界面下,输入名称,“垂直定线类型”选择【长度和坡度】,点击【✓】(见图 7-86(a))→进入图 7-86(b)界面,选择【起点】页面,输入起点名称、高程与开始桩号后,选择【垂直】页面(见图 7-86(b))→进入图 7-87(a)所示界面。

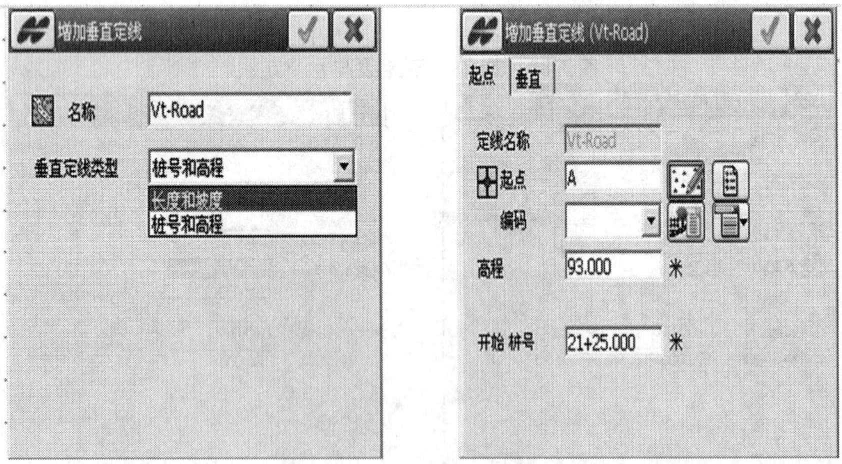

(a)　　(b)

图 7-86　增加垂直定线

操作 3：在图 7-87(a) 所示界面下，点击【增加】，从下拉框中选择【抛物线】(见图 7-87(a))→进入“抛物线”界面，输入垂直定线长度、起始坡度和结束坡度后，点击【 】(见图 7-87(b))→进入图 7-88(a) 所示界面，按上述操作添加其他垂直定线区段。完成后，点击【 】→进入“垂直定线”界面，点击【 】(见图 7-88(b))→进入图 7-89(a) 所示界面，点击“垂直定线”后下拉框，选择新增加的垂直定线，显示如图 7-89(b) 所示。

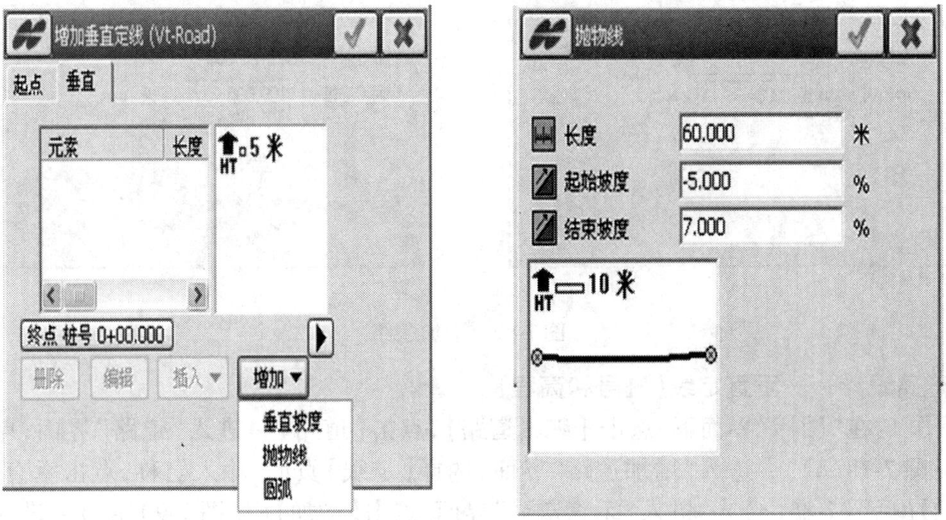

(a)　　(b)

图 7-87　增加垂直定线与抛物线

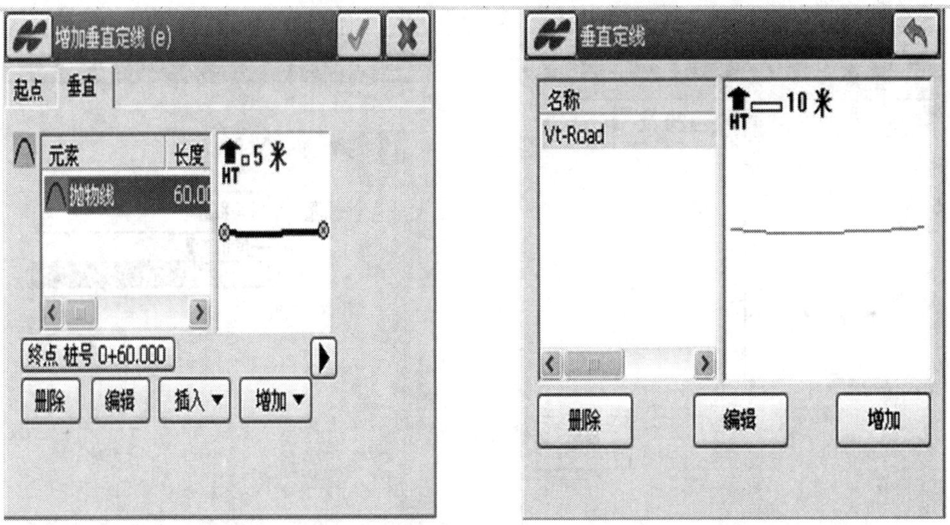

(a)　　(b)

图 7-88　增加垂直定线与垂直定线

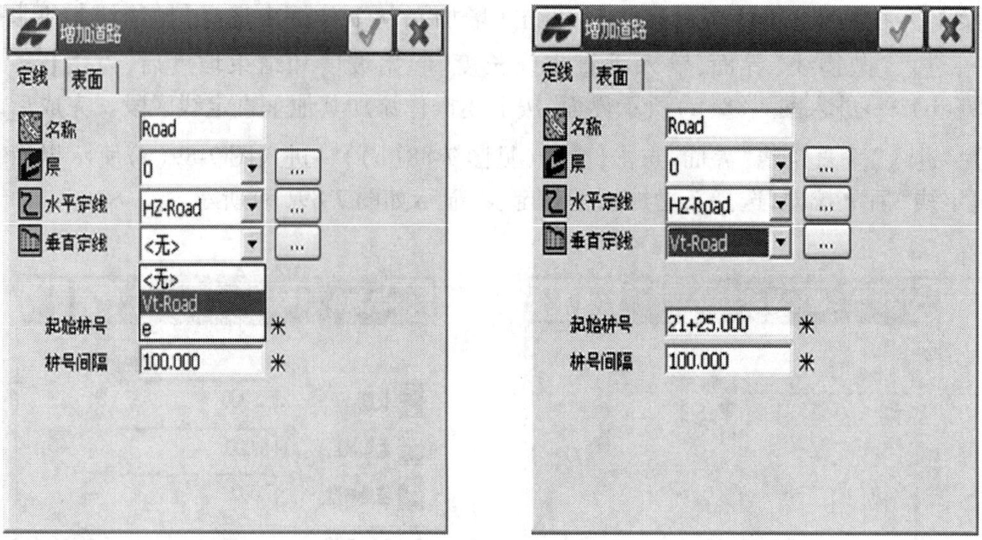

(a)　　　　(b)

图 7-89　增加道路

3.4　道路设计——垂直定线(桩号和高程)

操作 1:在“图标”界面下,点击【编辑道路】,点击【道路】→进入“道路”界面,点击【增加】(见图 7-78(a))→进入“增加道路”界面,选择【定线】页面,输入名称,点击垂直定线后的【...】(见图 7-85(a))→进入“垂直定线”界面,点击【增加】(见图 7-90(a))→进入“增加垂直定线”界面,输入名称,“垂直定线类型”选择【桩号和高程】,点击【√】(见图 7-90(b))→进入图 7-91(a)所示界面,选择【起点】页面,输入高程与开始桩号,选择【垂直】页面→进入图 7-91(b)所示界面。

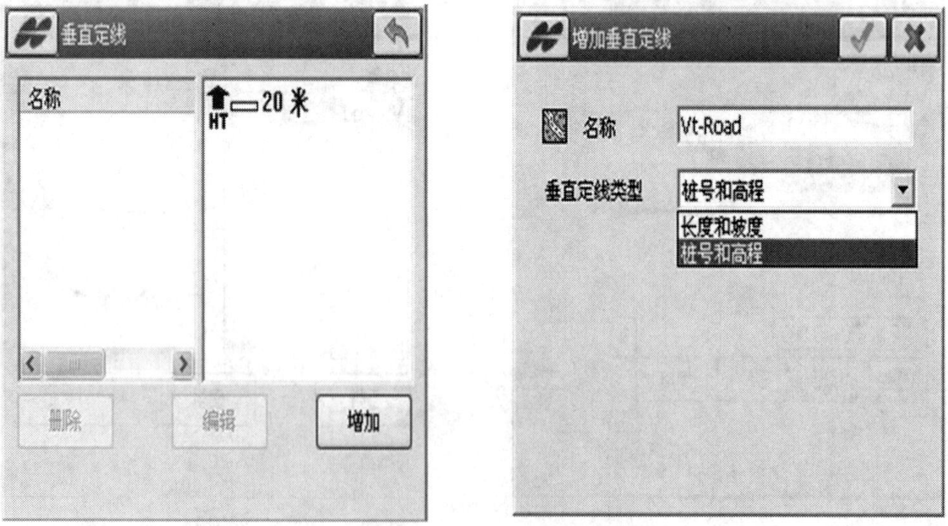

(a)　　　　(b)

图 7-90　垂直定线与增加垂直定线

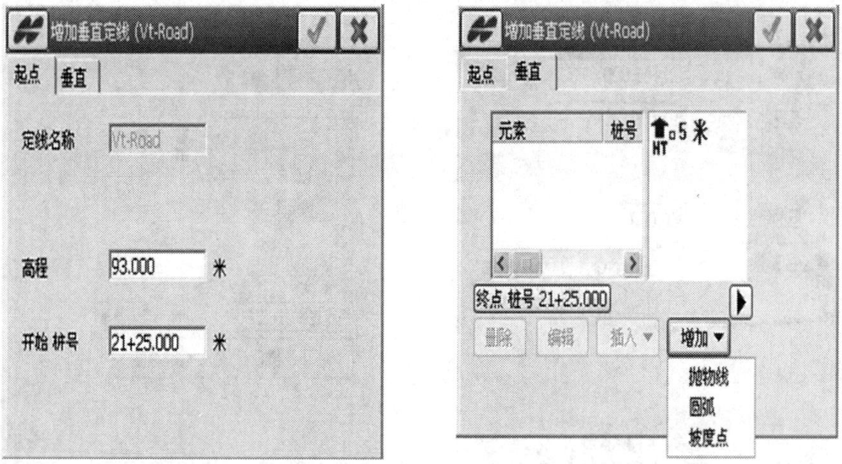

(a)　　(b)

图 7-91　增加垂直定线

操作 2:在图 7-91(b)所示界面下,点击【增加】,选择【坡度点】→进入"增加坡度点"界面,输入桩号和高程,点击【✓】(见图 7-92(a))→进入"增加垂直定线"界面,点击【增加】,选择【坡度点】(见图 7-92(b))→进入"增加抛物线"界面(见图 7-93(a))。

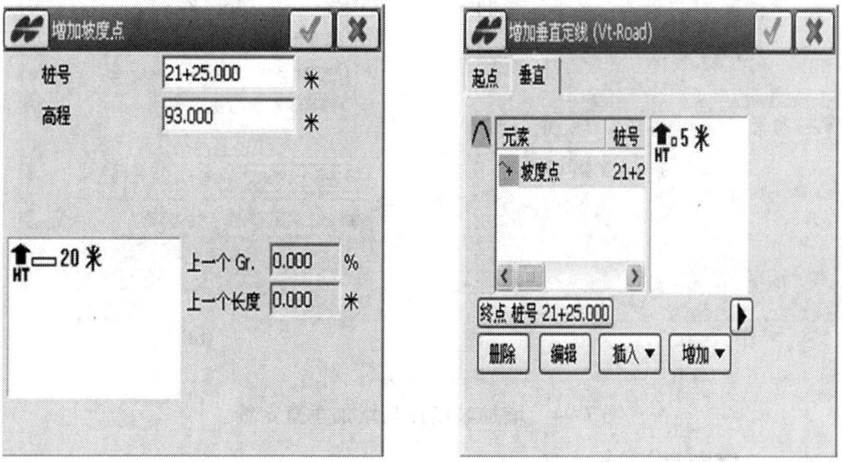

(a)　　(b)

图 7-92　增加坡度点与增加垂直定线

操作 3:在"增加抛物线"界面下,输入桩号、高程和长度,点击【✓】(见图 7-93(a))→进入"增加垂直定线(Vt－Road)"界面,点击【增加】,选择【坡度点】(见图 7-93(b))→进入"增加坡度点"界面(见图 7-94(a))。

操作 4:在"增加坡度点"界面下,输入桩号、高程,点击【✓】(见图 7-94(a))→进入"增加垂直定线(Vt－Road)"界面,至此完成一个区段的添加,其他区段的添加同上。点击【✓】(见图 7-94(b))→进入图 7-95(a)所示界面,点击"垂直定线"后下拉框,选择新增加的垂直定线,如图 7-95(b)所示。

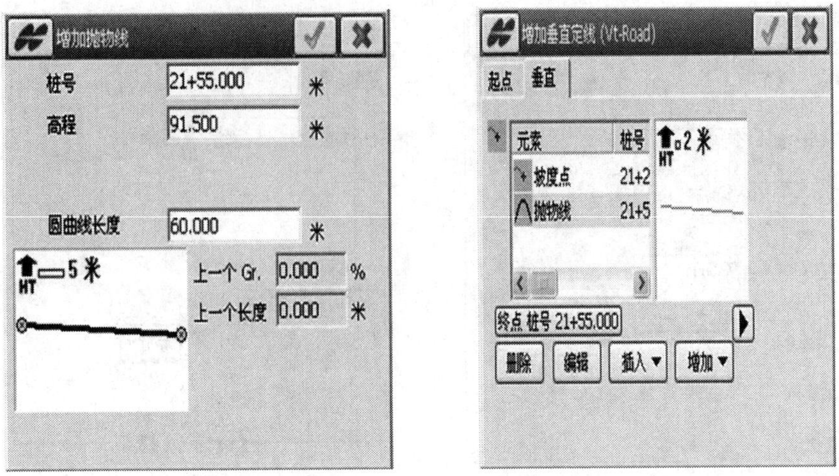

(a)　　(b)

图 7-93　增加抛物线与增加垂直定线

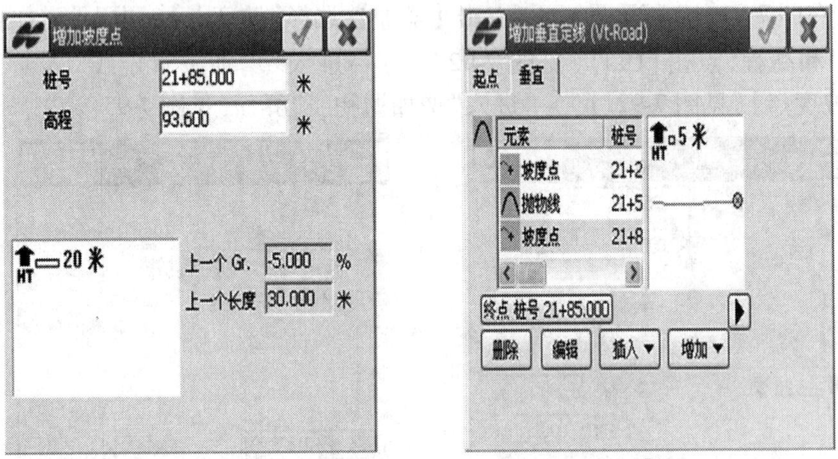

(a)　　(b)

图 7-94　增加坡度点与增加垂直定线

3.5　道路设计——横断面设计

操作 1:在“图标”界面下,点击【编辑道路】→点击【横断面模板】(见图 7-96(a))→进入“横断面模板”界面,点击【增加】(见图 7-96(b))→进入“横断面模板”界面(见图 7-97(a))。

操作 2:在图 7-97(a)所示界面下,输入名称、填挖方,点击【增加】→进入“区段”界面,输入线段点和偏距,点击【✓】(见图 7-97(b))→进入图 7-98(a)所示界面,完成一区段添加。

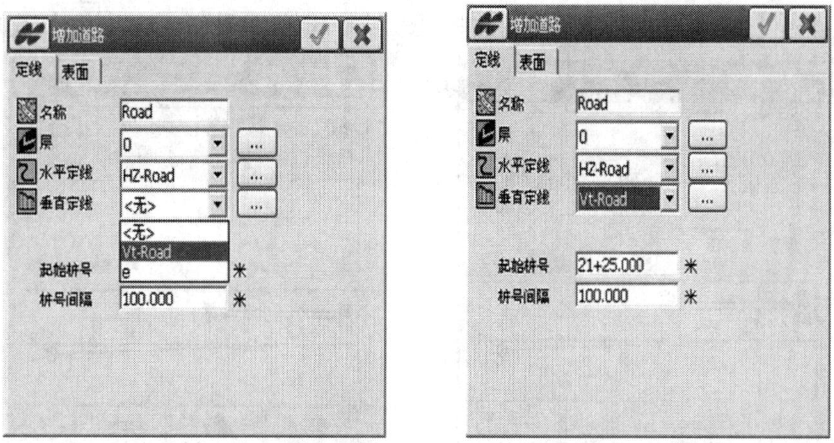

(a)　(b)

图 7-95　增加道路

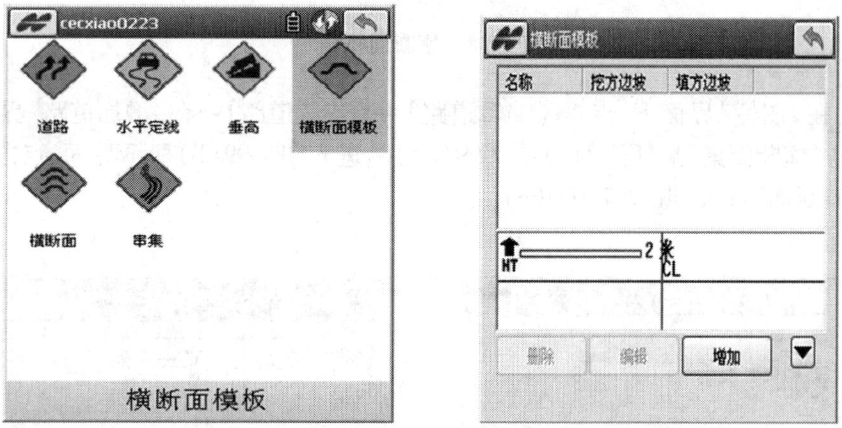

(a)　(b)

图 7-96　横断面模板

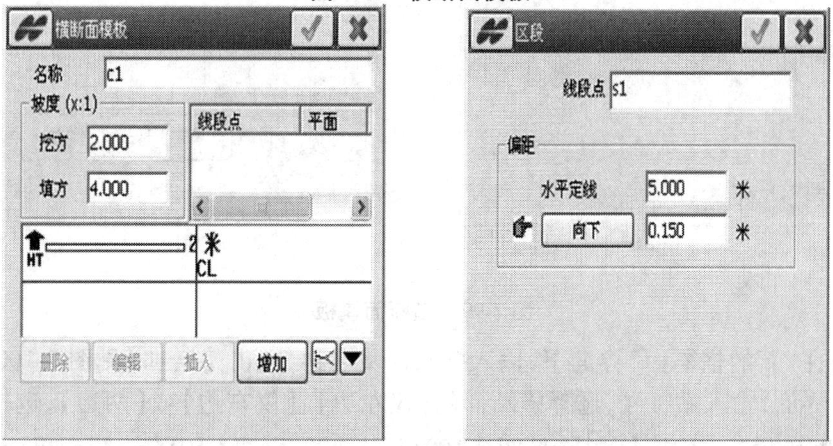

(a)　(b)

图 7-97　横断面模板与区段

操作 3:点击【✓】(见图 7-98(a))→进入图 7-98(b)所示界面,点击【↶】,完成一模板。

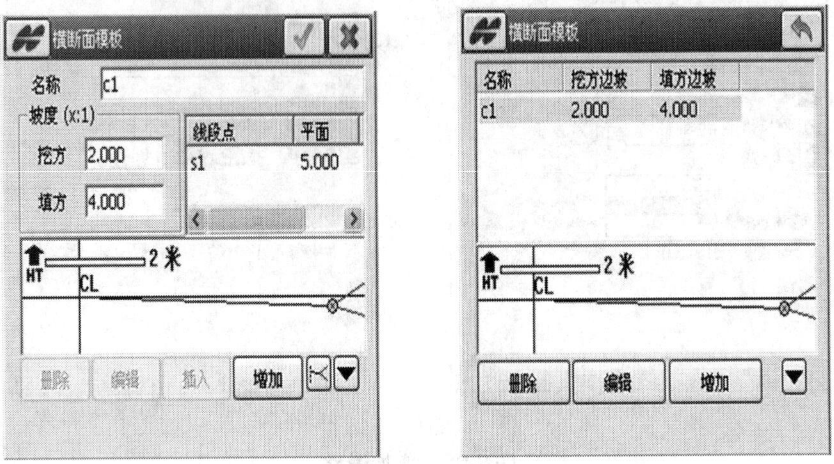

(a)　　(b)

图 7-98　横断面模板

操作 4:在“图标”界面下,点击【编辑道路】→点击【道路】→在“增加道路”界面下,选择【表面】,点击“横断面集”后【...】(见图 7-99(a))→进入图 7-99(b)所示界面,点击【增加】→进入“新的横断面”界面(见图 7-100(a))。

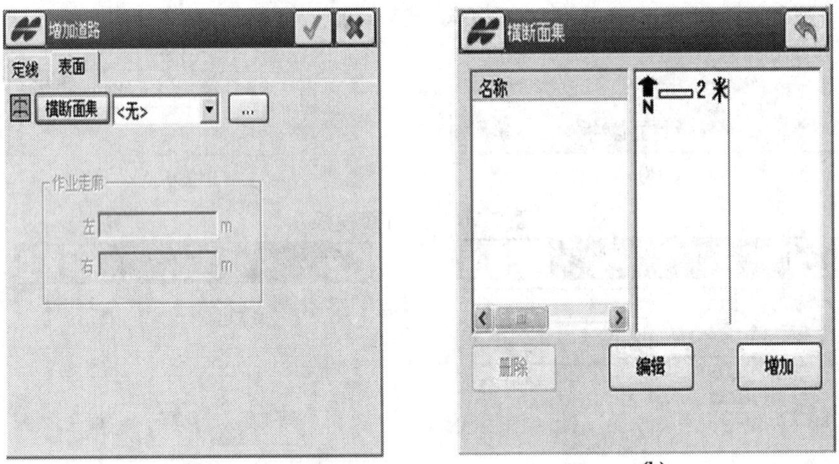

(a)　　(b)

图 7-99　横断面模板

操作 5:在“新的横断面”界面下,输入横断面集名称,点击【增加】见图 7-100(a))→进入“横断面”界面,输入站桩号,选择横断面的【仅左边】、【仅右边】或【两边】,选择左横断面模板和右横断面模板,点击【✓】(见图 7-100(b))→进入图 7-101(a)所示界面,即添加完成的横断面。

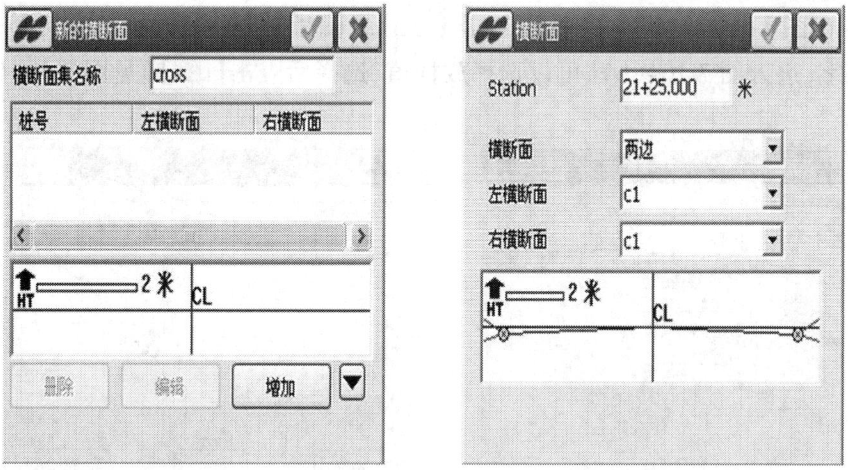

(a)　　(b)

图 7-100　新的横断面与横断面

操作 6:在图 7-101(a)所示界面下,为完成的横断面集,点击【】(见图 7-101(a))→进入“横断面集”界面,新添加的横断面集显示在名称中,点击【】(见图 7-101(b))→进入图 7-102(a)所示界面,从“横断面集”下拉框中选择新添加的横断面集,点击【】→进入“道路”界面,显示如图 7-102(b)所示。

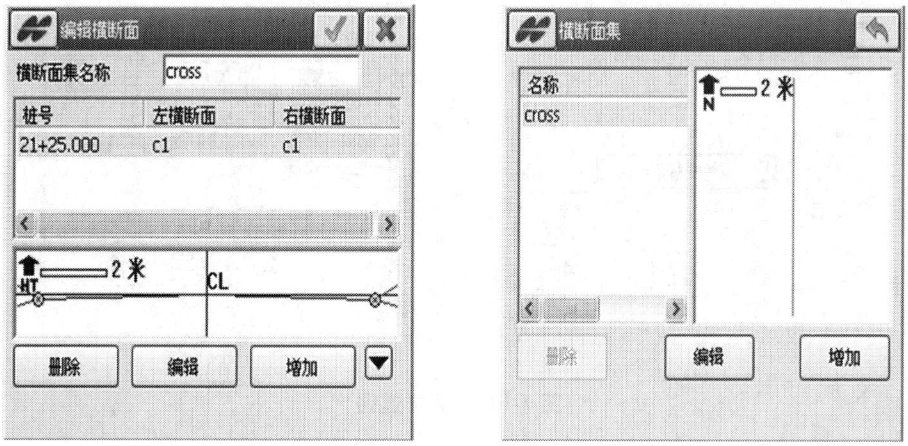

(a)　　(b)

图 7-101　横断面集

3.6　道路放样

操作 1:在“图标”界面下,点击【放样】→点击【道路】→进入“放样道路”界面,点击“道路”后【】图标,选择放样的道路,选择后显示在框中,输入天线高、选择量高方式,是否勾选【平移点】,设置放样报表,点击【继续】(见图 7-103(a))→进入图 7-103(b)所示界面,根据需要设置完成后,点击【放样】→进入图 7-104(a)所示界面。

操作 2:在图 7-104(a)所示界面下,点击【 】或【 】图标放样上一点或下一点,点击点上面的文字,进入图 7-104(b),可以选择放样值,选择后点击【 】(见图 7-104(b))。

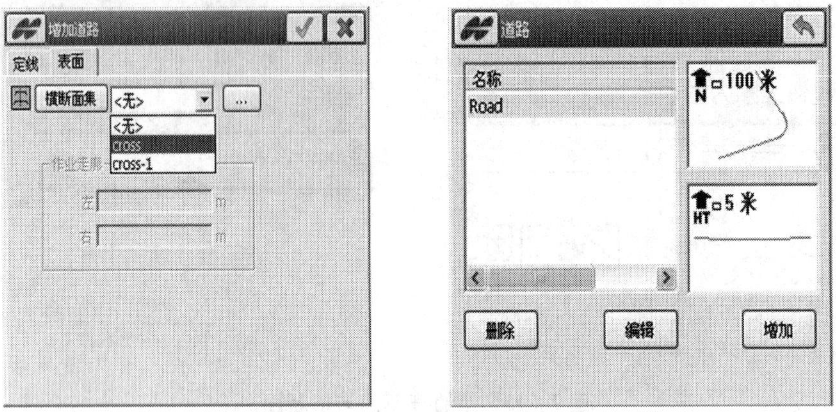

(a)　　(b)

图 7-102　增加道路(表面)与道路

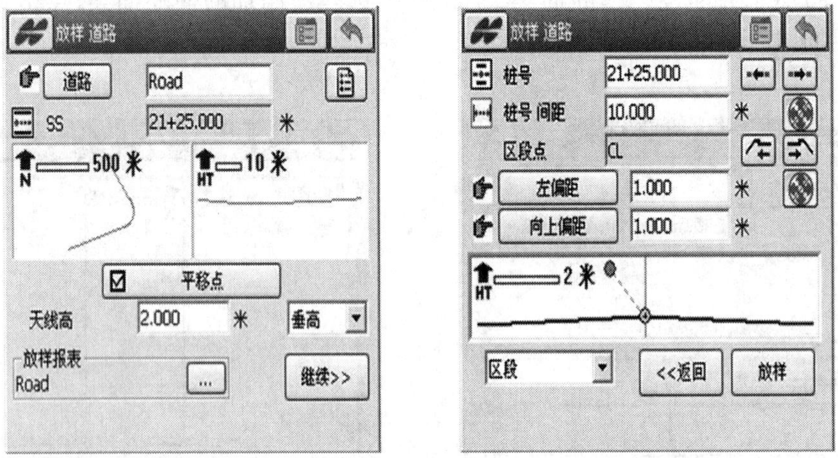

(a)　　(b)

图 7-103　放样道路

【任务小结】

介绍了利用拓普康 HiPer ⅡG 接收机进行 RTK 点放样、线放样的步骤及流程,讲述了道路设计与放样的内容、设置及操作。

【任务考核】

(1)总结并写出拓普康 HiPer ⅡG 接收机 RTK 点、线放样的步骤。

(2)进行道路设计并在实地放样—水平定线(交点法),并将结果填入表 7-6 中。

(3)进行道路设计并在实地放样—水平定线(元素法),并将结果填入表 7-7 中。

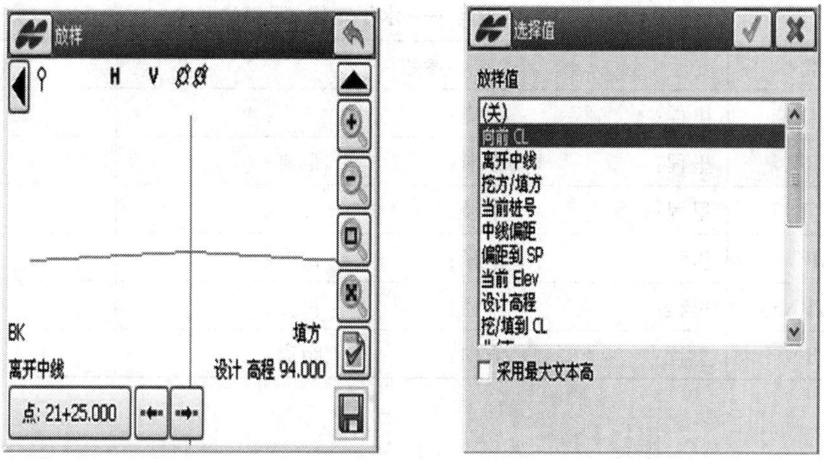

(a)　　(b)

图 7-104　放样与选择值

表 7-6　道路设计——水平定线(交点法)

定线元素	参数			备注
起点(BP)	里程： R：	N： A1：	E： A2：	
交点(JD01)	里程： R：	N： A1：	E： A2：	
交点(JD02)	里程： R：	N： A1：	E： A2：	
交点(JD03)	里程： R：	N： A1：	E： A2：	
交点(JD04)	里程： R：	N： A1：	E： A2：	
交点(JD05)	里程： R：	N： A1：	E： A2：	
交点(JD06)	里程： R：	N： A1：	E： A2：	
交点(JD10)	里程： R：	N： A1：	E： A2：	
交点(JD11)	里程： R：	N： A1：	E： A2：	
终点(EP)	里程： R：	N： A1：	E： A2：	

表 7-7　道路设计——水平定线(元素法)

定线元素	参数			备注
起点(BP)	里程:	N:	E:	
直线(STR)	里程:	方向:	距离:	
缓和曲线(TRNS)	里程:	半径:	长度:	
圆曲线(ARC)	里程:	半径:	长度:	
缓和曲线(TRNS)	里程:	半径:	长度:	
直线(STR)	里程:	方向:	距离:	

【任务扩展】

在道路水平定线设计与放样的基础上,进一步学习道路垂直定线及横断面设计,并利用拓普康 HiPer ⅡG 接收机进行 RTK 放样。

任务 3　RTK 数据文件转换与传输

【任务目的】

(1)掌握拓普康手簿文件的导入与导出操作。

(2)掌握手簿数据传输的操作步骤及内容。

【任务分析】

拓普康手簿文件可以导入导出的数据包括点、线、点列表、编码库、道路、坐标转换、横断面模板、原始观测数据等,并可以从文件、设备、作业进行导入导出。

拓普康手簿采集的 RTK 数据需要从手簿传输到计算机或其他的存储设备,数据传输主要有三种方法:数据线传输、SD 卡传输、蓝牙传输。这里主要介绍利用数据线进行数据传输。

【任务要求】

(1)掌握文件导入的操作步骤(从作业、从文件、从设备)。

(2)掌握文件导出的操作步骤(到作业、到文件、到设备)。

(3)掌握利用数据线连接手簿与计算机。

(4)掌握 Microsoft ActiveSync 同步传输软件的安装、卸载及使用。

【任务准备】

(1)硬件准备:拓普康 HiPer ⅡG 接收机手簿、计算机、接收机传输线等,保证电源充足,能够正常工作使用。

(2)软件准备:Microsoft ActiveSync 同步传输软件。

(3)人员准备:按照实习任务,事先分好小组,轮流操作。

(4)记录准备:记录板,本子、笔等学习用具。

【任务实施】

RTK 数据文件转换与传输采用拓普康手簿,任务的实施分两个部分:手簿文件导入导出和手簿数据传输。

RTK 数据文件导出与传输操作流程如图 7-105 所示。

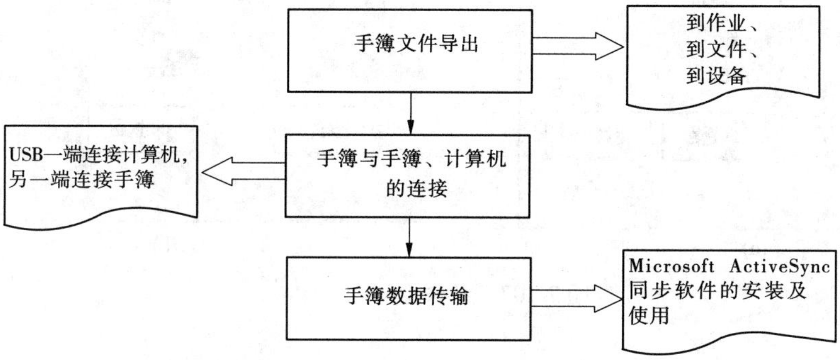

图 7-105　RTK 数据文件转换与传输操作流程骤

1　手簿文件导入导出

1.1　文件导入:从作业

操作1:在“图标”界面下,点击【导入】→点击【从作业】(见图 7-106(a))→进入“选择作业”界面,选择作业,点击【选择】(见图 7-106(b))→进入图 7-107 所示界面。

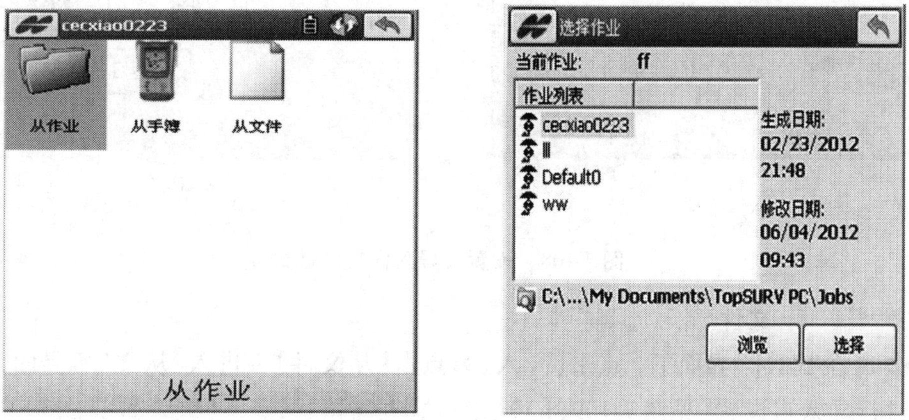

(a)　　(b)

图 7-106　从作业与选择作业

操作2:在图 7-107(a)中点击【设置】,可进入图 7-107(b)所示界面中设置。选择导入点的类型及内容后,点击【继续】(见图 7-107(b))→进入图 7-108 所示界面,勾选项目,点击【】完成(见图 7-108(b))。

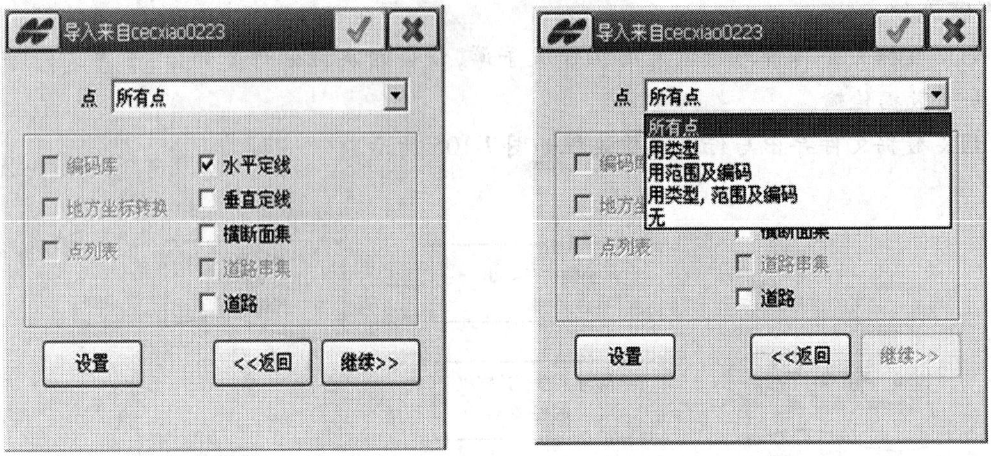

(a)　　(b)

图 7-107　从作业导入

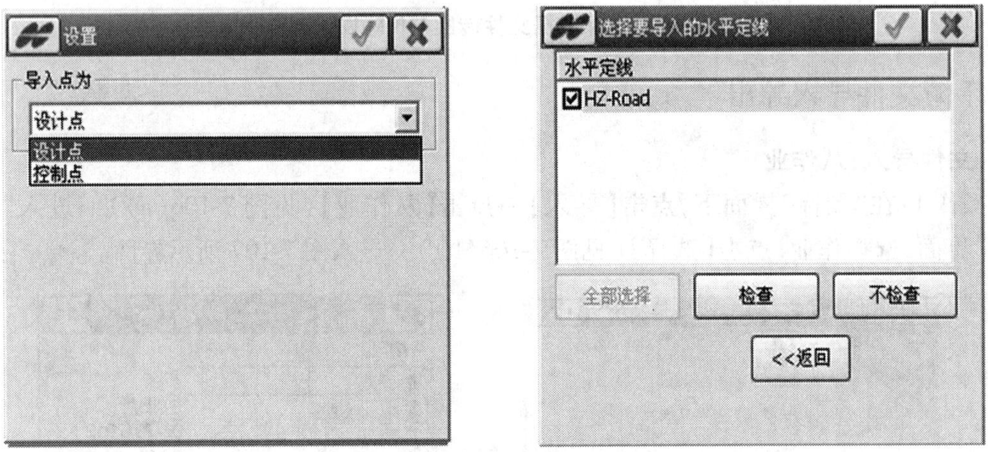

(a)　　(b)

图 7-108　设置及导入内容的选择

1.2　文件导入:从文件

操作 1:在“图标”界面下，点击【导入】→点击【从文件】→进入“从文件”界面,点击【设置】,可进行导入点设置(见图 7-109(b)),设置数据与格式,点击【继续】(见图 7-109(a))→进入“从文本格式”界面(见图 7-110(a))。

操作 2:在“从文本格式”界面下,选择文件,点击【OK】(见图 7-110(a))→进入“文本文件格式”界面,设置后,点击【继续】(见图 7-110(b))→进入“坐标系统”界面,设置后,点击【继续】(见图 7-111(a))→进入“导入状态”界面,点击【关闭】(见图 7-111(b))。

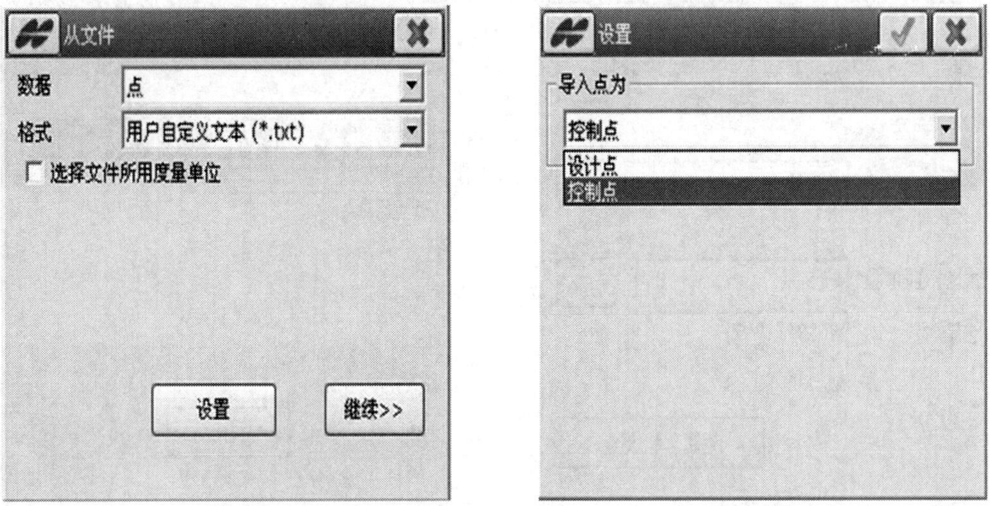

(a)　　(b)

图7-109　从文件及设置

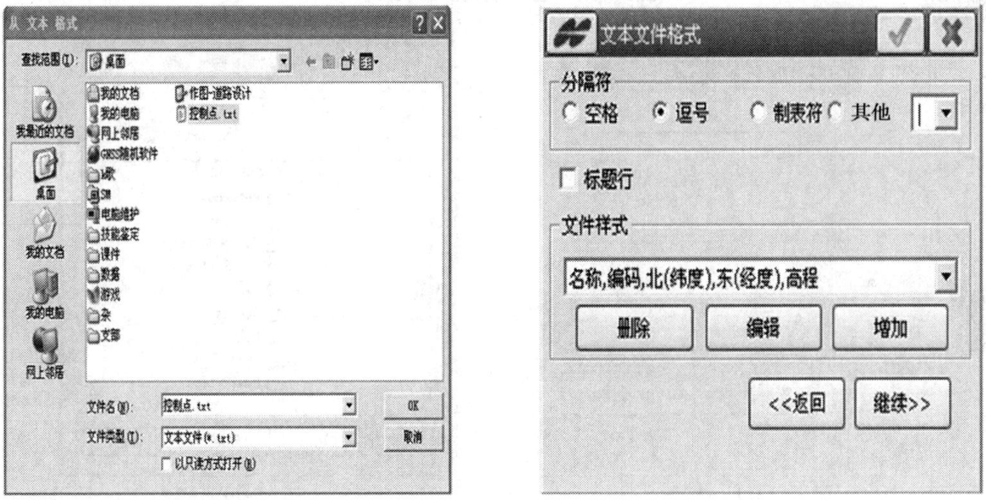

(a)　　(b)

图7-110　从文本格式与文本文件格式

1.3　文件导入:从手簿

操作:在“图标”界面下,点【导入】→点【从手簿】→进入“导入/导出设置”,选择串口,点击【继续】(见图7-112(a))→进入“浏览文件夹”界面,选择文件,点击【确定】(见图7-112(b))。

1.4　文件导出:到作业

操作:在“图标”界面下,点击【导出】→点击【到作业】→选择作业,点击【选择】(见图7-113(a))→进入图7-113(b)所示界面,设置导出内容,点击【设置】,进入图7-114(a),可进行设置→点击【✓】完成→进入图7-114(b)所示界面,显示导出状态。

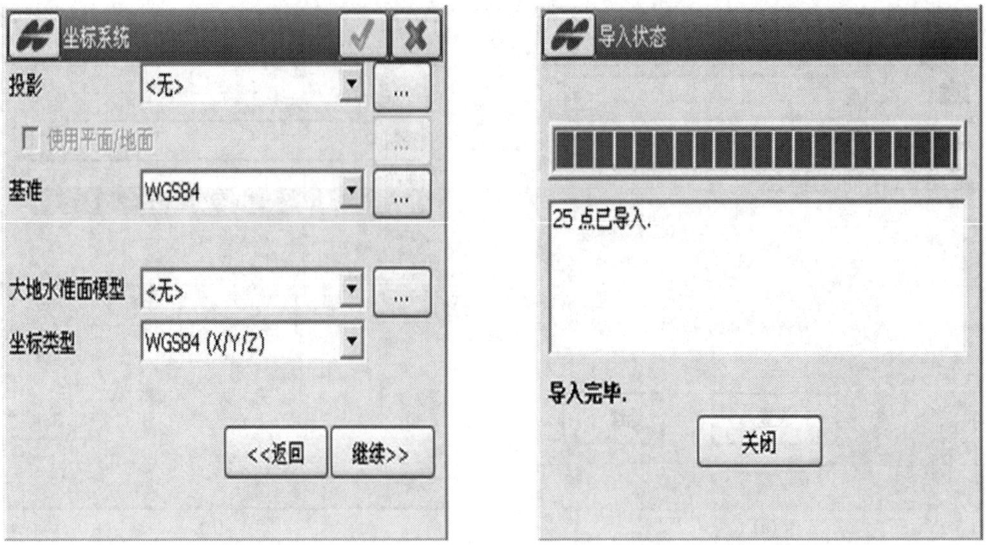

(a)　　(b)

图 7-111　坐标系统与导入状态

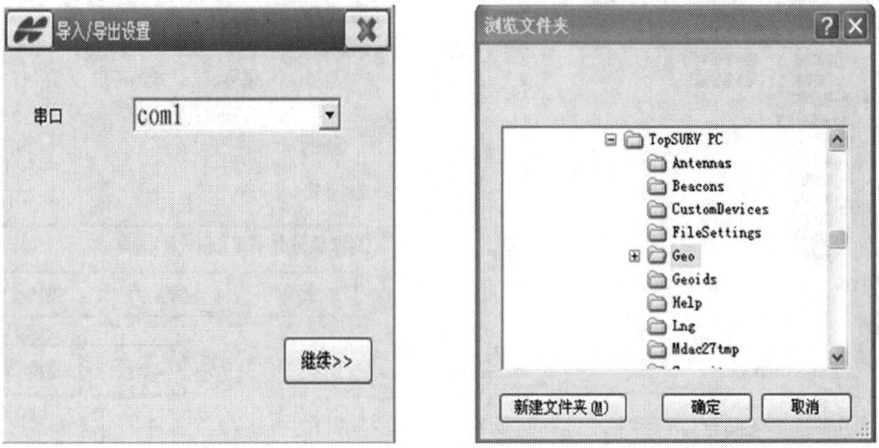

(a)　　(b)

图 7-112　导入/导出设置与选择文件

1.5　文件导出:到文件

操作 1:在“图标”界面下,点击【导出】→点击【到文件】→进入“到文件”界面,设置数据、格式等,点击【继续】(见图 7-115(a))→进入“到文本格式”界面,选择文件,点击【OK】(见图 7-115(b))→进入“文本文件格式”界面(见图 7-116(a))。

操作 2:在“文本文件格式”界面下,选择“分隔符”,是否勾选“标题行”,并从下拉框中选择“文本样式”。如果没有,点击【增加】(见图 7-116(a))→进入“用户样式”界面,选择项目,点击【→】或【←】进行左右移动;选择项目点击【↓】【↑】进行上下顺序移动。设置完成后,点击【保存】(见图 7-116(b))→返回“文本文件格式”界面,选择新定义的文件样

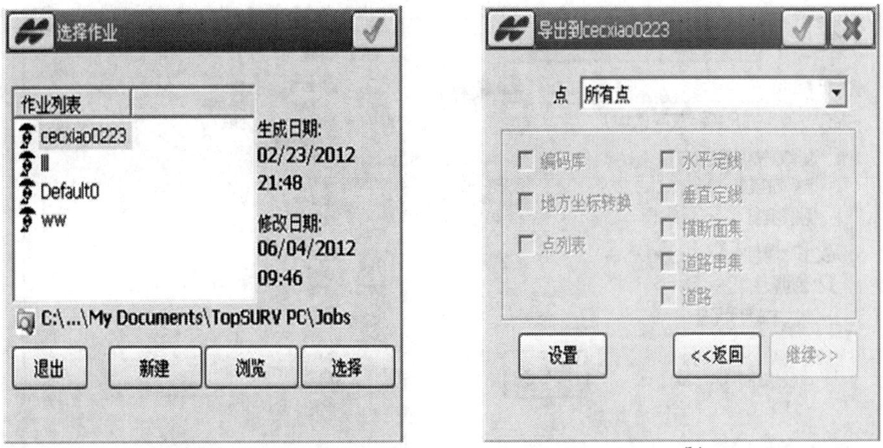

(a)　　(b)

图7-113　选择作业与导出设置

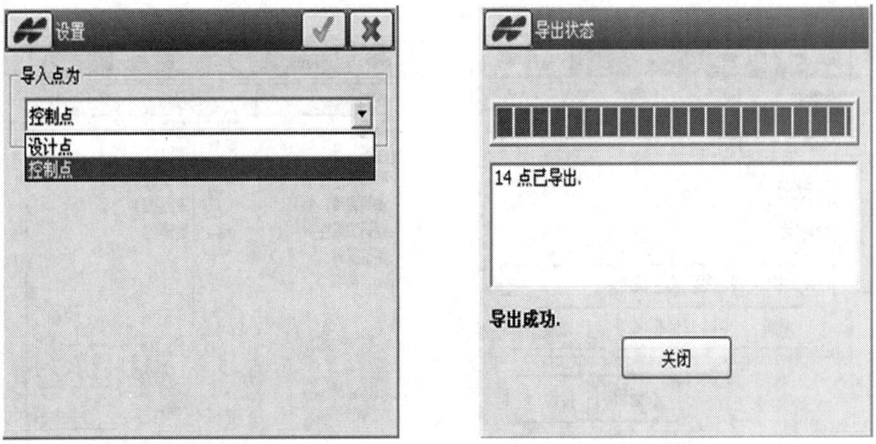

(a)　　(b)

图7-114　设置与导出状态

式,点击【继续】(见图7-117(a))→进入“坐标系统”界面(见图7-117(b))。

操作3:在“坐标系统”界面下,选择输出的坐标系统及坐标形式后,点击【继续】(见图7-117(b))→进入“单位格式”界面,设置平面坐标精度与高程精度后,点击【✓】(见图7-118(a))→进入“导出状态”界面,该界面下显示导出点的情况(见图7-118(b))。

1.6　文件导出:到设备

操作:在“图标”界面下,点击【导出】→点击【到设备】→进入“导入/导出设置”,选择串口,点击【继续】(见图7-119(a))→进入“选择文件”,输入文件名并选择类型,点击【OK】(见图7-119(b))。

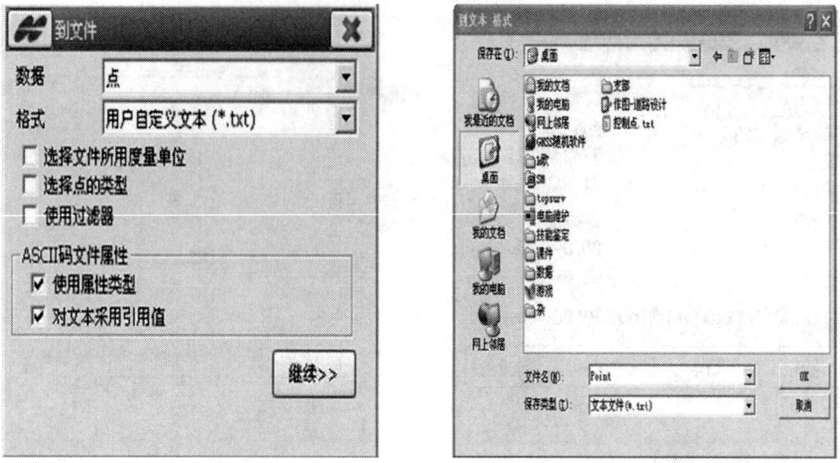

(a)　　(b)

图 7-115　到文件与到文本格式

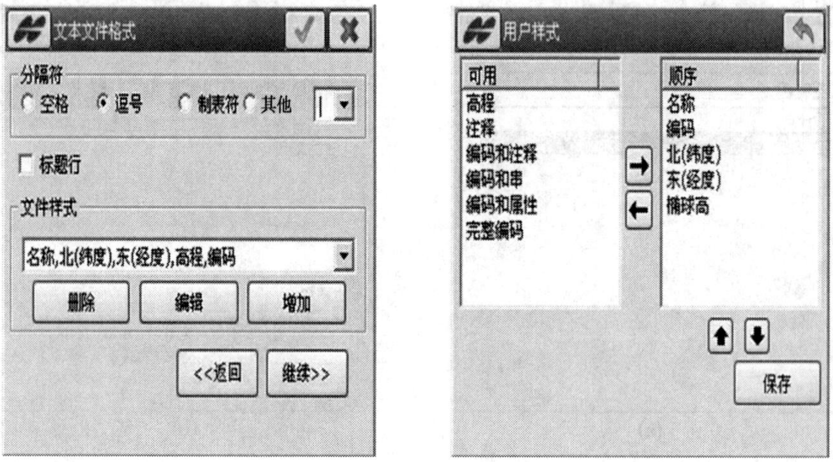

(a)　　(b)

图 7-116　文本文件格式与用户样式

2　手簿数据传输

拓普康手簿数据传输有三种方法:数据线传输、SD 卡传输、蓝牙传输。SD 卡传输同普通的 U 盘使用基本一样;蓝牙传输只需建立连接后进行文件传输即可。下面主要介绍利用数据线进行数据传输。

2.1　准备工作

准备好拓普康 HiPer Ⅱ G 手簿专用数据传输线、FC－25 手簿(见图 7-120)、电脑。电脑需安装支持 Windows CE 系统的 Microsoft ActiveSync 同步传输软件(可到网上免费下载)。

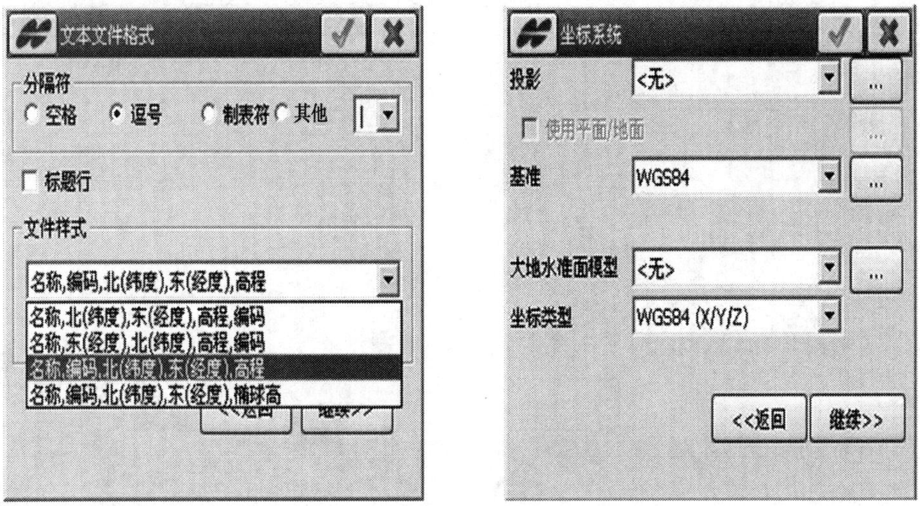

(a)　(b)

图7-117　文本文件格式与坐标系统选择

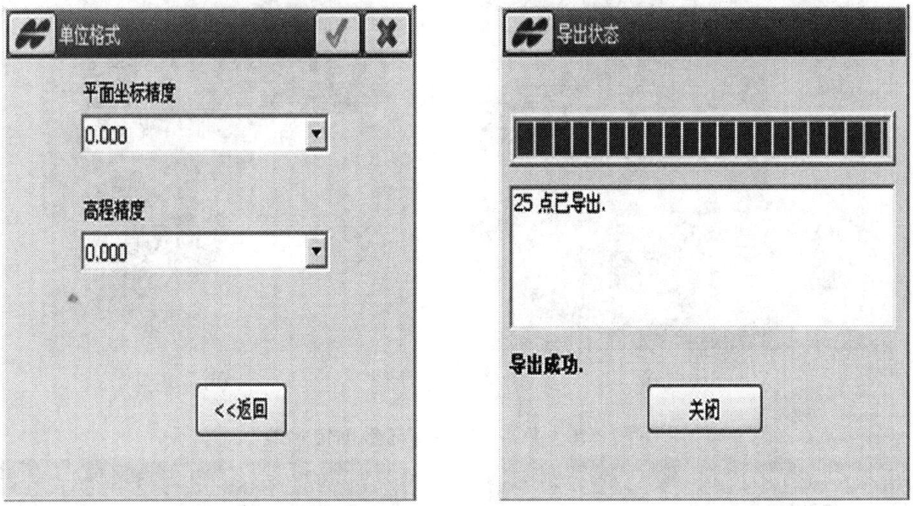

(a)　(b)

图7-118　单位格式与导出状态

2.2　数据传输

操作:安装Microsoft ActiveSync同步传输软件→打开电脑与手簿→用传输线一端连接手簿,另一端连接电脑(USB端口)→打开Microsoft ActiveSync同步传输软件(见图7-121(a))→点击【文件】,选择【进行连接】(见图7-121(b))。连接成功后,显示如图7-122(a)所示,点击【浏览】→进入图7-122(b)所示界面,选择数据文件,拷贝即可。

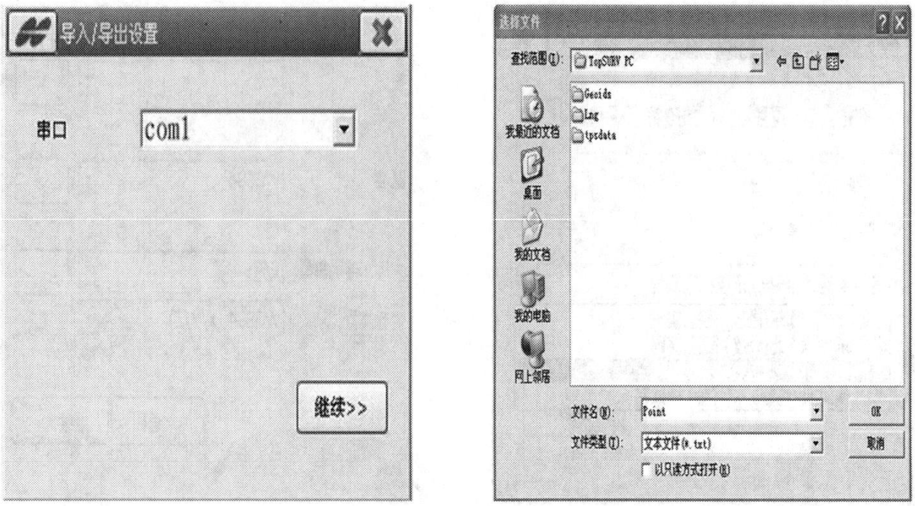

(a) (b)

图 7-119 导入/导出设置与选择文件

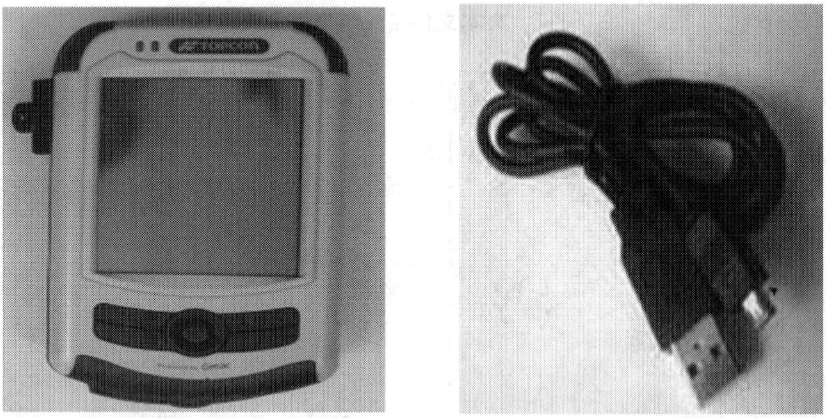

(a) (b)

图 7-120 FC－25 手簿与数据传输线

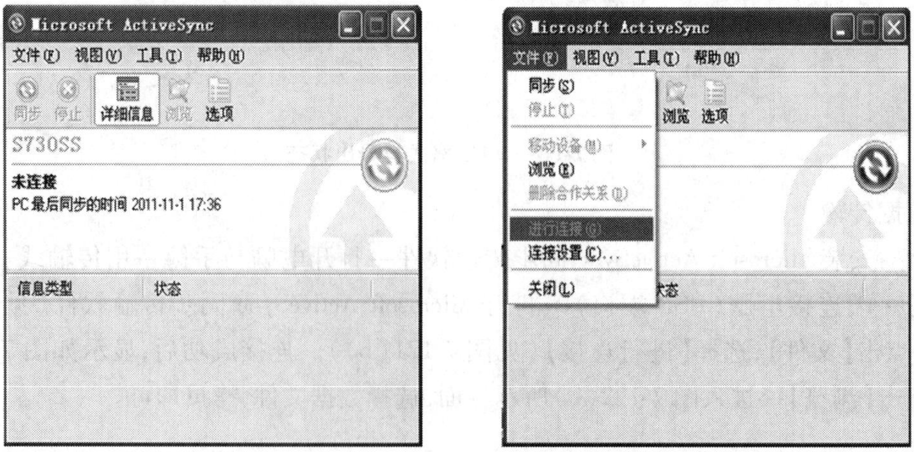

(a) (b)

图 7-121 Microsoft ActiveSync 软件与进行连接

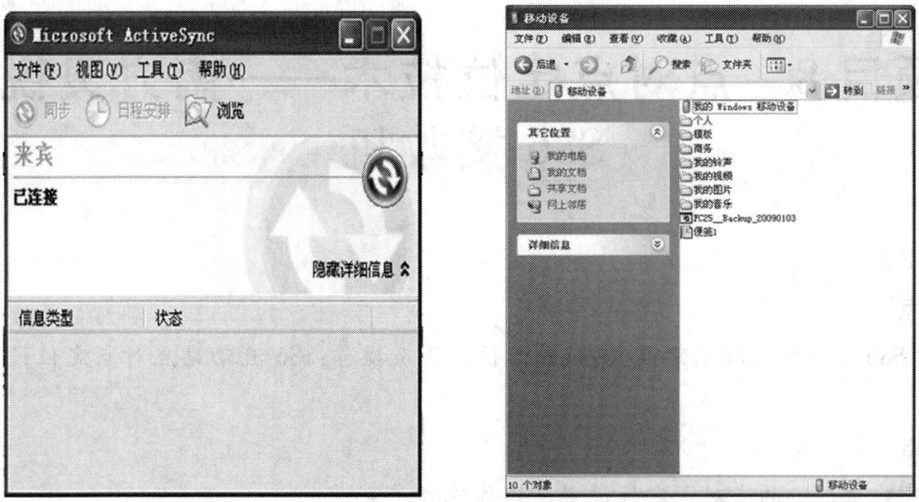

(a)　　(b)

图 7-122　连接成功界面与浏览界面

【任务小结】

介绍了拓普康手簿文件的导入(从作业、从文件、从手簿)与导出(到作业、到文件、到设备),讲述了手簿数据到指定文件格式的转换与传输。

【任务考核】

(1)总结并写出拓普康手簿文件导入导出的操作流程及步骤。

(2)写出 CASS 文本文件的格式,自定义该格式并进行数据传输。

【任务扩展】

拓普康手簿数据传输有三种方法:数据线传输、SD 卡传输、蓝牙传输。在此只介绍了利用数据线进行数据传输,请自行学习 SD 卡传输与蓝牙传输。

项目 8　点对点定位技术——南方灵锐 S86 接收机

【项目导航】

重点

南方 S86 接收机基准站架设、点对点定位设置及操作；S86 流动站点对点定位设置及操作。

难点

基准站、流动站的点对点定位设置及操作流程。

任务

正确设置操作南方灵锐 S86 接收机，完成点对点定位的基准站与流动站（此为标准名称，但软件中用“移动站”，本书中两者皆可用）设置。

作业

点对点定位的基准站、流动站设置完成后，进行点测量或点位放样。

流程

点对点定位设置操作流程如图 8-1 所示。

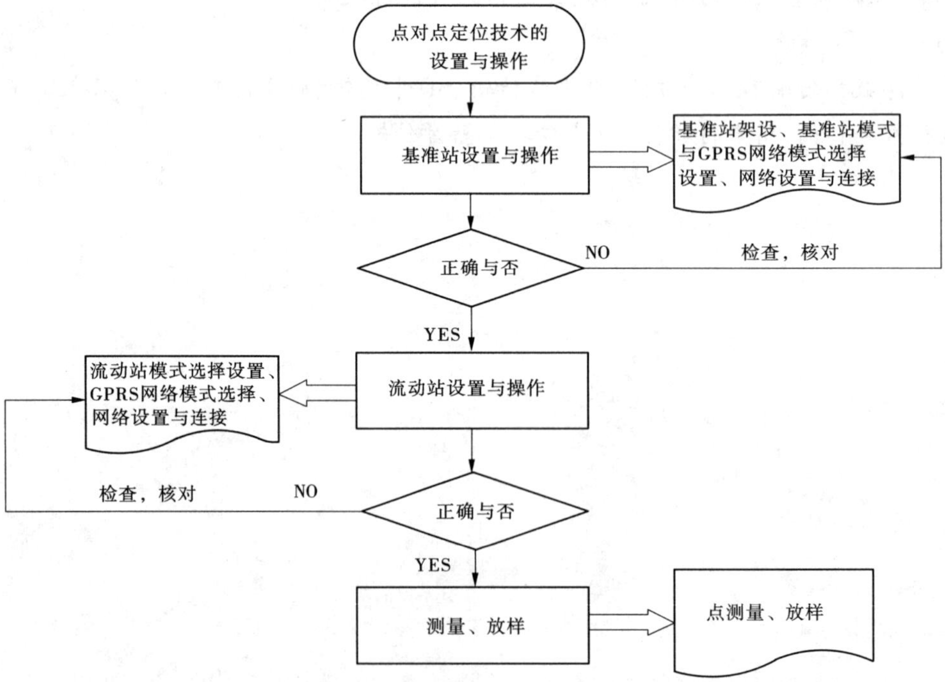

图 8-1　点对点定位设置操作流程

在进行点对点定位技术设置操作时,按照图8-1所述流程设置相应的项目,设置过程自上而下,设置过程中如果出现问题,应从头至尾一步一步进行检核。点对点定位技术的发展是在传统RTK作业距离有限的情况下出现的,它在一定程度上增加了RTK作业的距离。点对点定位技术设置操作按上述流程分为“任务1　基准站设置与操作”和“任务2　流动站设置与操作”两部分。

任务1　基准站设置与操作

【任务目的】

(1)掌握基准站的两种架设方式(基准站架设在未知点与已知点上)。

(2)掌握点对点定位基准站设置操作的流程,正确设置操作基准站。

【任务分析】

点对点定位技术是在传统RTK定位的基础上延伸的,是为了弥补传统RTK作业范围有限的缺点而设计的一种定位方式。与此同时,它与CORS技术也有着一定的关系,这就是在设置操作上有很多与CORS相似的原因,因此点对点定位技术中基准站的设置操作可参考CORS的一部分设置操作。基准站的设置操作大体上可分:基准站架设、基准站模式选择、GPRS网络模式选择、手簿与接收机的连接以及网络设置等几个部分。

【任务要求】

(1)掌握基准站两种架设方式(架设在已知点与架设在未知点上)。

(2)能够正确选择基准站模式、GPRS网络模式。

(3)能够利用蓝牙进行手簿与接收机的连接。

(4)掌握基准站网络连接步骤、参数设置及内容。

【任务准备】

(1)硬件准备:南方灵锐S86接收机基准站一套(脚架、基座、天线、SIM卡、钢尺),电源充足,保证能够正常工作使用。

(2)人员准备:按照实习任务,事先分好小组,轮流操作。

(3)记录准备:记录板,基准站观测手簿,本子、笔等学习用具。

【任务实施】

点对点定位技术采用南方灵锐S86接收机,该任务实施分基准站架设、基准站模式选择与GPRS网络模式选择、手簿与接收机的连接、基准站启动及网络设置等几个步骤,并分别进行介绍。

1　基准站架设

1.1　基准站架设在已知点

操作:架设仪器到已知点上,对中整平→将测高片夹在连接头与接收机主机之间,将长天线拧上(见图8-2(a))→由测高片量测边量至标石(或其他标志)或者地面点中心顶端(见图8-2(b))。

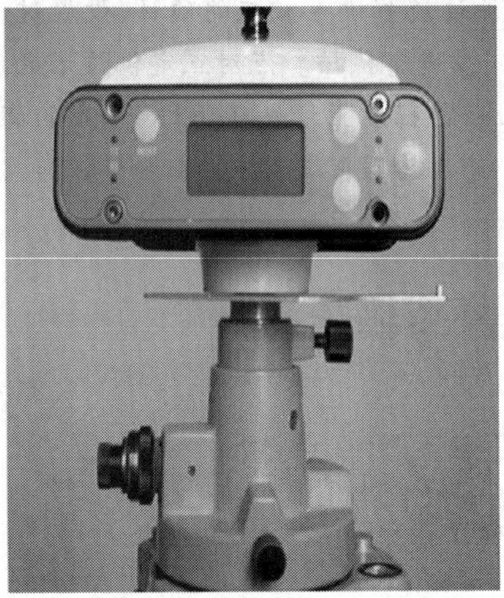

(a)

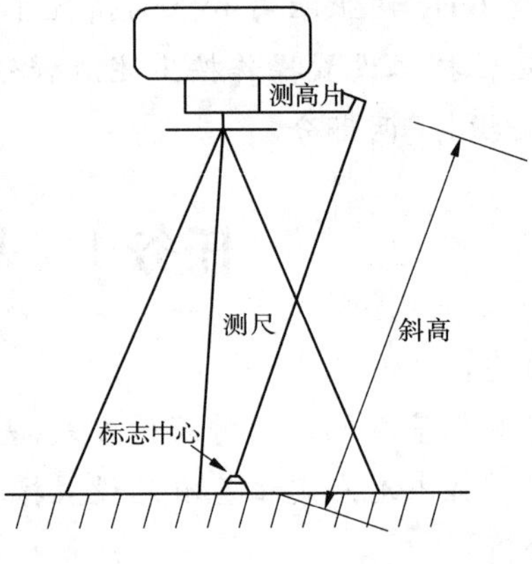

(b)

图 8-2　仪器连接与天线高量取

说明:详细操作说明参考“项目2中任务1”的相关知识。

1.2　基准站架设在未知点

操作:一般在工作区域某一视野开阔处架设仪器(无需对中整平和量仪器高)。

说明:在工作区域某一处架设仪器时,一般在区域中心找一高处,要求视野开阔、无遮挡、无大的反射面、无其他信号源的影响,条件不允许时可视情况酌情处理。

2　基准站模式与GPRS网络模式选择设置

操作1:按【电源键】开机→出现灵锐S86时,按【F2】键→按【F1/F2】键选择“设置工作模式”,按【电源键】确定→按【F1/F2】键选择“基准站模式”→按【电源键】确定。

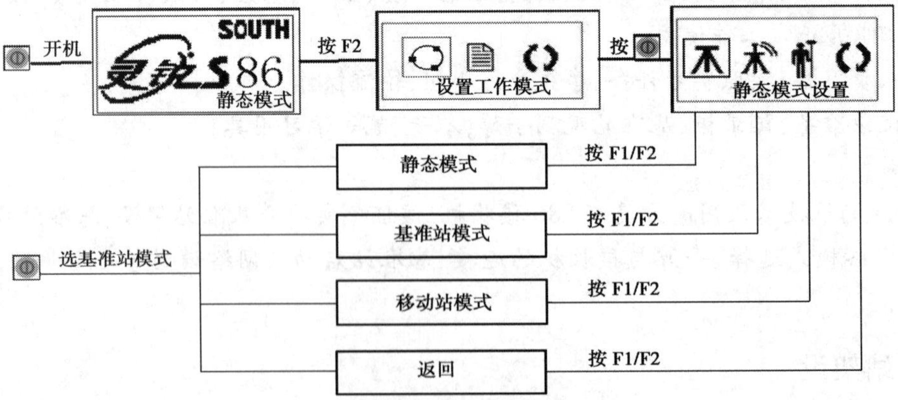

图 8-3　基准站模式选择

操作2:进入基准站模式后,按【F1/F2】键,移动到【修改】,按【电源键】确定,就可以对差分格式、发射间隔及记录数据进行修改(见图8-4(a))。按【F1/F2】键,移动到差分格式后,按【电源键】确定(见图 8-4(b))。按【F1/F2】键,移动到“RTCA”,按【电源键】确定(见图 8-5(a))。设置完成后,按【F1/F2】键,移动到【开始】,按【电源键】确定(发射间隔与记录格式的设置同差分格式)→进入“模块设置”界面(见图 8-5(b))。

(a)

(b)

图 8-4　修改差分格式

(a)

(b)

图 8-5　选择差分格式

说明:S86 支持的差分格式有以下几种:CMR、RTCM2. X、RTCA、RTCM3、DGPS。

操作 3:在“模块设置”界面下,按【F1/F2】键,选择【修改】,按【电源键】确定(见图 8-6(a))→按【F1/F2】键选择【数据链】,按【电源键】进入→按【F1/F2】键选择【GPRS 网络】,按【电源键】确定→按【F1/F2】键选择【开始】,按【电源键】确定(见图 8-6(b))。

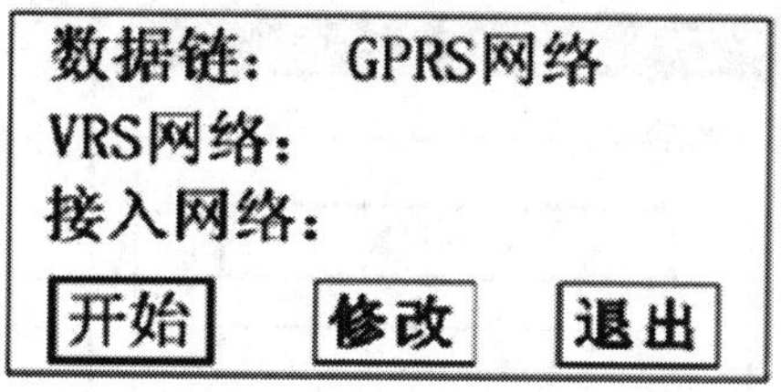

(a)

(b)

图 8-6　GPRS 模式设置

3　通过蓝牙建立手簿和接收机的连接

操作:打开手簿,点击【我的设备】→点击【控制面板】→点击【Bluetooth 设备属性】→点击【扫描设备】(见图 8-7(a))→找到基准站接收机设备后,点击【停止】(见图 8-7(b))→选择搜索到的设备双击,然后双击【串口服务】,增加一个串口号如 COM7,点击【确定】→点击【OK】退出即可(见图 8-7(b))。

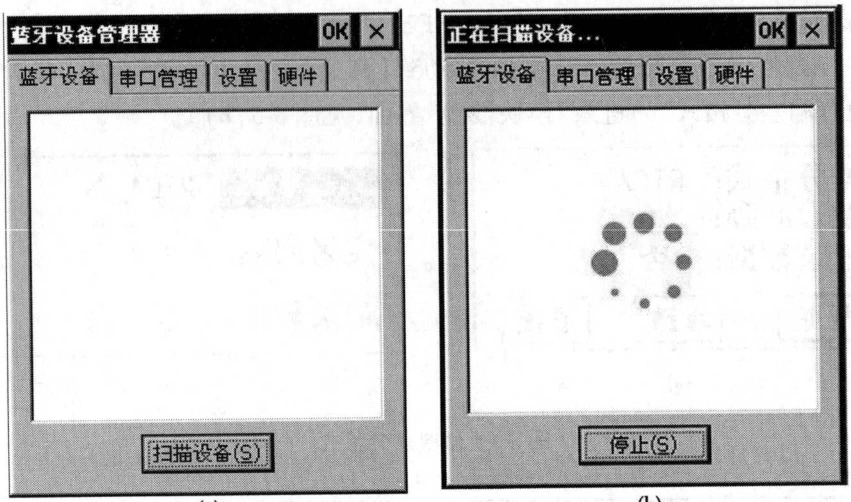

(a)　　(b)

图 8-7　蓝牙设备管理器与蓝牙设备搜索

说明:设置串口时,可点击【串口管理】,将以前的删除再添加串口。蓝牙设置完成之后,打开“工程之星 3.0”,如果端口打开失败,可以通过以下步骤设置串口:点击【配置】→点击【端口设置】,选择与蓝牙管理器中相同的端口,波特率用 115200,点击【确定】。

4　基准站的启动

4.1　基准站架设在已知点上

操作:打开“工程之星 3.0”,进入主界面→点击【配置】→选择【仪器设置】(见图 8-8(a))→进入“仪器设置”界面,点击【基准站设置】(见图 8-8(b))→进入“基准站设置”界面,点击【】,设置基准站参数(见图 8-9(a))→输入基准站已知 WGS84 坐标,点击【启动基准站】,启动基准站成功(见图 8-9(b))。

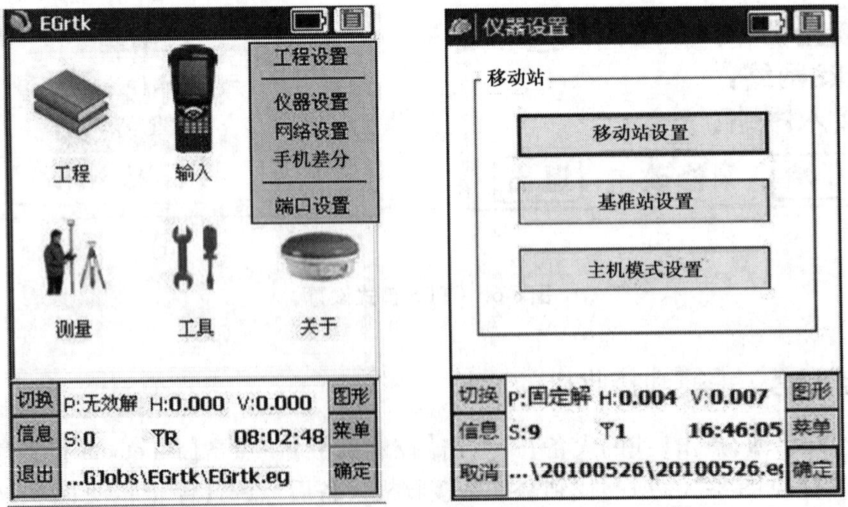

(a)　　(b)

图 8-8　工程之星 3.0 主界面与仪器设置

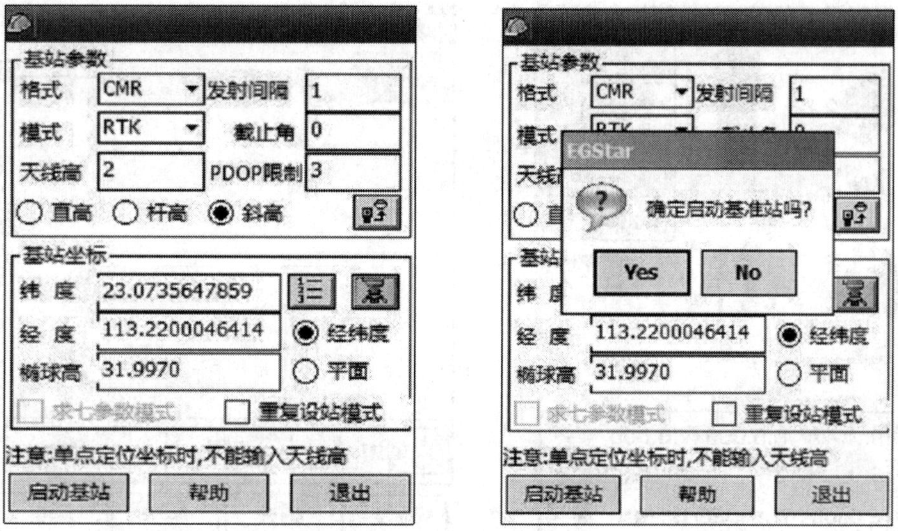

(a)　　　　(b)

图 8-9　基准站设置与启动

说明:点击右下角【】图标设置基准站参数时,会出现“设置基准站参数成功!”的提示,点击【OK】即可。基准站坐标的输入可以直接输入,也可以点击基准站坐标右边的【】图标,从“坐标管理库”导入需要的基准站坐标。

4.2　基准站架设在未知点上

操作:打开“工程之星 3.0”,进入主界面→点击【配置】→选择【仪器设置】(见图 8-8(a))→进入“仪器设置”界面,点击【基准站设置】(见图 8-8(b))→进入“基准站设置”界面,输入并设置基准站参数(天线高无需输入)后,点击【】图标,设置基准站参数(见图 8-9(a))→基准站采用单点定位,点击【】图标获得,获得 WGS84 坐标后,点击【启动基准站】,启动基准站成功(见图 8-9(b))。

5　基准站网络设置

操作 1:“工程之星 3.0”,主界面下→点击【配置】,选择【网络设置】(见图 8-10(a))→进入“网络设置”界面,点击【增加】或【编辑】(见图 8-10(b))→进入“网络配置”界面(见图 8-11(a))。

操作 2:在“网络设置”界面中,输入名称、方式、连接、地址、端口、用户等内容,输完后,再输入“接入点”(如 JZ001),点击【确定】(见图 8-11(a))。出现提示时,点击【OK】,确认配置(见图 8-11(b))。当显示“所有参数设置完毕!”信息后,点击【确定】→回到“网络配置”界面(见图 8-10(a))后,点击【断开】,进入“断开网络…”界面,当显示“断开网络完毕”信息时,点击【确定】→回到“网络设置”界面(见图 8-12(a))。

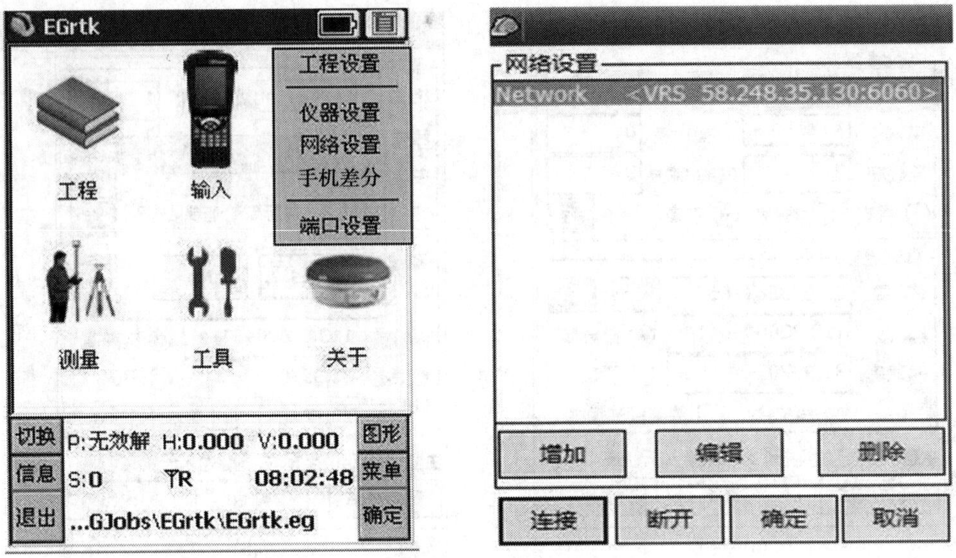

(a)　　(b)

图 8-10　工程之星 3.0 主界面与网络设置

说明:如果在【配置】中没有显示【网络设置】,则说明在接收机模块设置中没有设置好“GPRS 网络”,需重新设置。

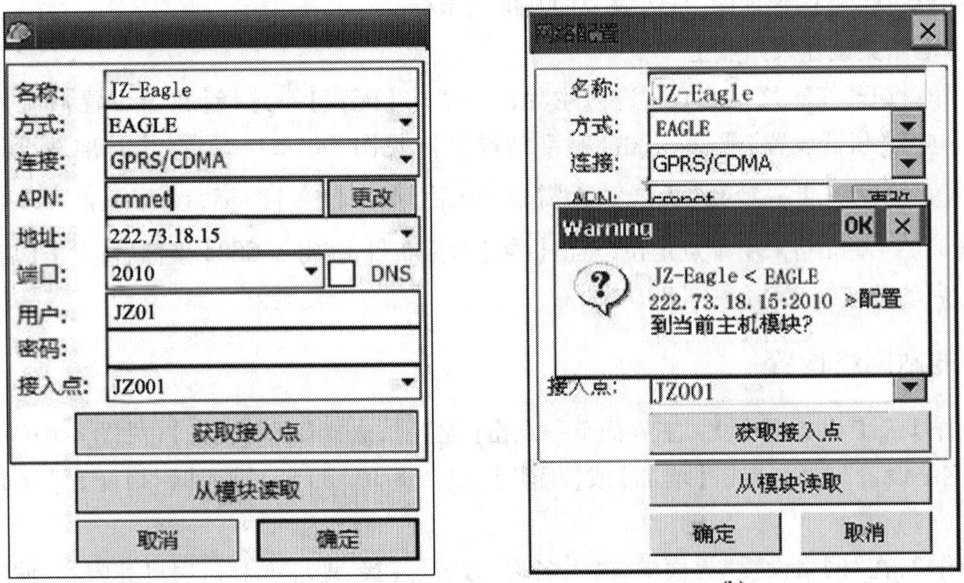

(a)　　(b)

图 8-11　设置网络与网络配置

说明:点击【增加】或【编辑】后,出现图 8-11(a)所示界面,含义如下:

“名称”:输入代表本配置名称(如 JZ – Eagle);

“方式”:选择“EAGLE”;

“连接”:连接模式选择“GPRS/CDMA”;

“APN”:选择“cmnet”;

“地址”:输入接收播放信息的服务器 IP 地址(如南方仪器上海某一服务器 IP 地址“222.73.18.15”);

“端口”:输入端口(如 2010);

“用户”:管理中心提供(在这任意输入,如 JZ01);

“密码”:管理中心提供(在这为空即可);

“接入点”:可以输入 JZ001。

点击【确定】(南方点对点定位的基准站设置可采用上述设置),将该设置配置到主机模块,然后点击【OK】(见图 8-11)。

操作 3:显示“断开网络完毕”信息并回到“网络设置”界面后,点击【连接】(见图 8-12(a))→进入“网络连接 - Eagle 模式”,当“初始化网络”、“GPRS 连接”、“登录服务器”三项打“√”后,点击【确定】,基准站网络设置完成(见图 8-12(b))。

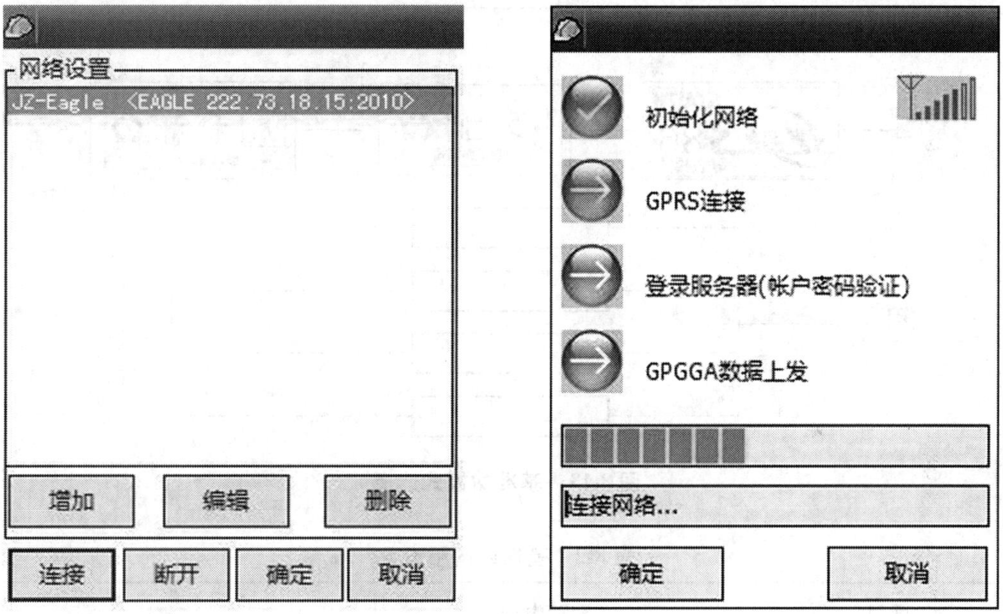

图 8-12　网络设置与网络连接

【任务小结】

点对点定位技术中基准站设置与操作主要讲述了基准站架设、基准站模式选择与 GPRS 网络模式选择、手簿与接收机的连接、基准站启动及网络设置等方面的内容。

基准站的架设可以选择架设在已知点上或未知点上,两种方式在相同条件下精度一样。已知点上架设时需要对中整平、量仪器高和输入已知的 WGS84 坐标,而在未知点上架设要比在已知点上架设方便简单,只要满足点位架设的要求和保证仪器的稳定性即可,无需对中整平、量仪器高,因此建议采用在未知点上架设。此外,基准站网络连接时要注意连接的方式,选择“Eagle”模式。

【任务考核】

(1)总结并填写基准站架设两种方式的区别(架设在已知点与未知点上)(见表 8-1)。

(2)按照南方 S86 接收机基准站模式选择的操作步骤填写图 8-13。

(3)写出南方 S86 接收机支持的差分格式并以流程图的方式写出其设置操作过程。

(4)填写基准站网络设置的相关内容(见表 8-2)。

(5)填写基准站观测手簿(见表 8-3)。

表 8-1　基准站架设的区别

项目内容	架设在已知点	架设在未知点
对中		
整平		
量天线高		
已知 WGS84 坐标		

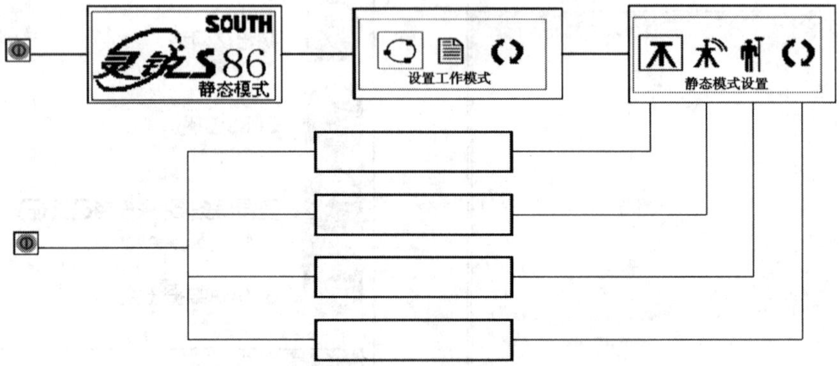

图 8-13　基准站模式选择

表 8-2　基准站网络设置

项目	设置内容	备注
名称		
方式		
连接		
APN		
地址		
端口		
用户		
密码		

表 8-3　基准站观测手簿

点号		点名		参考点等级	
观测记录员		观测日期		采样间隔	
接收机类型		接收机编号		开始记录时间	
天线类型		天线编号		结束记录时间	
近似纬度 N	°　′　″	近似经度 E	°　′　″	近似高程 H	m
天线高测定		天线高测定方法及略图		点位略图	
测前	测后				
平均值：	平均值：				
时间（UTC）	跟踪卫星号及信噪比	纬度（°　′　″）	经度（°　′　″）	大地高（m）	天气状况
备注					

【任务扩展】

点对点定位技术基准站设置以南方灵锐 S86 接收机为例进行讲解，可在南方仪器的基础上，学习其他厂商的仪器的设置操作，以此比较它们的差异。

任务2　流动站设置与操作

【任务目的】

（1）掌握移动站模式与 GPRS 网络模式的设置与操作。

（2）掌握移动站网络设置连接操作的流程，正确设置与操作流动站。

【任务分析】

点对点定位技术中流动站的设置是在基准站设置完成的基础上进行的，因此只有在基准站设置与操作成功，启动基准站并且服务器能接收播发数据的前提下进行。

流动站的设置与基准站设置基本相似，只需要改变某些项即可，且流动站不需要进行仪器架设，因此流动站的设置可参考基准站的设置过程。流动站的设置与操作大体上可分为流动站模式选择、GPRS 网络模式选择、手簿与接收机的连接以及网络设置等几个部分。

【任务要求】

（1）能够正确选择并设置移动站模式与 GPRS 网络模式。

（2）能够利用蓝牙进行手簿与接收机的连接。

（3）掌握流动站网络连接步骤、设置参数及内容。

【任务准备】

（1）硬件准备：南方灵锐 S86 接收机基准站一套（脚架、基座、天线、SIM 卡、钢尺），流动站一套（对中杆、手簿、天线）等，电源充足，保证能够正常工作使用。

（2）人员准备：按照实习任务，事先分好小组，轮流操作。

（3）记录准备：记录板，本子、笔等学习用具。

【任务实施】

点对点定位技术流动站的设置与操作采用南方灵锐 S86 接收机，该项任务的实施将分以下几个部分介绍：流动站模式与 GPRS 网络模式选择设置，手簿与接收机的连接以及网络设置。

1　流动站模式与 GPRS 网络模式选择设置

操作 1：按【电源键】开机→出现灵锐 S86（即初始界面）时，按【F2】键→按【F1/F2】键选择“设置工作模式”，按【电源键】确定→按【F1/F2】键选择“移动站模式”，按【电源键】确定（见图 8-14）。

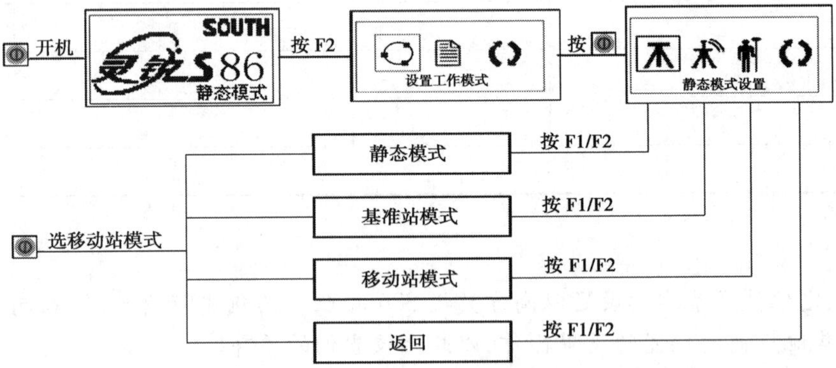

图 8-14　移动站模式选择

操作 2：进入移动站模式后，按【F1/F2】键，移到【修改】，按【电源键】确定，就可以对差分格式、发射间隔及记录数据进行修改（见图 8-15（a））。按【F1/F2】键，移动到差分格式后，按【电源键】确定（见图 8-15（b））。按【F1/F2】键，移动到【RTCA】，按【电源键】确定（见图 8-16（a））。设置完成后，按【F1/F2】键，移动到【开始】，按【电源键】确定（发射间隔与记录格式的设置同差分格式）（见图 8-16（b））→进入“模块设置”界面（见图 8-17（a））。

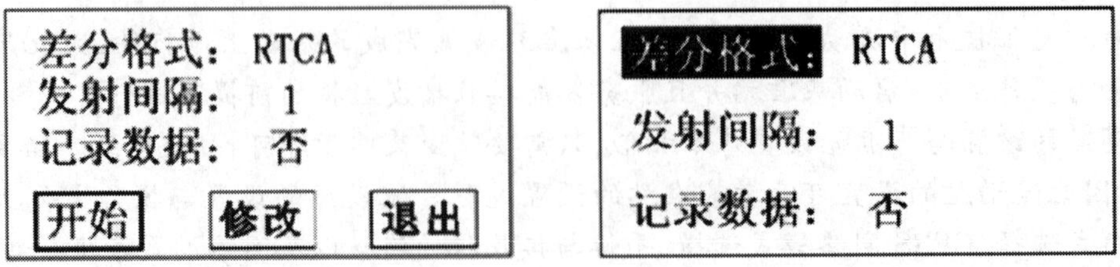

(a)　　(b)

图 8-15　修改差分格式

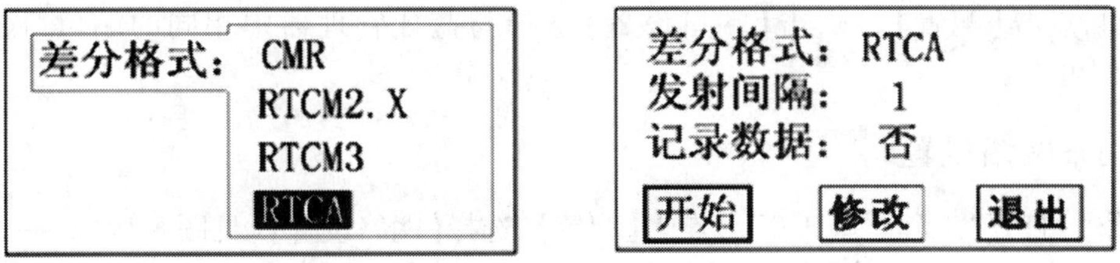

(a)　　(b)

图 8-16　选择差分格式

说明：S86 支持的差分格式有以下几种：CMR、RTCM2. X、RTCA、RTCM3、DGPS。

操作 3：在“模块设置”界面下，按【F1/F2】键，选择【修改】，按【电源键】确定（见图 8-17(a)）→按【F1/F2】键选择【数据链】，按【电源键】进入→按【F1/F2】键选择【GPRS 网络】，按【电源键】确定→按【F1/F2】键选择【开始】，按【电源键】确定（见图 8-17(b)）。

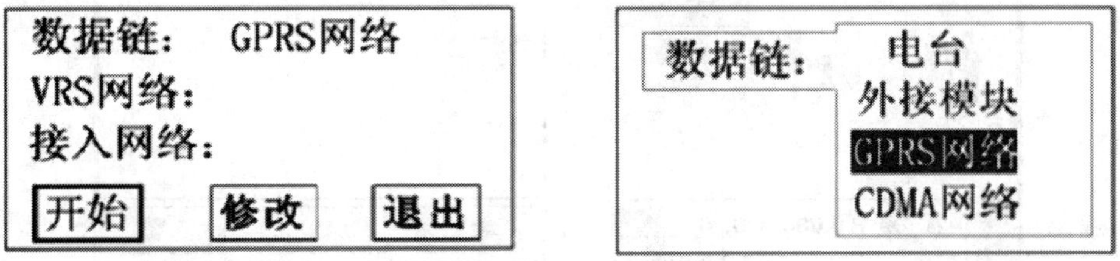

(a)　　(b)

图 8-17　GPRS 模式设置

2　通过蓝牙建立手簿和接收机的连接

操作：点击【我的设备】→点击【控制面板】→点击【Bluetooth 设备属性】→点击【扫描设备】（见图 8-18(a)）→找到移动站接收机设备后，点击【停止】（见图 8-18(b)）→选择搜索到的设备双击，然后双击【串口服务】，增加一个串口号如 COM7，点【确定】→点击【OK】退出即可（见图 8-18(b)）。

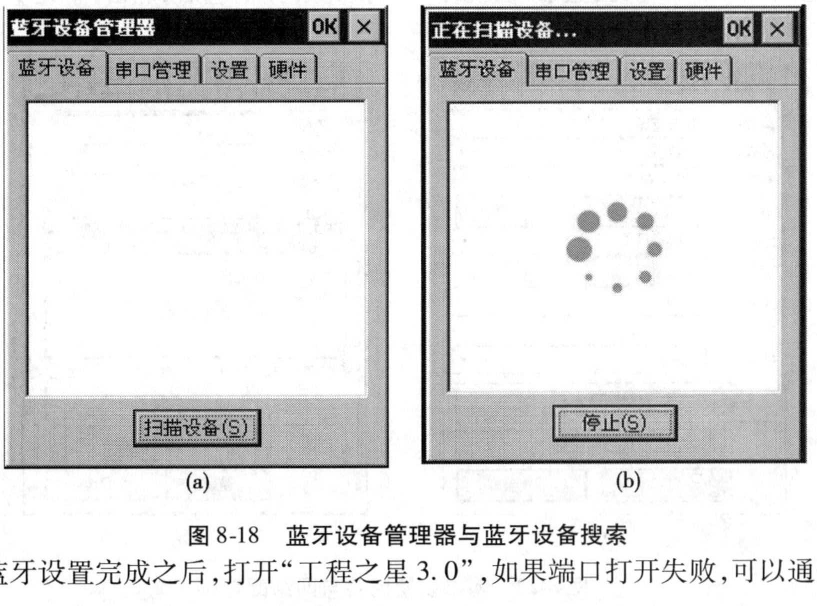

(a)　　(b)

图 8-18　蓝牙设备管理器与蓝牙设备搜索

说明：蓝牙设置完成之后，打开“工程之星 3. 0”，如果端口打开失败，可以通过以下步骤设置串口,点击【配置】→点击【端口设置】选择与蓝牙管理器中相同的端口,波特率用 115200 即可。

3　移动站网络设置

操作 1:打开“工程之星 3.0”→点击【配置】,选择【网络设置】(见图 8-19(a)→进入“网络设置”界面,点击【增加】或【编辑】(见图 8-19(b))→进入“网络设置”界面,点击【增加】或【编辑】(见图 8-19(b))。

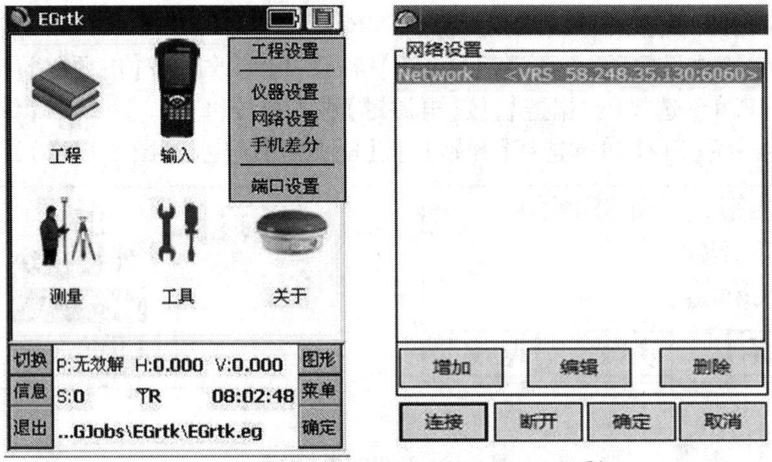

(a)　　(b)

图 8-19　工程之星 3.0 主界面与网络设置

说明:如果在【配置】中没有显示【网络设置】,则说明在接收机模块设置中没有设置好“GPRS 网络”,需重新设置。

操作 2:在图 8-20(a)中,输入名称、方式、连接、地址、端口、用户等内容,再输入“接入点”(如 JZ001,与基准站一致),点击【确定】(见图 8-20(a))。出现信息提示时,点击【OK】,确认配置(见图 8-20(b))。当显示“所有参数设置完毕!”信息后,点击【确定】→回到“网络设置”界面(见图 8-21(a))。

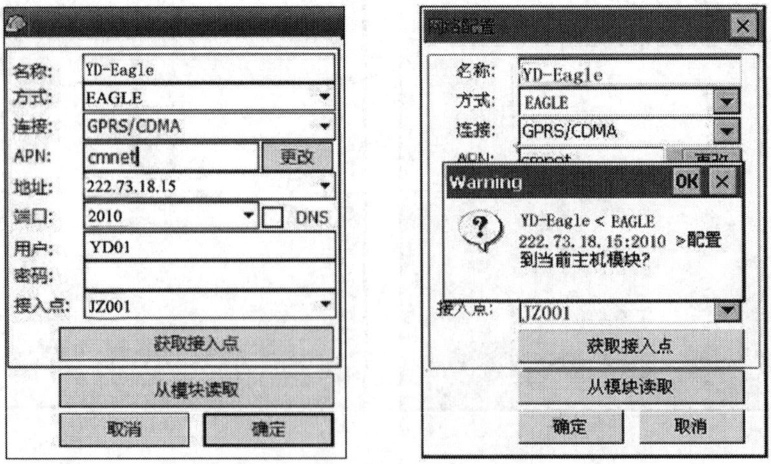

(a)　　(b)

图 8-20　网络设置内容与网络配置

说明:点击【增加】或【编辑】后,出现图8-20(a)所示界面,含义如下:

“名称”:输入代表本配置名称(如YD－Eagle);

“方式”:选择“EAGLE”;

“连接”:连接模式选择“GPRS/CDMA”;

“APN”:选择“cmnet”;

“地址”:输入接收播放信息的服务器IP地址(如南方仪器上海某一服务器IP地址“222.73.18.15”);

“端口”:输入端口(如2010);

“用户”:管理中心提供(在这任意输入,如YD01,与基准站不同);

“密码”:管理中心提供(在这为空即可);

“接入点”:可以输入JZ001(与基准站保持一致)。

点击【确定】,将该设置配置到主机模块,然后点击【OK】(见图8-20(b))。

操作3:回到“网络设置”界面后,点击【断开】,进入“断开网络...”界面,当显示“断开网络完毕”信息时,点击【确定】(见图8-21(a))→回到“网络设置”界面后,点击【连接】(见图8-21(a))→进入“网络连接－Eagle模式”,当“初始化网络”、“GPRS连接”、“登录服务器”三项打“√”后,点击【确定】即可(见图8-21(b))。

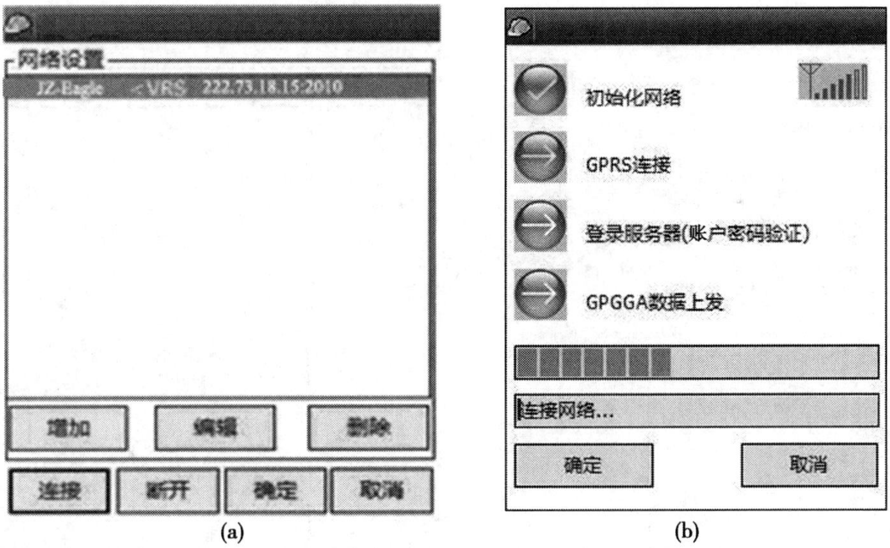

图8-21　网络设置与网络连接

【任务小结】

点对点定位技术中流动站的设置主要讲述了移动站模式选择与GPRS网络模式选择、手簿与接收机的连接以及网络设置。需要注意的是:移动站网络设置的用户名需与基准站网络设置的用户名不同,接入点需与基准站保持一致,并且移动站网络设置时需选择“Eagle”模式。

【任务考核】

(1)按照南方S86接收机移动站模式选择的操作步骤填写图8-22。

(2)写出南方 S86 接收机支持的差分格式并以流程图的方式写出其设置操作过程。

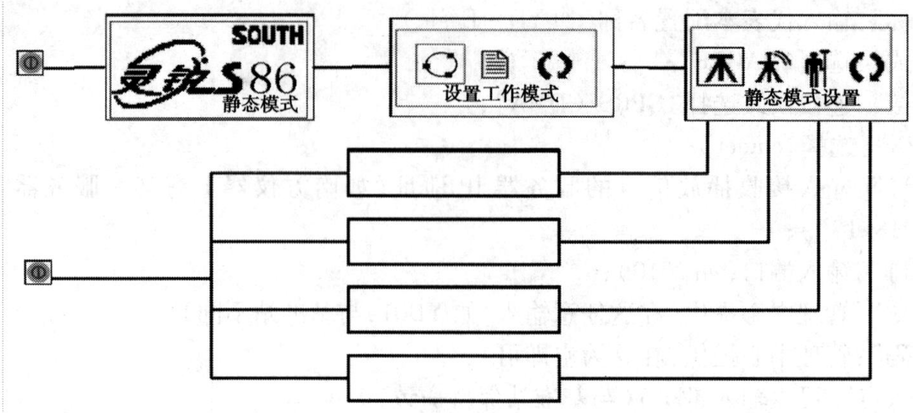

图 8-22　移动站模式选择

【任务扩展】

点对点定位技术移动站设置以南方灵锐 S86 接收机为例进行讲解,可在南方仪器的基础上,学习其他厂商的仪器的设置操作,以此比较它们的差异。

项目9　单基准站CORS技术

【项目导航】

重点

南方灵锐S86接收机流动站设置及操作;拓普康HiPer ⅡG接收机流动站设置及操作。

难点

单基准站CORS基准站设置及操作;接收机流动站设置及操作。

任务

单基准站CORS基准站设置及操作;接收机流动站设置及操作;点测量与点放样。

作业

基准站、流动站设置完成后,进行点测量或点位放样。

流程

单基准站CORS设置操作流程如图9-1所示。

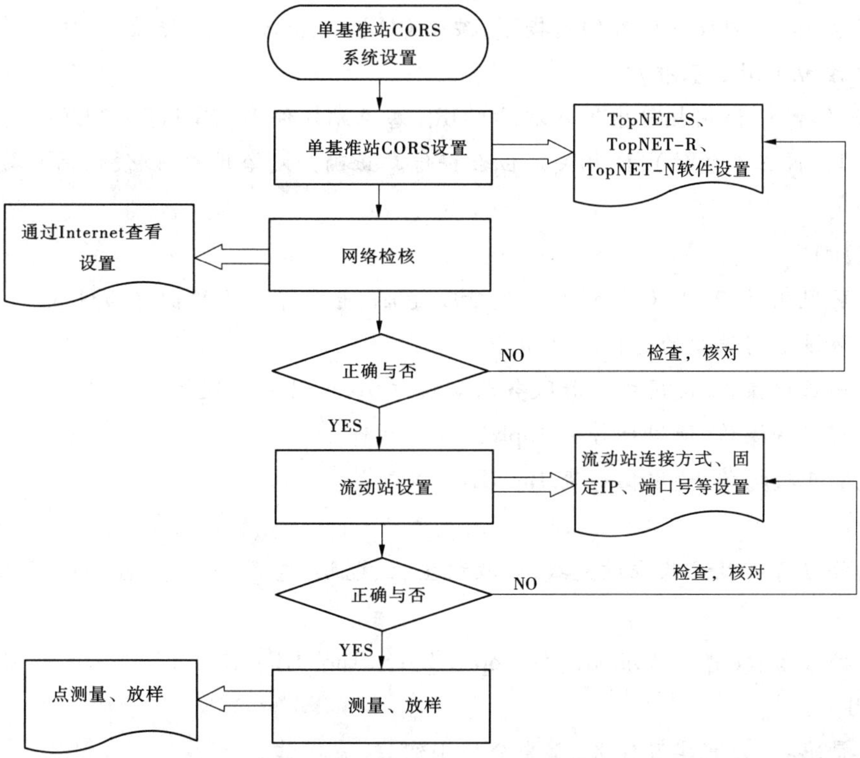

图9-1　单基准站CORS设置操作流程

单基准站CORS在设置时按照图9-1所示流程进行,设置过程中只有在上一步设置完成后方可进行下一步操作,设置过程中如果出现问题,应从头至尾一步一步进行检核。单基准站CORS网络设置流程的介绍按上述流程分为"任务1　CORS基准站设置与操作"和"任务2　流动站设置与操作"两部分。

任务1　CORS基准站设置与操作

【任务目的】

(1)认识、了解单基准站CORS软硬件设备。

(2)掌握单基准站CORS基准站设置与操作流程,并能正确设置与操作拓普康单基准站CORS基准站。

(3)掌握拓普康服务器端软件TopNET－ S软件的操作及使用。

(4)掌握拓普康TopNET－R软件的操作及使用。

(5)掌握拓普康TopNET－N软件的操作及使用。

【任务分析】

在进行单基准站CORS基准站设置前,应认识、了解单基准站CORS基准站的硬件设备,了解各个设备的功能及简单的操作。

在正确操作、使用硬件设备的前提下,按照CORS定位原理、数据流程、软件操作流程正确设置单基准站CORS基准站。

能够正确操作、使用拓普康单基准站CORS基准站软件TopNET(TopNET－S、TopNET－R与TopNET－N三个软件),使相关定位数据信息正确分发给用户,以便供用户接收并进行定位。

【任务要求】

(1)了解观测墩、天线、GNSS接收机主机、电脑、电源等设备的操作与设置。

(2)了解设备间端口的连接及作用。

(3)能够正确操作、使用拓普康服务器端软件TopNET－ S软件。

(4)能够正确操作、使用拓普康TopNET－R软件。

(5)能够正确操作、使用拓普康TopNET－N软件。

【任务准备】

(1)硬件准备:GNSS基准站天线、接收机主机、电脑、电源、避雷设备等能够正常工作使用。

(2)软件准备:拓普康基准站软件TopNET－S、TopNET－R、TopNET－N正确安装并能够正常使用。

(3)人员准备:按照实习任务,事先分好小组,轮流操作。

(4)记录准备:记录板,基准站观测手簿,本子、笔等学习用具。

【任务实施】

单基准站CORS基准站设置的实施将分四个部分依次进行介绍，分别为CORS基准站软硬件、TopNET－S软件设置及操作、TopNET－N软件设置及操作、TopNET－R软件设置及操作。

下述2～4为拓普康TopNET软件的设置及操作，CORS基准站设置操作流程及内容如图9-2所示。

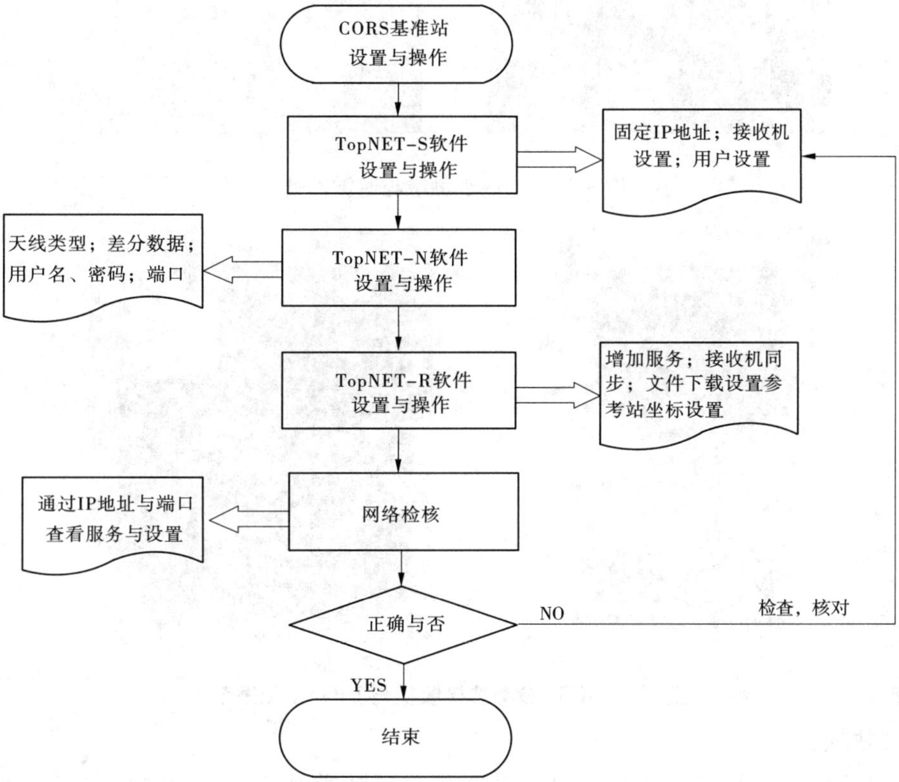

图9-2　CORS基准站设置操作流程

1　CORS基准站软硬件

1.1　基准站硬件与基础设施

CORS是由GNSS接收机、天线、计算机、气象设备、通信设备及电源设备、观测墩等构成的观测系统。CORS基准站硬件设备主要有GNSS基准站接收机、天线、流动站接收机、计算机与网络设备等。在CORS基准站系统中，基础设施建设不是最重要的环节，但基础设施建设的好坏对于整个基准站系统的运行稳定性和性能有直接的关联，必须对此有着周全的考虑和精心的设计。基础设施包括网络通信、供电系统、观测墩、避雷系统等几个部分。GNSS观测墩、避雷设备、接收机及UPS电源设备如图9-3和图9-4所示。

图 9-3　GNSS 观测墩与避雷设备

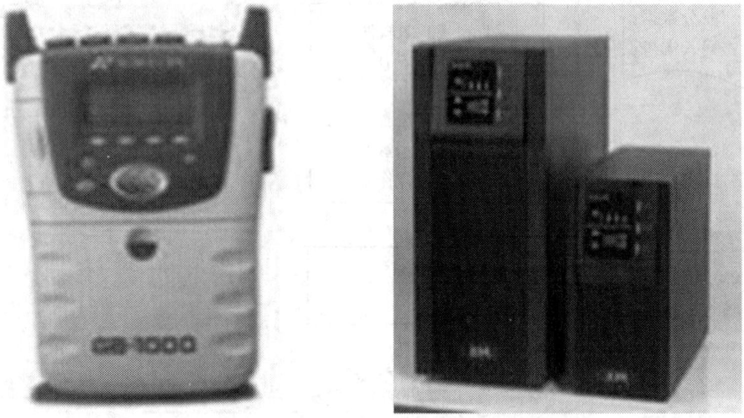

图 9-4　GNSS 参考站接收机与 UPS 电源设备

1.2　基准站软件

拓普康 GNSS 参考站系统软件 TopNET 是美国拓普康公司推出的，支持 GPS + GLONASS 双星双频技术，可以给 GNSS 测量提供更多的可用数据和更好的性能。

TopNET RTK 参考站系统包含三个模块：服务器模块、CORS 模块、客户端 RTK 模块。该三个模块分别对应三个软件 TopNET－S、TopNET－R、TopNET－N，如图 9-5 所示。

2　TopNET－S 软件设置与操作

TopNET 软件以服务器、客户端的模式运行，TopNET－S 模块作为整个基准站软件系统的服务器端软件，它的功能是建立到本地或者远程基准站接收机的数据连接，并响应客户端软件 TopNET－R 或 TopNET－N 的请求，向授权的客户端提供基准站接收机的数据。依据软件授权的不同和网络带宽的情况，TopNET－S 可以提供 1 到无限多的基准站接收机。

2.1　设置 IP 地址与端口

操作：打开 TopNET－S 软件→点击【Setup】，选择【Configuration】（见图 9-6（a））→进入“Configuration”界面，输入 IP 地址及端口输入后，点击【OK】（见图 9-6（b））。

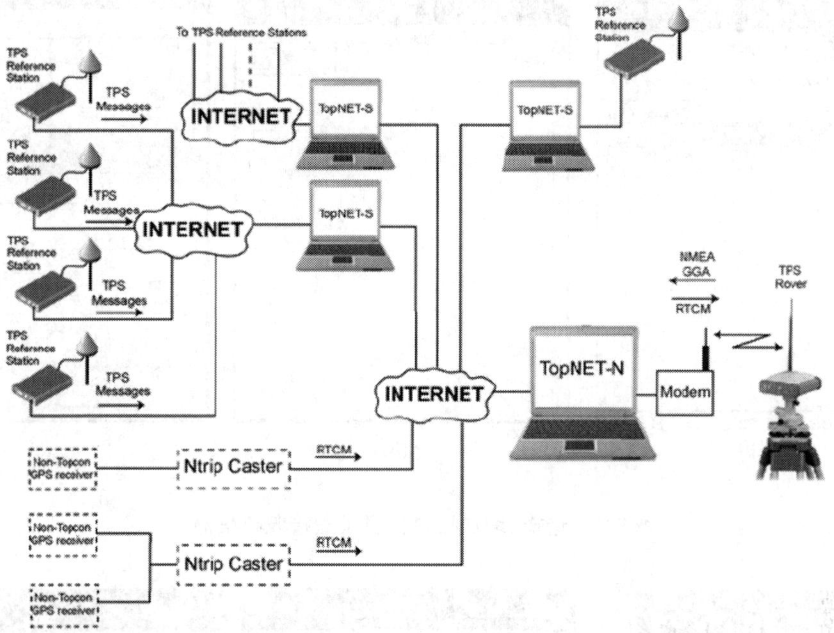

图 9-5　拓普康 GNSS 基准站系统

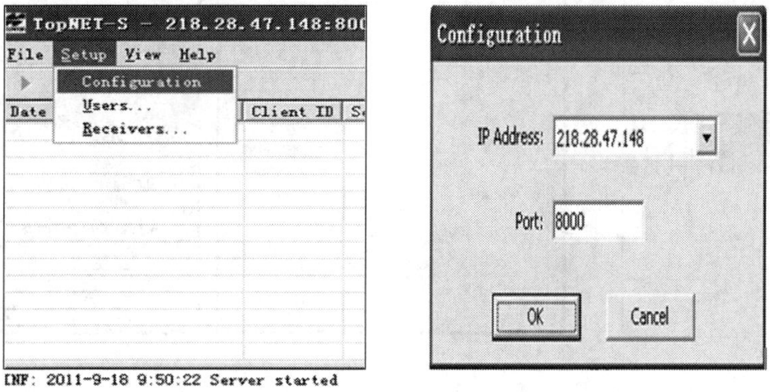

(a)　(b)

图 9-6　Configuration 命令位置及界面

2.2　添加设置接收机

操作:在 TopNET－S 界面中,点击【Setup】,选择【Receivers...】(见图 9-7(a))→进入“Setup Receivers”界面,点击【Add】(见图 9-7(b))→进入“Add Receiver”界面,接收机信息输完后,点击【OK】(见图 9-7(c))。

2.3　添加用户

操作:在 TopNET－S 界面中,点击【Setup】,选择【Users...】(见图 9-8(a))→进入“Setup Users”界面,点击【Add】(见图 9-8(b))→进入“Add User”界面,设置如图 9-8(c)所示后,点击【OK】。

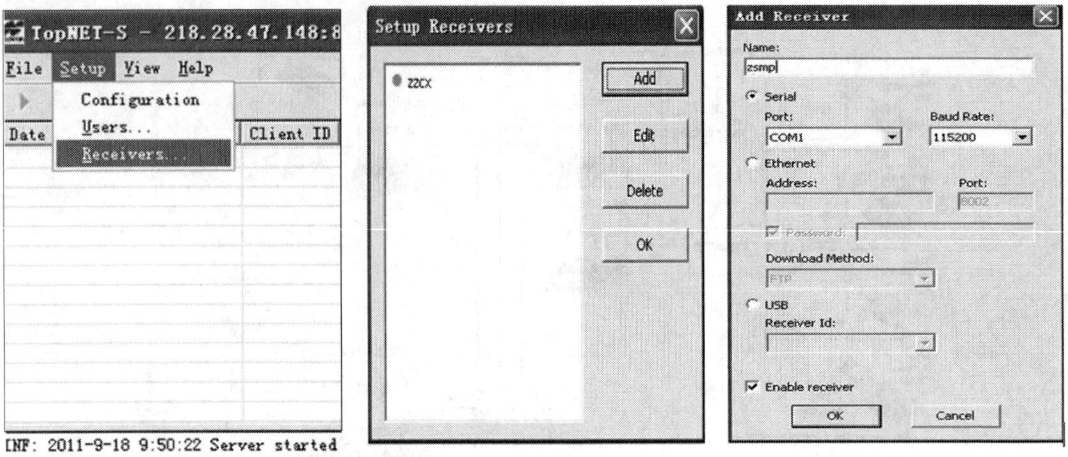

(a)　　(b)　　(c)

图 9-7　选择、增加接收机及设置接收机信息

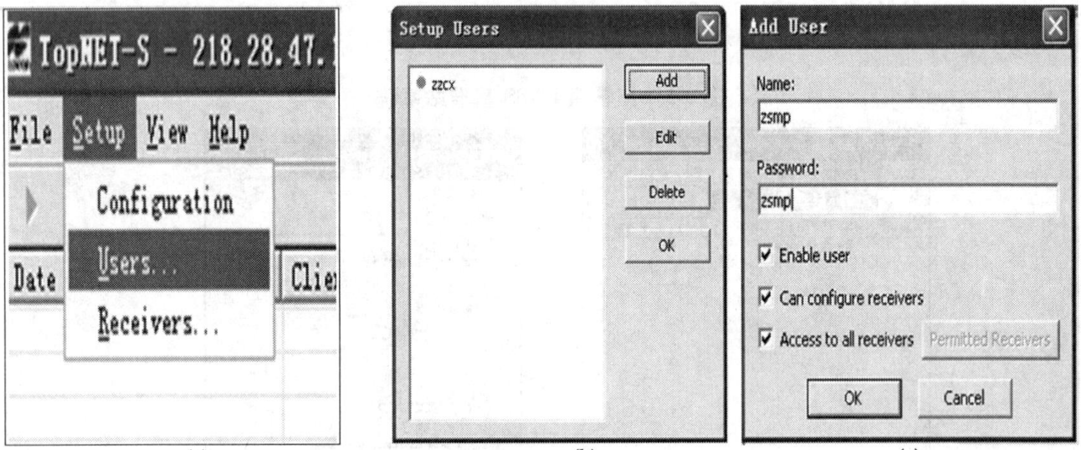

(a)　　(b)　　(c)

图 9-8　选择、增加用户及设置用户信息

3　TopNET－N 软件设置与操作

TopNET－N 是给流动站 RTK 测量提供服务的客户端软件，流动站通过它来获取相应的 RTK 定位服务。TopNET－N 从 TopNET－S 服务器端获取一台或多台基准站接收机的数据，流动站以 TCP/IP 的方式接入到该软件，根据接入时所使用的端口号可以获取不同的 RTK 定位服务。如果网络带宽和计算机处理能力允许，TopNET－N 对所接入的流动站数量几乎无限制。

3.1　设置基准站

操作 1：打开 TopNET－N 软件，点击【Setup】，选择【Reference Stations...】（见图 9-9（a））→进入“Reference Stations”界面，选择 XYZ 或 BLH 坐标形式，点击【Add...】（见图 9-9（b））→进入“Add Reference Stations”界面（见图 9-10（a））。

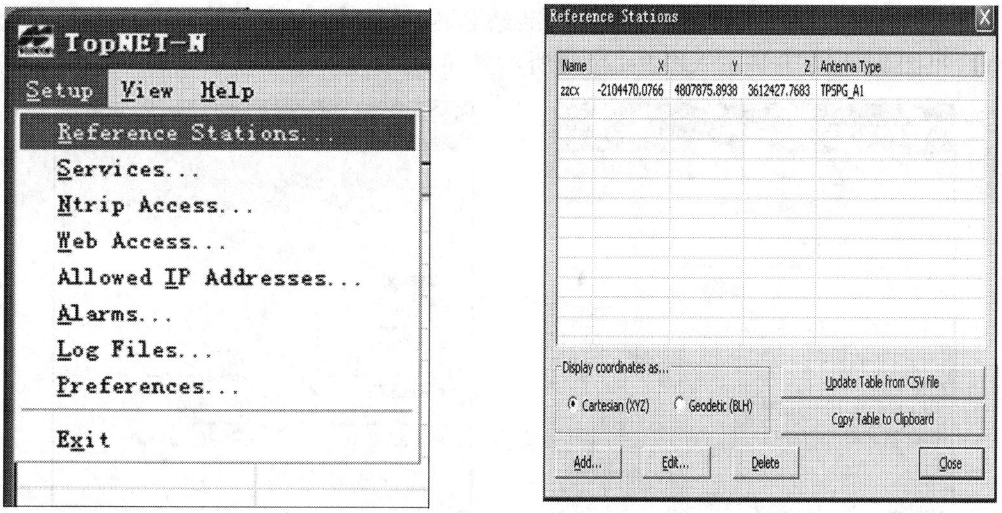

(a)　　(b)

图9-9　选择、添加参考站

操作2:在"Add Reference Stations"界面下,选择【A Topcon receiver accessible via TopNET－S】,点击【Next】(见图9-10(a))→进入"Add Topcon Reference Station"界面,点击【More Servers...】,点击【Add Server...】,输入IP,点击【OK】,点击【OK】。点击"Selcect TopNET－S server from the list"下拉框,选择刚才新建的IP服务,点击【Get Receivers】,在"Select one receiver from the list"列表中选择接收机,点击【Next】(见图9-10(b))→进入图9-11(a)所示界面。

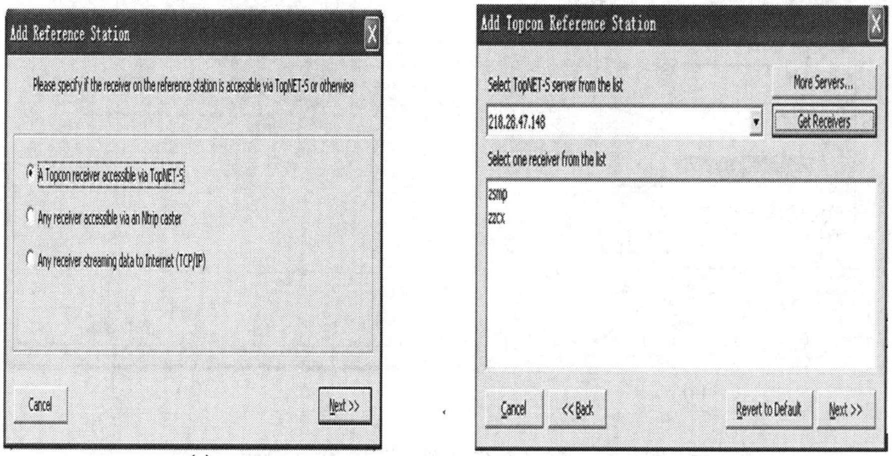

(a)　　(b)

图9-10　选择接收机访问方式、TopNET－S服务及接收机

说明:点击【More Servers...】在弹出的"Select Server"对话框中增加、编辑、删除服务,点击【Add Server...】后弹出"Server Properties"服务属性对话框,输入主机名或IP地址、用户名密码后点击【OK】,再点击【OK】回到"Add Topcon Reference Station"界面。

操作 3：在图 9-11(a)界面中，输入基准站名称，点击【Next】→输入基准站坐标，点击【Next】(见图 9-11(b))→进入图 9-12(a)所示界面。

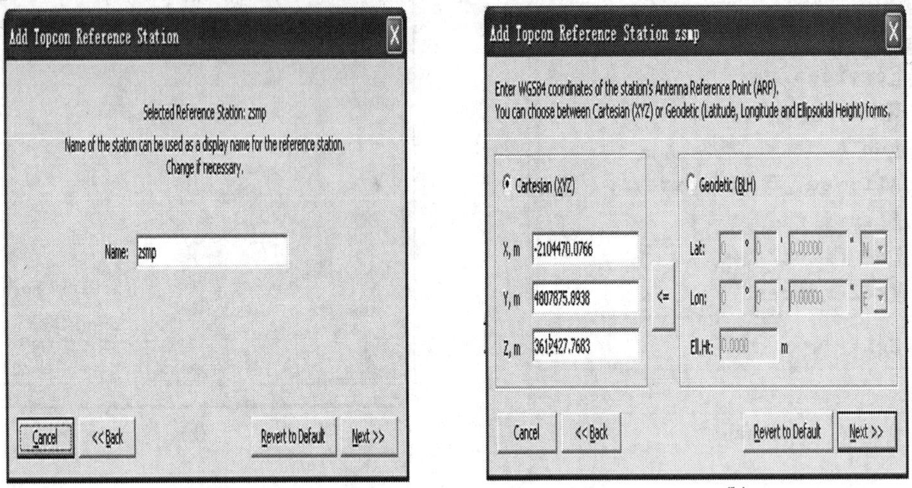

(a)　　　　(b)

图 9-11　输入基准站名称与站 WGS84 坐标

说明：根据站坐标形式，把事先解算的 WGS84 坐标输入到图 9-11(b)中。

操作 4：选择天线类型，点击【Next】(见图 9-12(a))→选择或创建分组，点击【Finish】(见图 9-12(b))。

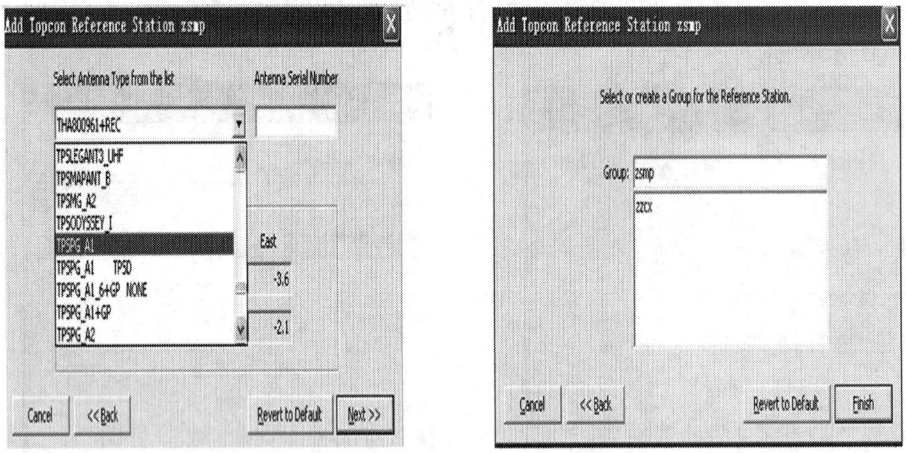

(a)　　　　(b)

图 9-12　选择天线类型与选择、创建分组

3.2　添加设置用户定位服务信息

操作 1：在 TopNET－N 软件界面中，点击【Setup】，选择【Services...】(见图 9-13(a))→点击【Add...】(见图 9-13(b))。

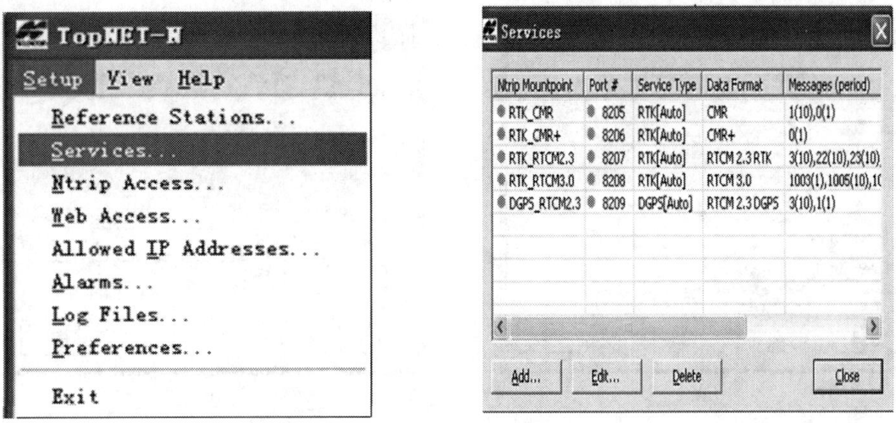

(a)　　　　(b)

图9-13　选择、添加服务

操作2：在“Service type and data format”界面中，选择服务类型与数据格式，点击【Next】（见图9-14（a））→进入“Select Reference Station”界面，选择分配最近的基准站给流动站，点击【Next】（见图9-14（b））。

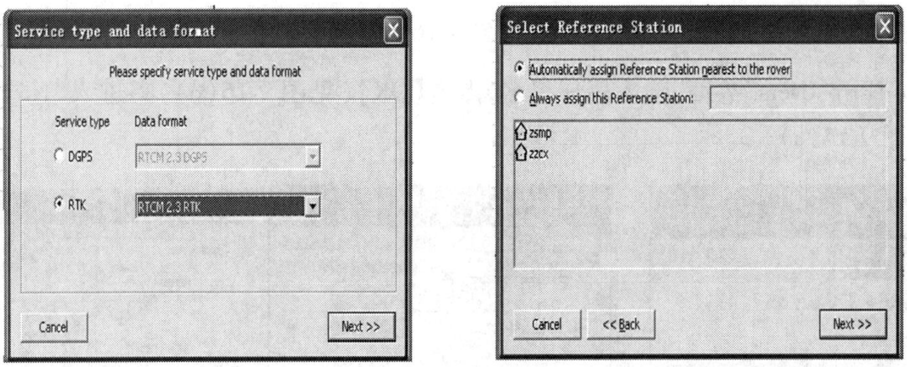

(a)　　　　(b)

图9-14　选择服务类型、数据格式及自动分配最近的参考站给流动站

说明：DGPS与RTK两项服务类型都可添加，选择时可先选择一种。服务类型后对应有不同的数据格式，选择一种如RTCM2.3 RTK后点击【Next】，在弹出的对话框中选择【Automatically assign Reference Station nearest to the rover】与新建的站名ZSMP，点击【Next】进入“Service details”界面。

操作3：在“Service details”界面中，设置详细定位服务，点击【Next】→进入“TCP/IP Port and Mountpoint”界面，设置端口与挂靠点，点击【Finish】（见图9-15（b））。

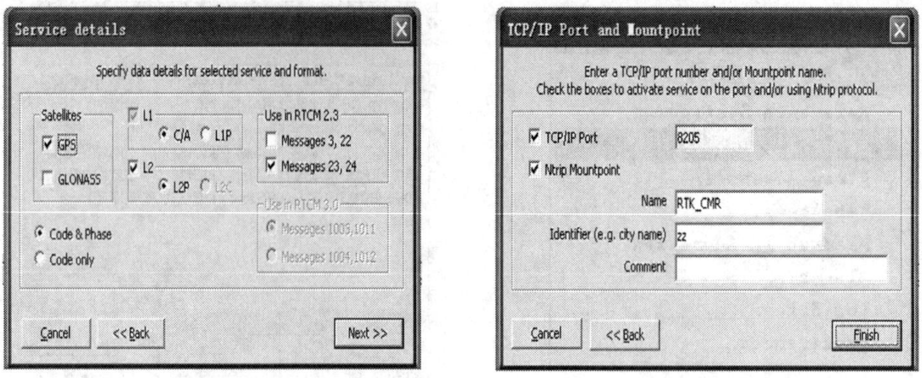

图 9-15　设置详细定位服务、TCP/IP 端口与 Ntrip 挂靠点

说明：在“Service details”界面中，设置完成后点击【Next】，进入“TCP/IP Port and Mountpoint”界面，勾选两个复选框，TCP/IP Port 端口号会自动添加(默认即可)，输入定位服务与城市名称，点击【Finish】完成。其他定位服务的添加同上，一般默认即可。

3.3　用户定位服务信息访问设置

操作 1：在 TopNET－N 软件界面中，点击【Setup】，选择【Ntrip Access...】(见图 9-16(a))→进入“Ntrip Settings”界面，设置如图 9-16(b)所示，完成后点击【Users...】→进入“Group of Ntrip Users”界面，输入用户组名，点击【OK】(见图 9-16(c))→进入“Ntrip Users”界面(见图 9-17(a))。

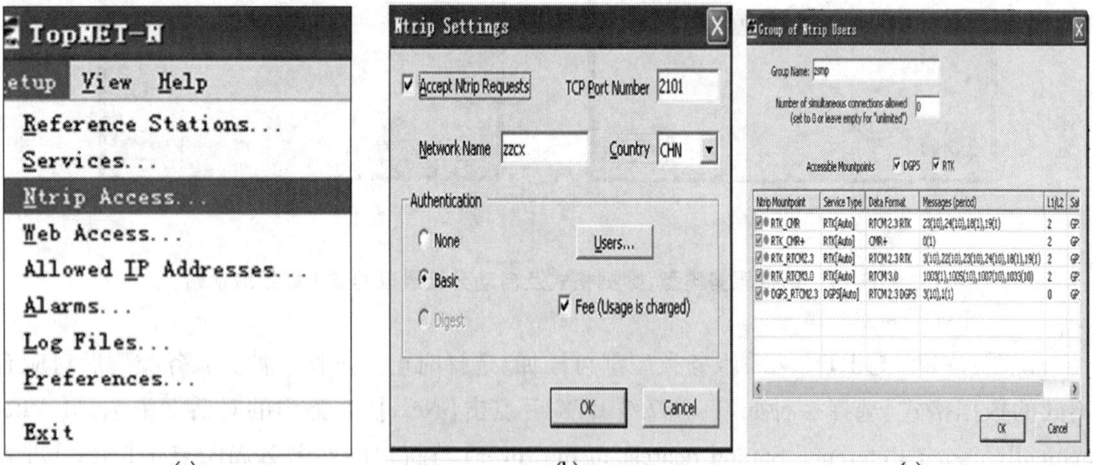

图 9-16　选择 Ntrip Access、设置 Ntrip 及 Ntrip 用户组

说明：在“Ntrip Settings”界面中，勾选【Accept Ntrip Requests】，设置【TCP Port Number】端口号(如 2101)，输入【Network Name】名称(如 ZZCX)，【Country】选择 CHN。在【Authentication】组合框中，选择【Basic】，勾选【Free(Usage is charged)】。点击【Users...】进入“Group of Ntrip Users”界面，输入组名zsmp，输入允许的用户数(0代表无限制)，勾选【DGPS】和【RTK】代表允许该组用户享受的定位服务，点击【OK】完成并进入下一界面。

操作2：在“Ntrip Users”界面中，点击【Add Group...】，增加组用户组，完成后点击【OK】。勾选增加的组，点击【Add User...】(见图9-17(a))→进入“Ntrip User”界面，输入用户名密码，点击【OK】(见图9-17(b))。添加完其他用户后，点击【OK】完成(见图9-17(a))。

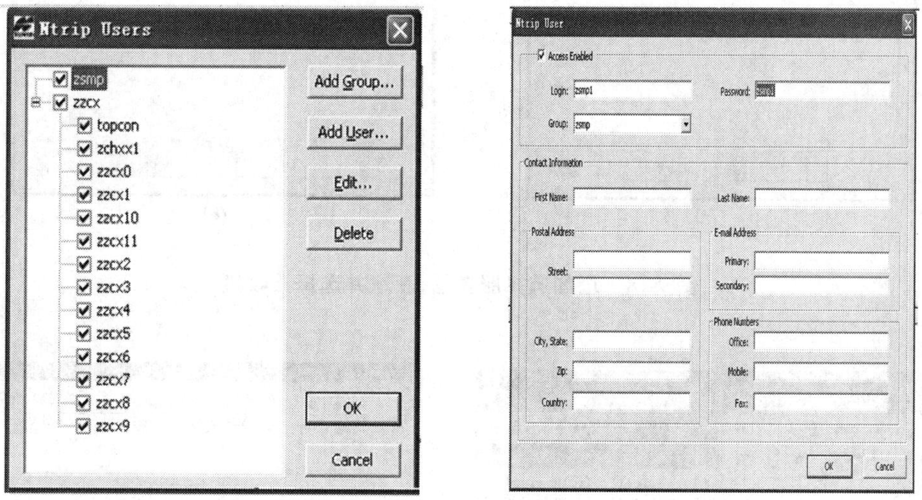

(a)　(b)

图9-17　添加Ntrip用户组及Ntrip用户

说明：选择【Add Group...】后，增加组用户如zsmp，点击【OK】。勾选刚才新建的组用户zsmp，点击【Add User...】，进入“Ntrip User”界面，勾选【Accept Enabled】，并输入用户名zsmp1和密码如zsmp1，点击【OK】添加完一个用户，要想添加其他用户同上，最后点击【OK】完成设置。

4　TopNET－R软件设置与操作

TopNET－R是该软件系统的一个客户端软件，通过建立与TopNET－S服务器端软件的连接，从TopNET－S获取有关接收机的数据。该模块主要针对各种GPS后处理的应用，其主要功能是：接收机设置，接收机数据下载存储，接收机状态查看，接收机状态报警，接收机软件升级等。

4.1　选择服务器和接收机，并进行PC钟同步

操作：打开TopNET－R软件，点击【Add Server...】，增加选择服务器，点击【2－Get list of receivers from TopNET－S】，从【3－select Receivers or press OK to Connect to all】中选择接收机，点击【OK】(见图9-18)。点击【PC Clock Sync】，选择【Synchronize Now!】(见图9-19(a))。打开TopNET－S，查看连接信息(见图9-19(b))。

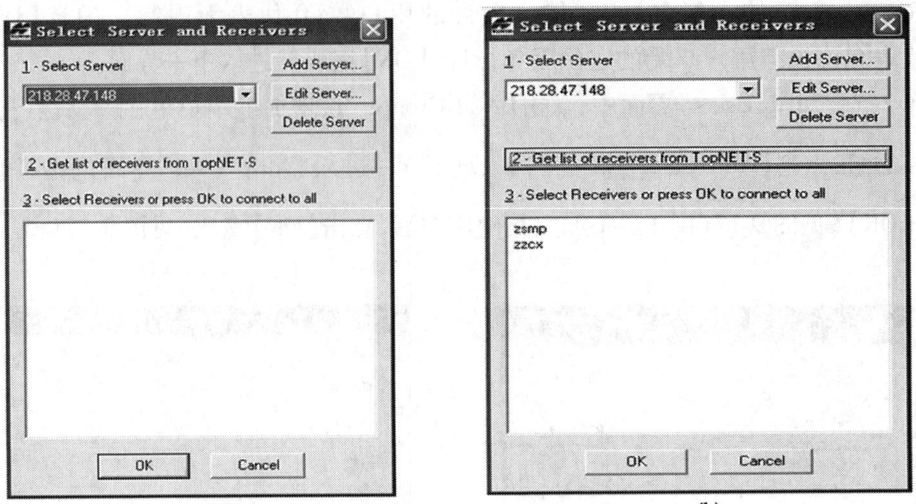

(a)　　(b)

图 9-18　增加选择服务器、获取并选择接收机

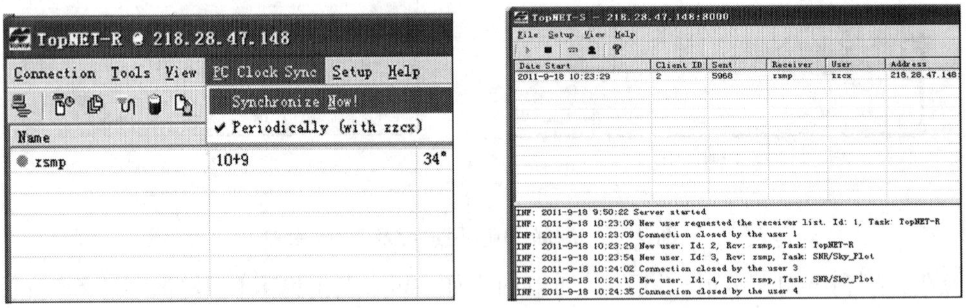

(a)　　(b)

图 9-19　PC Clock 同步与查看连接信息

说明：打开 TopNET－R 软件后，出现“Select Server and Receivers”界面（如未出现可从【Connection】菜单中调出），点击【Add Server】，输入 IP 地址，如 218. 28. 47. 148，【3－select Receivers or press OK to Connect to all】点击【OK】，对于服务也可以编辑和删除。点击【2－Get list of receivers from TopNET－S】，从中选择接收机或不选时默认全部选择，如选择 ZSMP，点击【OK】完成。从 TopNET－R 软件主界面中点击【PC Clock Sync】，在下拉菜单中选择【Synchronize Now!】进行 PC 钟同步。TopNET－R 软件设置完成后，打开 TopNET－S，查看连接信息。

4.2　网络查看

操作：打开网络浏览器→输入 IP 地址与端口号。

说明：打开任意一款网络浏览器，如Internet浏览器，在地址栏输入IP地址与端口号，如http://218.28.47.148:2101，回车，如果设置成功则会出现如图9-20所示信息，否则需要按照操作流程一步一步地进行检核，直到问题解决。

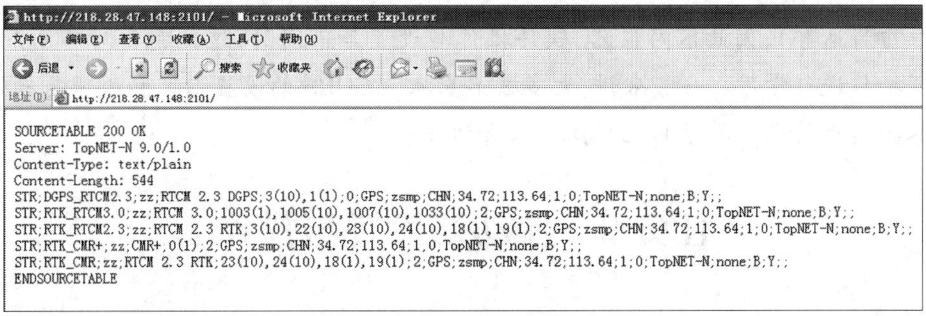

图9-20　网络查看

【任务小结】

在认识、了解基准站硬件设备及操作的基础上，讲述了CORS基准站的设置，并对拓普康CORS基准站软件TopNET(包括TopNET－S、TopNET－R、TopNET－N三个软件)进行了重点讲述。CORS基准站的设置与操作主要是软件的设置与操作，操作中三个软件要按照操作程序设置，每一个软件要注意设置的内容与参数，只有保证三个软件的操作流程与每个软件的内容参数正确，才能保证整个基准站设置操作正确。最后需通过网络进行检核查看，看设置的内容参数是否正确，不正确时需一步一步认真核对。

【任务考核】

(1)叙述单基准站所需的软硬件设备，说明各自的功能及操作方法。

(2)总结单基准站设置操作流程并填写图9-21。

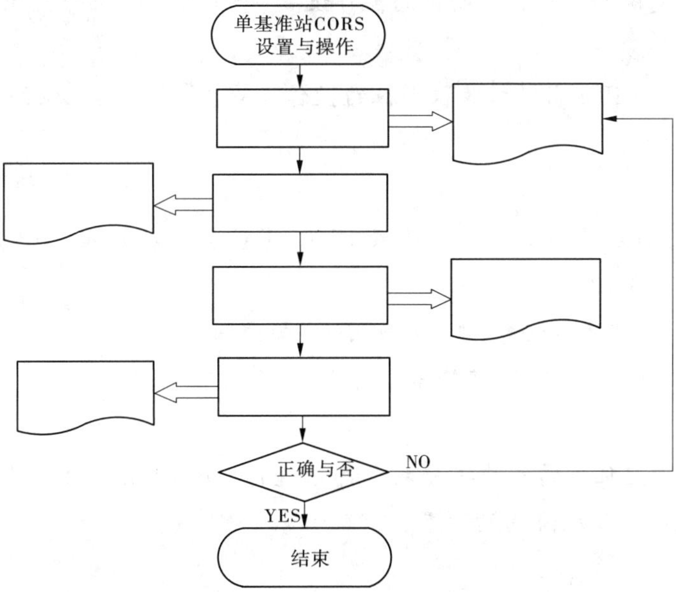

图9-21　CORS基准站设置操作流程

【任务扩展】

单基准站 CORS 基准站的设置是以拓普康 HiPer ⅡG 接收机及 TopNET 软件为例进行讲解的，而 CORS 基准站建设所采用的接收机与软件可以来自不同的仪器厂商（如天宝、徕卡、南方、中海达等），因此不同仪器，软件操作与设置是不同的，这就需要对不同厂商的软硬件设置操作进行学习。一般来讲，大多数单基准站 CORS 的设置内容和原理是一样的，我们可以根据这个特点来学习其他厂商的基准站设置。

任务2　流动站设置与操作

【任务目的】

（1）掌握南方灵锐 S86 接收机移动站的设置操作。

（2）掌握拓普康 HiPer ⅡG 接收机移动站的设置操作。

【任务分析】

CORS 基准站设置操作完成后，如果进行实时定位则需要对流动站进行设置与操作。流动站的设置与操作以南方灵锐 S86 接收机和拓普康 HiPer ⅡG 接收机为例进行介绍，流动站设置正确后会接收到 CORS 基准站通过数据链发送给流动站的站坐标、观测数据等信息，与此同时流动站结合自己的观测数据就可以进行实时差分定位了。因此，要进行实时定位，就要掌握流动站的正确设置与操作。

【任务要求】

（1）掌握南方灵锐 S86 接收机面板的操作设置、手簿与接收机的蓝牙连接、接收机的网络设置等。

（2）掌握拓普康 HiPer ⅡG 接收机面板的操作设置、手簿与接收机的蓝牙连接、接收机的网络设置等。

【任务准备】

（1）仪器准备：南方灵锐 S86 与拓普康 HiPer ⅡG 接收机流动站一套（对中杆、手簿、SIM 卡、天线等），能够正常工作使用。

（2）人员准备：按照实习任务，事先分好小组，轮流操作。

（3）记录准备：记录板，本子、笔等学习用具。

【任务实施】

CORS 流动站设置任务的实施将分两个部分进行，分别为南方 S86 接收机流动站设置和拓普康 HiPer ⅡG 接收机流动站设置。

1　南方S86接收机流动站设置

1.1　移动站模式的选择

操作1:按【电源键】开机→出现灵锐S86(即初始界面)时,按【F2】键→按【F1/F2】键选择“设置工作模式”,按【电源键】确定→按【F1/F2】键选择“移动站模式”,按【电源键】确定(见图9-22)。

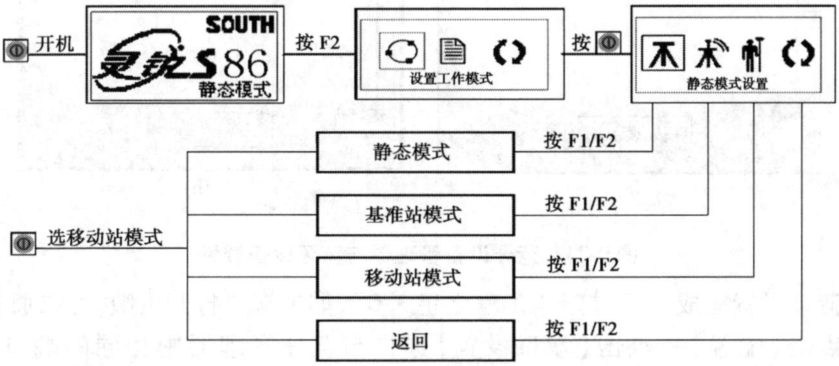

图9-22　移动站模式选择

1.2　移动站网络设置

操作:在移动站模式下,按【电源键】→按【F1/F2】键选择“进入模块设置模式”,按【电源键】确定→按【F1/F2】键选择“GPRS网络”→按【电源键】确定,按任意键退出(见图9-23)。

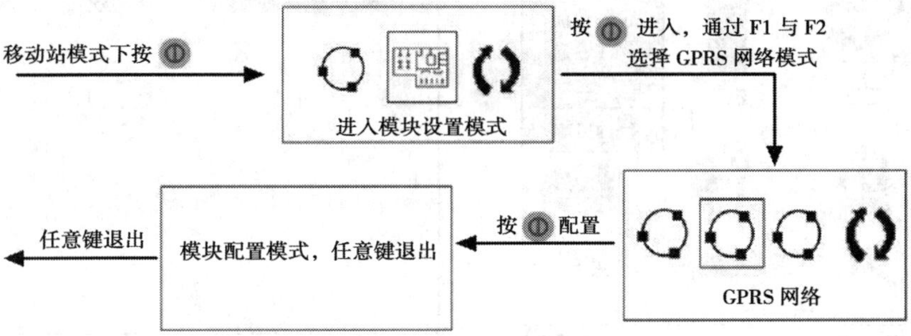

图9-23　移动站网络配置

1.3　通过蓝牙建立手簿和接收机的连接

操作:点击【我的设备】→点击【控制面板】→点击【Bluetooth设备属性】→点击【扫描设备】(见图9-24(a))→找到移动站接收机设备后,点击【停止】(见图9-24(b))→选择搜索到的设备双击,然后双击【串口服务】,增加一个串口号如COM7,点击【确定】→点击【OK】退出即可。

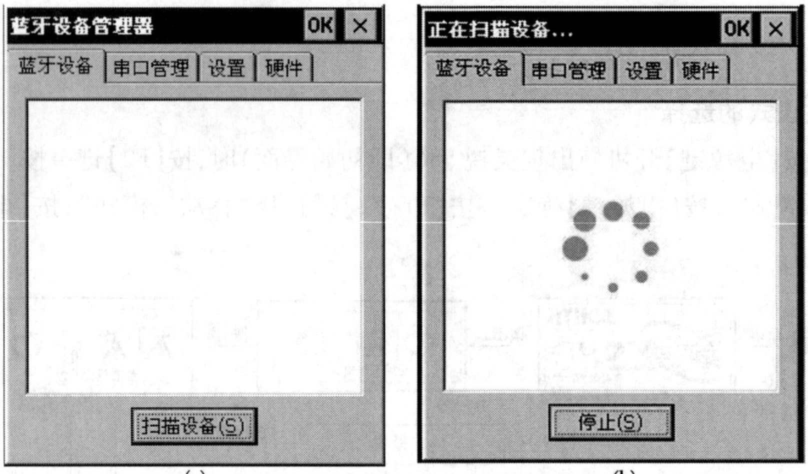

(a)　　(b)

图 9-24　蓝牙设备管理器与蓝牙设备搜索

说明：蓝牙设置完成之后，打开“工程之星 3.0”，如果端口打开失败，可以通过以下步骤设置串口：点击【配置】→点击【端口设置】选择与蓝牙管理器中相同的端口，波特率用 115200 即可。

1.4　移动站网络设置

操作 1：打开“工程之星 3.0”→点击【配置】，选择【网络设置】（见图 9-25（a））→进入“网络设置”界面，点击【增加】或【编辑】（见图 9-25（b））。

(a)　　(b)

图 9-25　工程之星 3.0 主界面与网络设置

说明：如果在【配置】中没有显示【网络设置】，则说明在接收机模块设置中没有设置好“GPRS 网络”，需重新设置。

操作 2：在图 9-26（a）中，输入名称、方式、连接、地址、端口、用户及密码等内容，点击【获取接入点】（见图 9-26（a））→进入图 9-26（b）所示界面，获取成功后点击【确定】，返回

图 9-26(a)所示界面。

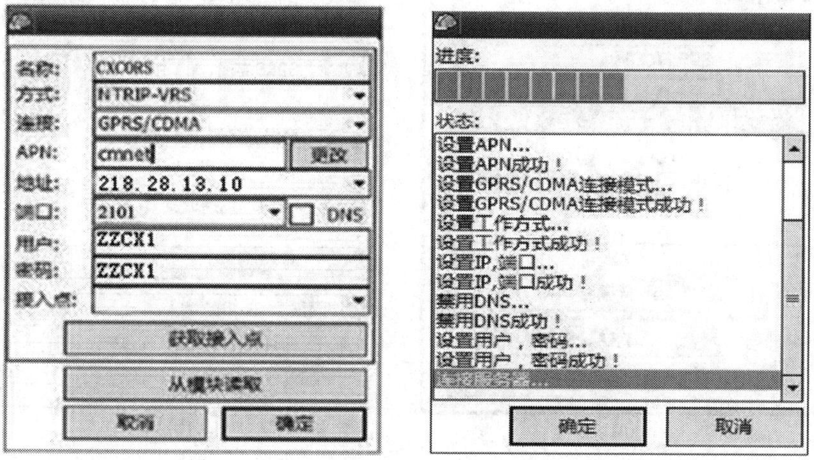

(a)　　(b)

图 9-26　网络设置内容输入与获取接入点

说明:点击【增加】或【编辑】后,出现下列信息:

“名称”:输入代表本配置名称(如 CXCORS)。

“方式”:选择“NTRIP - VRS”。

“连接”:连接模式选择“GPRS/CDMA”。

“APN”:选择“cmnet”。

“地址”:输入固定 IP(如“218. 28. 13. 10”)。

“端口”:输入基准站设置的端口(如 2101)。

“用户名”:CORS 管理中心提供。

“密码”:CORS 管理中心提供。

“接入点”:不用输入,可以点击【获取接入点】获得。

点击【获取接入点】,读取 CXCORS 播发的源列表成功后,点击【确定】(郑州测绘学校单基准站 CORS 可采用上述设置,如用其他 CORS 需改变固定 IP、端口号、用户名、密码及重新获取接入点)。“从模块读取”功能是用来读取系统保存的上次接收机使用“网络连接”设置的信息,点击读取成功后,会将上次的信息填写到输入栏。

操作 3:在“接入点”下拉框中,选择接入点,如 RTK_RTCM2. 3,点击【确定】,当显示配置到当前主机模块时,点击【OK】(见图 9-27(a))→返回到“网络设置”界面,点击【连接】→进入图 9-27(b)所示界面,当上传 GPGGA 数据成功后,点击【确定】→返回到“工程之星 3. 0”主界面。

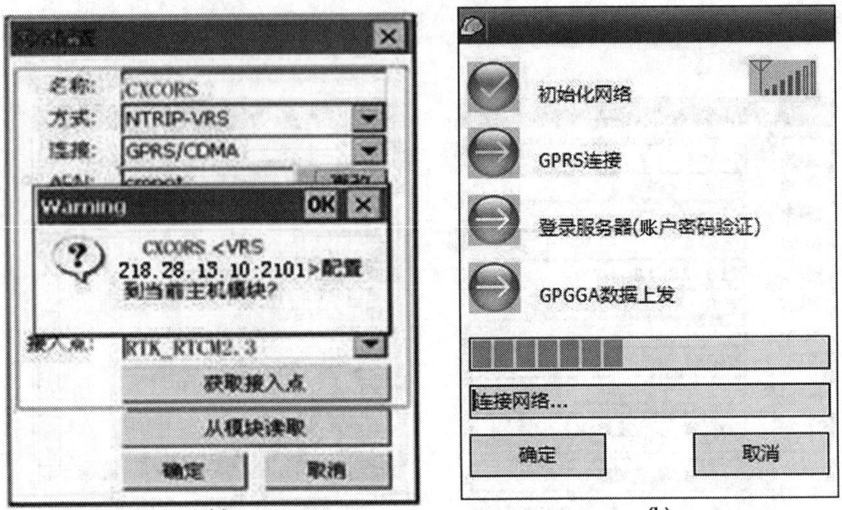

(a)　　(b)

图 9-27　配置接收机与网络连接

说明:网络连接界面会按照从上到下的顺序一步一步执行。执行完成的会打"√"并显示为绿灯;正在执行但未完成的会显示为绿灯,但不打"√";未执行的会显示为灰色按钮。当 GPGGA 数据上传成功后,点击【确定】即可,至此网络设置完成。

设置成功后很快就应该接收到差分信息,当状态达到固定解时,就可以进行测量的其他全部操作了。

当设置好网络参数后,南方 GNSS 接收机会自动拨号连接,以后作业没有必要重复连接,除非出现登录不上的情况,可以使用连接功能重新拨号查看问题所在。当拨号及上发 GPGGA 都正确以后,如果状态栏没有差分信号则需要设置差分格式(如操作 4)。

操作 4:点击【配置】,选择【仪器设置】(见图 9-28(a))。接收机为移动站模式下,点击【移动站设置】→选择差分格式,点击【确定】(见图 9-28(b))。

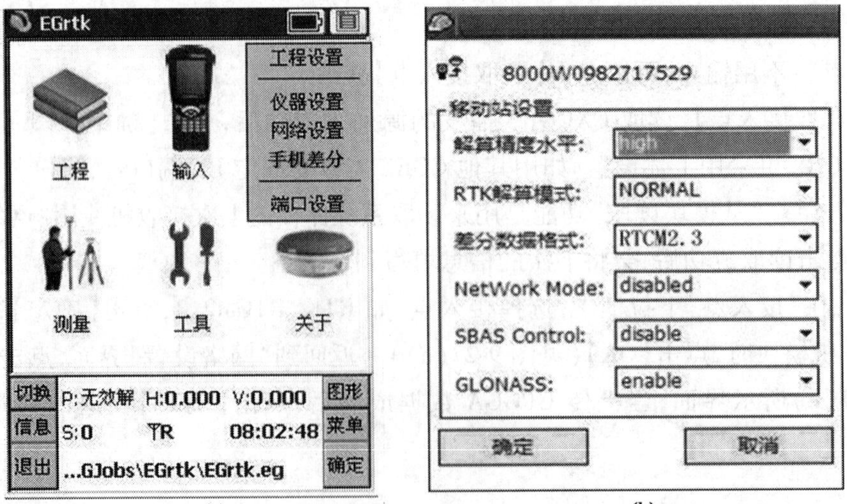

(a)　　(b)

图 9-28　仪器设置及差分数据格式设置

说明:差分数据格式选择与接收机相同的格式,且是基准站支持播发的数据格式。

2　拓普康 HiPer ⅡG 接收机流动站设置

单基准站 CORS 模式下,拓普康 GNSS 接收机流动站的设置以 HiPer ⅡG 仪器为例进行讲述,手簿 FC－25 采用 Mobile 系统及配套的 TopSurv 8 Field Control 外业测量软件。

2.1　FC－25 手簿搜索蓝牙设备

操作 1:按接收机【电源键】开机,并翻开 FC－25 手簿底座,将开关由【OFF】拨至【ON】(见图 9-29)。

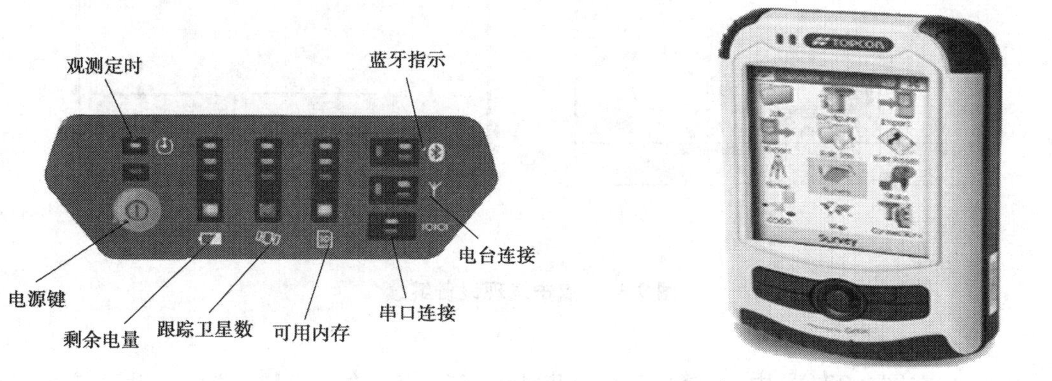

(a)　　(b)

图 9-29　TOPCON 接收机 LED 显示面板与 FC－25 手簿

说明:拓普康 HiPer ⅡG 接收机不需要进行任何设置,只需按【电源键】开机即可。

操作 2:点击手簿蓝牙图标【 】,点击【打开发射器】(见图 9-30(a))。点击【蓝牙管理器】(见图 9-30(b))→进入图 9-31(a)所示界面。

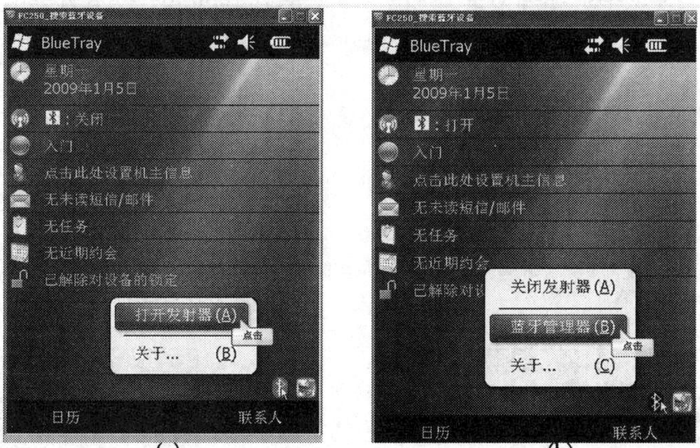

(a)　　(b)

图 9-30　打开发射器与蓝牙管理器

操作 3:在图 9-31(a)中,点击【工具】,点击【发现设备】(图 9-31(a))→点击【继续】(见图 9-31(b))→进入图 9-32(a)所示界面。

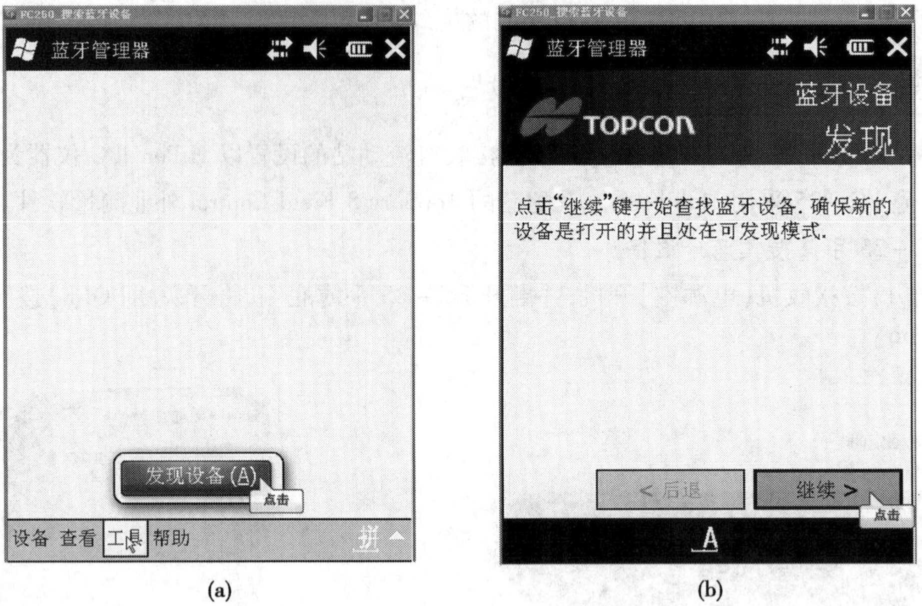

图 9-31　点击发现设备继续

操作 4:在图 9-32(a)中,选择"任何的蓝牙设备",点击【继续】→选择移动站接收机蓝牙设备,点击【继续】(见图 9-32(b))→点击【完成】,就可以看到搜索添加的设备了(见图 9-33)。

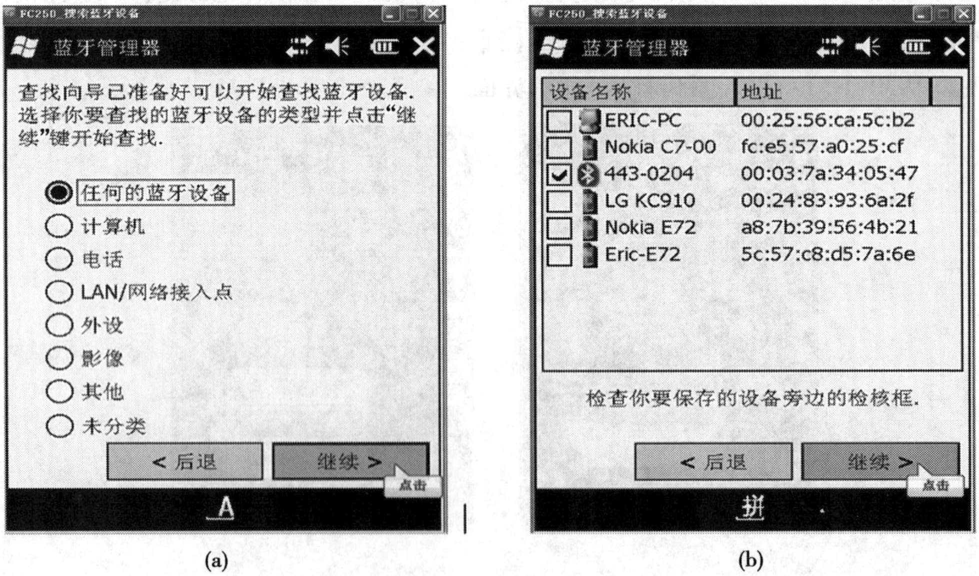

图 9-32　选择任何的蓝牙设备与选择接收机蓝牙设备

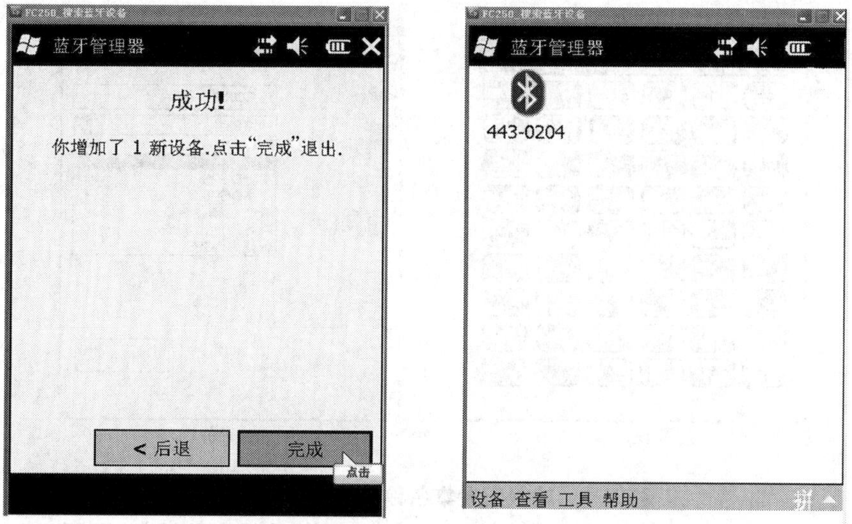

(a)　　　　(b)

图9-33　完成添加及设备添加成功

说明:每个接收机底面都有唯一的机器编号,利用手簿进行流动站接收机蓝牙搜索时要先看一下接收机底面的机器编号,当搜索到设备时停止搜索并选择该蓝牙设备即可。在搜索蓝牙设备时,手簿要尽可能在接收机附近,不要离得过远(虽然蓝牙模块的指标为:室内最远10 m,室外最远50 m)。

2.2　移动站网络配置

操作1:打开TopSurv 8 Field Control软件,图标菜单下,点击【作业】,点击【新建作业】,输入名称,点击【继续】→进入"测量配置"界面,点击"GPS+配置"名称后【...】(见图9-34(a))→进入"配置"界面,点击【增加】(见图9-34(b))→进入图9-35(a)所示界面,输入配置集名称,点击【Enter】→进入"测量"界面,输入名称,从"类型"下拉框中选择【网络RTK】,点击【继续】(见图9-35(b))→进入"接收机制造商"界面(见图9-36(a))。

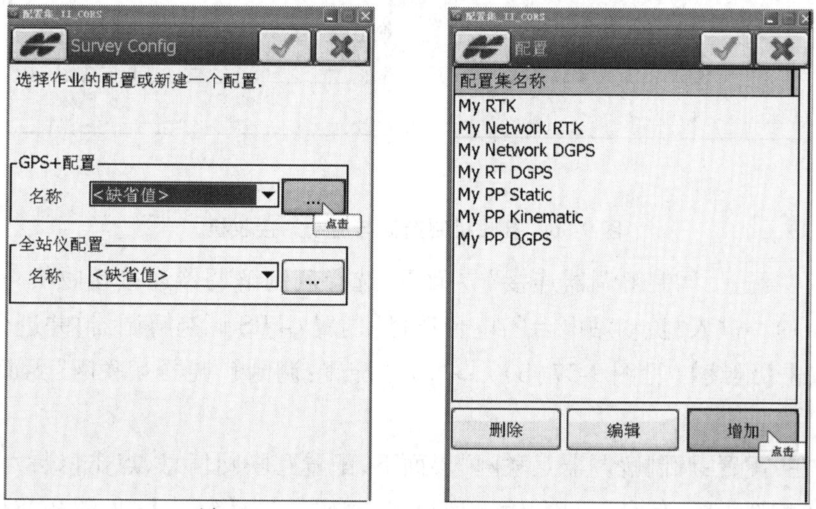

(a)　　　　(b)

图9-34　添加GPS配置集选择增加

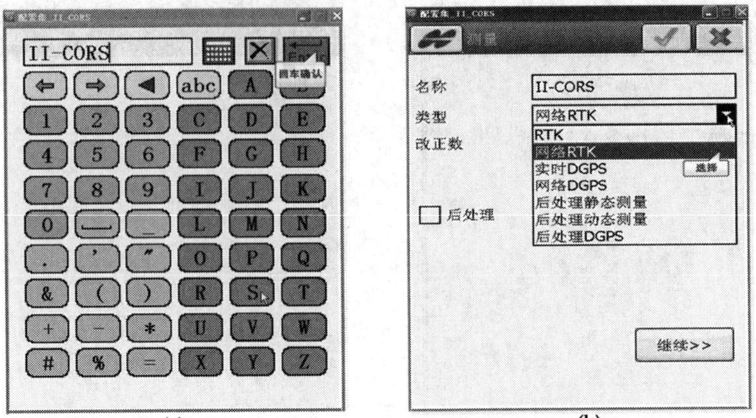

(a)　　(b)

图 9-35　输入配置集名称与选择网络 RTK

操作 2:在“接收机制造商”界面,选择流动站制造商,点击【继续】(见图 9-36(a))→进入“流动站接收机”界面,选择接收机型号、天线、天线高及量高方式等,点击【继续】(见图 9-36(b))→进入“配置:调制解调器连接”界面(见图 9-37(a))。

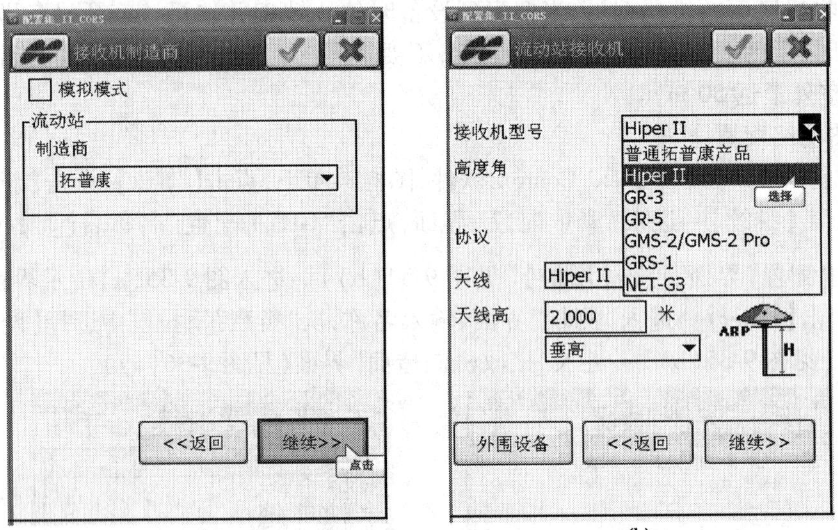

(a)　　(b)

图 9-36　接收机制造商与流动站接收机

操作 3:在“配置:调制解调器连接”界面下,选择调制解调器连接接收机,点击【继续】(见图 9-37(a))→进入“流动站电台”,电台选择【内置 GPRS 调制解调器】并进行端口、波特率等设置,点击【继续】(见图 9-37(b))→进入“配置:调制解调器互联网”界面(见图 9-38(a))。

操作 4:在“配置:调制解调器互联网”界面下,配置互联网信息,点击【继续】(见图 9-38(a))→进入“配置:登录信息”界面,输入用户名、密码,点击【继续】(见图 9-38(b))→进入“配置:调制解调器拨号信息”界面(见图 9-39(a))。

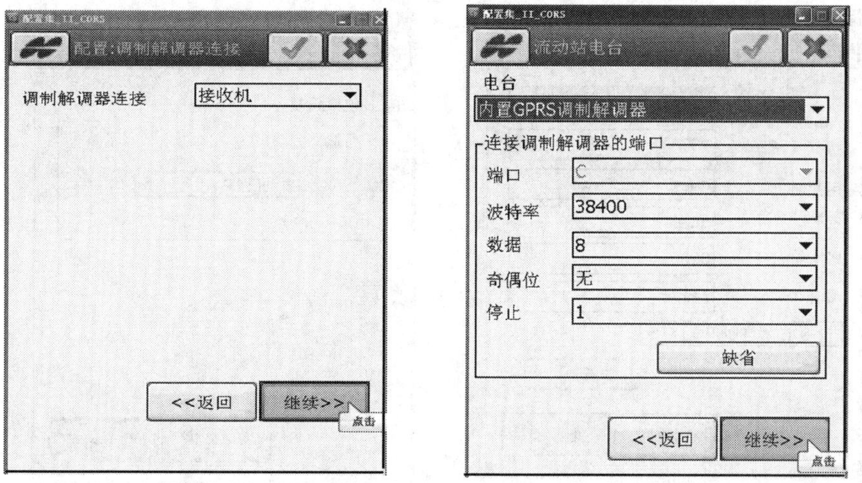

(a)　　(b)

图 9-37　调制解调器连接接收机与流动站电台

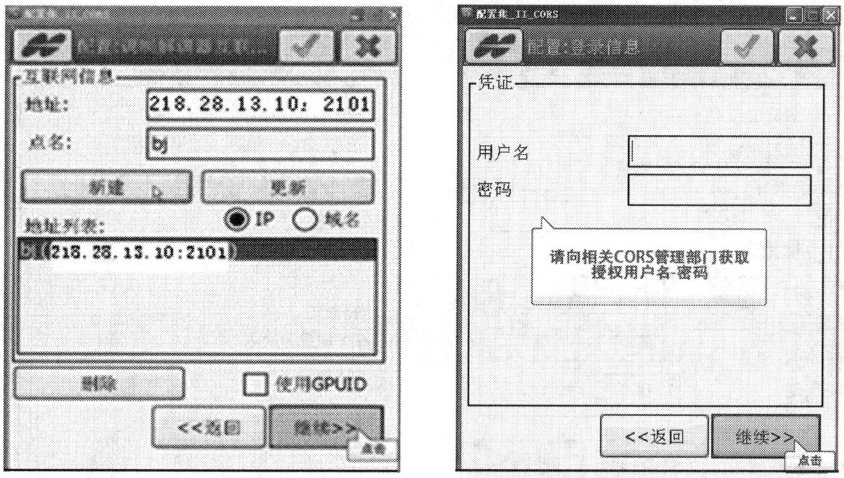

(a)　　(b)

图 9-38　配置 IP 与输入用户名、密码

说明:配置互联网信息时,需要输入固定的 IP 地址和对应基准站设置的端口号,用户名与密码需向 CORS 管理部门申请或购买。

操作 5:在“配置:调制解调器拨号信息”界面下,设置网络运营商、数字 UHF 电台等信息,点击【继续】(见图 9-39(a))→进入“配置:调制解调器接收信息”界面,设置接收机虚拟端口,点击【继续】(见图 9-39(b))→进入“测量参数”界面(见图 9-40(a))。

操作 6:在“配置:测量参数”界面下,配置测量参数,点击【继续】(见图 9-40(a))→进入“放样参数 1”,设置后,点击【继续】(见图 9-40(b))→进入“放样参数 2”界面(见图 9-41(a))。

(a)　(b)

图 9-39　配置调制解调器拨号信息与接收信息

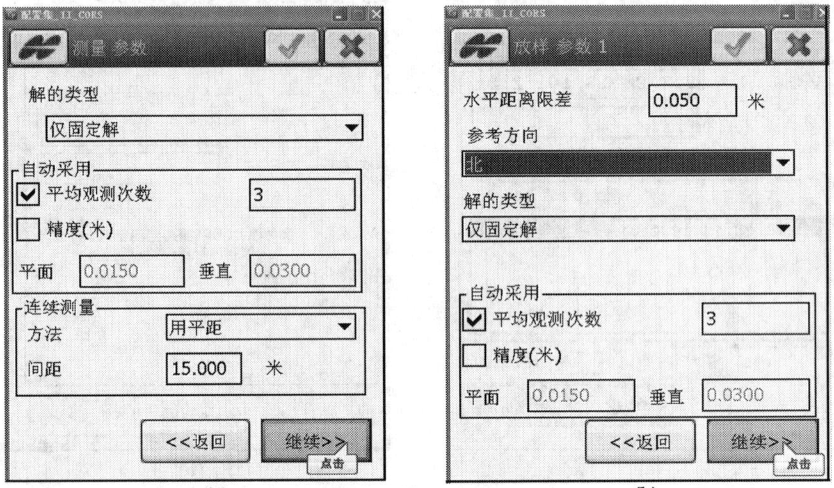

(a)　(b)

图 9-40　测量参数设置与放样参数 1 设置

操作 7:在“放样参数 2”界面下,配置放样参数,点击【继续】(见图 9-41(a))→进入“高级”界面,高级设置完成后,点击【继续】(见图 9-41(b))→进入“其他”界面,进行其他设置完成后,点击【✓】完成(见图 9-42(a))→返回到“测量配置”界面(见图 9-42(b))。

操作 8:在“测量配置”界面下,选择新建的配置集,点击【继续】(见图 9-42(b))→进入“坐标系统”,点击【投影】、【基准】、【大地水准面】后的【...】,建立相应坐标系统、投影方式及使用的大地水准面模型,点击【继续】(见图 9-43(a))→进入“单位”界面,包括距离、角度、坐标和其他单位设置,设置完成后,点击【继续】→进入“显示”界面(包括坐标显示类型、次序，起始方位角，显示方向等信息），设置完成后，点击【继续】→进入“报警”界面，设置是否声音报警，设置完成后，点击【 】完成→回到“连接”界面（见图 9-43(b)）。

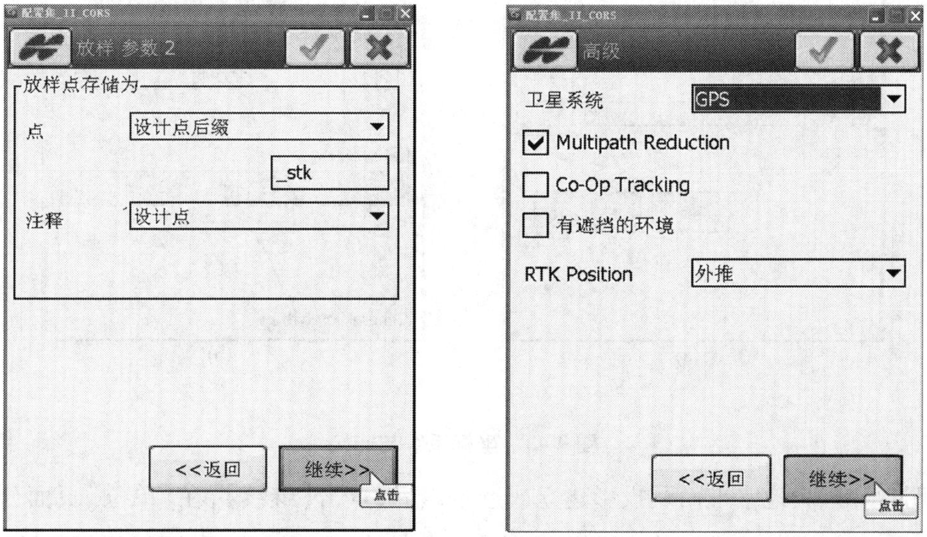

(a)　(b)

图 9-41　放样参数 2 设置与高级设置

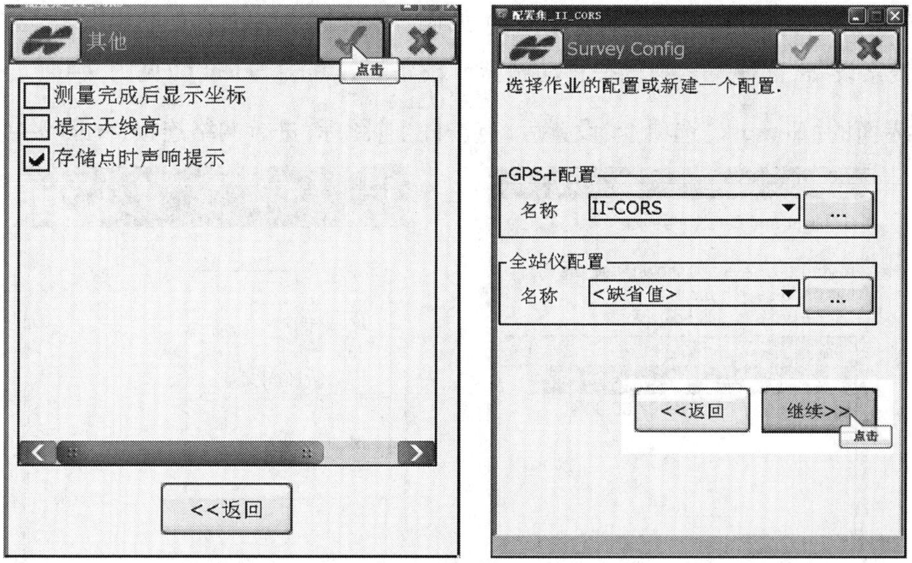

(a)　(b)

图 9-42　其他设置与完成 CORS 配置

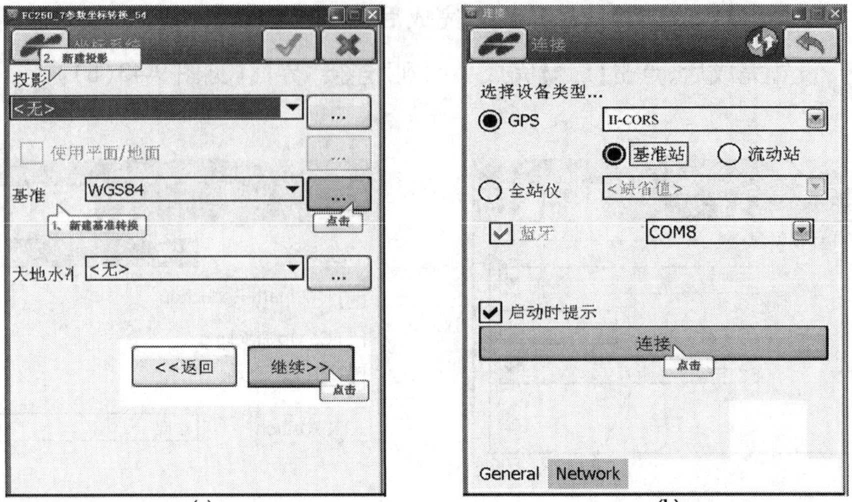

(a)　　　　(b)

图 9-43　坐标系统与连接

说明:基准、大地水准面及投影建立或选定以后,点击【继续】,在“单位”页面分别选择距离、角度、坐标和其他进行单位设置,点击【继续】,在“显示”界面,可以根据需要选择,一般默认即可;点击【继续】,在“报警”页面,按照默认设置即可,最后点击【完成】回到“连接”界面(由于单位、显示与报警界面设置较为简单,在此不再以图形形式说明)。

操作 9:在“连接”界面,点击【连接】(见图 9-43(b))→进入“蓝牙设备”界面,点击【Find】搜索设备,选择搜索到选择移动站蓝牙设备后,点击【Select】(见图 9-44(a))→进入“连接”界面的【Network】选项卡,设置后,点击【 】图标,进行网络连接(见图 9-44(b))。

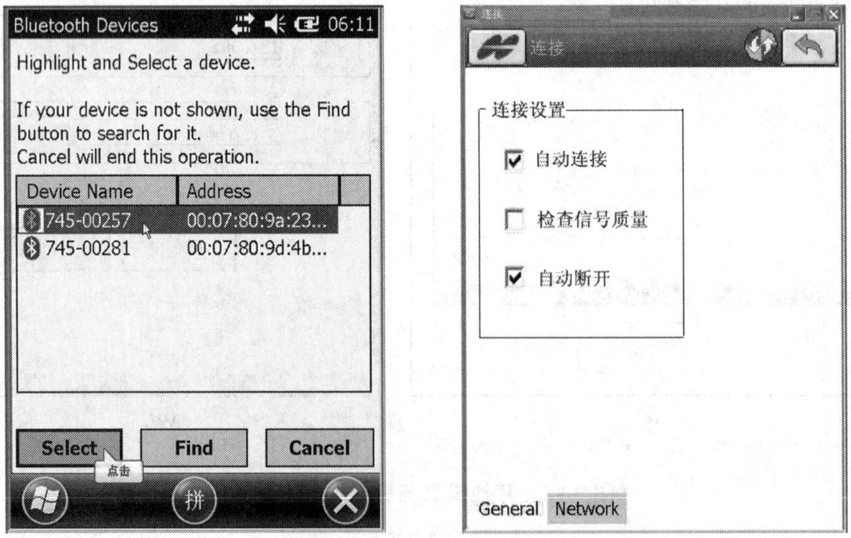

(a)　　　　(b)

图 9-44　坐标系统设置与网络连接

说明：选择搜索到的设备后，点击【Select】，如不出现"连接"界面，可以在程序主界面下，点击左上端的【 】图标，从中选择【连接】。连接时可能需要持续1 min左右的时间。连接到Internet后，关闭界面，这时【 】图标会变成【 】图标，且颜色会从红色变为绿色，证明已经和Internet连接上了，连通之后就可进行常规测量或放样了。

【任务小结】

单基准CORS流动站设置是在基准站设置完成的基础上进行的，该任务以南方S86接收机与拓普康HiPer ⅡG接收机为例，讲述流动站设置操作的步骤及注意事项。虽然设置操作的内容较多，不易记忆，但我们可以根据单基准站CORS的原理与定位方法，来指导操作设置，这样就比较简单了。如果操作设置不成功，则需要一步一步查看设置的内容与参数是否正确。

【任务考核】

(1)回顾南方S86接收机移动站模式设置并填写图9-45。

(2)总结南方S86接收机移动站网络设置并填写图9-46。

(3)填写南方接收机移动站网络设置的相关内容(见表9-1)。

(4)回顾、总结拓普康HiPer ⅡG接收机移动站网络设置内容，并以流程图的形式画出。

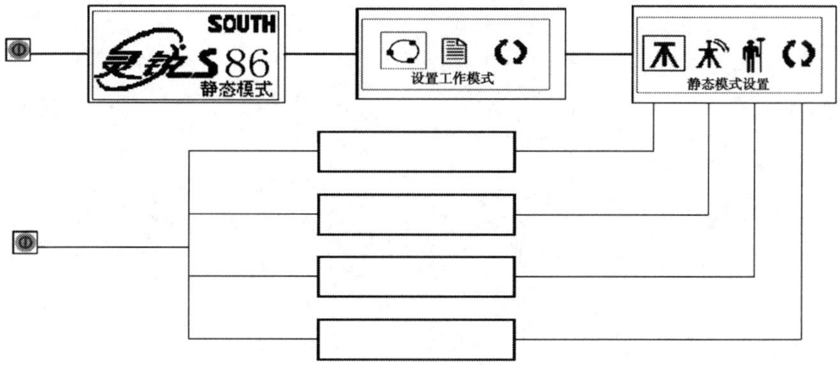

图9-45　移动站模式选择

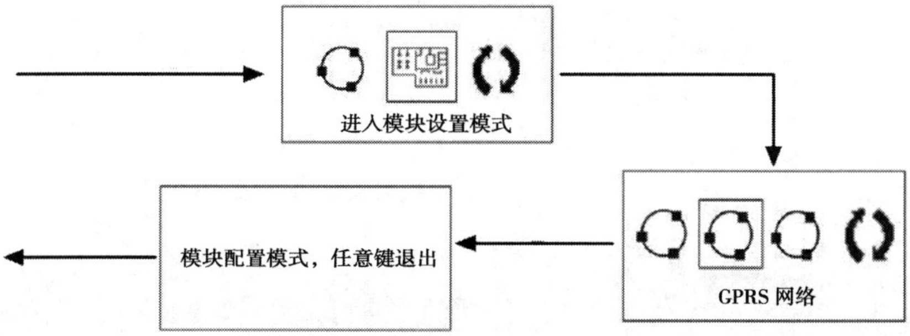

图9-46　移动站网络配置

表 9-1　基准站网络设置

项目	设置内容	备注
名称		
方式		
连接		
APN		
地址		
端口		
用户		
密码		

【任务扩展】

CORS 流动站的设置是以南方 S86 接收机和拓普康 HiPer ⅡG 接收机为例进行讲述的，在上述流动站设置的基础上学习其他厂商(如天宝、徕卡、中海达等)流动站的设置及操作。

附录 A　拓普康 Topcon Tools 静态数据处理与精度评定

【导航】

重点

拓普康 Topcon Tools 静态数据处理的操作步骤及流程。

难点

基线解算中基线的处理方法及步骤。

任务

掌握 Topcon Tools 静态数据处理的步骤、流程，能够处理简单基线和困难基线。

作业

对外业观测的静态数据进行处理，得到可靠和足够精度的坐标。

流程

拓普康 Topcon Tools 静态数据处理操作步骤及流程见图 A-1。

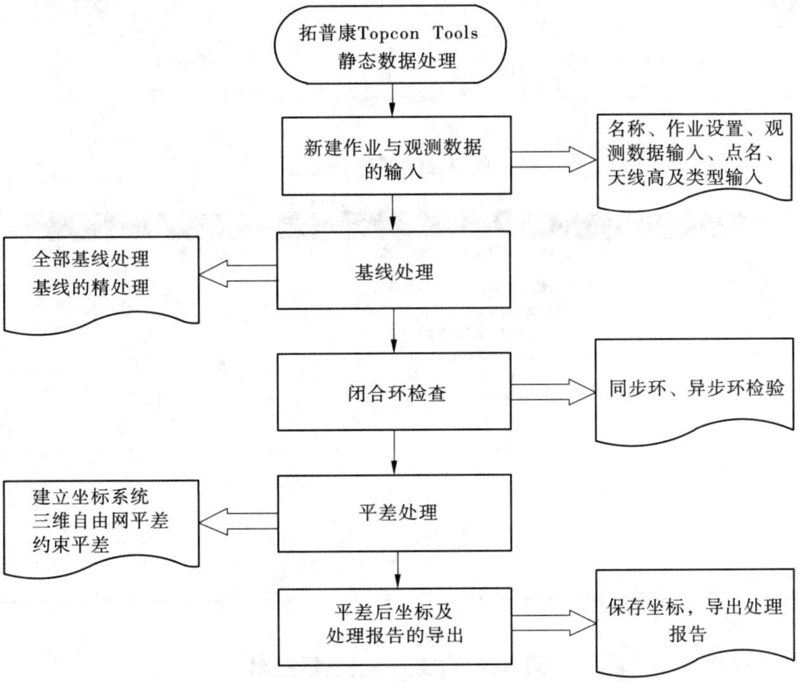

图 A-1　拓普康 Topcon Tools 静态数据处理操作步骤及流程

Topcon Tools 静态数据处理软件为拓普康公司研发的后处理 GNSS 软件，能够处理该厂家的 GNSS 观测数据以及索佳与 RINEX 格式的观测数据。

拓普康 Topcon Tools 静态数据处理操作步骤按上述流程进行,操作过程自上而下,处理过程中如果出现问题,应从头至尾一步一步进行检核,排除问题后,再进行下一步。

一、新建作业与观测数据的输入

(一)新建作业

操作 1:打开 Topcon Tools 软件界面,点击【作业】,选择【新建作业】→进入"新建作业"页面,输入作业名称,从"设置"下拉框选择【GPS + 】。如果设置"GPS + ",点击【编辑设置】(见图 A-2)→进入"作业设置"界面(见图 A-3)。

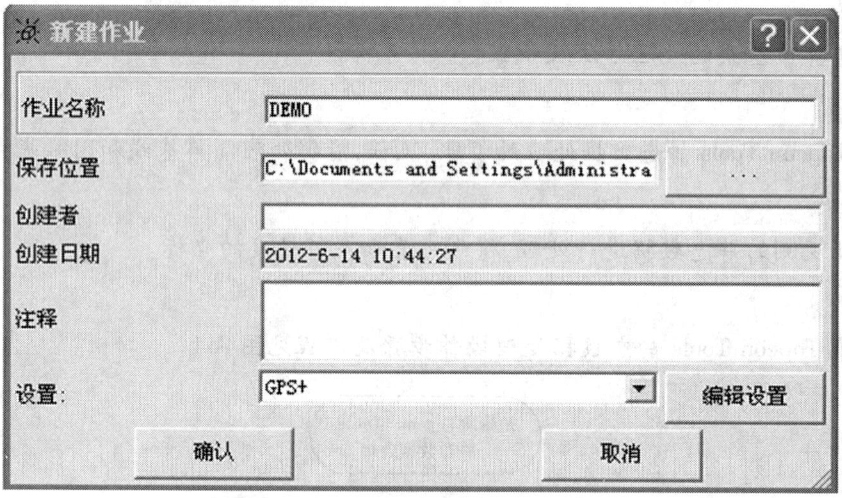

图 A-2　新建作业

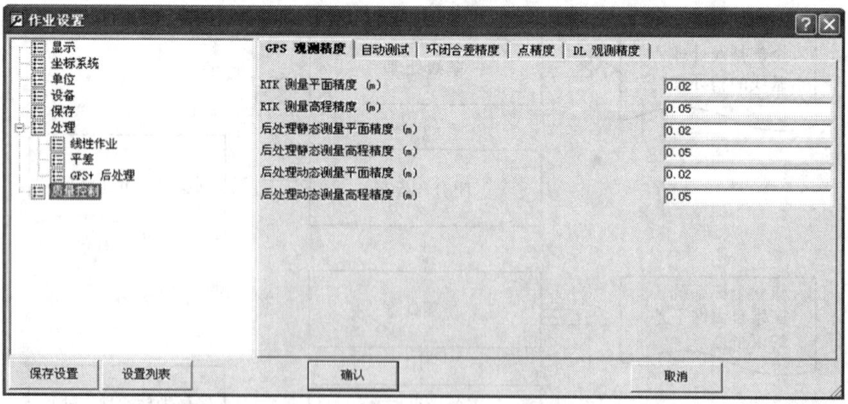

图 A-3　作业设置:质量控制

操作 2:在"作业设置"界面,点击【质量控制】,根据处理要求,对【GPS 观测精度】、【自动测试】、【环闭合差精度】、【点精度】等进行设置。设置完成后,点击【处理】,再选择【GPS + 后处理】(见图 A-3)→进入"作业设置"中"处理"列表中的"GPS + 后处理"设置页面(见图 A-4)。

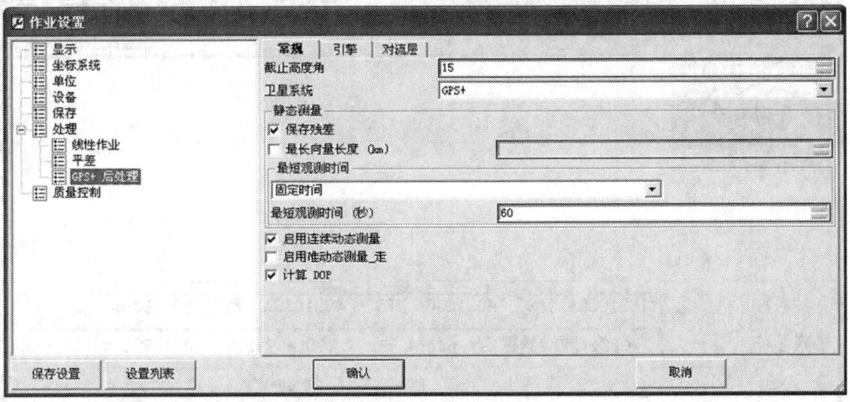

图 A-4　作业设置:GPS + 后处理

操作 3:在"处理"列表下的"GPS + 后处理"设置界面里,根据处理要求,对卫星截止高度角、卫星系统、保存残差、最长向量长度、最短观察时间、计算 DOP 以及对流层等进行相关设置,点击左边【坐标系统】(见图 A-4)→进入右边的"坐标系统"设置页面(见图 A-5)。

操作 4:在"坐标系统"设置界面,对基准、投影、大地水准面及坐标类型等进行设置,在此,选择【WGS84】,其他项目根据需要设置,点击【确认】(见图 A-5)。

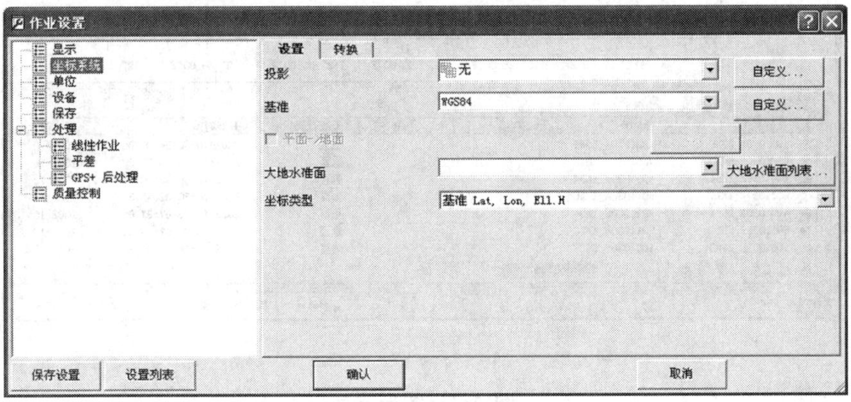

图 A-5　作业设置:坐标系统

(二)观测数据导入

操作:在 Topcon Tools 软件界面中,点击【作业】,选择【导入】→进入"打开"观测文件界面,选择外业观测数据文件类型及文件,点击【打开】(见图 A-6)。采用同样操作,导入 No2 文件夹的外业观测数据,导入数据后,图形结果如图 A-7 所示。

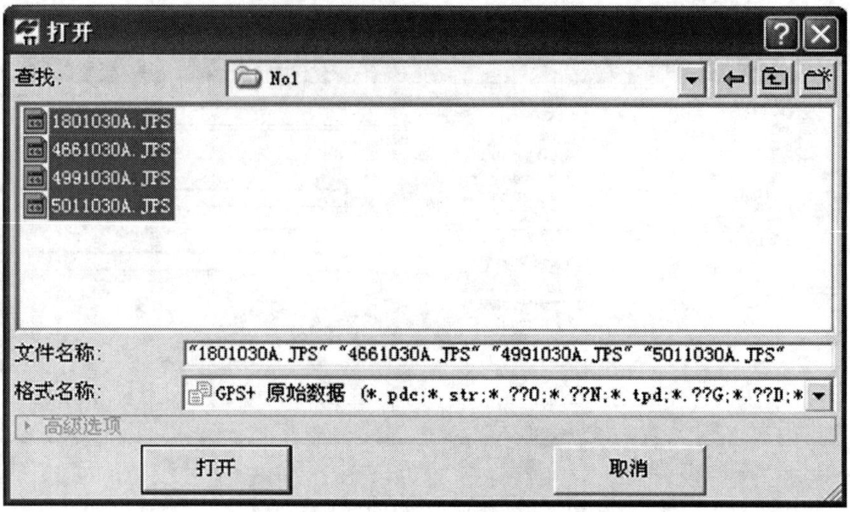

图 A-6　打开外业观测文件

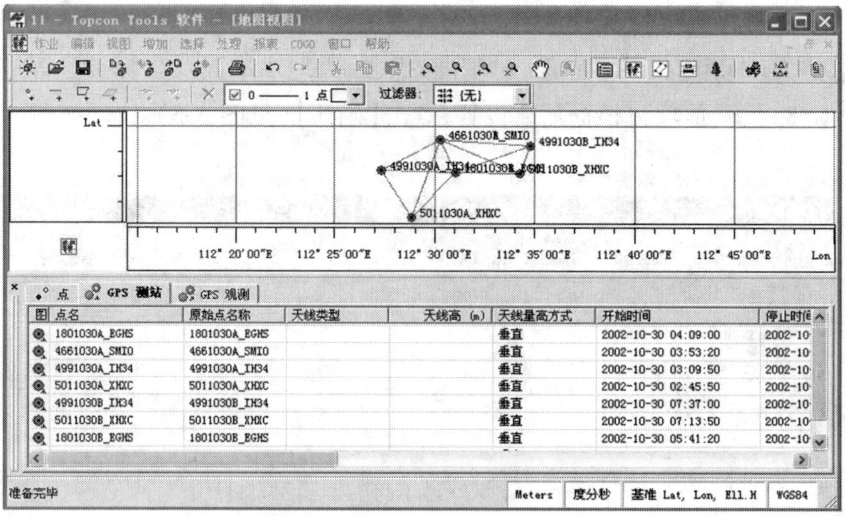

图 A-7　图形显示

(三)点名修改,天线高及类型的输入

操作:在图 A-7 中,点击【GPS 测站】,依次点击点名修改。依次点击天线类型并选择;如类型都相同可用 Shift 键和鼠标左键结合选取,一次性修改。天线量高方式的选择同天线类型的选择。天线高输入同点名修改。点名、天线高及类型修改后,如图 A-8 所示。

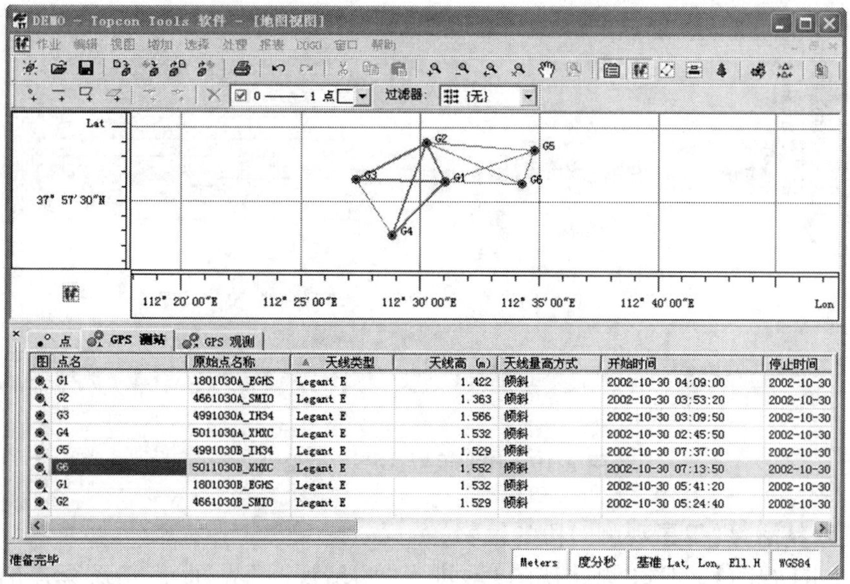

图 A-8　点名修改、天线高及类型输入

二、基线处理

(一)基线解算

操作 1:点击【处理】,选择【GPS + 后处理】。基线解算完成后,图中基线由灰色变为绿色,点击【GPS 观测】查看解的类型、解算的精度等信息(见图 A-9)。

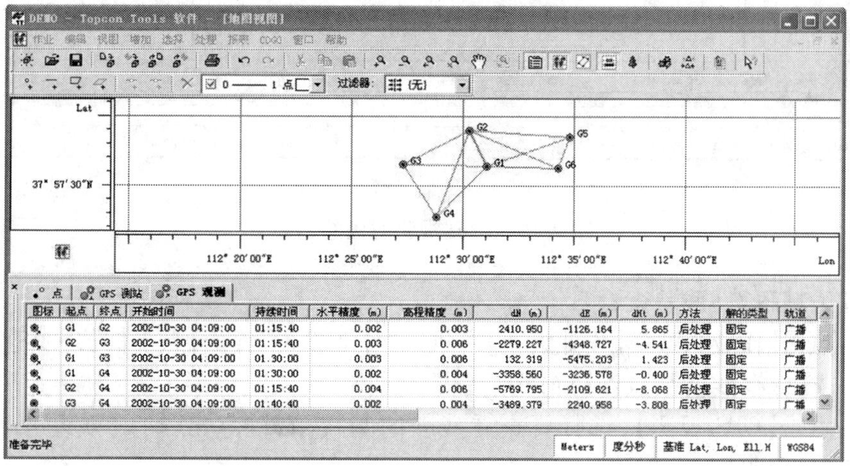

图 A-9　基线解算

(二)基线精解算(截止高度角)

操作:点击【作业】,选择【作业设置】→进入“作业设置”界面,点击【处理】,选择【GPS + 后处理】,设置截止高度角,设置后点击【确认】(见图 A-10),再进行基线解算。

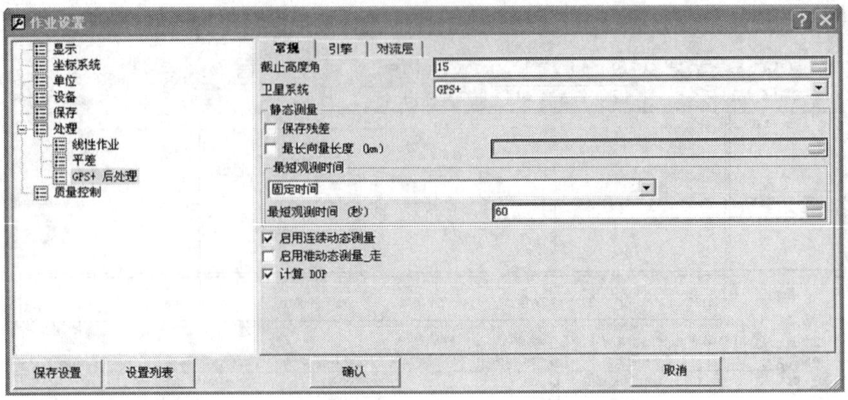

图 A-10　作业设置:GPS + 后处理

(三)基线精解算(卫星观测时段的编辑)

操作:点击【视图】,勾选【测站视图】→进入“测站视图”界面,点击解算差的基线测站点后的【 + 】展开,鼠标左键框选短的时段与不连续的观测时段,右键单击选择【禁用】(见图 A-11),观测时段编辑后,再进行基线解算。

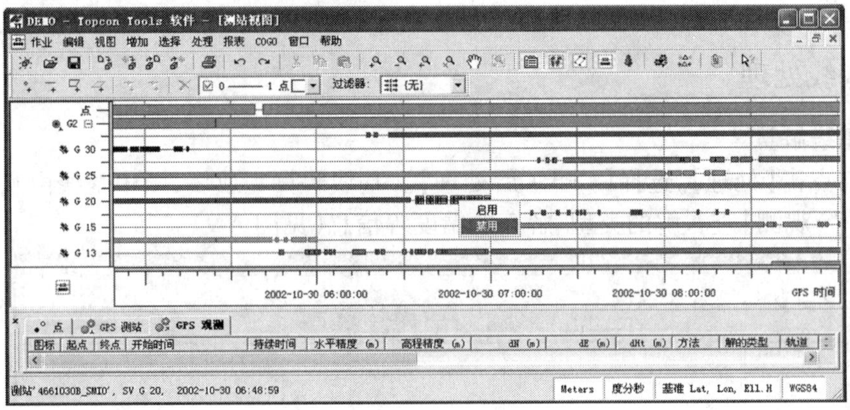

图 A-11　卫星观测时段的编辑

(四)基线精解算(残差查看)

操作 1:点击【作业】,选择【作业设置】→进入“作业设置”界面,点击【处理】,选择【GPS + 后处理】,勾选【保存残差】,点击【确认】(见图 A-12)。

操作 2:点击【GPS 观测】,选择要查看残差的基线,右键点击选择【残差查看】→进入“作业设置”界面(见图 A-13)。

操作 3:点击【GPS 观测】,选择要查看残差的基线,右键点击选择【残差查看】→进入“残差查看”界面,鼠标左键框选残差大的曲线段,右键单击选择【禁用】,如果回退,再框选,右键单击选择【启用】即可(见图 A-14)。

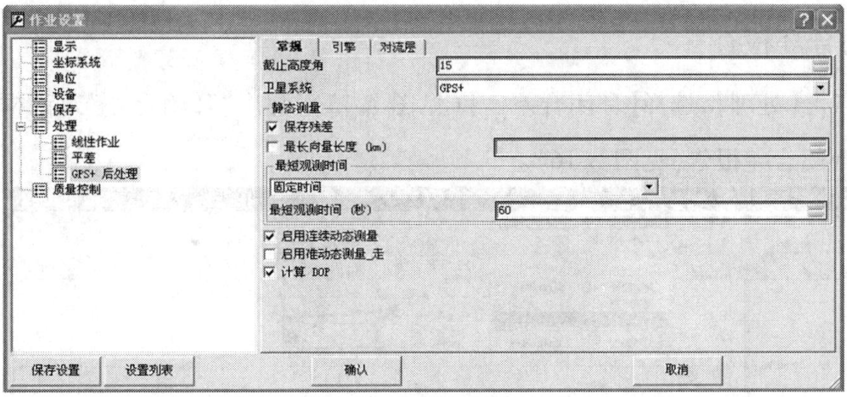

图 A-12　保存残差

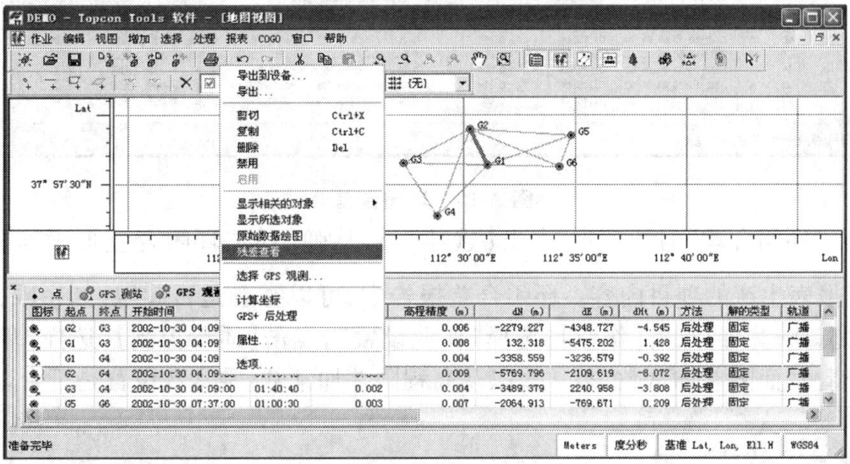

图 A-13　基线残差查看

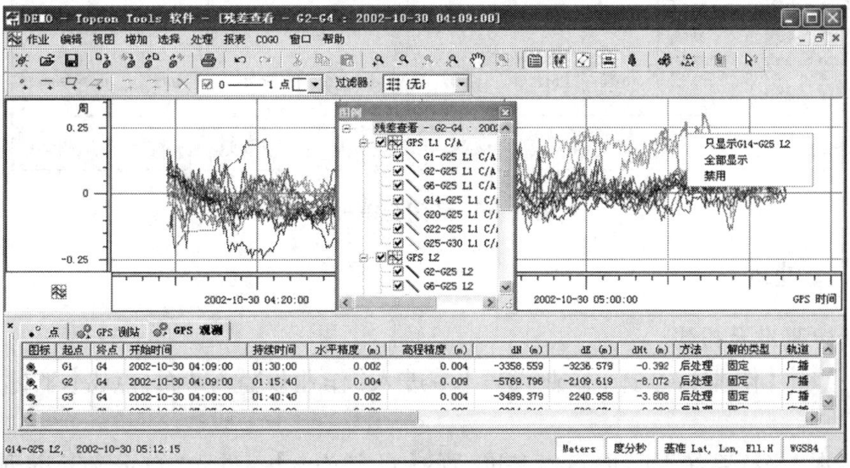

图 A-14　残差显示及禁用、启用

三、闭合环检查

操作:点击【处理】,选择【环闭合差...】(见图 A-15),弹出“环闭合差”对话框,点击【完成】→生产环闭合差报告(见图 A-16)。

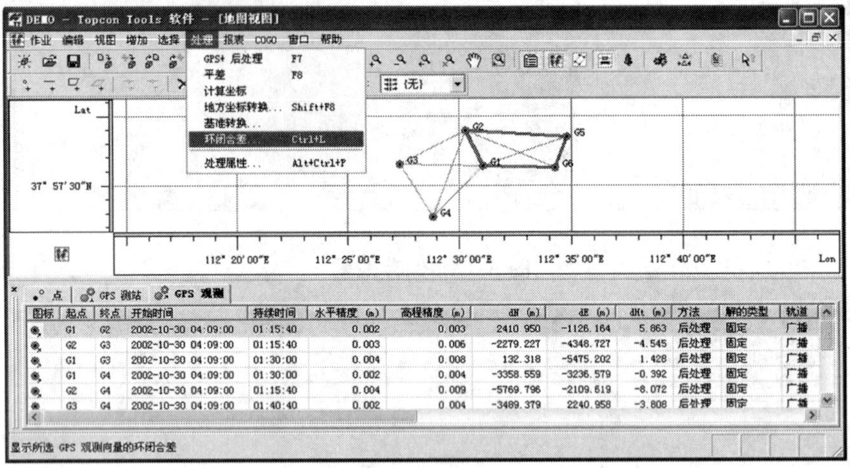

图 A-15　环闭合差

说明:在“环闭合差”对话框中,点击【选项...】,从弹出的“环闭合差报表选项”对话框中可以设置报表生产的项目内容。环闭合差报告中,可以查看是否超限,如超限,找到解算差的基线,重新解算,或点击【作业】,选择“作业设置”,点击【质量控制】,选择“环闭合差精度”页面,查看平面限差加常数、乘常数以及高程限差加常数、乘常数设置是否合理。

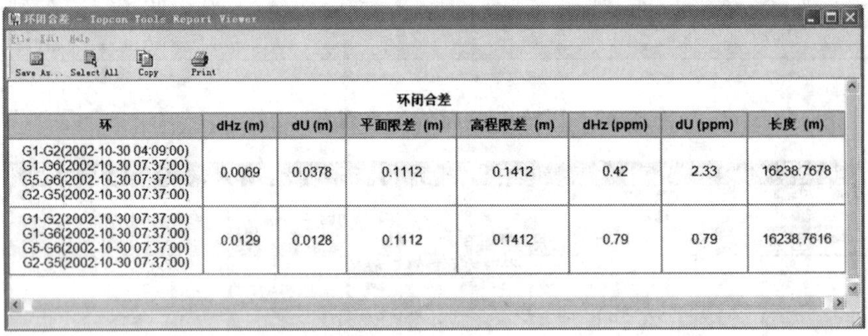

环闭合差

环	dHz (m)	dU (m)	平面限差 (m)	高程限差 (m)	dHz (ppm)	dU (ppm)	长度 (m)
G1-G2(2002-10-30 04:09:00) G1-G6(2002-10-30 07:37:00) G5-G6(2002-10-30 07:37:00) G2-G5(2002-10-30 07:37:00)	0.0069	0.0378	0.1112	0.1412	0.42	2.33	16238.7678
G1-G2(2002-10-30 07:37:00) G1-G6(2002-10-30 07:37:00) G5-G6(2002-10-30 07:37:00) G2-G5(2002-10-30 07:37:00)	0.0129	0.0128	0.1112	0.1412	0.79	0.79	16238.7616

图 A-16　环闭合差报告

四、平差处理

(一)新建基准及投影

操作 1:点击【作业】,选择【作业设置】→进入“作业设置”界面,点击【坐标系统】(见图 A-17)。

操作 2:在“坐标系统”页面,点击基准后的【自定义...】→进入“自定义基准列表”,点击【增加】→输入名称,选择椭球,点击【确认】(见图 A-18),点击【关闭】。

操作 3:在“坐标系统”页面,点投影后的【自定义...】→进入“自定义投影列表”,点击

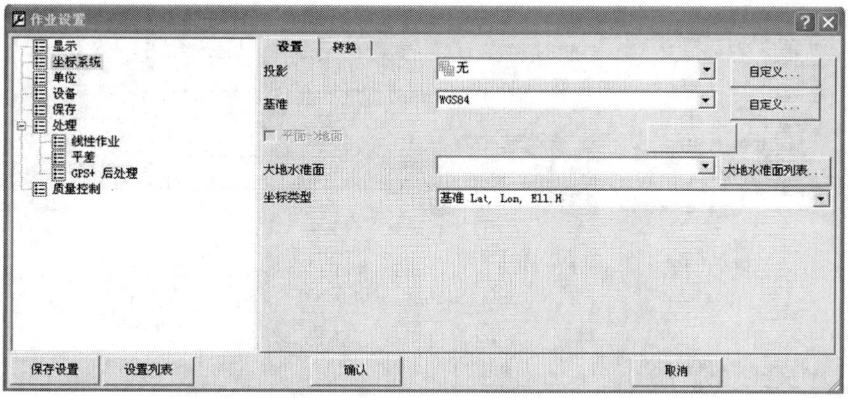

图 A-17 作业设置:坐标系统

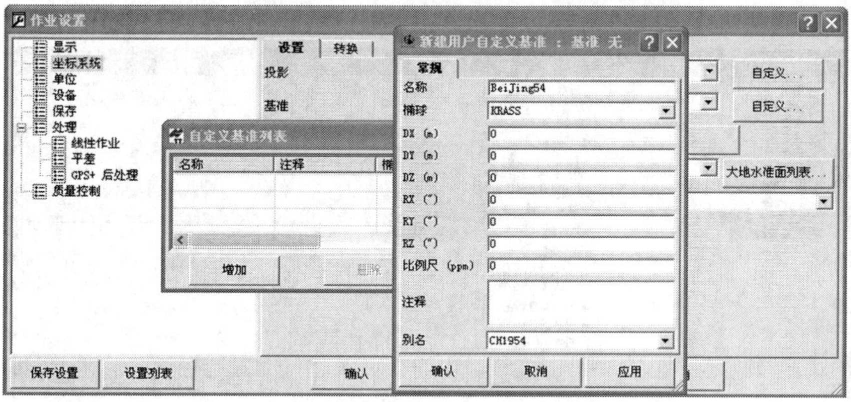

图 A-18 新建基准

【增加】→输入名称、选择投影类型、设置中央子午线、输入东向加常数等,“基准”下拉框选择新建的基准,点击【确认】(见图 A-19),点击【关闭】。

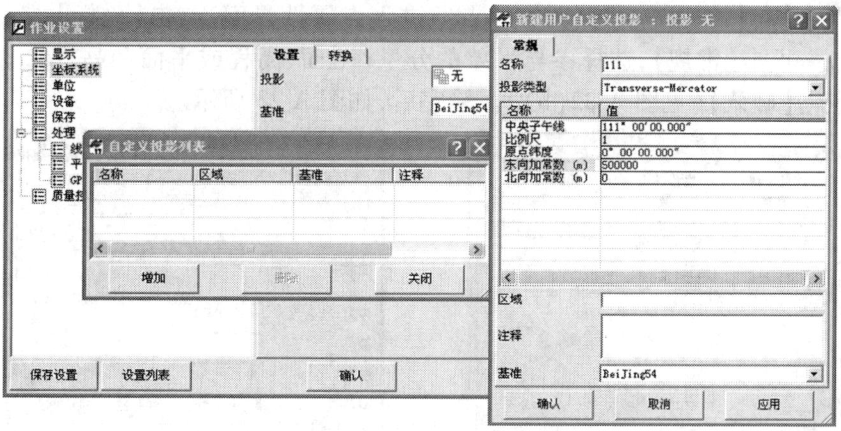

图 A-19 新建投影

操作 4:在“坐标系统”页面,点“基准”下拉框选择新建基准(如 BeiJing54);点“投影”下拉框选择新建投影(如 111);点击“大地水准面”下拉框选择水准面文件(如 EGM2008);点“坐标类型”下拉框选择坐标形式(如平面),点击【确认】(见图 A-20)。

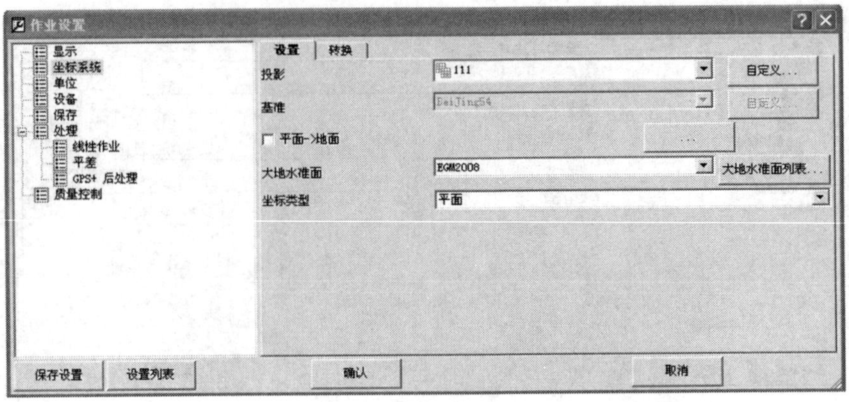

图 A-20　坐标系统设置

操作 5:点击【平差】,设置“常规”和“先验 UWE”后,点击【确认】(见图 A-21)。

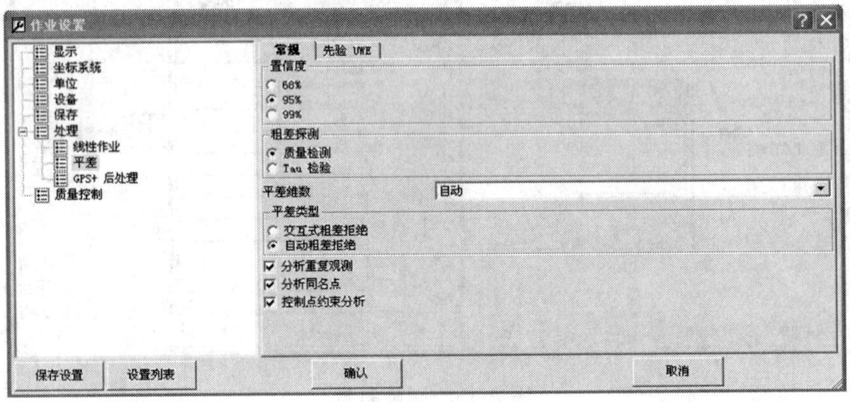

图 A-21　平差设置

(二)输入已知数据

操作:点击【点】,双击“点”页面中的点→进入点属性界面,点击【坐标】,输入坐标(见图 A-22(a))→点击【常规】,选择参与平差的分量(平面、高程或平面和高程),并选择是否参与平差,点击【确认】(见图 A-22(b))。输完后,如图 A-23 所示。

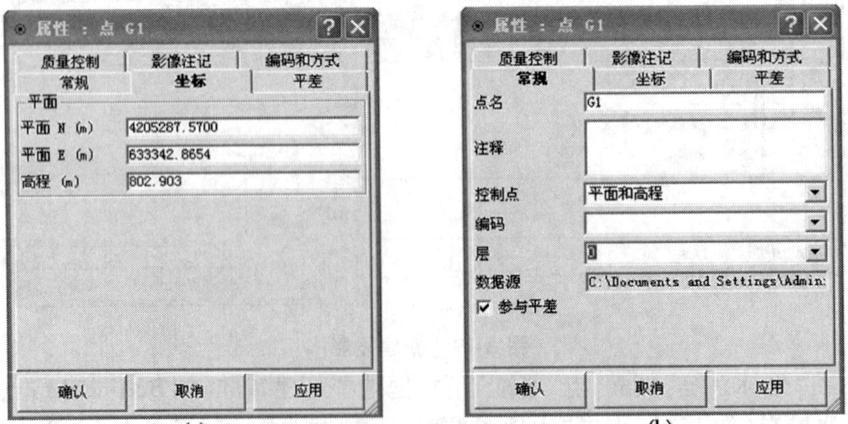

(a)　　　　(b)

图 A-22　已知数据输入

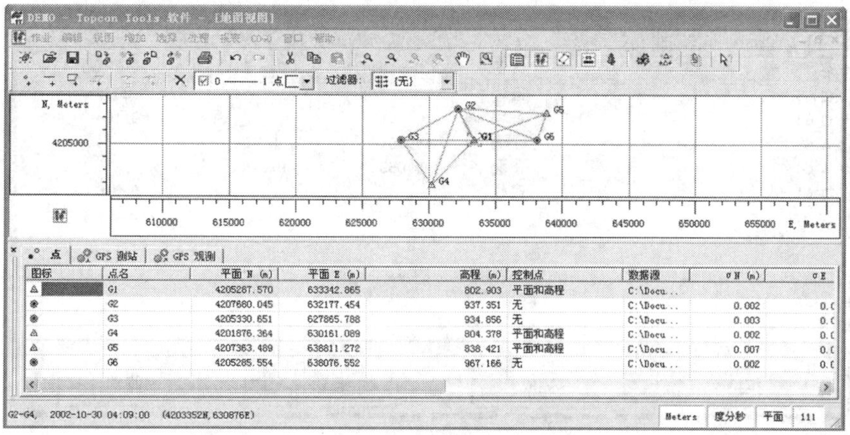

图 A-23　已知数据输入完成

(三)平差处理

操作 1:点击【处理】,选择【平差】→进入“平差诊断”页面,点击【继续】(见图 A-24)→进入“控制点约束分析”对话框(见图 A-25)。

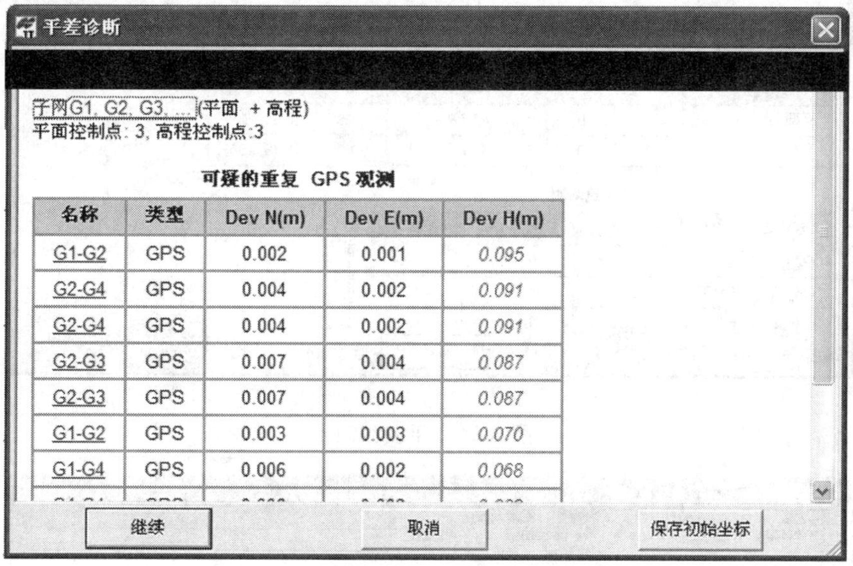

图 A-24　平差诊断

操作 2:在“控制点约束分析”页面,点击【完成】(见图 A-25)→进入“平差结果”页面(见图 A-26)。

操作 3:在“平差结果”页面,如果 UWE 警告为红色,根据提示值修改 UWE(见图 A-26)。

操作 4:点击【作业】,选择【作业设置】,点击【平差】→进入“平差”设置页面,选择【先验 UWE】,将图 A-26 红色的 UWE 输入,点击【确认】(见图 A-27)。重新平差后结果如图 A-28 所示。

操作 5:点击【点】和【GPS 观测】查看平差后结果(见图 A-29、图 A-30)。

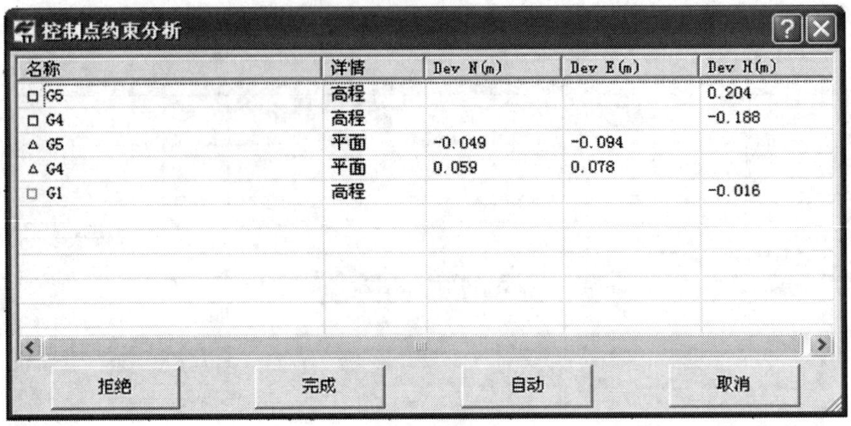

图 A-25　控制点约束分析

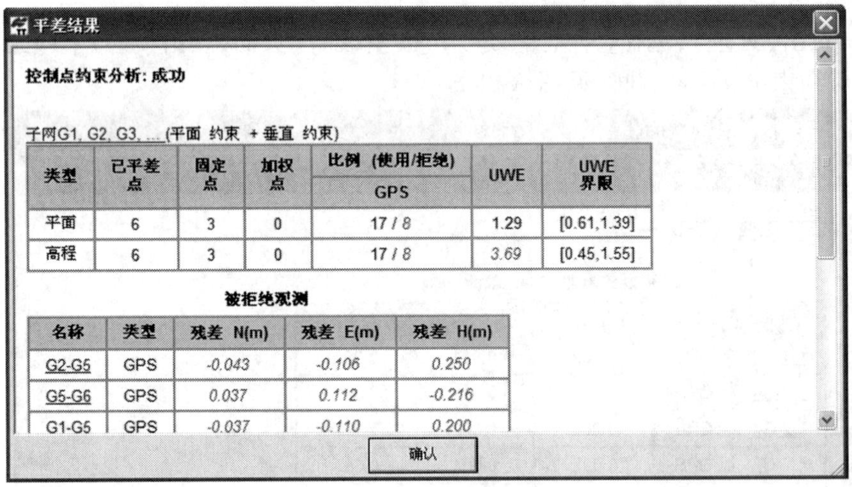

图 A-26　平差结果

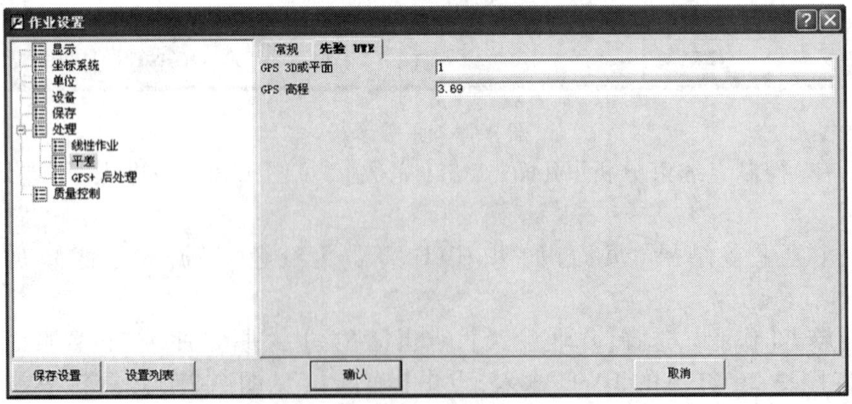

图 A-27　UWE 设置

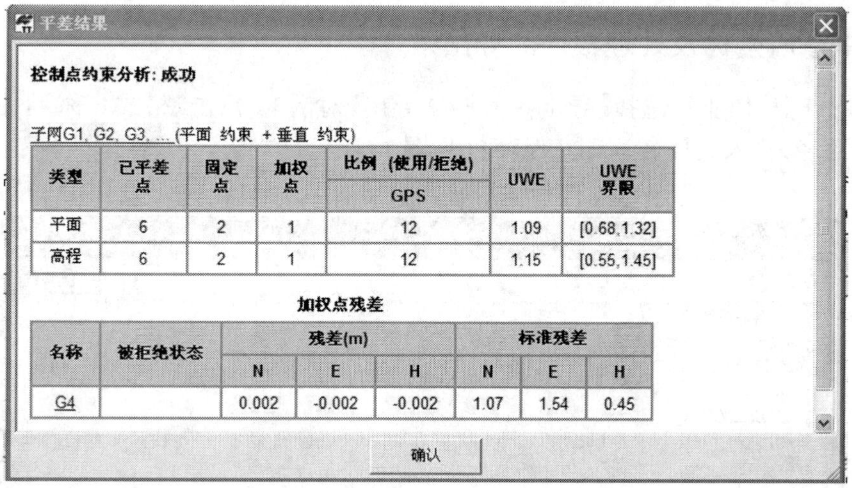

图 A-28　设置 UWE 后的平差结果

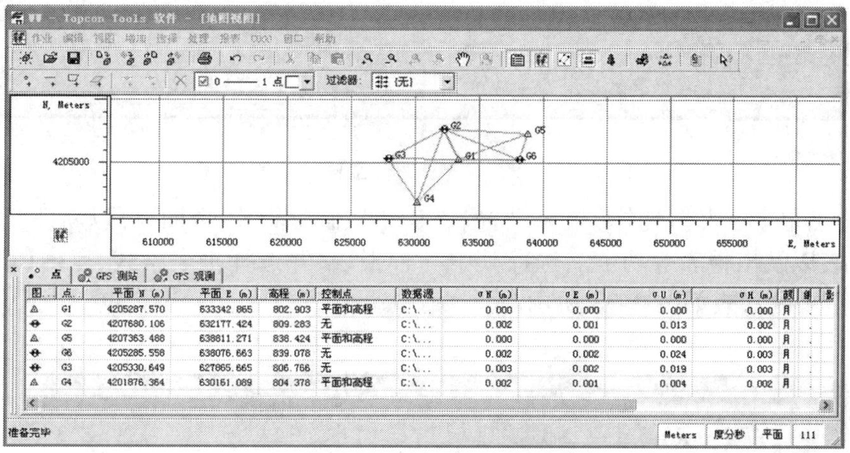

图 A-29　平差结果:点

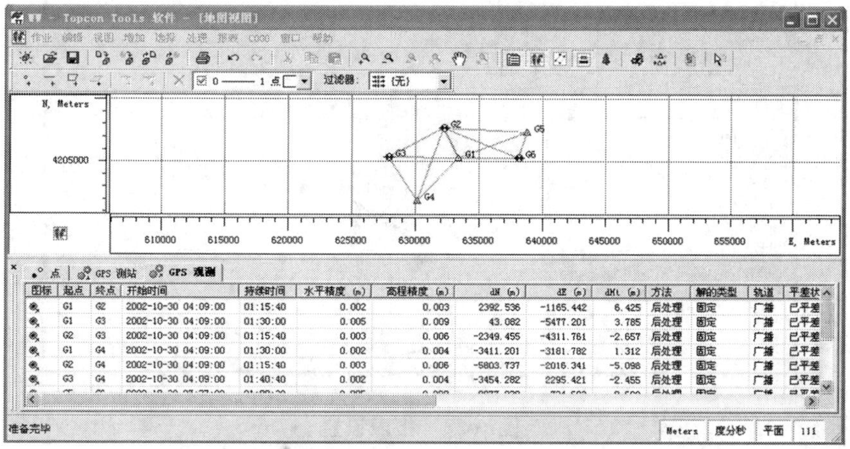

图 A-30　平差结果:GPS 观测

五、平差后坐标及处理报告的导出

操作 1:点击【作业】,选择【导出】→进入“导出”对话框,点击“格式名称”下拉框选择格式,并选择路径、输入文件名,点击【保存】(见图 A-31)。

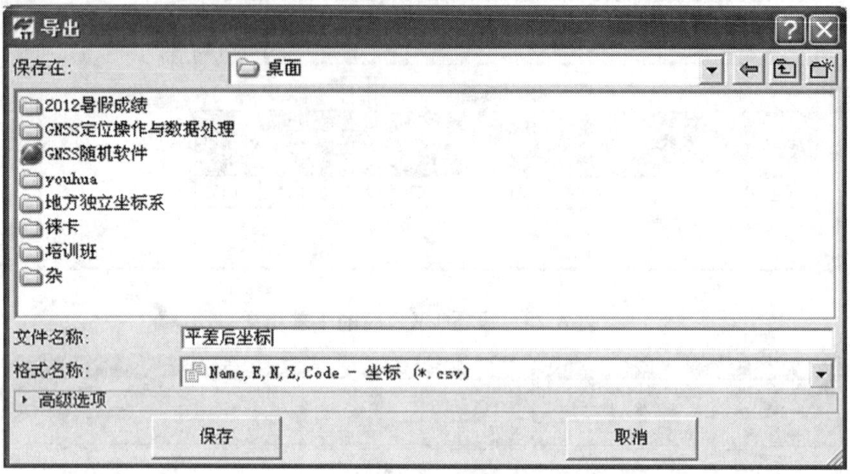

图 A-31　保存坐标

操作 2:点击【报表】,选择【报表设置】→进入“报表设置”页面,可以新建报表、删除报表、复制报表以及出报表等功能。选择其中一种报表,并选择报表格式,点击【出报表】(见图 A-32),出来的报表如图 A-33 所示。

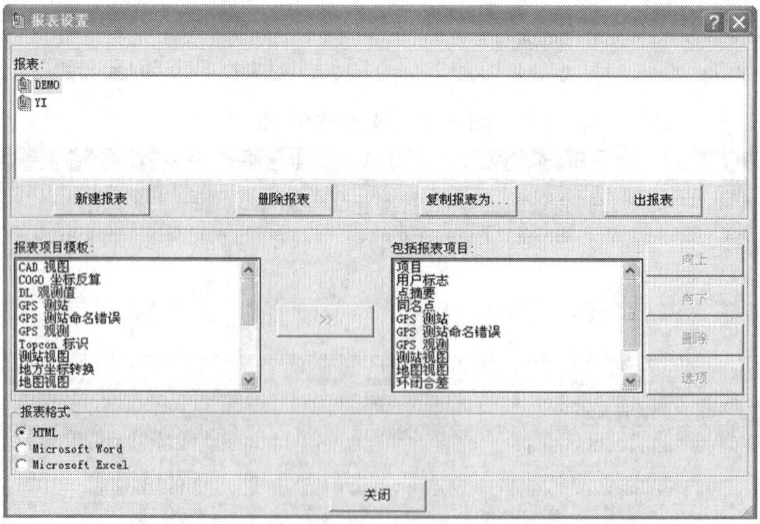

图 A-32　报表设置

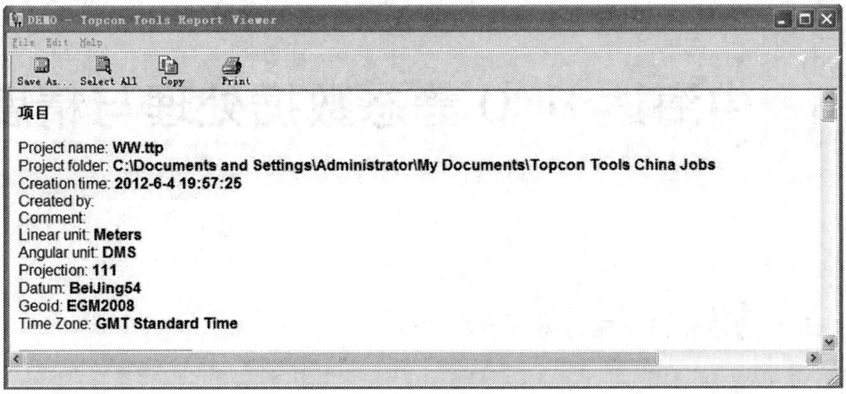
DEMO - Topcon Tools Report Viewer
File Edit Help
Save As... Select All Copy Print
项目
Project name: WW.ttp
Project folder: C:\Documents and Settings\Administrator\My Documents\Topcon Tools China Jobs
Creation time: 2012-6-4 19:57:25
Created by:
Comment:
Linear unit: Meters
Angular unit: DMS
Projection: 111
Datum: BeiJing54
Geoid: EGM2008
Time Zone: GMT Standard Time

图 A-33　报表结果

附录 B　中海达 HGO 静态数据处理与精度评定

【导航】

重点

中海达 HGO 静态数据处理的操作步骤及流程。

难点

基线解算中基线的处理方法及步骤。

任务

掌握 HGO 静态数据处理的步骤、流程,能够处理简单基线和困难基线。

作业

对外业观测的静态数据进行处理,得到可靠和足够精度的坐标。

流程

中海达 HGO 静态数据处理操作步骤及流程见图 B-1。

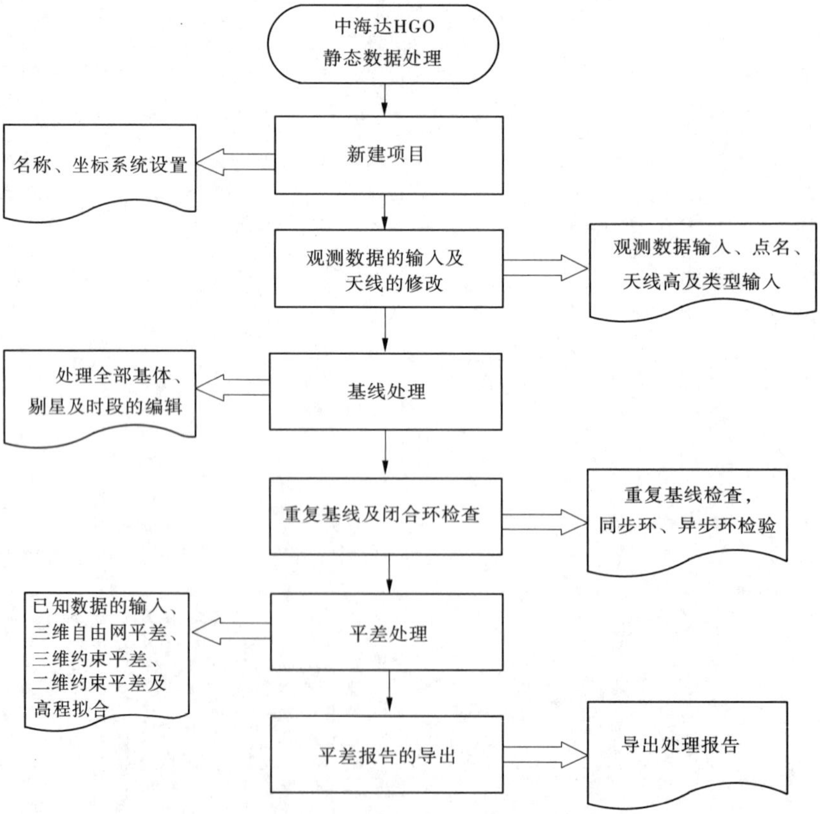

图 B-1　中海达 HGO 静态数据处理操作步骤及流程

中海达 HGO 静态数据处理软件为中海达公司研发的后处理 GNSS 软件，能够处理该厂家的 GNSS 观测数据以及 RINEX 格式的观测数据。

中海达 HGO 静态数据处理的操作步骤按图 B-1 所示流程进行，操作过程自上而下，处理过程中如果出现问题，应从头至尾一步一步进行检核，排除问题后，再进行下一步。

一、新建项目

操作 1：打开 HGO 软件，点击管理区中【项目】，从中选择【新建项目】→进入“新建工程”页面，输入项目名称，点击【确定】（见图 B-2）→进入“项目属性”界面（见图 B-3）。

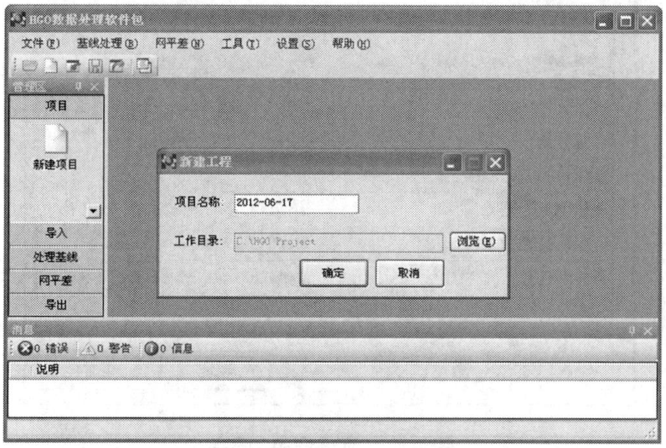

图 B-2　新建项目

操作 2：在“项目属性”界面，选择【基本信息】，输入项目单位、施工单位等信息。点击【限差】（见图 B-3）→进入“限差”页面（见图 B-4）。

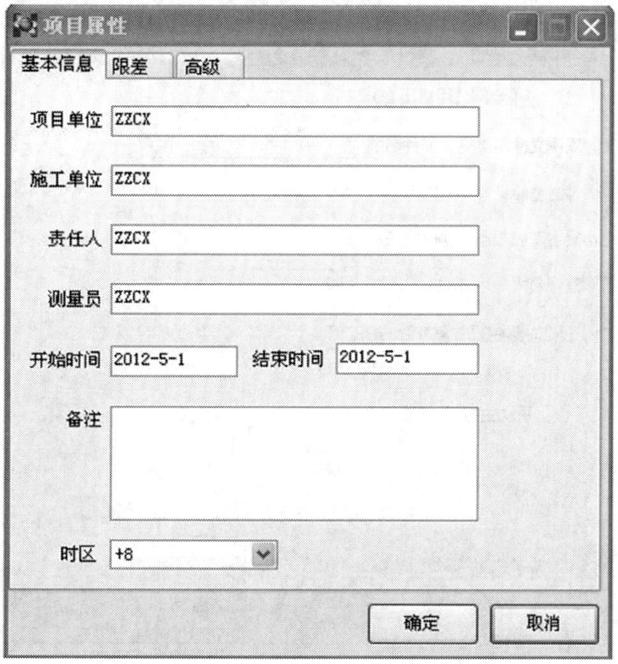

图 B-3　项目属性：基本信息

操作 3:在“限差”页面,设置参考的测量规范、控制等级、仪器精度以及等级的参数等信息。点击【高级】(见图 B-4)→进入“高级”页面(见图 B-5)。

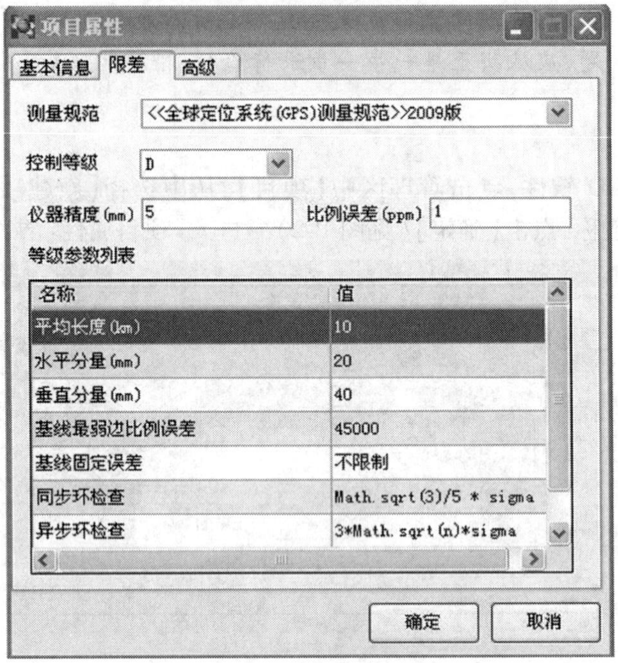

图 B-4　项目属性:限差

操作 4:在“高级”页面,设置文件名、基线最小观测时间、最大基线以及重复基线与闭合环的生产时间等信息后,点击【确定】(见图 B-5)→进入“坐标系统”界面(见图 B-6)。

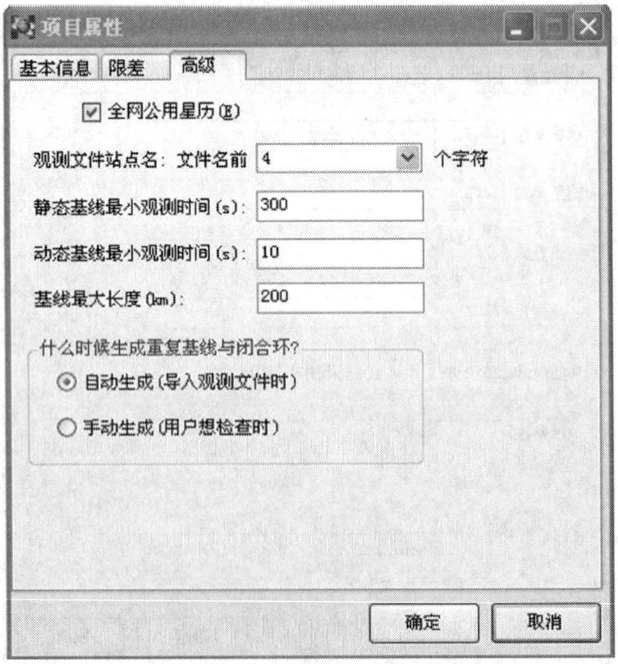

图 B-5　项目属性:高级

操作5:在“坐标系统”界面,选择【椭球】,选择源椭球与当地椭球后,点击【投影】(见图 B-6)→进入“投影”页面(见图 B-7)。

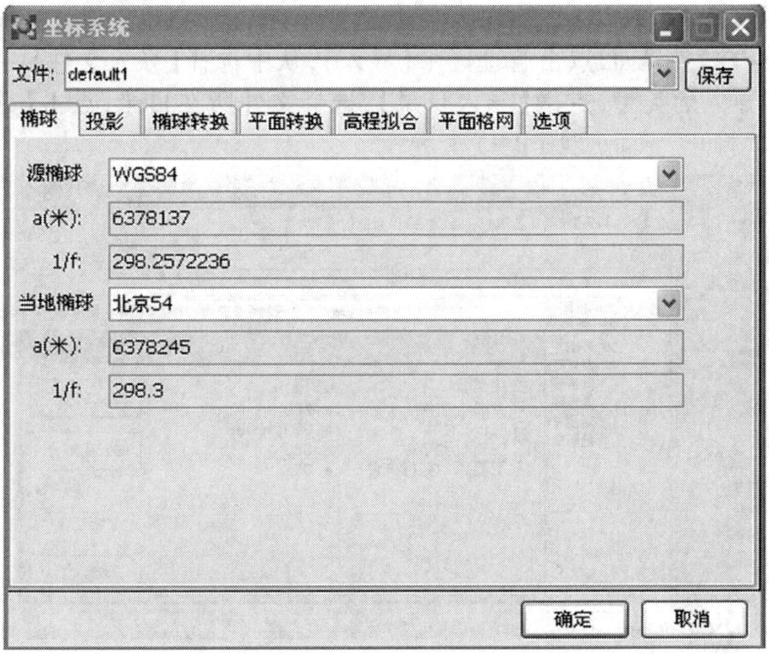

图 B-6　坐标系统:椭球

操作6:在“投影”页面,选择投影方式,或新建投影。输入投影方法名称、中央子午线、东向加常数等信息后,点击【确定】,完成坐标系统的建立(见图 B-7)。

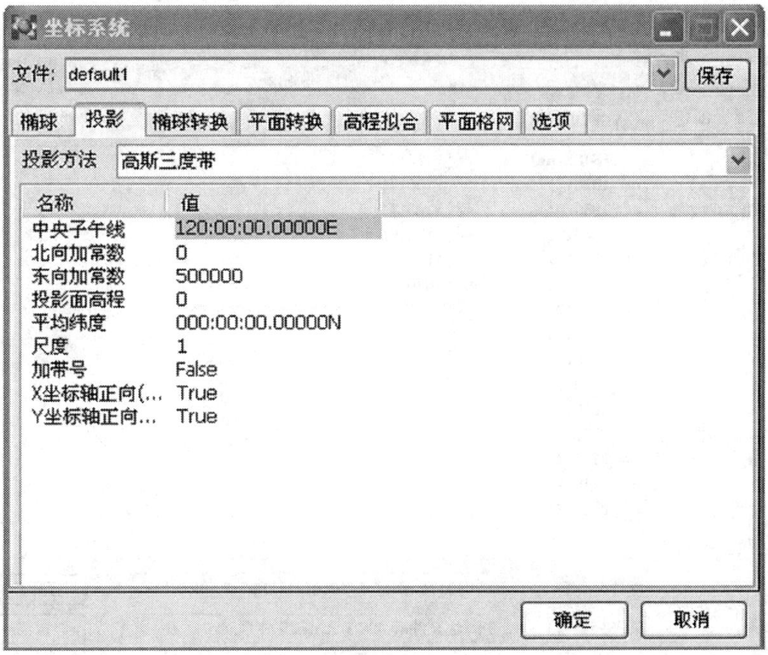

图 B-7　坐标系统－投影

二、观测数据的导入与天线、接收机的修改

(一)观测数据的导入

操作 1:HGO 软件界面,点击管理区中【导入】,从中选择【导入文件】→进入“导入文件”界面,勾选导入的类型,点击【导入目录】,选择文件所在目录;点击【导入文件】(见图 B-8)→进入“打开”界面(见图 B-9)。

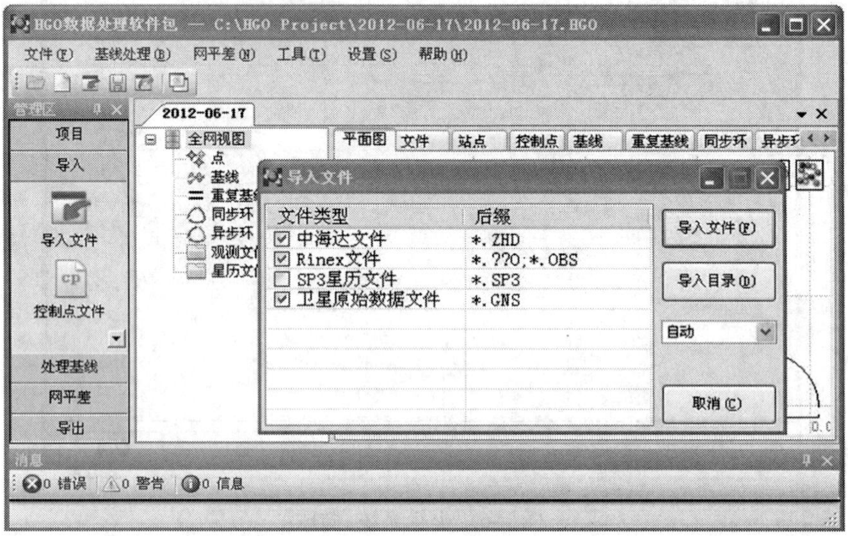

图 B-8　导入文件

操作 2:在“打开”界面,选择要导入的数据文件,点击【打开】(见图 B-9)→进入“导入”进度条(见图 B-10),导入完成后,图形显示如图 B-11 所示。

图 B-9　选择文件打开

图 B-10　导入进度

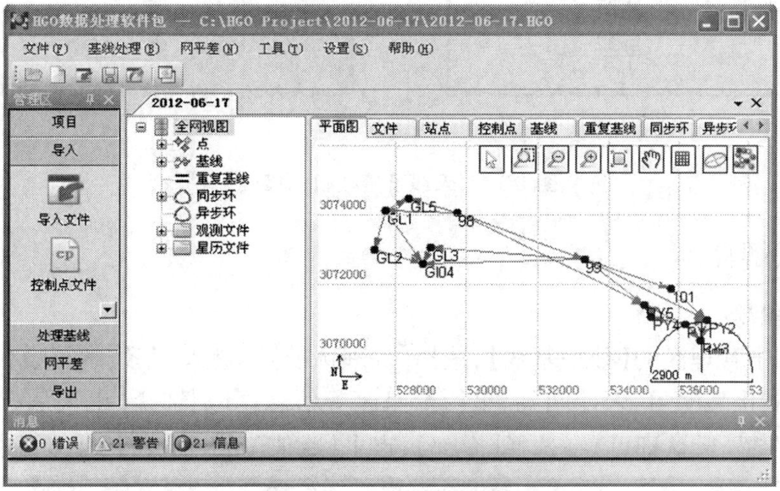

图 B-11　网图显示

(二)天线及接收机的修改

操作 1:HGO 软件界面,点击项目中的【观测文件】(见图 B-12),在右边“文件”页面,选择要修改的文件(如_980161. zsd)双击(见图 B-12)→进入图 B-13 所示界面。

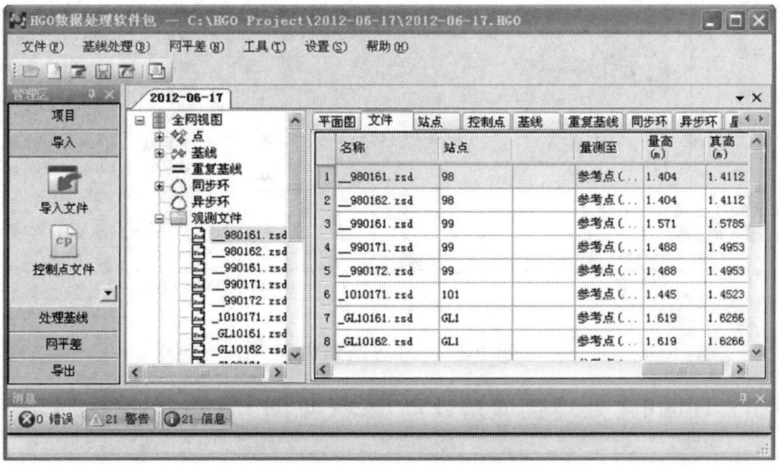

图 B-12　观测文件

操作 2:图 B-13 中,选择【天线】,选择天线类型及量高方式,输入仪器高。如果天线类型、量高方式及仪器高所有站点都相同,点击“赋值至”下拉框,选择【全部站】,点击【赋值至】,否则选【该站】,点击【赋值至】(见图 B-13(a))。选择【接收机】,选择接收机的类型,赋值同上,点【☒】关闭(见图 B-13(b))。

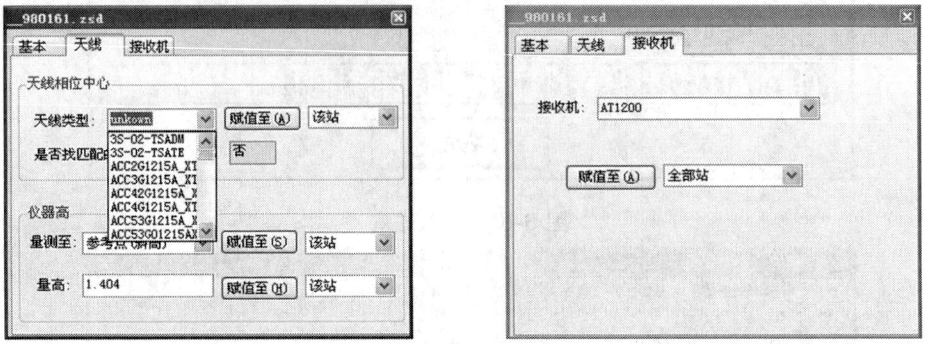

(a)　　　　(b)

图 B-13　天线及接收机的修改

三、基线解算

(一)基线解算

操作 1:点击管理区的【处理基线】,选择【处理选项】→进入“基线解算设置”页面,选择【常规】,设置截止高度角、采样间隔、星历及星座等信息;分别选择【电离层/对流层】、【高级】进行相关设置(默认即可)→选择【全部】,点击【赋值至】,点【☒】关闭(见图 B-14)。

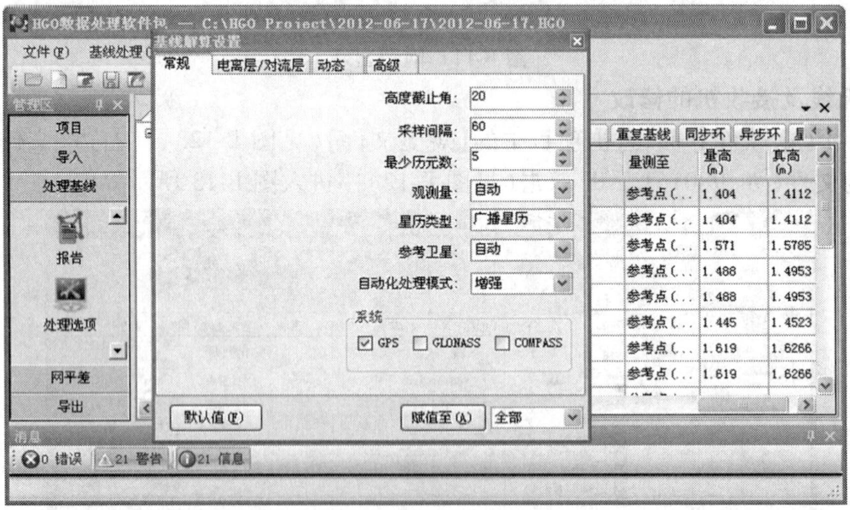

图 B-14　基线解算设置

操作 2:点击管理区的【处理全部】,处理基线(见图 B-15),处理完成后,如图 B-16 所示。

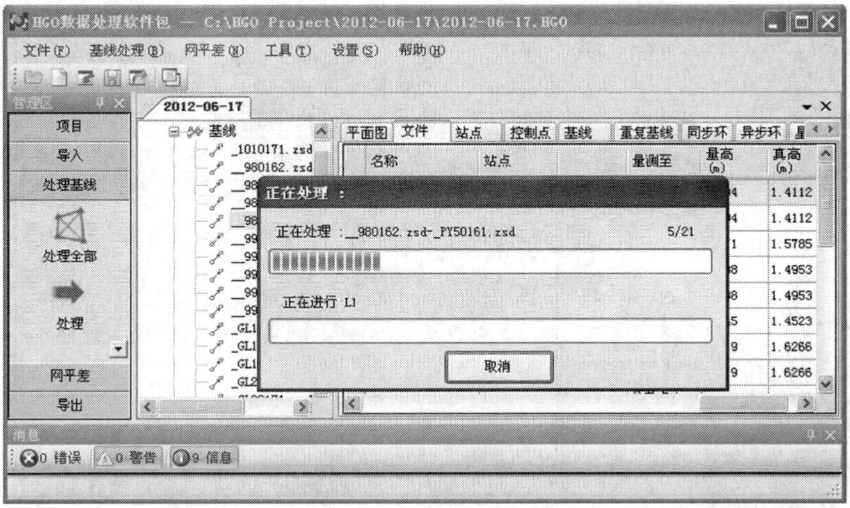

图 B-15　基线处理

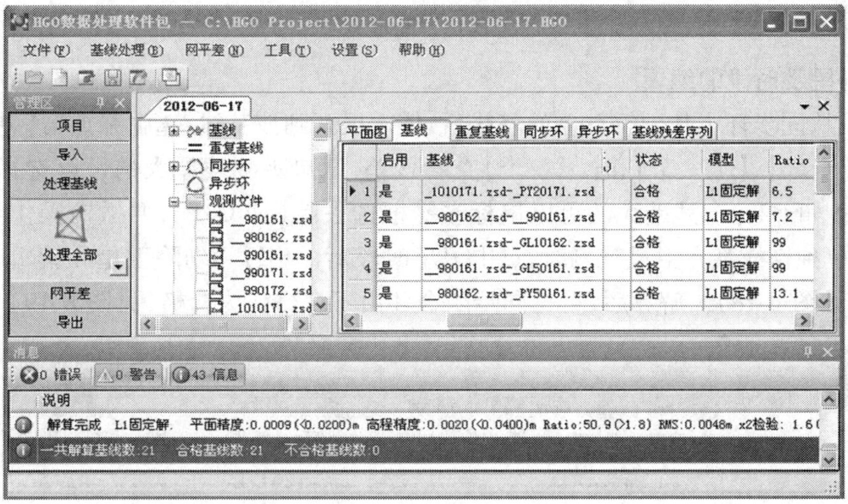

图 B-16　完成基线解算

说明:基线全部解算完后,查看状态是否合格,解是否固定,基线方差比是否合适,以及均方差、相对误差等信息。

当少数几条基线结算不符合要求时,可单独对其处理。方法为:选中该条基线,管理区"处理基线"下,选择【处理选项】,截止高度角、采样间隔等修改后,选择【选中】,点击【赋值至】,关闭【处理选项】,点击【处理】即可。

(二)重复基线、闭合环的检查

操作:点击【项目】下的【重复基线】、【同步环】(见图 B-17)和【异步环】,查看超限的重复基线及闭合环,找出有问题的基线,进行重新解算(按上述说明)。如解算不成功,可采取下一步骤的方法进行处理。

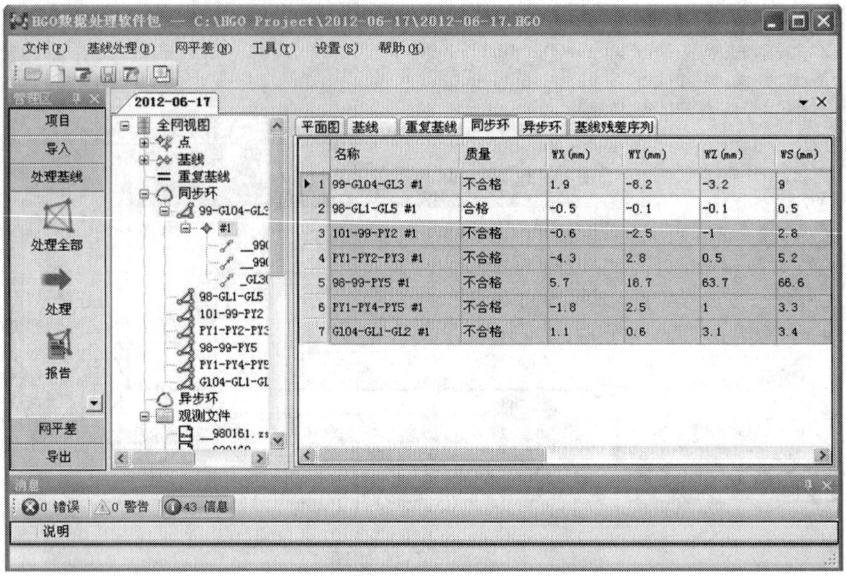

图 B-17　同步环

（三）剔星及时段的编辑

操作 1：从同步环中找到解算差的基线后，依次展开到该基线，选中并点击【基线残差序列】。点击【全部】、【上一个】和【下一个】查看残差，卫星观测残差大的可以选择是否勾选卫星来剔除（如 G25）。残差大的可以鼠标左键框选去除（如 G31），要撤销操作步骤时，点击【撤销】；单独恢复某一卫星观测时，点击卫星时段后的【C】。剔除卫星和编辑时段后，点击【解算】（见图 B-18）。解算后，可见同步闭合环由不合格变为合格（见图 B-19）。

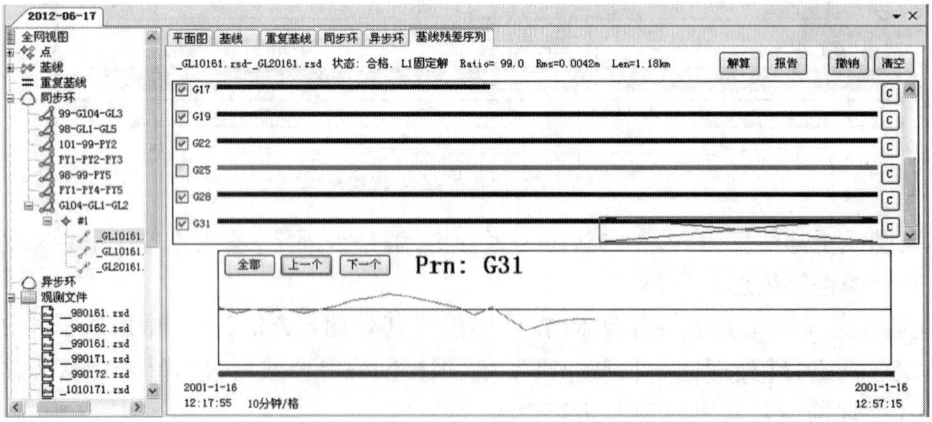

图 B-18　基线残差序列

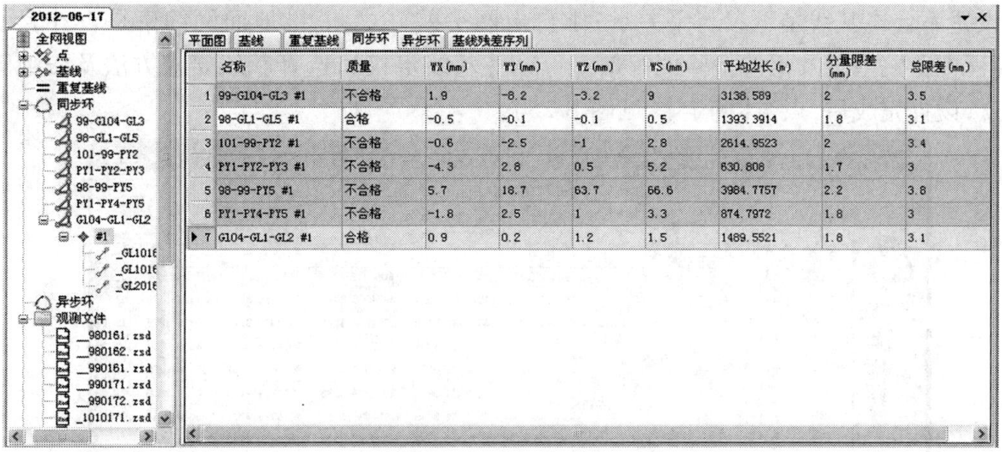

图 B-19　解算后同步环合格

操作 2:基线解算始终不合格,选择该基线,右键单击选择【禁用】,重新解算(见图 B-20)。

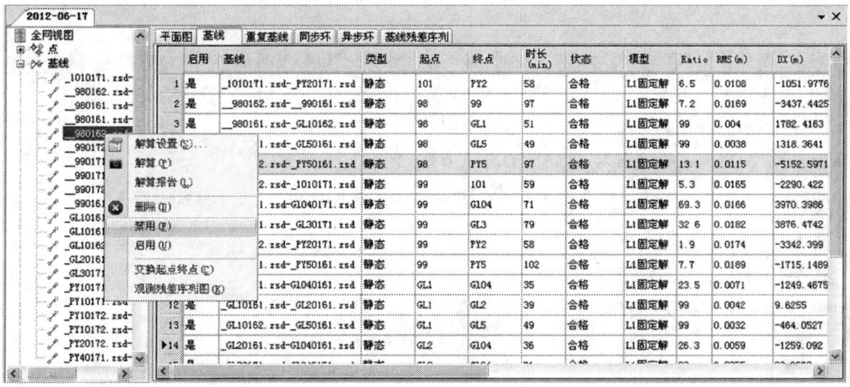

图 B-20　基线禁用

说明:基线禁用的前提为不影响网的整体平差。

四、网平差

(一)已知数据输入

操作 1:点击【项目】下的【点】,选择【站点】,选择点名,右键单击选择【转为控制点】(见图 B-21)。转为控制点完成后如图 B-22 所示。

操作 2:点击【控制点】,双击某一控制点→进入“控制点”界面,可以勾选【控制 WGS84 坐标】和【控制目标坐标】,输入坐标值,且每一坐标分量是否参与平差都可通过复选框进行选择,设置输入完成后,点击【赋值】,关闭对话框(见图 B-23)。设置完成后如图 B-24 所示。

说明:如果勾选“控制 WGS84 坐标”,在 WGS84 坐标系下,将会进行三维约束平差。

(二)网平差

操作 1:点击管理区下的【网平差】,选择【平差设置】→进入“平差设置”界面,点击【一般】,设置不合格基线是否参与平差、三维自由网平差方式、三维地面网约束是否计算七参数、高程拟合模型以及粗差检验值等信息;点击【基线定权】,选择基线定权方法及松弛因子等信息,设置完成后,点击【确定】(见图 B-25)。

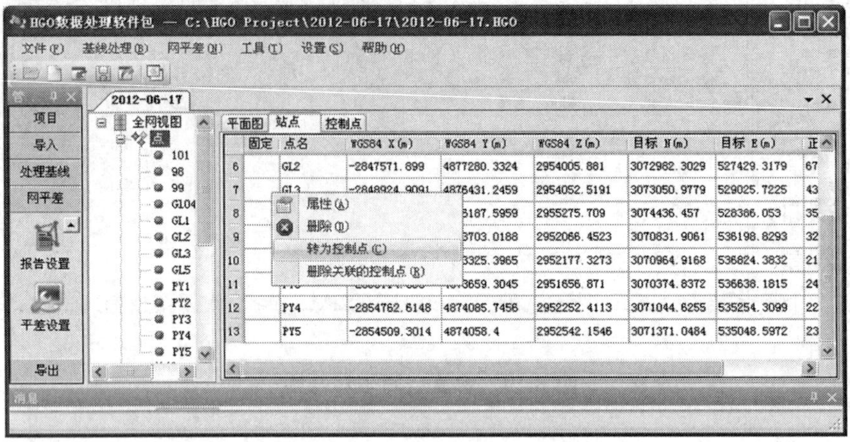

图 B-21　转为控制点

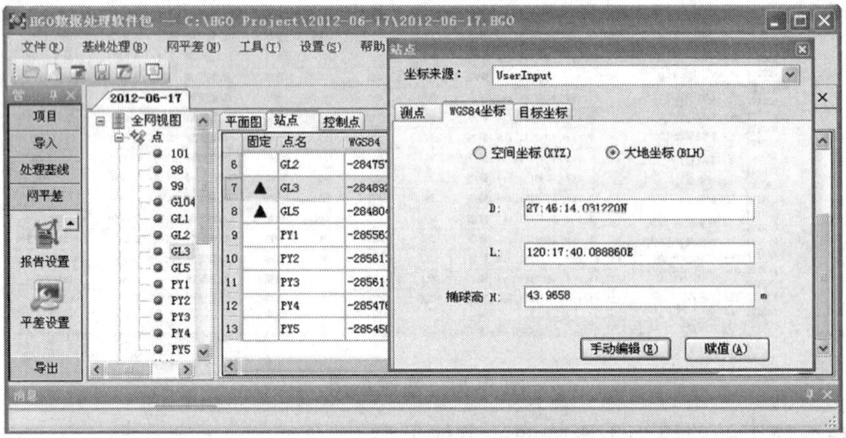

图 B-22　完成转为控制点

操作 2:点击管理区下的【网平差】,选择【平差】→进入“平差”界面,选择“平差类型”中的一个,点击【单个平差】,可一个个进行平差,或点击【全自动平差】进行所有的平差。在此,我们选择【全自动平差】(见图 B-26)。

操作 3:全自动平差后,结果显示在“消息”框中,可以发现三维自由网平差未通过,根据建议松弛因子为 5.9 的信息提示,修改松弛因子(见图 B-27)。

操作 4:点击管理区下的【网平差】,选择【平差设置】→进入“平差设置”界面,点击【基线定权】,“基线标准差置信度(松弛因子)”框中输入 5.9,点击【确定】(见图 B-28)→点击【平差】,点击【全自动平差】,此时,结果如图 B-29 所示。

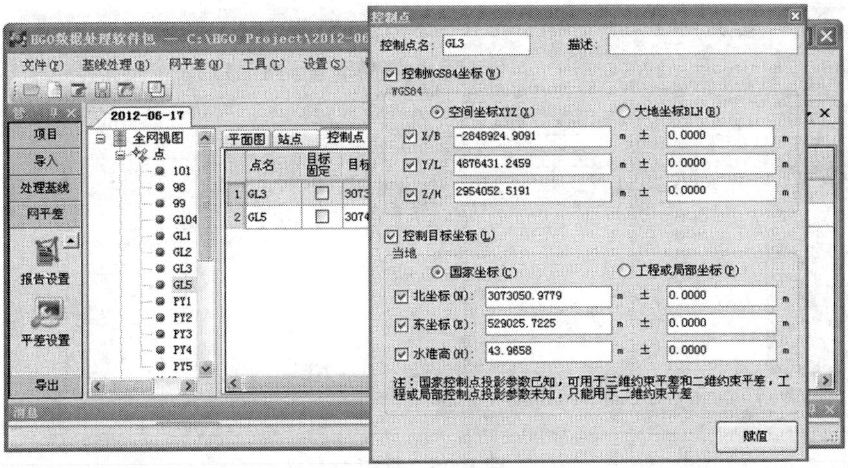

图 B-23　输入已知控制点

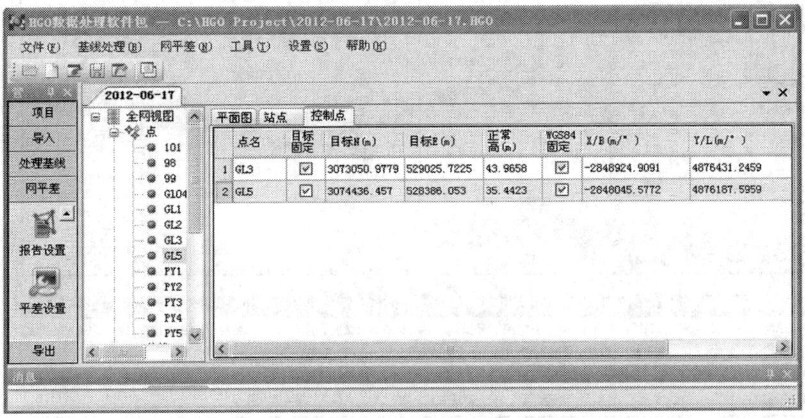

图 B-24　已知控制点输入完成

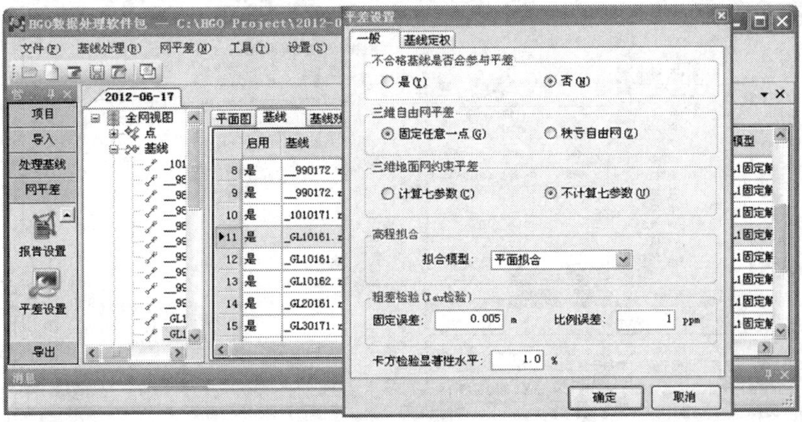

图 B-25　平差设置

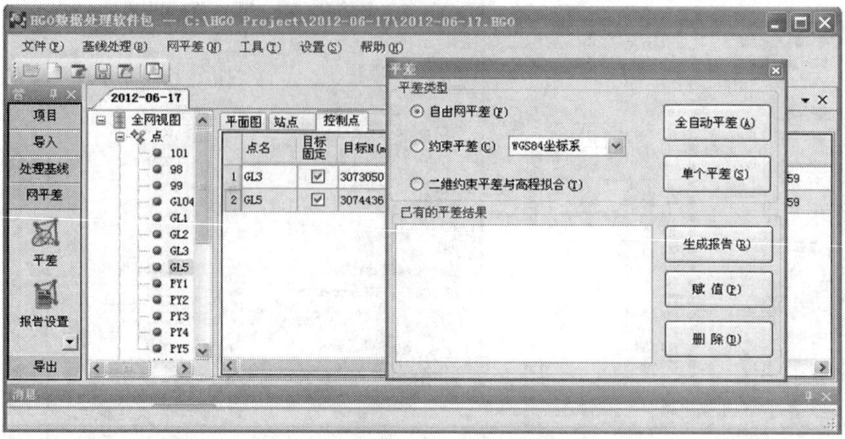

图 B-26 平差

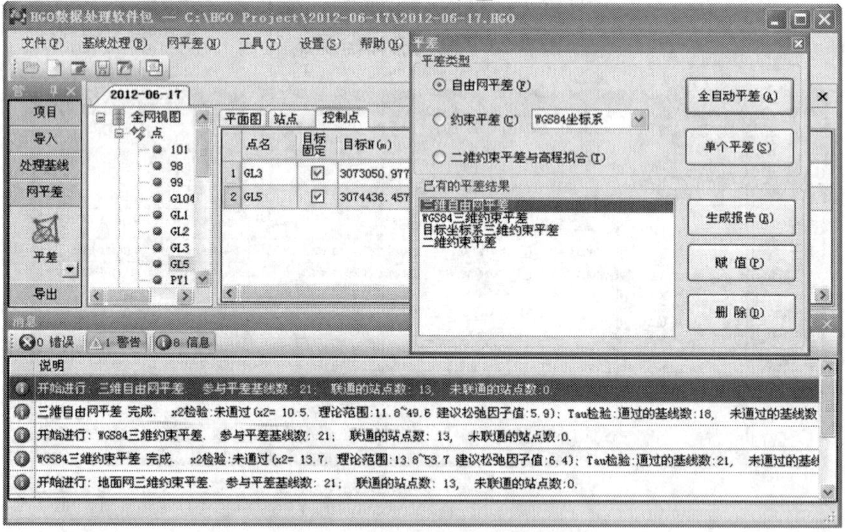

图 B-27 全自动平差结果信息

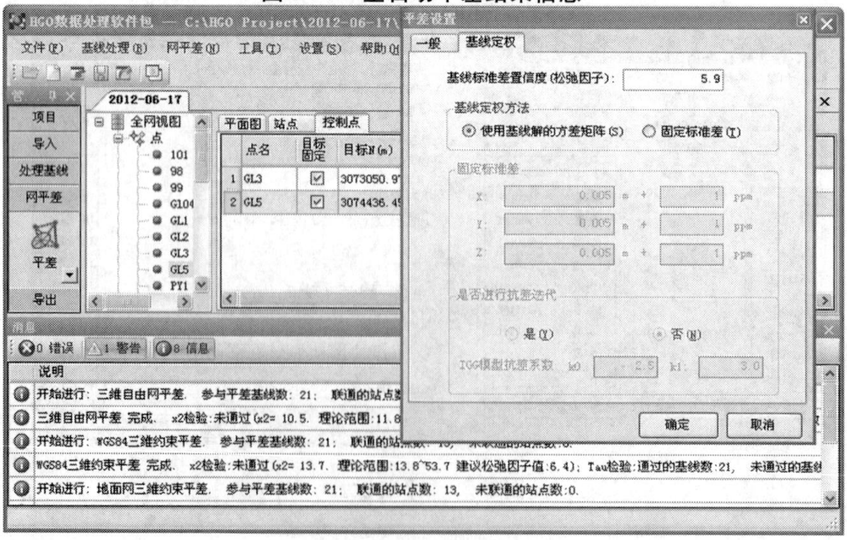

图 B-28 修改松弛因子

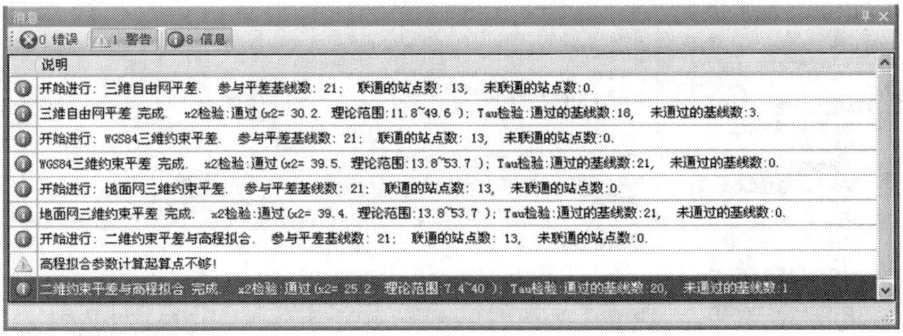

图 B-29　修改松弛因子后平差结果信息

五、平差报告导出

操作 1：点击选择已有的平差结果下的某一平差结果（如三维自由网平差），点击【生成报告】（见图 B-30），生成的报告如图 B-31 所示。二维约束报告平差如图 B-32 所示。

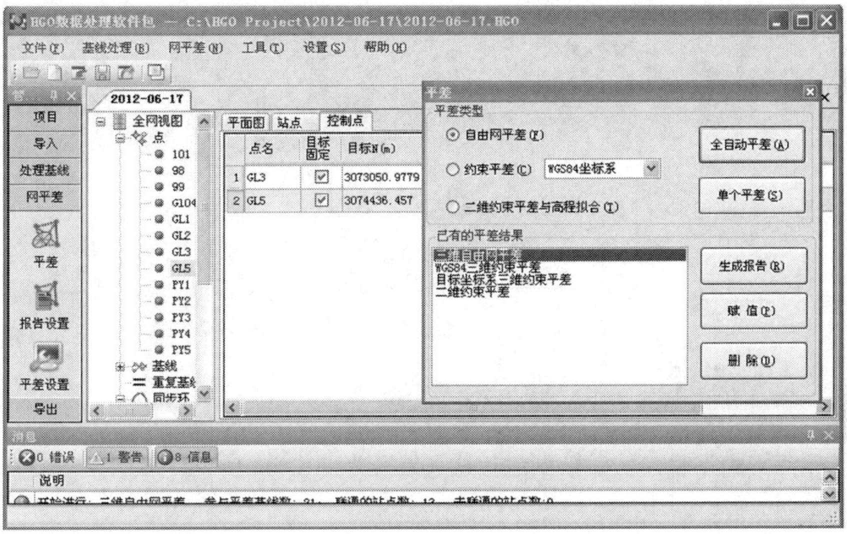

图 B-30　生成报告

说明：点击选择某一平差结果，点击【赋值】，将平差结果赋值给项目。

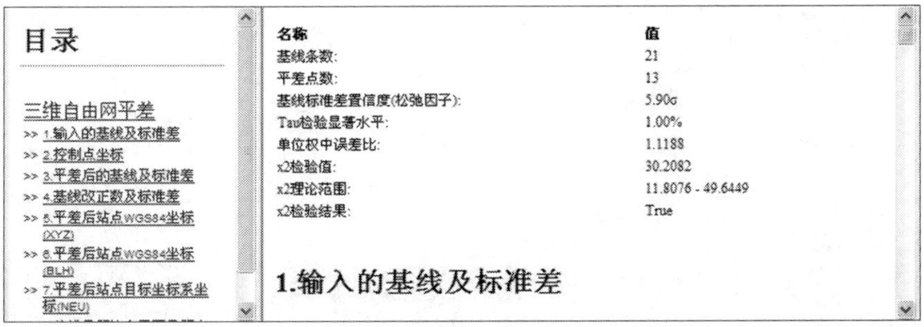

图 B-31　三维自由网平差报告

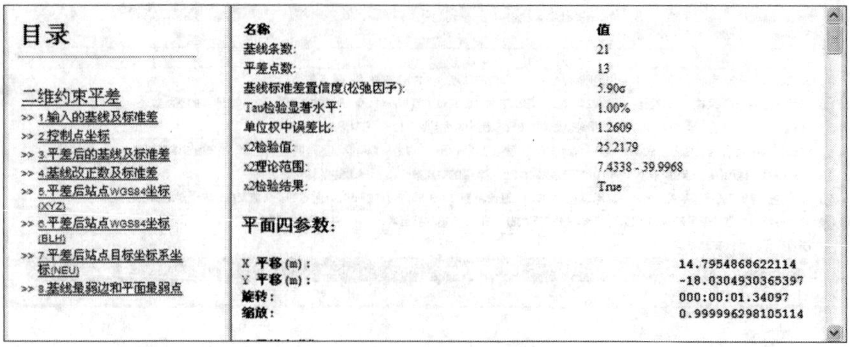

图 B-32　二维约束平差报告

附录C 常用坐标系统及椭球参数

常用坐标系统及椭球参数如表C-1所示。

表C-1 常见坐标系统及椭球参数

地球椭球	坐标系统			
	1954 北京坐标系	1980 西安坐标系	WGS84世界 大地坐标系	2000国家 大地坐标系
椭球名称	克拉索夫斯基椭球	1975国际椭球	WGS84椭球	CGCS2000椭球
椭球类型	参考椭球	参考椭球	总地球椭球	总地球椭球
建成年代	20世纪50年代	1980	1984	2008
长半轴 a(m)	6378245	6378140	6378137	6378137
短半轴 b(m)	6356755.2882	6356863.0188	6356752.3142	6356752.31414
扁率 f	1/298.257	1/298.3	1/298.257223563	1/298.257222101
第一偏心率平方 e^2	0.00669438499959	0.006693421622966	0.00669437999013	0.00669438002290
第二偏心率平方 e'^2	0.00673950181947	0.006738525414683	0.006739496742227	0.00673949677548
地球引力常数 GM (m^3/s^2)	—	3.986005×10^{14}	3.986005×10^{14}	3.986004418×10^{14}
自转角速度 ω(rad/s)	—	7.292115×10^{-5}	7.292115×10^{-5}	7.292115×10^{-5}

参考文献

[1] 南方测绘仪器有限公司. 灵锐 S86 使用手册.
[2] 南方测绘仪器有限公司. 工程之星 3.0 用户手册.
[3] 南方卫星导航仪器有限公司. GNSS 数据处理软件操作手册.
[4] 拓普康公司. HiPer IIG 操作手册.
[5] 拓普康公司. Topcon Tools Office 软件操作指南.
[6] 中海达卫星导航技术有限公司. 中海达 HGO 数据处理软件包使用说明书.